电脑技巧从入门到精通丛书

# 新手学电脑从入门到精通

文杰书院　组编

机 械 工 业 出 版 社

本书是“电脑技巧从入门到精通丛书”的一个分册，以通俗易懂的语言、精挑细选的实用技巧、翔实生动的操作案例，全面介绍了电脑基础知识、键盘与鼠标的基本操作、Windows 7 操作系统基本知识、电脑中文件的管理、设置个性化的 Windows 7 操作系统基本知识、灵活使用 Windows 7 附件、电脑打字、使用 Word 2010 输入与编写文章、设计与制作精美的 Word 文档、使用 Excel 2010 电子表格以及计算与分析数据、使用 PowerPoint 2010 设计与制作幻灯片、接入互联网遨游精彩的网络世界、搜索与下载网络资源、上网通信与娱乐、使用电脑中常用的工具软件和系统的维护优化与安全应用等方面的知识。

本书采用双色印刷，使用了简洁大方的排版方式，使读者阅读起来更方便，学习更轻松。

本书结构清晰，讲解到位，内容实用，知识点覆盖面广，既适合无基础又想快速掌握电脑基础操作的读者，又适合广大电脑爱好者及各行各业人员作为自学手册，还可以作为大中专院校或者电脑培训班的教材。

**图书在版编目（CIP）数据**

新手学电脑从入门到精通 / 文杰书院组编. —北京：机械工业出版社，2013.12（2019.1 重印）

（电脑技巧从入门到精通丛书）

ISBN 978-7-111-44771-9

Ⅰ. ①新…　Ⅱ. ①文…　Ⅲ. ①电子计算机－基本知识　Ⅳ. ①TP3

中国版本图书馆 CIP 数据核字（2013）第 270744 号

机械工业出版社（北京市百万庄大街 22 号　邮政编码 100037）

策划编辑：丁　诚

责任编辑：吴鸣飞　陈瑞文

责任印制：李　飞

三河市国英印务有限公司印刷

2019年 1 月第1版 • 第 14 次印刷

184mm×260mm • 22.25 印张 • 548 千字

31501－33400 册

标准书号：ISBN 978-7-111-44771-9

定价：69.80 元

凡购本书，如有缺页、倒页、脱页，由本社发行部调换

| 电话服务 | 网络服务 |
|---|---|
| 社服务中心：（010）88361066 | 教 材 网：http://www.cmpedu.com |
| 销售一部：（010）68326294 | 机工官网：http://www.cmpbook.com |
| 销售二部：（010）88379649 | 机工官博：http://weibo.com/cmp1952 |
| 读者购书热线：（010）88379203 | **封面无防伪标均为盗版** |

# 前言

电脑已经成为人们日常生活、工作、娱乐和通信中必不可少的工具，正极大地改变着人们的生活和工作方式，所以熟练地使用电脑也将成为人们必须具备的能力。本书在内容设计上满足了广大电脑初学者渴望全面学习电脑知识的要求，为了帮助电脑初学者快速地了解和使用电脑，以便在日常的学习和工作中学以致用，我们编写了本书。

在本书的编写过程中根据电脑初学者的学习习惯，采用由浅入深、图文并茂的方式讲解，读者还可以通过随书赠送的多媒体视频教学软件来学习书中内容。全书结构清晰，内容丰富，主要包括以下 5 个方面的内容：

### 1. 电脑的基本操作

本书第 1～7 章介绍了电脑的基本操作，包括认识电脑、熟悉键盘与鼠标操作、Windows 7 操作系统入门、管理电脑中的文件、设置个性化的 Windows 7 系统、灵活使用 Windows 7 常见附件和电脑打字的方法等内容。

### 2. 使用 Office 2010 办公软件组合

本书第 8～12 章介绍了 Word 2010、Excel 2010 和 PowerPoint 2010 的使用方法。在每章知识的讲解过程中，结合了大量的精美实例，可以帮助读者快速掌握使用 Office 2010 办公软件的方法。

### 3. 上网冲浪与聊天

本书第 13～15 章介绍了网络的基本操作，包括认识 Internet、使用浏览器浏览并搜索网络信息、使用免费的网络资源、在网上聊天和收发电子邮件的方法等内容。

### 4. 使用常用软件

本书第 16 章介绍了常用电脑工具软件的使用方法，包括 ACDSee 看图软件、暴风影音、鲁大师等常用工具软件的使用技巧。

### 5. 保护电脑安全与维护系统优化

本书第 17 章介绍了保护电脑安全与维护系统优化的方法，包括如何管理和优化磁盘、查杀电脑病毒、使用 360 安全卫士等方法。

本书由文杰书院组织编写，参与本书编写工作的有李军、孟宪特、吴世闻、樊红梅、袁帅、许媛媛、王超、李强、蔺丹、高桂华、李统财、安国英、李伟。

真切希望读者在阅读本书之后，不但可以开拓视野，同时也可以增长实践操作技能，并从中学习和总结操作的经验与规律，达到灵活运用的水平。

鉴于编者水平有限，书中有纰漏和考虑不周之处在所难免，热忱欢迎读者予以批评、指正，以便我们日后能为大家编写出更好的图书。

如果您在使用本书时遇到问题，可以访问网站 http://www.itbook.net.cn 或发送邮件至 itmingjian@163.com 与我们交流和沟通。

编　者

# 目录

# 第1章

# 从认识电脑开始

## 本章内容导读

本章主要介绍电脑都能做些什么、揭开电脑的神秘面纱和电脑主机里面有什么等方面的知识与技巧，同时还将讲解认识电脑软件和连接电脑设备两方面的知识内容，在本章的最后还会针对实际的工作需求，讲解正确打开电脑和正确关闭电脑的方法。通过对本章的学习，读者可以从认识电脑开始，了解电脑的功能、组成、软件以及电脑设备的连接等方面的知识，为进一步学习键盘与鼠标操作方面的知识奠定良好基础。

## 本章知识要点

◎ 电脑都能做些什么
◎ 揭开电脑的神秘面纱
◎ 电脑主机里面有什么
◎ 认识电脑的软件
◎ 连接电脑设备

Section

# 1.1 电脑都能做些什么

随着科技日新月异的发展，电脑已经成为人们日常生活中不可或缺的一种高科技电子产品。目前，电脑已经被广泛应用到社会的各个领域，对经济和社会的发展起着不可估量的作用。本节将详细介绍电脑用途方面的知识内容。

## 1.1.1 休闲娱乐

随着生活节奏的不断加快，休闲娱乐已经成为人们放松的一种常见方式。使用电脑，用户可以在家进行休闲娱乐活动，如收听音乐、收看影视剧和玩各种类型的游戏等，如图 1-1 所示。

图 1-1

## 1.1.2 资讯浏览

当今时代已经是信息多元化的时代，用户可以使用电脑，足不出户地掌握各类知识，包括浏览各类新闻、了解天气信息、查看当前交通状况以及浏览各类健康保健信息。这样极大方便了用户丰富自己的知识储备，同时也方便了用户的日常活动和出行，如图 1-2 所示。

图 1-2

## 1.1.3 查询资料

随着网络技术的不断进步，知识的共享已经越来越普遍。用户可以使用电脑十分便捷地查询到各类学习资料，包括可以查询各种生僻单字、英文单词、图片及各类信息等，如图 1-3 所示。

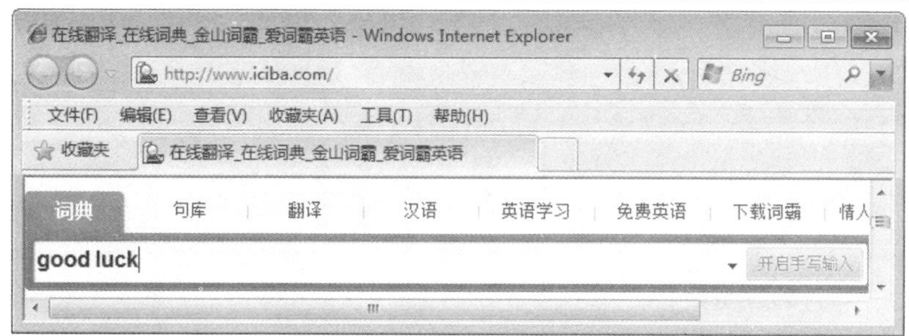


图 1-3

## 1.1.4 通信工具

随着互联网的普及与发展，用户可以在电脑中使用腾讯 QQ 和微软 MSN 等通信工具，与亲友“零距离”的交流，方便用户和好友之间在线沟通，如图 1-4 所示。

图 1-4

## 1.1.5 经济消费

随着网络安全性的不断提高，许多用户已经开始选择网上购物这种更为便捷的购物方式。用户还可以在家通过“网上银行”的方式，缴纳各种生活支出的费用，如水电费等。网上购物如图 1-5 所示。

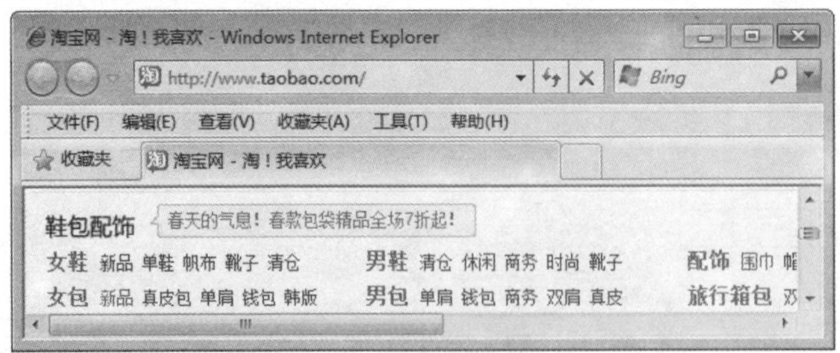


图 1-5

## 1.1.6 办公应用

使用电脑，用户可以通过办公软件进行日常办公，如编辑文档、制作 Excel 表格和制作幻灯片等，如图 1-6 所示。

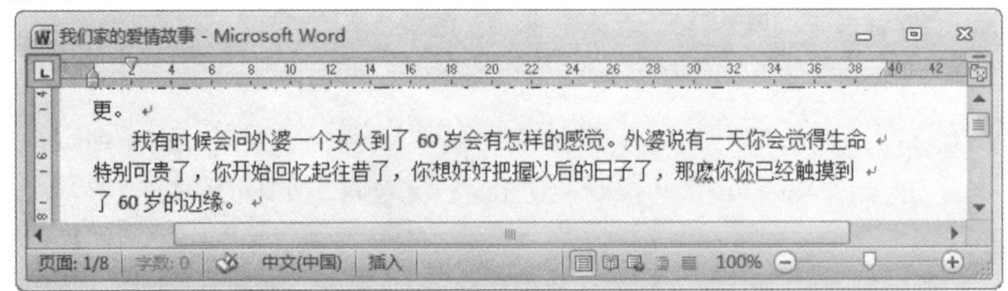


图 1-6

## 1.1.7 收发邮件

使用电脑申请电子邮箱后，用户不仅可以撰写邮件发送给亲友，同时也可以接收亲友发来的电子邮件。日常使用的电子邮箱有搜狐、网易、新浪等，如图 1-7 所示。

图 1-7

## 1.1.8 软件设计

用户可以使用电脑利用应用软件完成各种设计方面的操作。其中包括使用 Photoshop 软件进行平面设计、图形图像处理等操作；使用 3ds Max 软件进行 CG 制作、工业设计等操作，如图 1-8 所示。

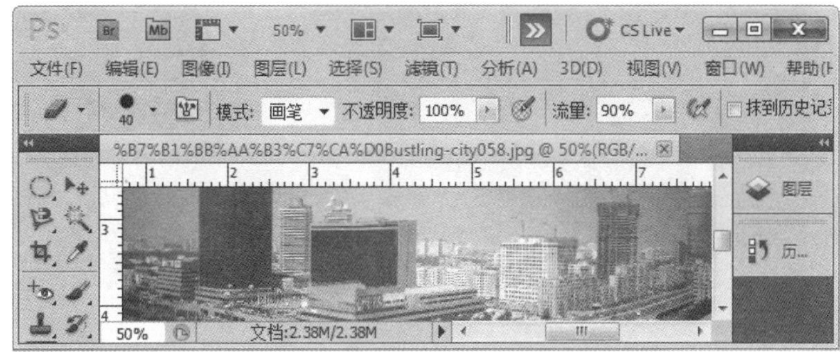


图 1-8

智慧锦囊

### 电脑维护的基本小常识

在使用电脑的过程中，用户可以设置屏幕保护程序，这样在长时间不使用电脑时，电脑会自动启动屏幕保护程序，降低电脑的工作功率，以达到保护电脑的目的。

# Section 1.2 揭开电脑的神秘面纱

在使用电脑之前，用户首先需要了解电脑是由哪些部件组成的，同时应学习并掌握电脑组成部件的基本知识。本节将介绍电脑的类型与结构方面的知识及操作技巧。

## 1.2.1 电脑的外观

进入信息多元化时代后，个人电脑的体积已经越来越小，性能也越来越好，极大地方便了用户的日常使用与操作。根据电脑的性能、体积大小及其便携程度，个人电脑可分成台式电脑、笔记本电脑、一体机电脑和平板电脑 4 种。下面将详细介绍台式电脑和笔记本电脑的特点。

### 1. 台式电脑

台式电脑作为目前较为普及的一种个人电脑类型，主要由主机、显示器、鼠标和键盘组成，如图 1-9 左图所示。其优点是使用寿命长、配置高、运行速度快、散热性能好和硬件易维修等；缺点是体积大、重量大、不便于携带和耗电量大等。

### 2. 笔记本电脑

此类型的电脑，因其外形好像一个记事本，故称其为笔记本电脑，英文名称为 Notebook Computer。同时因为笔记本电脑携带方便，放置在腿上即可操作，无需固定平台，故又称笔记本电脑为手提电脑或膝上电脑，适合商务人士使用。笔记本电脑由主机、液晶显示屏、键盘和触摸板组成，如图 1-9 右图所示。

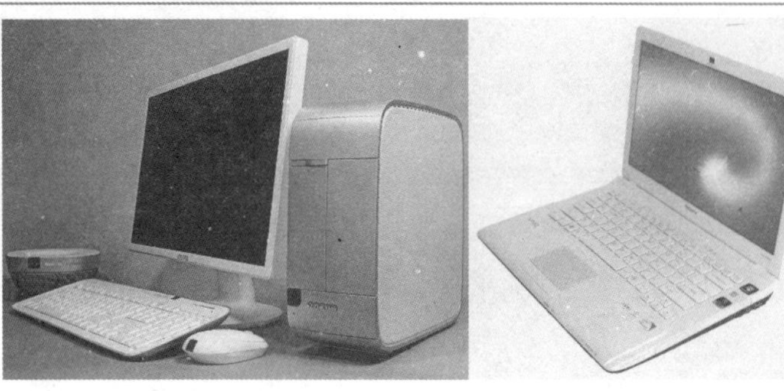

图 1-9

## 1.2.2 台式电脑的结构

台式电脑作为当今社会主流的一种电脑，也是人们日常生活中使用最为活跃的一种电脑。下面将详细介绍台式电脑的组成和构造方面的知识。

### 1. 主机

电脑主机是台式电脑的重要组成部分，相当于人体的躯干。主机外部一般由电源开关按钮、光驱的出入口、工作指示灯、USB 接口以及耳机和麦克风的接口等部分组成。

主机机箱内则装载着运行电脑所必需的“重要器官”，如主板、CPU、硬盘、光驱和电源等，如图 1-10 所示。主机主要用于台式电脑的正常运行和记录并控制台式电脑中所有的数据信息。

图 1-10

### 2. 显示器

显示器是台式电脑的重要输出显示设备，是用户向电脑传达指令和操作的重要显示“窗口”。显示器一般与台式电脑的主机相连，用户可以通过显示器查看电脑中的数据。随着科技的不断进步，显示器的体积也在不断变化，由早期的 CRT 纯平显示器过渡到现在主流的 LCD 液晶显示器，如图 1-11 所示。

图 1-11

### 3. 键盘

键盘作为台式电脑的重要输入设备之一，主要是通过键盘上的键体开关（按键）将英文字母、汉字、数字和特殊符号输入到计算机中，同时也是向电脑发布指令的重要工具，如图 1-12 所示。

图 1-12

**PS/2 接口键盘和 USB 接口键盘的区别**

**智慧锦囊**

PS/2 接口键盘和 USB 接口键盘在使用方面差别并不大，但由于 USB 接口键盘支持热插拔（即插即用），因此接口键盘在使用时要比 PS/2 接口键盘更方便。

### 4. 鼠标

在台式电脑中，鼠标同样是重要的输入设备之一，其主要作用是将用户发出的指令传递给电脑。在使用电脑的过程中，鼠标是不可或缺的重要组成部分，如图 1-13 所示。

图 1-13

### 5. 音箱

音箱是台式电脑的重要音频输出设备。音箱主要的使用原理是将电脑中的音频信号转换成声音。使用音箱，用户可以聆听美妙的音乐，收听电脑中的各种声音，在与亲友聊天时，还可以听到亲友的声音，是用户休闲娱乐时必不可少的一种设备。音箱如图 1-14 所示。

图 1-14

### 6. 摄像头

摄像头是台式电脑的一种视频输出设备，主要用于拍摄各种数字影像，然后通过电脑将影像输出显示，因此又将摄像头称为电脑眼。随着互联网技术的不断发展，摄像头越来越多地应用到视频聊天和网络会议当中，同时也用于安全监控活动。摄像头如图 1-15 所示。

图 1-15

## Section 1.3 电脑主机里面有什么

电脑主机是电脑组成的核心部件，没有电脑主机，电脑将无法运行。了解电脑主机的内部构造，对用户正确使用电脑主机有很大的帮助。本节将重点介绍电脑主机内部构造方面的知识与操作技巧。

## 1.3.1 CPU

CPU 的中文全称是中央处理器，是一台电脑的运算核心和控制核心。由于其功能主要是解释计算机指令以及处理计算机软件中的数据，因此被用户形象地比喻为电脑的“大脑”。CPU 如图 1-16 所示。

图 1-16

## 1.3.2 主板和硬盘

### 1. 主板

主板一般安装在主机机箱内，是电脑最基本，也是最重要的部件之一。主板一般为矩形电路板，上面安装了组成电脑的主要电路系统，如图 1-17 所示。

### 2. 硬盘

硬盘是台式电脑的主要存储媒介之一，由一个或者多个铝制或者玻璃制的碟片组成。这些碟片外覆盖有铁磁性材料。多数硬盘都是固定硬盘，永久性地固定在硬盘驱动器中。硬盘如图 1-18 所示。

图 1-17

图 1-18

## 1.3.3 内存

内存由内存芯片、电路板、金手指等部分组成。内存是计算机的重要组成部件之一，它是与 CPU 进行沟通的桥梁。电脑中所有的程序都是在内存中运行的。内存如图 1-19 所示。

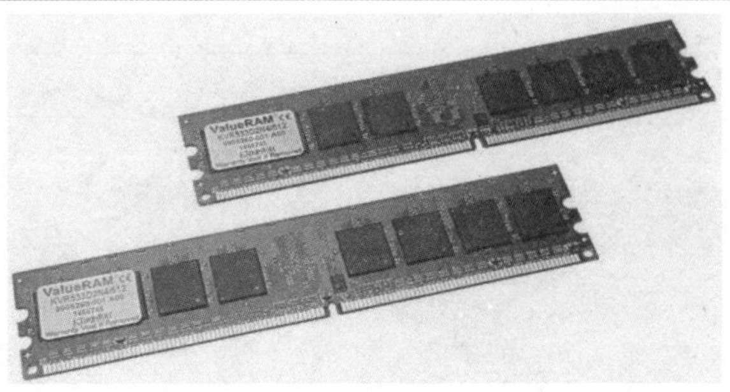


图 1-19

## 1.3.4 显卡

显卡的全称是显示接口卡。显卡的用途是将计算机系统所需要的显示信息进行转换驱动，并向显示器提供行扫描信号，是“人机对话”的重要设备之一，如图 1-20 所示。

图 1-20

## 1.3.5 声卡和网卡

### 1. 声卡

声卡也叫音频卡，是台式电脑多媒体技术中最基本的组成部分。它是实现声波信号与数字信号相互转换的一种硬件。声卡可分为板卡式、集成式和外置式 3 种接口类型。板卡式声卡如图 1-21 所示。

### 2. 网卡

网卡的全称是网络接口板，又称为通信适配器或网络适配器，是计算机与外界局域网连接的重要硬件之一。它是工作在数据链路层的网络组件，同时还是局域网中连接计算机和传输介质的接口，如图 1-22 所示。

图 1-21　　图 1-22

**AC'97 声卡标准**

智慧锦囊

AC'97 的全称是 Audio CODEC'97。它是由英特尔、雅玛哈等多家厂商联合研发并制定的一个音频电路系统标准现在能看到的声卡，大部分的 CODEC 都是符合 AC'97 标准的。因此很多的主板产品，不管采用何种声卡芯片或声卡类型，都称为 AC'97 声卡。

## Section 1.4 认识电脑的软件

电脑软件是用户与电脑交流的重要媒介，一般可将电脑软件分为系统软件和应用软件两类。本节将重点介绍电脑软件方面的知识与操作技巧。

### 1.4.1 系统软件

系统软件是负责管理计算机系统中各种独立的硬件，使得它们可以协调工作。系统软件可以为电脑提供最基本的功能，系统软件又分为操作系统和支撑软件两种，具体介绍如下。

- 操作系统：操作系统是电脑最基本的软件，主要用于控制其他程序的运行，管理系统资源和操作网络等方面。目前大多数电脑使用的操作系统是微软公司的 Windows 系列。常见的操作系统还有 DOS、OS/2、UNIX、XENIX、Linux 等。
- 支撑软件：支撑软件又称为软件开发环境（SDE），主要包括环境数据库、各种接口软件和工具组等，主要用于支撑各种软件的开发与维护。使用支撑软件可以进行其他系统软件和应用软件的开发。

### 1.4.2 应用软件

应用软件，英文全称为 Application Software，是用户可以使用的各种程序设计语言，以及用各种程序设计语言编制的应用程序的集合。

按照应用软件的服务对象来划分，可以将应用软件分为通用软件和专用软件两大类，具体介绍如下。

- 通用软件：广泛应用于各个行业领域的软件即称为“通用软件”。常用的通用软件有办公软件 Microsoft Office、压缩软件 WinRAR 和看图软件 ACDSee 等。
- 专用软件：专业软件是只应用于某一专业领域，为解决特定的问题而专门开发的软件，常见的专业软件有平面设计软件 Photoshop、机械图设计软件 AutoCAD 等。

应用软件具有拓宽计算机系统的应用领域的功能，如图 1-23 所示。

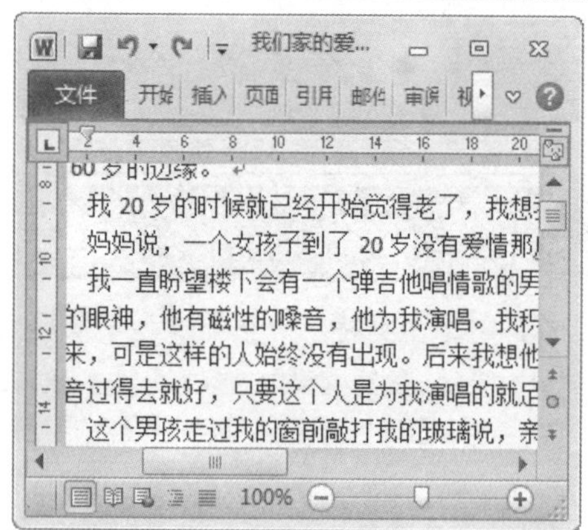

图 1-23

Section

## 1.5 连接电脑设备

掌握连接电脑设备的操作方法是运行电脑的基本常识，只有将电脑显示器、鼠标、键盘、电源连接正确，用户才能正确地开启电脑。本节将重点介绍连接电脑设备方面的知识与操作技巧。

### 1.5.1 连接显示器

无论是 CRT（纯平显示器）还是 LCD（液晶显示器），与电脑主机的连接方法都相同。下面介绍连接显示器的操作方法。

图 1-24

## 01 插入主机机箱的显示端口

将显示器上的连接信号线插头插入主机的显示端口，如图 1-24 所示。

图 1-25

## 02 将信号线插头两侧的螺钉拧紧

将插头插入主机端口后，将显示器信号线插头两端的螺钉拧紧，如图 1-25 所示。

图 1-26

## 03 完成连接显示器的操作步骤。

将显示器电源线的另一端插头插入电源插座中，通过以上方法即可完成连接显示器的操作，如图 1-26 所示。

## 1.5.2 连接鼠标和键盘

键盘和鼠标是台式电脑的重要输入设备，将键盘和鼠标正确连接到电脑主机上，这样用户就可以在电脑中输入数据，发布操作命令。下面介绍连接鼠标和键盘的操作方法。

图 1-27

## 01 检查键盘和鼠标的连接线

将鼠标和键盘连接到电脑主机之前，用户应先检查鼠标和键盘的连接线是否正常，如图 1-27 所示。

图 1-28

## 02 将鼠标和键盘连接线插入主机的端口

将鼠标和键盘的连接线插头分别插入主机的鼠标和键盘端口中，如图 1-28 所示。

**■多学一点**

将连接线插头插入端口时，应注意要顺着端口与插头的对应方向，以免插坏鼠标和键盘的插头。

图 1-29

**03 完成连接键盘和鼠标的操作步骤**

通过以上方法即可完成连接键盘和鼠标的操作，如图 1-29 所示。

**■指点迷津**

鼠标失灵有可能是因为电压不稳造成的，此时用户可更换为与电压不冲突的鼠标，如无线鼠标等。

## 1.5.3 连接电源

连接显示器、键盘和鼠标后，用户将主机电源接入即可正常运行电脑。下面介绍连接主机电源的操作方法。

图 1-30

**01 将主机电源接入主机电源端口**

将主机电源线的连接插口，插入主机机箱背面的主机电源端口中，如图 1-30 所示。

**■多学一点**

将电源线的插口插入主机端口后，用户应注意插口是否松动，以免造成主机无法启动的现象。

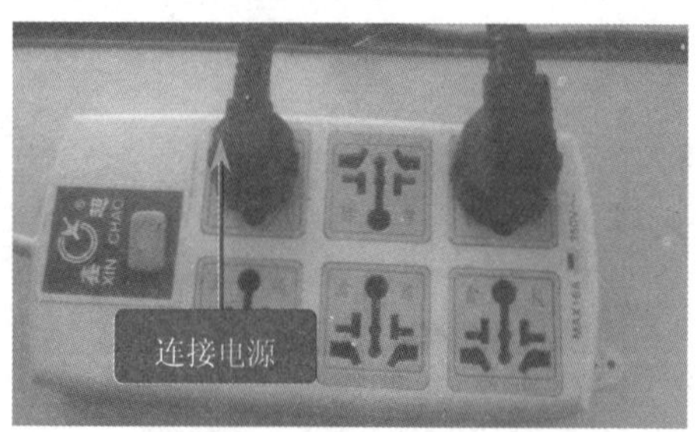


图 1-31

**02 完成连接电源的操作步骤**

将主机电源线的另一端插头插入电源插座中。通过以上方法即可完成连接电源的操作，如图 1-31 所示。

**■指点迷津**

在不使用电脑时，除将电脑正确关闭外，还应将插座主电源关闭，以防火灾的发生。

# Section 1.6 实践案例与上机指导

本章学习了电脑的用途、电脑组成和电脑主机组成方面的知识。通过本章学习，读者不但可以掌握电脑软件方面的知识，而且还熟悉了连接电脑的操作方法。在本节中，将结合实际的工作和应用，通过上机练习，进一步地掌握和提高本章所学的知识点。

## 1.6.1 正确打开电脑

在本章中介绍了认识电脑方面的知识，下面将结合实际应用，上机练习正确打开电脑的具体操作方法。通过本节练习，读者可以对电脑基础方面的知识有更加深入的了解。

连接电脑电源和外部设备后，用户即可启动电脑并运行电脑。下面详细介绍正确打开电脑的操作方法。

图 1-32

### 01 按下显示器下方的电源开关

按下显示器下方的电源开关，此时显示器的电源指示灯变亮，则表明显示器电源已经接通，如图 1-32 所示。

**■指点迷津**

进入操作系统后，系统会自动启动一些电脑软件，此时用户应给与电脑一些缓冲时间，避免立即对电脑进行操作，造成系统的崩溃。

图 1-33

### 02 按下电脑主机的电源开关

按下主机的电源开关，系统开始运行。主机的电源指示灯闪亮，表示电脑主机电源已经接通，如图 1-33 所示。

**■指点迷津**

如果电源线接入正确，但主机并没有正常启动，用户应检查主机主板、CPU 等核心部件是否损坏。

图 1-34

### 03 进入“正在启动 Windows”界面

电脑开始启动，显示器上会显示出“正在启动 Windows”界面，如图 1-34 所示。

**■多学一点**

操作系统启动的快慢与电脑本身的配置及用户日常的维护有关，日常正确地维护电脑，有助于电脑的快速启动。

图 1-35

**04 进入到操作系统界面**

启动正常后即可进入到操作系统界面。通过以上方法即可正确完成打开电脑的操作，如图 1-35 所示。

## 1.6.2 正确关闭电脑

在本章中介绍了认识电脑方面的知识，下面将结合实际应用，上机练习正确关闭电脑的具体操作方法。通过本节练习，读者可以对电脑基础方面的知识有更加深入的了解，为更好地使用电脑打下良好基础。

不准备使用电脑时，用户应将电脑关闭，这样既可延迟电脑的使用寿命，又可节约用电。下面详细介绍关闭电脑的操作方法。

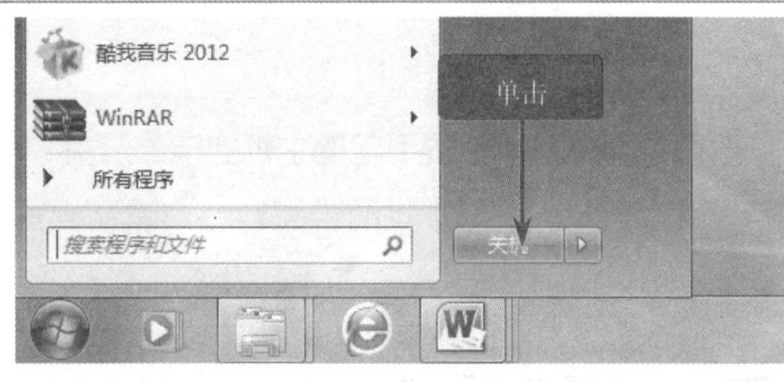


图 1-36

**01 在 Windows 7 系统桌面上单击【开始】按钮**

在 Windows 7 系统桌面上单击【开始】按钮，在弹出的【开始】菜单中，单击【关机】按钮关机，如图 1-36 所示。

图 1-37

**02 完成关闭电脑的操作步骤**

通过以上方法即可正确完成关闭电脑的操作，如图 1-37 所示。

**■指点迷津**

在桌面【开始】菜单中，单击【关机】右侧的下拉按钮，在弹出的下拉菜单中，选择【重新启动】选项，即可重新启动电脑。

# 第 2 章 快速熟悉键盘与鼠标操作

## 本章内容导读

本章主要介绍电脑键盘和鼠标及如何正确使用键盘和鼠标等方面的知识与技巧，在本章的最后还会针对实际的工作需求，讲解更改鼠标双击速度、交换鼠标左键与右键、调整鼠标指针的移动速度的使用方法。通过对本章的学习，读者可以掌握键盘与鼠标方面的知识，为进一步地学习电脑入门知识奠定基础。

## 本章知识要点

◎ 初步认识电脑键盘
◎ 正确地使用键盘
◎ 认识鼠标
◎ 如何使用鼠标

Section

# 2.1 初步认识电脑键盘

键盘是电脑的重要输入设备之一，其硬件接口有普通接口和 USB 接口两种。使用电脑键盘可以将字符和数据等信息输入到电脑中，而且利用键盘还可以控制电脑的运行，如热启动和关闭程序等，本节将详细介绍电脑键盘方面的知识。

## 2.1.1 主键盘区

键盘上有许多按键，每个按键的功能各不相同，主键盘区是键盘的主要部分，用于输入字母、数字、符号和汉字等，共 61 个按键，包括 26 个字母键、10 个数字键、11 个符号键和 14 个控制键，如图 2-1 所示。

图 2-1

- 字母键：位于主键盘区的中间，包括 A～Z 的 26 个字母按键，用于输入英文字母或汉字。
- 控制键：位于主键盘区的外围，共有 14 个控制按键，其中〈Shift〉、〈Ctrl〉、〈Windows〉和〈Alt〉按键左右各有一个，用于辅助执行命令。〈Tab〉键也称为制表键，每按一次，光标向右移动 8 个字符。〈Caps Lock〉键用于字母的大小写切换。〈Shift〉键常与双字符键连用，按住〈Shift〉键，再按双字符键，输入双字符键上方的符号。〈Ctrl〉键和〈Alt〉键需要与其他按键组合使用。〈Windows〉键等同于【开始】按钮，按下该键可以弹出开始菜单。〈Space Bar〉键又称为空格键，用于输入空格。〈Enter〉键又称为回车键，在操作命令时用于确定命令。〈Back Space〉键又称为退格键，用于删除光标左边一个字符的内容。
- 符号键：位于主键盘区的右侧，其中每个按键都有两个字符，而且 10 个数字键的上方也有符号，通过与〈Shift〉键的组合使用可以输入其上方的符号。
- 数字键：位于主键盘的上方，包括 0～9 的 10 个数字按键，用于输入数字。在输入汉字时，也需要数字按键的配合使用，以便选择准备输入的汉字。

## 2.1.2 功能键区

功能键区位于键盘的最上方，主要用来完成一些特殊的任务和工作，包括 16 个按键，用于执行功能，如图 2-2 所示。

图 2-2

- 〈Esc〉键：可以用来结束和退出程序，也可以取消正在执行的命令。
- 〈F1〉键～〈F12〉键：软功能键，按下不同的功能键可以实现相对应的功能。

### 〈F1〉～〈F12〉键功能

智慧锦囊

〈F1〉键可以打开【帮助】对话框；〈F2〉键用于修改图标名称；〈F3〉键可以打开【搜索结果】窗口；〈F4〉键可以打开当前下拉列表框；〈F5〉键用于刷新当前窗口的内容；〈F6〉键可以切换当前选择的内容；〈F10〉键可以打开该窗口菜单栏中的菜单；〈F11〉键可以隐藏当前窗口中的标题栏和菜单栏。

## 2.1.3 编辑键区

编辑键区主要位于主键盘区的右侧，主要功能是移动光标，包括 9 个编辑按键和 4 个方向键，如图 2-3 所示。

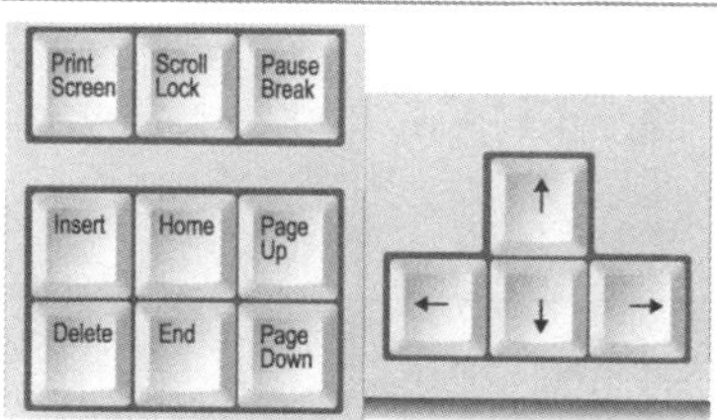


图 2-3

- 〈Print Screen〉键：拷屏键，按下该键可以将当前屏幕上的内容以图像的形式复制到剪贴板中。
- 〈Scroll Lock〉键：屏幕锁定键，在 DOS 操作系统中按下该键可以使屏幕停止滚动。
- 〈Pause〉键：也称为暂停键，可以暂停当前执行的命令，再次按下该键即可恢复。
- 〈Insert〉键：也称为插入键，在 Word 中可以在插入和改写状态中互相转换。
- 〈Home〉键：也称为首键，可以将光标定位在光标所在行的行首。

- 〈Page Up〉键：上一页键，可以向上翻阅一页。
- 〈Delete〉键：也称为删除键，可以删除光标所在位置右侧的字符。
- 〈Page Down〉键：下一页键，可以向下翻阅一页。
- 〈↓〉下光标键：向下方向键，可以控制光标向下移动。
- 〈←〉左光标键：向左方向键，可以控制光标向左移动。

## 2.1.4 数字键区

数字键区也称为小键盘区，位于编辑键区的最右侧，有 17 个按键，其功能是方便快速地输入数字，如图 2-4 所示。

图 2-4

- 〈Num Lock〉键：也称为数字锁定键，用于控制数字键区上下档的切换，当按下该键时，键盘提示区中的第一个指示灯亮，表明此时为数字状态；当再次按下该键时，指示灯将熄灭，同时切换为光标控制状态。
- 〈Enter〉键：与主键盘区中的〈Enter〉键相同，用于在运算结束时显示运算结果。
- 〈/〉键、〈*〉键、〈-〉键、〈+〉键：相当于数学运算中的除号、乘号、减号、加号。

## 2.1.5 状态指示灯区

状态指示灯区位于数字键区的上方，由〈Num Lock〉数字键盘的锁定指示灯、〈Caps Lock〉大写字锁定指示灯和〈Scroll Lock〉滚屏锁定指示灯组成，如图 2-5 所示。

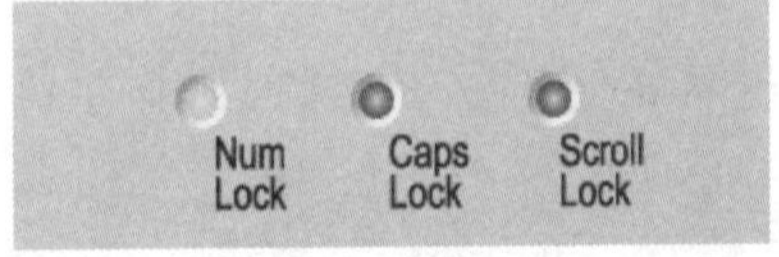


图 2-5

- 〈Num Lock〉指示灯：控制输入数字键的状态，当指示灯亮起时，表示当前输入的是数字状态；反之，表示当前输入的是编辑状态。
- 〈Caps Lock〉指示灯：控制输入字母大小写的状态，当指示灯亮起时，表示当前输入的是字母大写状态；反之则是小写状态。
- 〈Scroll Lock〉指示灯：控制 DOS 状态下的屏幕锁定状态，当指示灯亮起时，表示当前屏幕为锁定状态；反之，当前屏幕为正常状态。

## Section 2.2 正确使用键盘

长时间在电脑前工作、学习或者娱乐容易疲劳，正确地使用键盘，可以有效地减少疲劳，提高工作效率。使用键盘应学会键位分工和正确的打字姿势，本节将详细介绍正确地使用键盘方面的知识。

### 2.2.1 认识基准键位

使用键盘打字时，每个手指都有明确的分工，这样可以使得手指协调配合，并加快打字速度，下面详细介绍认识基准键位方面的知识。

基准键位是打字时手指所处的基准位置，敲击其他任何键，手指都是从这里出发，而且单击完后又须立即退回到基准键位。

基准键位共有 8 个按键，分别是〈A〉、〈S〉、〈D〉、〈F〉、〈J〉、〈K〉、〈L〉和〈;〉键，依次应对左手的小指、无名指、中指、食指和右手的食指、中指、无名指、小指，大拇指放在空格键上，如图 2-6 所示。

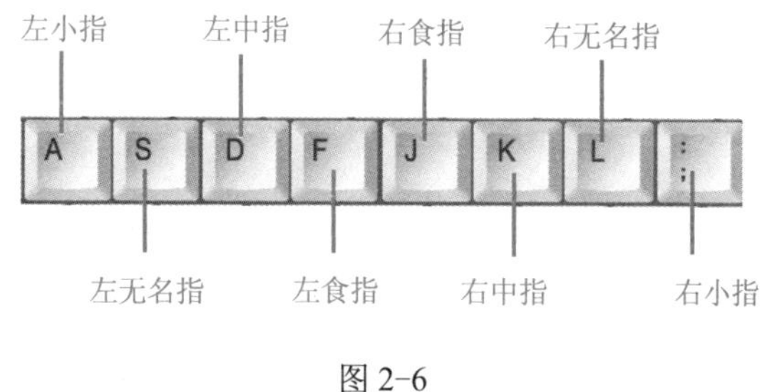


图 2-6

### 2.2.2 手指的键位分工与指法练习

键盘的指法分区主要是针对主键盘区，其规则为：将主键盘区分成 8 个部分，由 8 个手指分别对应 8 个部分的按键，两个大拇指控制空格键。下面介绍指法分区的组成，如图 2-7 所示。

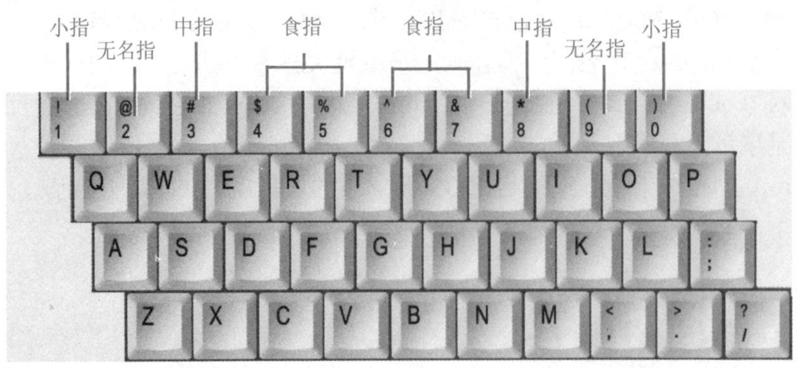


图 2-7

掌握键盘指法以后便可以开始练习击键。击键的方法为：将双手放置到相应的基准键位上，然后根据键盘指法，敲击相应的按键，击键后手指要迅速返回到基准键位。

**指法练习小窍门**

智慧锦囊

对于主键盘区中两侧的控制键并没有严格地指定指法分区，一般左侧的控制键由左小指控制，右侧的控制键则由右小指控制；对于编辑键区和小键盘区中的按键，一般由右手控制。

## 2.2.3 正确的打字姿势

对于电脑初学者来说，养成正确的打字姿势，可以提高一定的工作效率，同时对自身的健康也有一定的好处，下面详细介绍正确的打字姿势，如图 2-8 所示。

图 2-8

- 屏幕及键盘应该在正前方，不应该让脖子及手腕处于倾斜的状态。
- 屏幕的中心应比眼睛的水平位置略低，屏幕离眼睛至少要有一个手臂的距离。
- 要坐直，不要半坐半躺，不要让身体处于角度不正的姿势。
- 大腿应尽量保持与前手臂平行的姿势。
- 手、手腕及手肘应保持在一条直线上。
- 双脚轻松平稳地放在地板或脚垫上。
- 座椅高度应调到手肘有近 90° 弯曲且手指能够自然地架在键盘的正上方。
- 腰背贴在椅背上，靠背斜角保持在 10° ～30° 。

Section

## 2.3 认识鼠标

鼠标是电脑的重要输入设备之一，外形就像一只小老鼠，因此被称为鼠标。鼠标就像电脑中的“指挥官”，使用鼠标可以对电脑发布命令，执行各种操作，而且简单、方便，本节将详细介绍鼠标方面的知识。

### 2.3.1 鼠标的外观

鼠标的标准称呼应该是“鼠标器”，英文名为 Mouse。常用的鼠标为三键鼠标，包括左键、中键、右键，如图 2-9 所示。

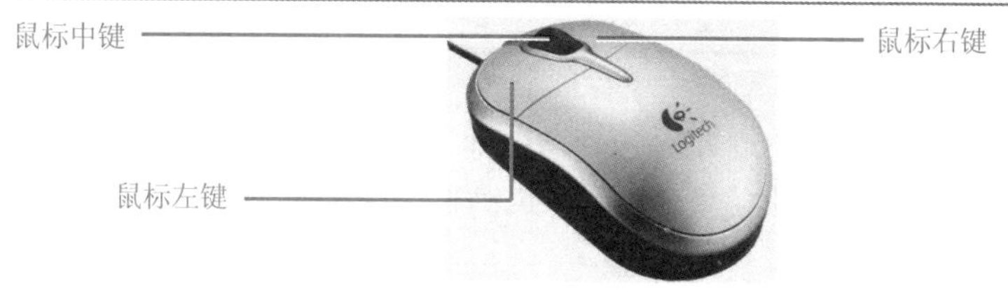


图 2-9

### 2.3.2 鼠标的分类

鼠标按内部构造分类，可以分为机械式、光机式、光电式和无线式四大类，下面详细介绍各类鼠标的特点。

#### 1. 机械鼠标

机械鼠标结构最为简单，在滚轴的末端有译码轮，译码轮附有金属导电片，它是与电刷直接接触的，因此，磨损较为厉害，所以慢慢地机械鼠标已基本被淘汰。

#### 2. 光机鼠标

所谓光机鼠标，顾名思义就是一种光电和机械相结合的鼠标，是目前市场上比较常见的一种鼠标。

### 3. 光电鼠标

光电鼠标的可靠性比较强，适用于对精度要求较高的场合。它不仅手感舒适、操控简易，而且实现了免维护。

### 4. 无线鼠标

无线鼠标利用数字、电子、程序语言等原理，以干电池为能源，可以远距离控制光标的移动，并且不受角度的限制。

### 2.3.3 使用鼠标的注意事项

为了延长鼠标的使用寿命，使用时应注意以下几项：

- 使用时要注意尽量避免摔碰鼠标，以免损坏弹性开关或其他部件。
- 使用鼠标时要注意保持感光板的清洁和感光状态的良好。
- 尽量在相对光滑的表面上使用，过于粗糙的表面可能会降低鼠标的灵活性。
- 长期不使用鼠标，请将电池取出，以防电池过渡放电发生漏液，腐蚀电池金属弹片。

## Section 2.4 如何使用鼠标

鼠标是一种通过手动来控制光标位置的设备，正确使用鼠标可以有效地避免因错误操作而导致的手腕不舒服的情况。本节将详细介绍如何正确使用鼠标方面的知识。

### 2.4.1 正确握持鼠标的方法

使用电脑时，不论是坐姿、键盘的指法还是鼠标的把握姿势，都必须要正确，否则可能导致特别疲惫，下面详细介绍正确握持鼠标的方法。

食指和中指自然地放置在鼠标的左键和右键上，拇指横放在鼠标的左侧，无名指与小指自然地放置在鼠标的右侧。手掌轻贴在鼠标的后部，手腕自然垂放于桌上，如图 2-10 所示。

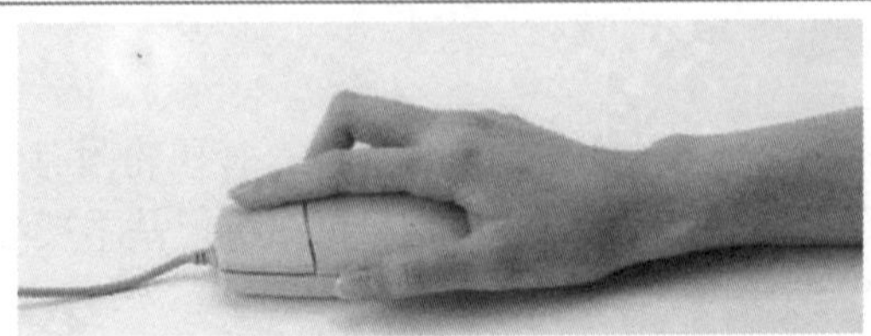

图 2-10

## 2.4.2 鼠标指针的含义

在 Windows 7 中，不同形状的鼠标指针代表不同的含义，表示当前电脑不同的工作状态。下面介绍鼠标指针不同形状的含义，如表 2-1 所示。

表 2-1

| 鼠标指针 | 指针的含义 | 鼠标指针 | 指针的含义 |
| --- | --- | --- | --- |
|  | 正常选择 |  | 不可用 |
| ? | 帮助选择 |  | 垂直调整 |
|  | 后台运行 |  | 水平调整 |
|  | 忙 | 或 | 沿对角线方向调整 |
| + | 精确选择 |  | 移动 |
| I | 文本选择 |  | 候选 |
|  | 手写状态 |  | 链接 |

## 2.4.3 鼠标的基本操作

在 Windows 中，大部分的操作都是通过鼠标完成的，包括移动、单击、双击、右击和拖动等。下面详细介绍鼠标的基本操作知识。

### 1. 移动

移动鼠标是指将鼠标指针从一个位置移动到另一个位置的过程。此时，在屏幕上可以看到移动的过程。

### 2. 单击

单击也称为“左键单击”，此操作常用于选定某个选项或者按钮，被选中的对象呈高亮显示，也可以单击执行某个命令。

### 3. 双击

双击即连续两次快速单击，是指使用食指快速敲击鼠标左键两次，此操作一般用于启动某个程序或任务、打开某个窗口或文件夹。

### 4. 右击

右击就是单击鼠标右键，右键单击可以弹出一个与当前鼠标光标所指对象相关联的快捷菜单，便于快速地执行某种命令。

### 5. 拖动

拖动是指将鼠标指针定位在准备拖动的对象上，按住鼠标左键不放，移动鼠标指针至目标位置的过程。

## 鼠标的基本操作——滚动

智慧锦囊

滚动是指对鼠标滚轮的操作，滚动鼠标滚轮或单击鼠标滚轮均可向下或向上滚动文档页面。滚动鼠标滚轮主要用于阅读文章或查看资料，这样可提高一定的工作效率。

# Section 2.5 实践案例与上机指导

通过对前面章节知识点的学习，读者不但可以掌握键盘的正确使用方法，而且还可以熟悉鼠标的正确使用方法。在本节中，将结合实际工作并加以应用，通过上机练习，进一步掌握和提高本章所学的知识点。

## 2.5.1 更改鼠标双击的速度

下面将结合实践应用，上机练习鼠标方面的具体操作。通过本节练习，读者可以对鼠标的使用有更加深入的了解。

在 Windows 操作过程中，鼠标可是主角，要使鼠标与操作系统真正做到“配合默契”，离开了鼠标设置是不行的，下面详细介绍更改鼠标双击速度的操作方法。

图 2-11

01 在 Windows 操作系统桌面的左下角，单击【开始】→【控制面板】按钮，进入【控制面板】

№1 单击展开【查看方式】下拉按钮，选择【大图标】选项。

№2 选择【鼠标】按钮，如图 2-11 所示。

**■多学一点**

单击展开【查看方式】下拉列表中，也可以根据需要选择【小图标】选项，再选择【鼠标】按钮。

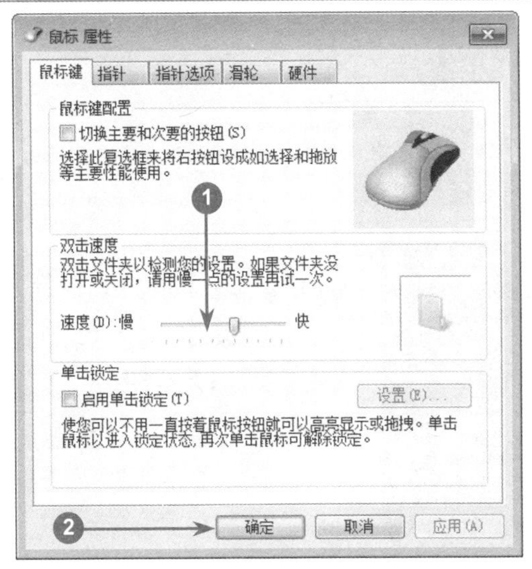

图 2-12

02 弹出【鼠标 属性】对话框，选择【鼠标键】选项卡

№1 在【双击速度】区域，拖动滑块。

№2 单击【确定】按钮，如图 2-12 所示。

### ■指点迷津

对于电脑初学者来说，建议将鼠标的双击速度调制到慢些的速度。

## 2.5.2 交换左键和右键的功能

在使用鼠标进行操作的过程中，可以根据自身的需要，对鼠标左右键的功能进行转换，下面详细介绍其操作方法。

在 Windows 操作系统桌面的左下角，单击【开始】按钮，在弹出的快捷菜单中，选择【控制面板】选项，在弹出的【控制面板】中，单击【鼠标】按钮，弹出【鼠标属性】对话框，选中【鼠标键】选项卡，在【鼠标键配置】区域中，选中【切换主要和次要的按钮】复选框，单击【确定】按钮，如图 2-13 所示。

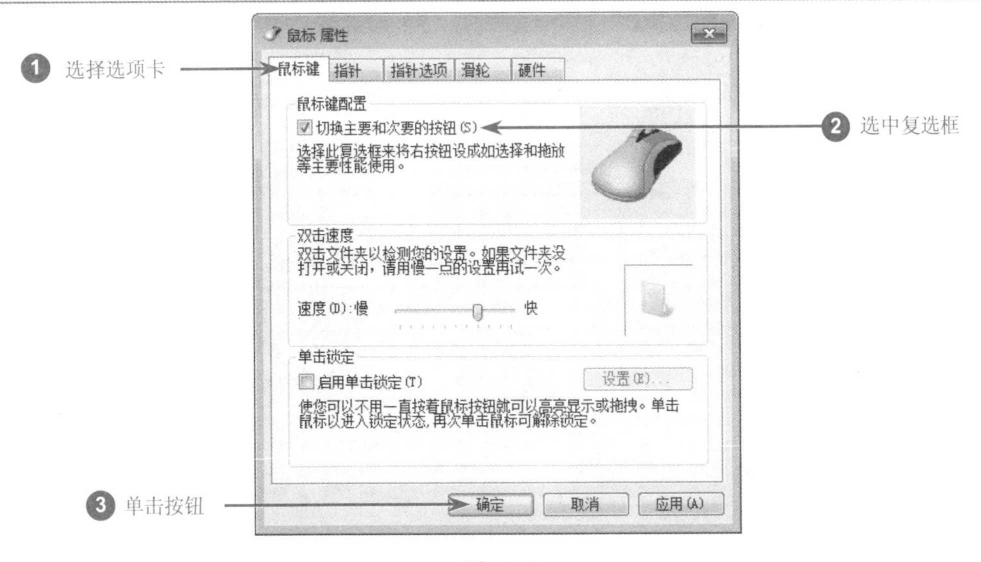

图 2-13

## 2.5.3 调整鼠标指针的移动速度

鼠标指针的速度影响指针对鼠标自身移动作出响应的快慢，在使用鼠标操作的过程中，可以调整鼠标指针的移动速度，下面详细介绍其操作方法。

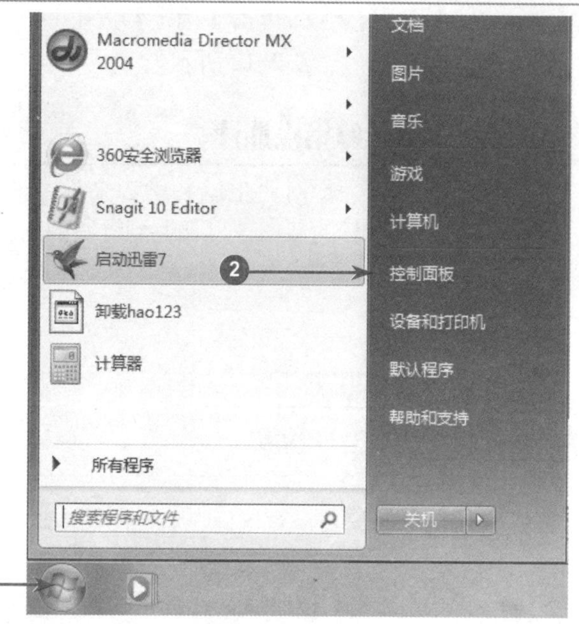


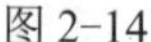

图 2-14

### 01 在 Window 操作系统桌面的左下角单击【开始】按钮

№1 单击【开始】按钮。

№2 选择【控制面板】选项，如图 2-14 所示。

**■多学一点**

在 Windows 窗口中，双击【计算机】图标，在左侧列表栏中同样可以打开【控制面板】。

图 2-15

### 02 弹出【控制面板】窗口

№1 单击展开【查看方式】下拉列表，选择【大图标】选项。

№2 单击【鼠标】按钮，如图 2-15 所示。

**■多学一点**

在【控制面板】中，可以调整计算机的设置，如系统和安全、外观和个性化等。

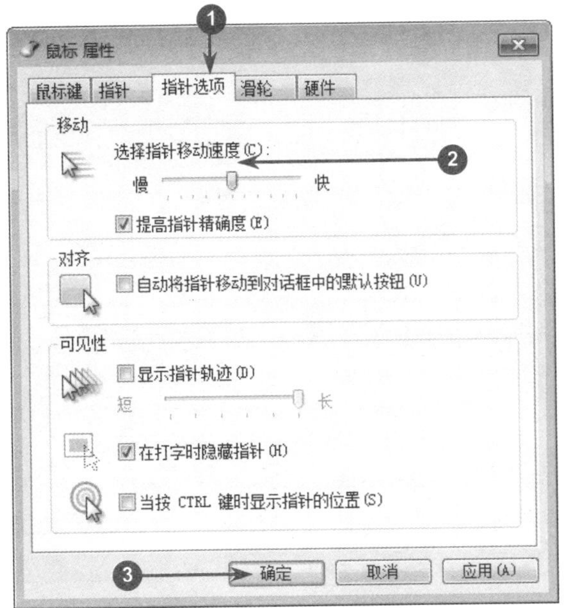


图 2-16

## 03 弹出【鼠标 属性】对话框

№1 选择【指针选项】选项卡。

№2 在【移动】区域，左右滑动滑块，设置移动的速度。

№3 单击【确定】按钮 确定 ，如图 2-16 所示。

### ■多学一点

在【鼠标属性】对话框中，选中【显示指针轨迹】复选框，可以看到鼠标指针在移动过程中的运动轨迹。

# 读书笔记

# 第 3 章

# 进入绚丽多彩的 Windows 7 世界

## 本章内容导读

本章主要介绍操作 Windows 7 桌面图标、操作任务栏和操作 Windows 7 窗口等方面的知识与技巧，并讲解使用“开始”菜单的方法。在本章的最后还会针对实际的工作需求，讲解添加桌面小工具和重命名桌面图标的方法。通过本章的学习，读者可以了解 Windows 7 操作系统界面并掌握其基本操作，为进一步学习电脑知识奠定基础。

## 本章知识要点

- ◎ **操作 Windows 7 桌面图标**
- ◎ **使用【开始】菜单**
- ◎ **操作任务栏**
- ◎ **操作 Windows 7 窗口**
- ◎ **使用菜单与对话框**

Section

# 3.1 操作 Windows 7 桌面图标

启动电脑，进入 Windows 7 界面后，即可看到桌面图标。桌面图标可以打开某些特定窗口和对话框，或启动一些程序的快捷方式。本节将详细介绍添加桌面图标和个性化桌面图标的操作方法。

## 3.1.1 添加系统图标

一般情况下，在刚安装好系统后，桌面上只有一个【回收站】图标，用户可以在桌面上添加系统图标。下面将详细介绍添加系统图标的操作方法。

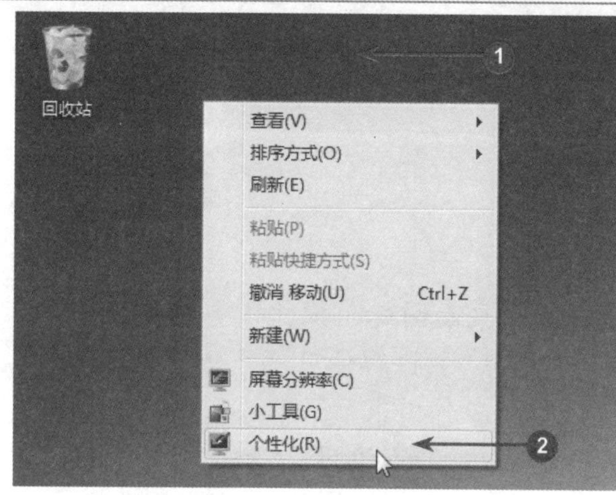


图 3-1

### 01 使用右键快捷菜单，打开【个性化】窗口

№1 在 Windows 7 操作系统桌面的空白处单击右键。

№2 在弹出来的快捷菜单中，选择【个性化】选项，如图 3-1 所示。

**■多学一点**

选择【小工具】选项，可以在桌面上添加实用的桌面小工具。

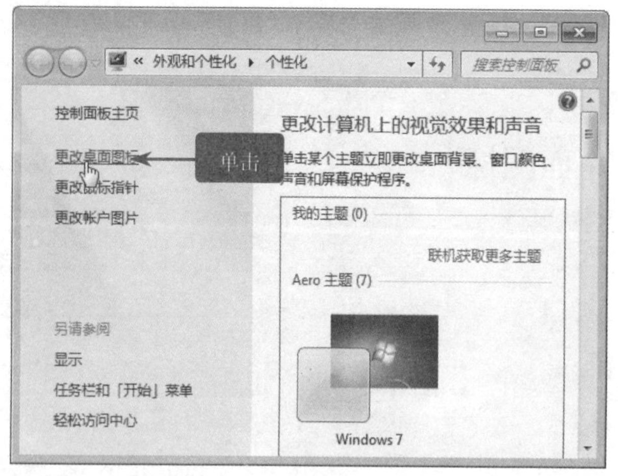


图 3-2

### 02 打开个性化窗口，选择【更改桌面图标】选项

打开【个性化】窗口后，单击窗口左侧的【更改桌面图标】选项，如图 3-2 所示。

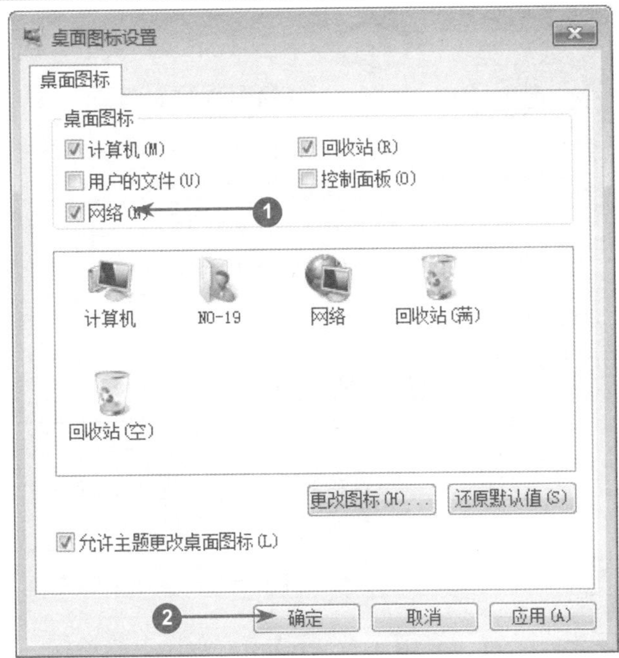


图 3-3

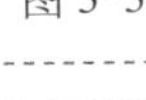

## 03 选择准备添加的系统图标

№1 弹出【桌面图标设置】对话框，在【桌面图标】区域中选择准备添加的系统图标。

№2 单击【确定】按钮 确定，如图 3-3 所示。

### ■指点迷津

系统桌面图标包括计算机、用户的文件、网络、回收站和控制面板等图标，用户可根据个人需要选择添加。

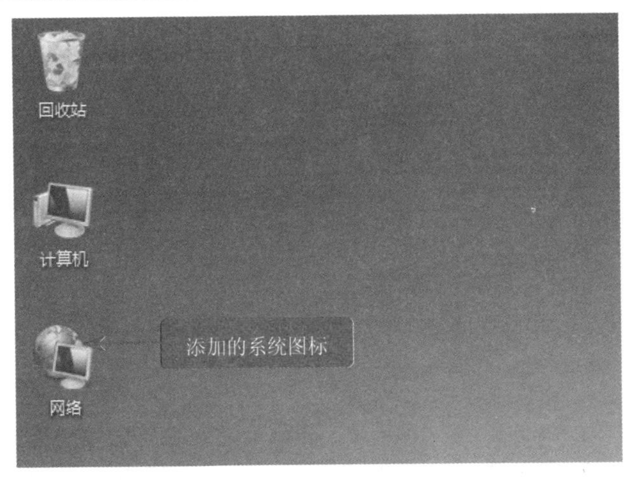


图 3-4

## 04 完成添加系统桌面图标的操作

返回 Windows 7 操作系统桌面，可以看到添加系统图标后的效果，如图 3-4 所示。

## 3.1.2 添加快捷方式图标

快捷方式图标是在安装某些程序时放置到桌面中的、自定义的文件或程序的快捷方式。利用快捷方式图标可以快速地打开文件或启动程序。下面详细介绍添加快捷方式图标的操作方法。

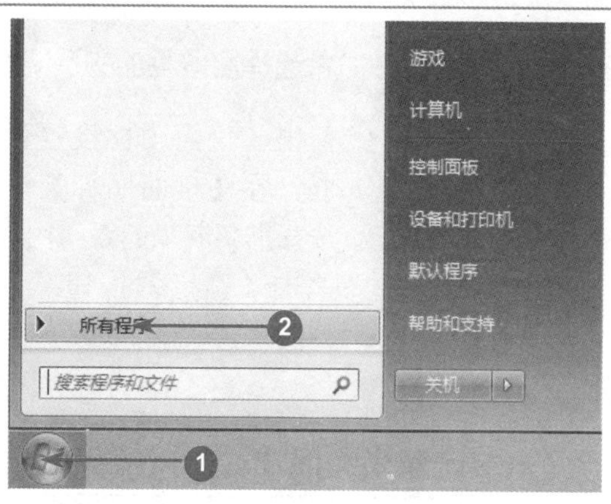


图 3-5

## 01 单击【开始】按钮，选择【所有程序】选项

№1 在 Windows 7 操作系统的左下角单击【开始】按钮。

№2 在弹出的快捷菜单中，选择【所有程序】选项，如图 3-5 所示。

### 多学一点

单击【开始】按钮后，将鼠标指针停放到【所有程序】选项上，也会打开【所有程序】菜单项。

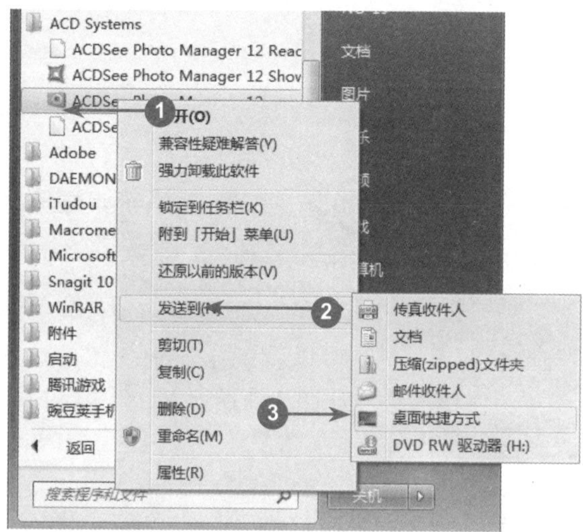


图 3-6

## 02 设置程序的桌面快捷方式

№1 打开【所有程序】菜单项，右键单击准备创建快捷方式的程序。

№2 在弹出的快捷菜单中选择【发送到】选项。

№3 选择【桌面快捷方式】选项，如图 3-6 所示。

图 3-7

## 03 显示创建的快捷方式图标

这时桌面上就显示出刚刚创建的快捷方式，如图 3-7 所示。

**智慧锦囊**

## 重命名桌面图标名称的操作

右键单击程序图标，在弹出的快捷菜单中，选择【重命名】选项，在弹出的文本框中输入自定义的名称，即可完成重命名桌面图标名称的操作。

## 3.1.3 排列桌面图标

在 Windows 7 操作系统中，为了使桌面整洁有序，用户可以给桌面上的程序图标进行排序。下面详细介绍排列桌面图标的操作方法。

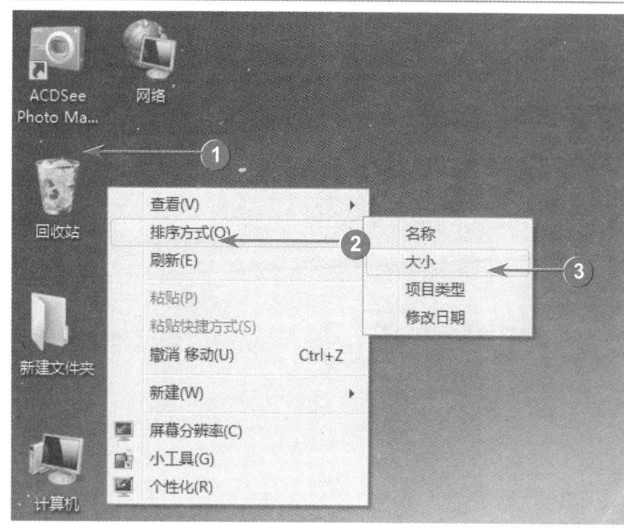


图 3-8

### 01 使用右键快捷菜单，选择排序方式

№1 进入 Windows 7 操作系统后，在系统桌面的空白处单击鼠标右键。

№2 在弹出的快捷菜单中，选择【排序方式】选项。

№3 在弹出的级联菜单中，选择准备排序的方式，如【大小】，如图 3-8 所示。

图 3-9

### 02 显示完成排列的桌面图标

此时返回到 Windows 7 操作系统界面，快捷方式图标就是按照文件的大小顺序排列的了，如图 3-9 所示。

## 3.1.4 更改桌面图标的查看方式

在 Windows 7 操作系统中，用户可以将桌面图标的大小随意更改，从而满足不同用户的查看需求。下面以将桌面图标更改为“大图标”为例，详细介绍如何更改桌面图标的查看方式。

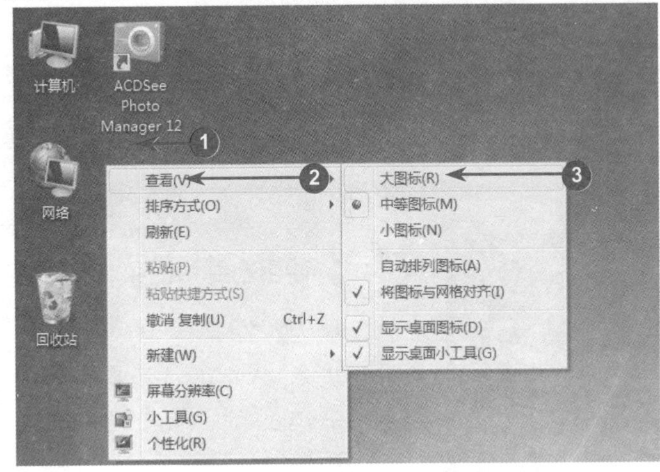


图 3-10

### 01 使用右键快捷菜单，选择查看方式

No1 进入 Windows 7 操作系统后，在系统桌面的空白处单击鼠标右键。

No2 在弹出的快捷菜单中，选择【查看】选项。

No3 在弹出的级联菜单中，选择准备查看的方式，如【大图标】，如图 3-10 所示。

图 3-11

### 02 完成更改桌面图标的查看方式

在 Windows 7 操作系统桌面上，可以看到桌面图标以“大图标”的形式显示，如图 3-11 所示。

## Section 3.2 使用【开始】菜单

【开始】菜单是电脑中应用程序的大本营，它汇集了电脑中常用的程序、文件夹和选项设置等，由于每一个用户对电脑的设置不同，因此【开始】菜单的显示形式以及选项内容也是不同的。本节将详细介绍使用【开始】菜单的相关知识及操作方法。

## 3.2.1 认识【开始】菜单的组成

用户单击【开始】按钮，即可打开【开始】菜单。【开始】菜单是 Windows 7 中很多操作的入口，它汇集了电脑中常用的程序、文件夹和选项设置等内容，如图 3-12 所示。

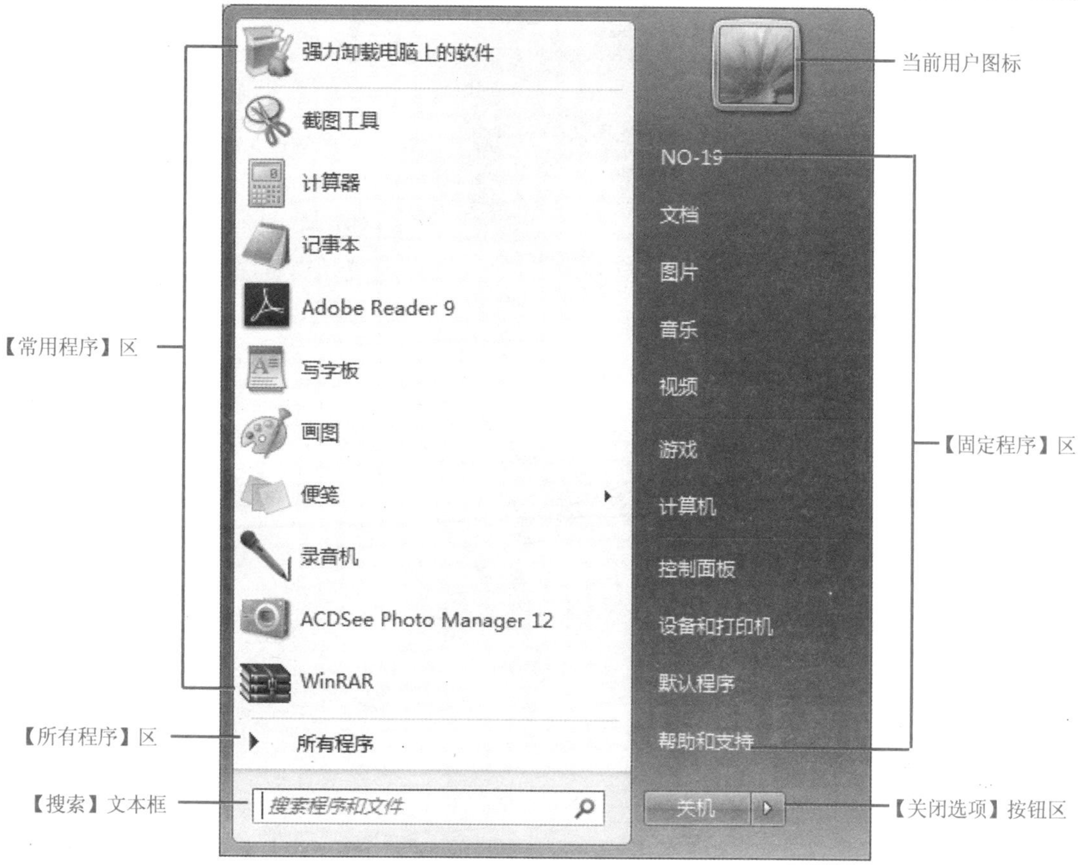

当前用户图标
【常用程序】区
【固定程序】区
【所有程序】区
【搜索】文本框
【关闭选项】按钮区

图 3-12

- 【常用程序】区：显示最近经常使用的程序图标，选择这些程序图标即可快速启动该程序图标对应的应用程序。
- 【所有程序】区：在【开始】菜单中选择【所有程序】选项，即可显示【所有程序】列表。该列表中显示了安装在此 Windows 7 系统中的所有程序。
- 【搜索】文本框：位于【开始】菜单的左下方，通过输入搜索项的名称可以在电脑上查找相关的程序和文件。
- 当前用户图标：显示当前用户的图标，单击该图标可以进行账户查看和设置。
- 【固定程序】区：显示系统中的固定程序，包括打开个人的文件夹、文档、图片、音乐、计算机、控制面板、设备和打印机、默认程序、帮助和支持等。
- 【关闭选项】按钮区：位于【开始】菜单的右下方，单击【关机】按钮即可关闭电脑。单击该按钮右侧的向右箭头可以选择执行休眠、注销和切换用户等操作。

## 3.2.2 启动应用程序的方法

在 Windows 7 操作系统中，使用【开始】菜单可以方便地打开计算机上所安装的应用程序。下面以启动“画图”程序为例，详细介绍启动应用程序的操作方法。

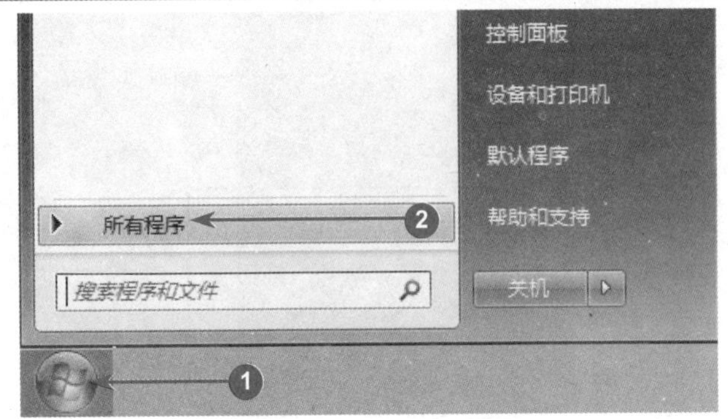


图 3-13

### 01 单击【开始】按钮，选择【所有程序】选项

№1 在 Windows 7 操作系统的左下角单击【开始】按钮。

№2 在弹出的快捷菜单中，选择【所有程序】选项，如图 3-13 所示。

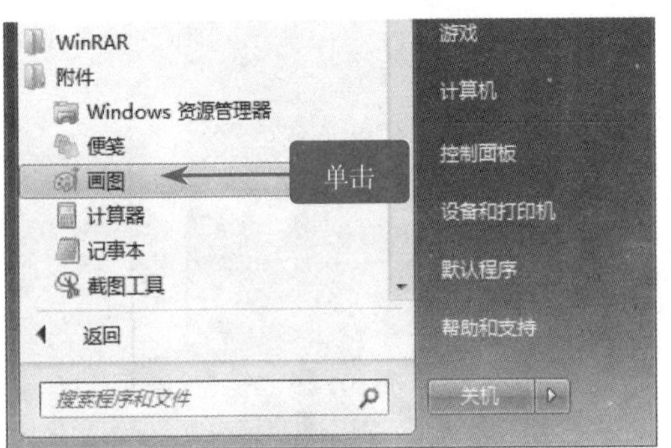


图 3-14

### 02 打开【所有程序】菜单项，选择准备启动的程序

打开【所有程序】列表框，单击准备启动的应用程序，如“画图”程序，如图 3-14 所示。

图 3-15

### 03 完成启动应用程序的操作

这时选择的“画图”程序已启动，如图 3-15 所示。

**■多学一点**

在 Windows 7 操作系统中，打开【所有程序】列表框后，在【附件】文件夹中有许多系统自带的实用小工具的应用程序。

## 3.2.3 搜索功能的应用

在 Windows 7 操作系统中，通过输入搜索项内容可以在电脑上轻松地查找到相关程序和文件。下面以搜索“计算器”程序为例，详细介绍搜索功能的使用方法。

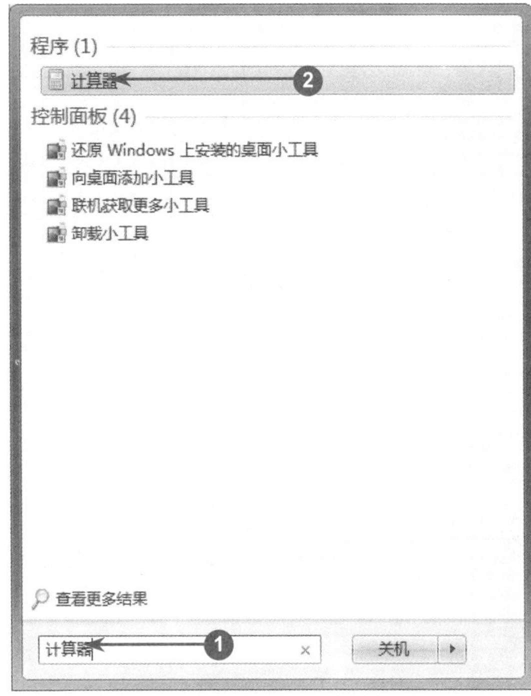

图 3-16

### 01 打开【开始】菜单，在【搜索】文本框中输入搜索项

№1 打开【开始】菜单后，在【搜索】文本框中输入准备搜索的应用程序名称，如“计算器”。

№2 在【搜索】文本框上方会显示电脑所搜索的项目列表，在【程序】区域下方选择【计算器】选项，如图 3-16 所示。

**■指点迷津**

Windows 7【开始】菜单中搜索功能的适用范围是整个电脑，支持搜索文件和程序等。

另外，Windows 7【开始】菜单中搜索框所显示的搜索结果有“程序”，还有“控制面板”的若干功能，以及部分文件相关的图片等。

图 3-17

### 02 完成搜索操作，启动搜索到的程序

搜索到的应用程序已经启动，这样即可使用搜索功能，如图 3-17 所示。

**■多学一点**

从搜索结果可见，假如搜索的是已安装的程序，则可以马上显示出来。如果用户觉得搜索结果不是自己想要的，可以单击【查看更多结果】选项。

## 快速启动搜索到的应用程序

智慧锦囊

打开【开始】菜单，在【搜索】文本框中输入准备搜索的应用程序名称后，按下键盘上的〈Enter〉键，即可快速启动搜索到的应用程序。

## 3.2.4 设置【开始】菜单

系统会将经常使用的程序项目自动添加到【开始】菜单左侧窗格的上方。其实【开始】菜单中的项目是可以自定义设置的，这样用户就可以快速查找到所需的程序和文件等。下面将详细介绍设置【开始】菜单的操作方法。

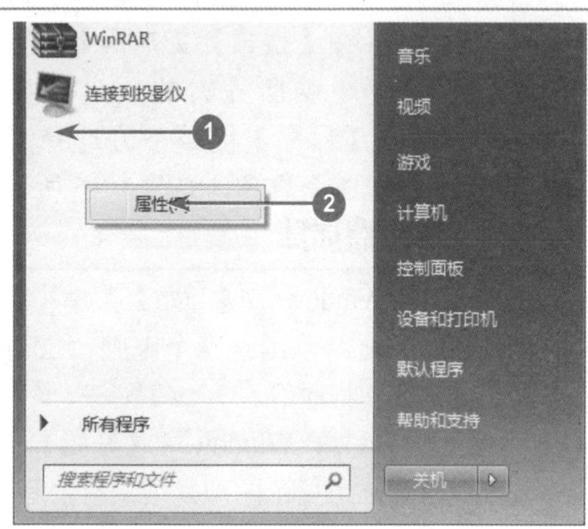


图 3-18

**01 右键单击【开始】菜单空白处，选择【属性】命令**

№1 打开【开始】菜单后，使用鼠标右键单击【开始】菜单的空白处。

№2 在弹出的快捷菜单中，选择【属性】选项，如图 3-18 所示。

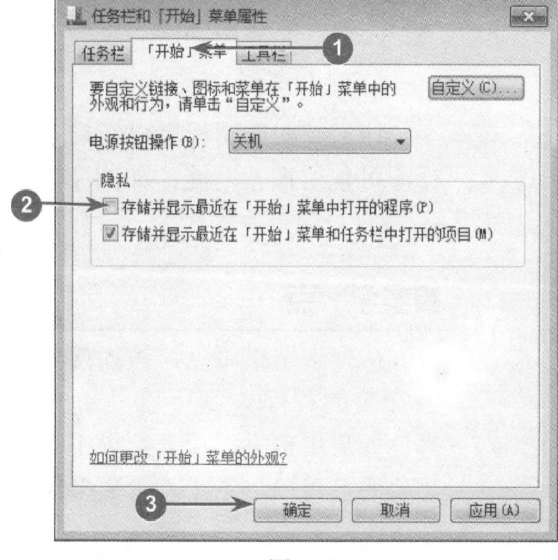


图 3-19

**02 弹出【任务栏和「开始」菜单属性】对话框，设置【开始】菜单属性。**

№1 弹出【任务栏和「开始」菜单属性】对话框，选择【「开始」菜单】选项卡。

№2 在【隐私】区域下方，取消选择【存储并显示最近在「开始」菜单中打开的程序】复选框。

№3 单击【确定】按钮，如图 3-19 所示。

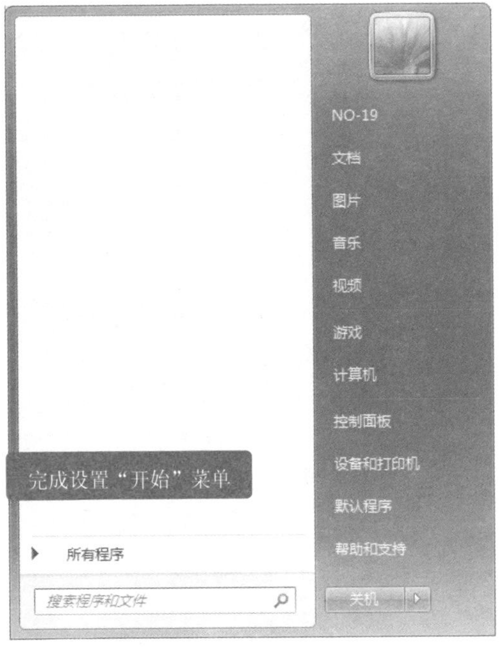


图 3-20

**03 完成设置【开始】菜单，显示设置效果**

返回【开始】菜单可以看到，添加到【开始】菜单左侧窗格上方的程序已经消失，如图 3-20 所示。

**■多学一点**

在弹出的【任务栏和开始菜单属性】对话框中，单击【自定义】按钮 自定义(C)...，弹出【自定义开始菜单】对话框，可以在其中设置【开始】菜单上的链接、图标和菜单的外观及形式，还可以设置【最近打开程序的显示数目】和【显示在跳转列表上的最近项目数】。

# Section 3.3 操作任务栏

任务栏位于 Windows 7 系统桌面的底部，由【开始】按钮、快速启动栏、程序按钮、语言栏和通知区域组成。用户根据需要可以对任务栏进行设置。本节将详细介绍操作任务栏的相关知识及操作方法。

## 3.3.1 调整任务栏的位置

在默认情况下，任务栏的位置是在桌面的下方，用户若不习惯，可以通过属性设置来进行调节。下面详细介绍调整任务栏位置的操作方法。

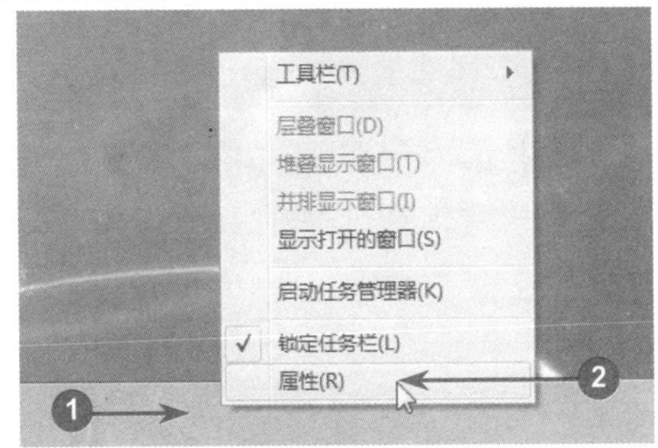


图 3-21

**01 右键单击任务栏空白处，选择【属性】命令**

No1 在 Windows 7 操作系统中，使用鼠标右键单击任务栏的空白处。

No2 在弹出的快捷菜单中，选择【属性】选项，如图 3-21 所示。

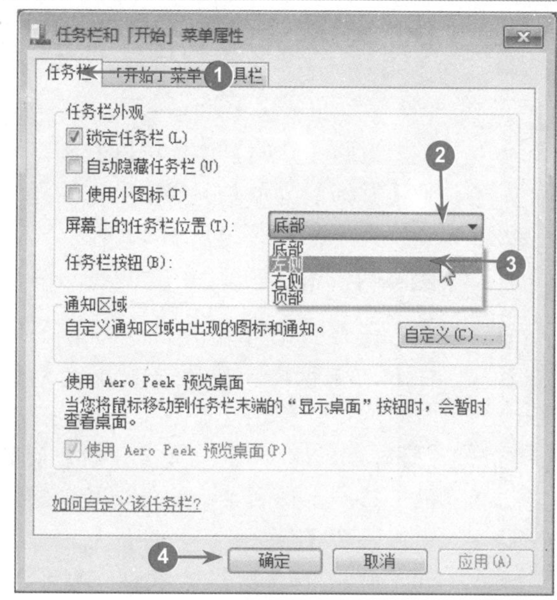


图 3-22

## 02 弹出【任务栏和「开始」菜单属性】对话框，设置任务栏的位置

№1 弹出【任务栏和「开始」菜单属性】对话框，选择【任务栏】选项卡。

№2 单击【屏幕上的任务栏位置】下拉列表框的下拉按钮▼。

№3 在弹出的下拉列表项中选择准备调整任务栏的位置，如选择【左侧】。

№4 单击【确定】按钮确定，如图 3-22 所示。

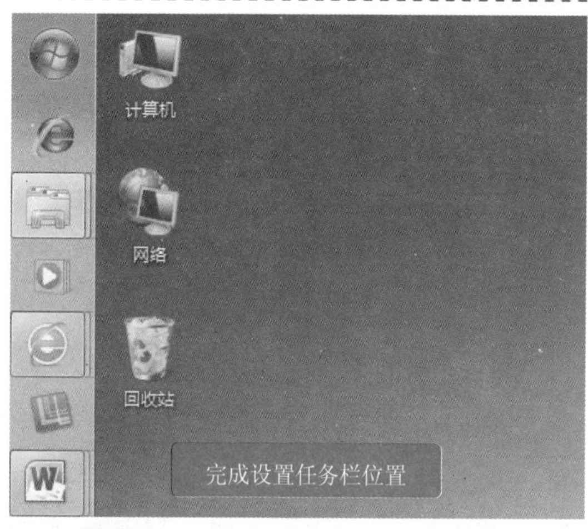


图 3-23

## 03 显示设置效果

返回桌面，可以看到任务栏的位置在桌面的左侧，如图 3-23 所示。

### ■多学一点

在 Windows 7 操作系统中，任务栏的位置可以调整到桌面的底部、左侧、右侧和顶部。用户可以根据个人需要，通过【任务栏和「开始」菜单属性】对话框进行设置。

### 设置任务栏外观

智慧锦囊

打开【任务栏和「开始」菜单属性】对话框后，首先选择【任务栏】选项卡，然后在【任务栏外观】区域中对任务栏的外观进行相关设置，最后单击【确定】按钮确定即可。

## 3.3.2 调整任务栏的大小

在默认状态下，Windows 7 任务栏呈现锁定状态，如果准备调整任务栏的大小，应先解

除任务栏的锁定状态。下面详细介绍调整任务栏大小的操作方法。

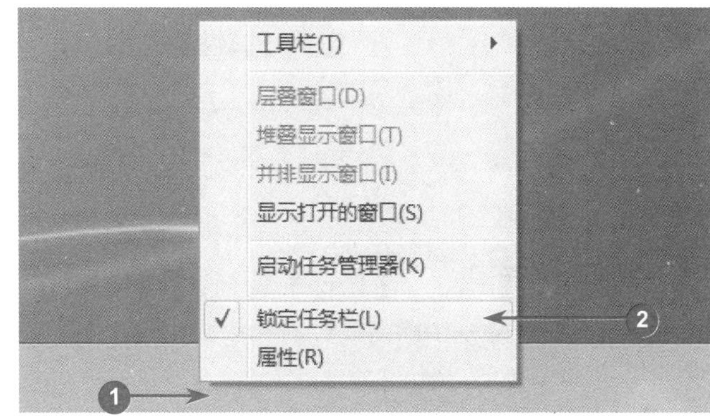

图 3-24

01 右键单击任务栏空白处，解除锁定

№1 在 Windows 7 操作系统中，使用鼠标右键单击任务栏的空白处。

№2 在弹出的快捷菜单中，取消选择【锁定任务栏】选项，如图 3-24 所示。

图 3-25

02 单击并拖动鼠标，调整任务栏的大小

移动鼠标指针指向任务栏的上边缘，待鼠标指针变为垂直双向箭头⇕时，单击并拖动鼠标指针，拖动到合适的尺寸释放鼠标左键即可调整任务栏的大小，如图 3-25 所示。

**快速显示桌面**

智慧锦囊

打开多个窗口后，如果想要快速地将所有窗口最小化并显示桌面，可以在任务栏中的通知区域单击 Windows 7 操作系统提供的【显示桌面】按钮。

### 3.3.3 更改任务栏中程序图标的显示方式

在 Windows 7 操作系统中，任务栏中的程序图标较大，有时可以根据需要使其以小图标的方式显示。下面详细介绍更改任务栏中程序图标显示方式的操作方法。

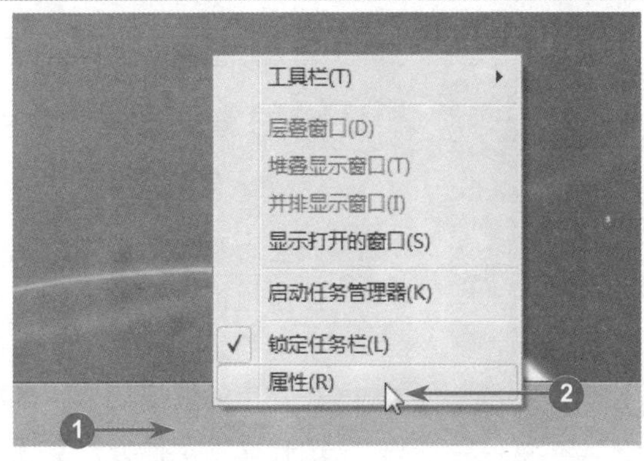


图 3-26

## 01 右键单击任务栏的空白处，选择【属性】命令

№1 在 Windows 7 操作系统中，使用鼠标右键单击任务栏的空白处。

№2 在弹出的快捷菜单中，选择【属性】选项，如图 3-26 所示。

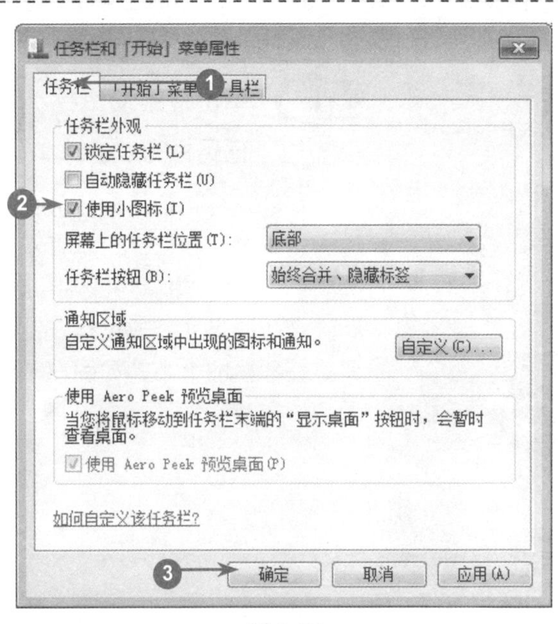


图 3-27

## 02 弹出对话框，设置程序图标的显示方式

№1 弹出【任务栏和「开始」菜单属性】对话框，选择【任务栏】选项卡。

№2 在【任务栏外观】区域中，选择【使用小图标】复选框。

№3 单击【确定】按钮确定，如图 3-27 所示。

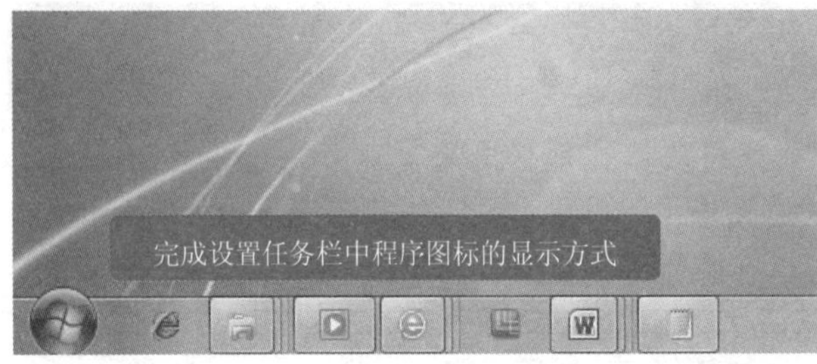


图 3-28

## 03 显示设置效果

返回桌面，可以看到任务栏中的程序图标以小图标的形式显示，如图 3-28 所示。

## 3.3.4 隐藏任务栏

在 Windows 7 操作系统中，任务栏可以缩略图显示、操作中心以及通知区域显示等。如

果使用得当，将会大大提高用户的工作效率，并且让用户的桌面任务栏变得更加个性化和美观。下面详细介绍隐藏任务栏的操作方法。

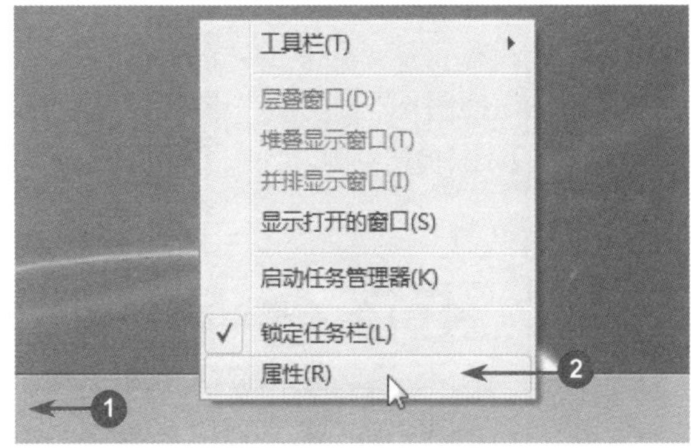


图 3-29

### 01 右键单击任务栏的空白处，选择【属性】命令

№1 在 Windows 7 操作系统中，使用鼠标右键单击任务栏的空白处。

№2 在弹出的快捷菜单中，选择【属性】选项，如图 3-29 所示。

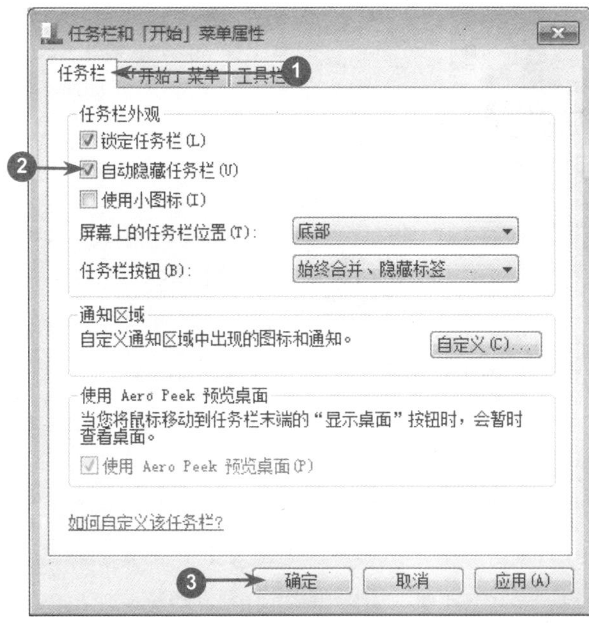


图 3-30

### 02 弹出对话框，设置自动隐藏任务栏

№1 弹出【任务栏和「开始」菜单属性】对话框，选择【任务栏】选项卡。

№2 在【任务栏外观】区域中，选择【自动隐藏任务栏】复选框。

№3 单击【确定】按钮 确定 ，如图 3-30 所示。

**■指点迷津**

隐藏任务栏后，移动鼠标指针指向桌面底部即可再次弹出任务栏。

图 3-31

### 03 完成设置任务栏的隐藏操作，显示设置效果

返回到 Windows 7 系统桌面即可看到隐藏任务栏后的效果，如图 3-31 所示。

## 3.3.5 隐藏通知区域图标

在 Windows 7 操作系统中，用户每天对任务栏的操作可能是最多的，因为所有常用或者打开的程序、文件，都会在任务栏上显示出一个最小化的图标。通过这个图标，用户可以很容易地对其进行激活或者隐藏等。下面以隐藏【音量】图标为例，详细介绍隐藏通知区域图标的操作方法。

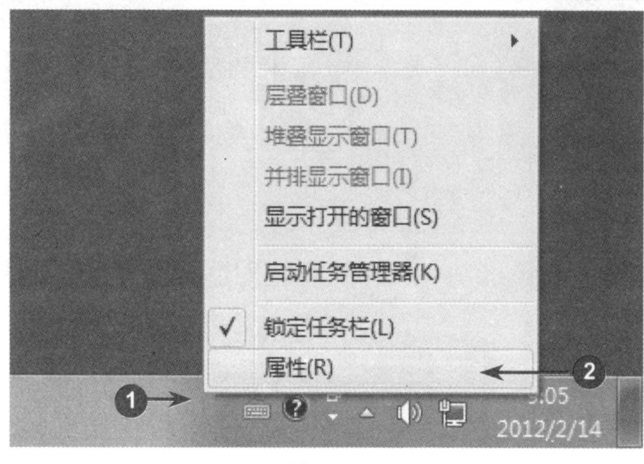

图 3-32

### 01 右键单击任务栏的空白处，选择【属性】命令

№1 在 Windows 7 操作系统中，使用鼠标右键单击任务栏的空白处。

№2 在弹出来的快捷菜单中，选择【属性】选项，如图 3-32 所示。

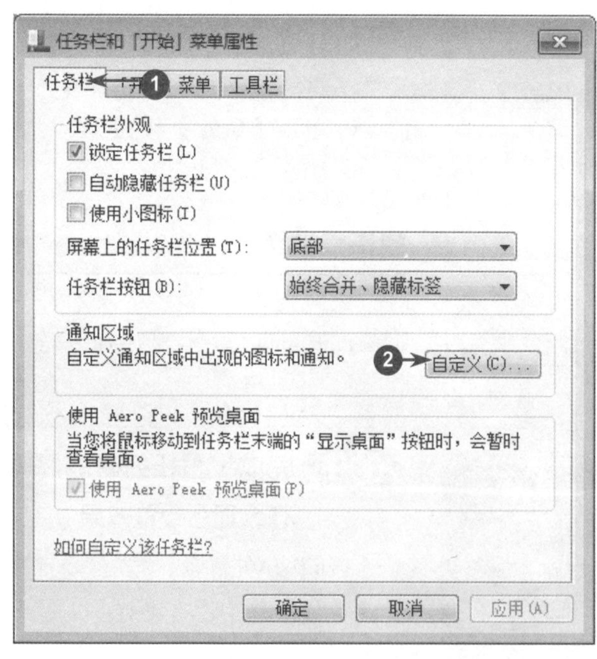

图 3-33

### 02 弹出对话框，单击【自定义】按钮

№1 弹出【任务栏和「开始」菜单属性】对话框，选择【任务栏】选项卡。

№2 在【通知区域】区域中，单击【自定义】按钮，如图 3-33 所示。

### 多学一点

单击【通知区域】中的下拉按钮，在弹出的列表框中选择【自定义】链接，也可以打开【通知区域图标】窗口。

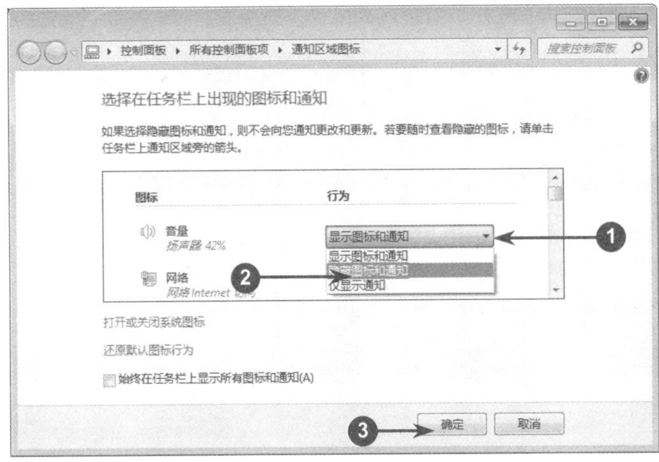


图 3-34

### 03 打开新窗口，隐藏通知区域图标

№1 打开【通知区域图标】窗口，单击【音量】区域中的下拉按钮▼。

№2 在弹出的下拉列表中，选择【隐藏图标和通知】选项。

№3 单击【确定】按钮 确定 ，如图 3-34 所示。

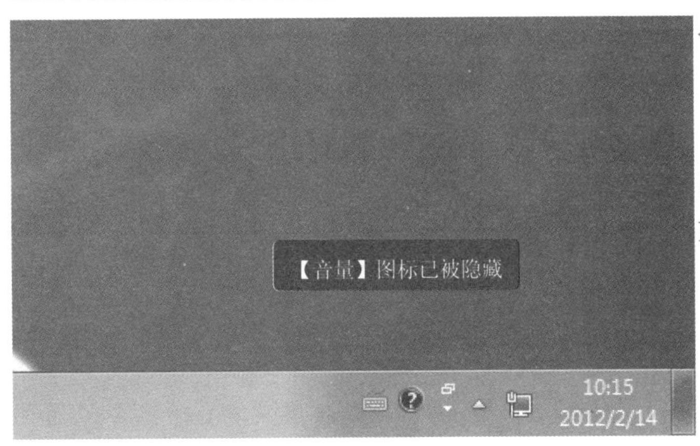


图 3-35

### 04 完成隐藏通知区域图标，显示设置效果

返回到 Windows 7 系统桌面可以看到【音量】图标已被隐藏，如图 3-35 所示。

## Section 3.4 操作 Windows 7 窗口

窗口是指可以放大、缩小、关闭或移动的特定区域。在 Windows 7 操作系统中，应用程序、文件或文件夹被打开时，都会以窗口的形式显示在桌面上，并且对文件或文件夹的大部分操作都是在窗口中进行的。本节将详细介绍操作 Windows 7 窗口方面的相关知识及操作方法。

### 3.4.1 窗口的组成

在 Windows 7 操作系统中，窗口是由标题栏、菜单栏、工具栏、地址栏、任务窗格、窗口工作区、状态栏和滚动条等组成的。下面以图 3-36 所示的【图片】窗口为例，介绍窗口的组成。

图 3-36

### 1. 前进和后退按钮区

前进和后退按钮区位于窗口的左上方，包括【后退】按钮、【前进】按钮和下拉箭头，可以快速地在前一个窗口和后一个窗口之间进行切换。

### 2. 控制按钮区

控制按钮区位于窗口的右上方，包括【最小化】按钮、【最大化】按钮/【还原】按钮和【关闭】按钮，用于完成移动窗口、改变窗口大小和关闭窗口等操作。

### 3. 地址栏

地址栏位于窗口的上方，用于查看当前窗口在计算机或网络上的位置。在地址栏右侧单击【刷新】按钮可以刷新当前页面。输入文件路径后，单击【转到】按钮，即可打开相应的窗口。

### 4. 搜索栏

搜索栏位于窗口的右上方，用于搜索该窗口中的文件。在搜索栏中输入搜索内容，在键盘上按下〈Enter〉键即可进行文件的搜索。

### 5. 菜单栏

在键盘上按下〈Alt〉键，即可在窗口的上方显示菜单栏，包括【文件】【编辑】【查看】【工具】【帮助】等 5 个主菜单项，分别用于执行相应的操作。

### 6. 工具栏

工具栏位于窗口的上方，提供了一些基于窗口内容的基本操作工具，用于执行一些基本的操作。

### 7. 导航窗格

导航窗格位于窗口的左侧，以树结构显示文件夹列表和一些辅助信息，从而方便使用者快速地定位所需的内容。

### 8. 窗口工作区

窗口工作区位于窗口的中间位置，是窗口的主体。它用于显示该窗口中的主要内容，如文件夹、磁盘驱动器、图片、视频和声音等。

### 9. 详细信息面板

详细信息面板位于窗口的最下方，用于显示当前操作的状态及提示信息，或用于显示当前选中对象的详细信息。

**快速进行最大化、还原或最小化窗口**

智慧锦囊

在【我的电脑】窗口标题栏的右侧，显示【最小化】按钮、【最大化】按钮和【还原】按钮，通过单击这些按钮即可实现窗口的最大化、还原或最小化。

## 3.4.2 移动窗口

在 Windows 7 操作系统中，窗口在桌面上的位置是可以移动的，用户可以将窗口置于最方便操作的位置。其具体方法为：打开窗口后，移动鼠标指针指向标题栏中除窗口图标和按钮外的任意位置，单击并拖动鼠标指针到合适的位置，释放鼠标左键即可移动窗口，如图 3-37 所示。

图 3-37

## 3.4.3 改变窗口大小

有时候为了在小窗口里把窗口中的项目全部显示出来，就需要调整窗口的大小。用户可以通过拖动窗口边框来改变窗口的大小。下面将详细介绍改变窗口大小的操作方法。

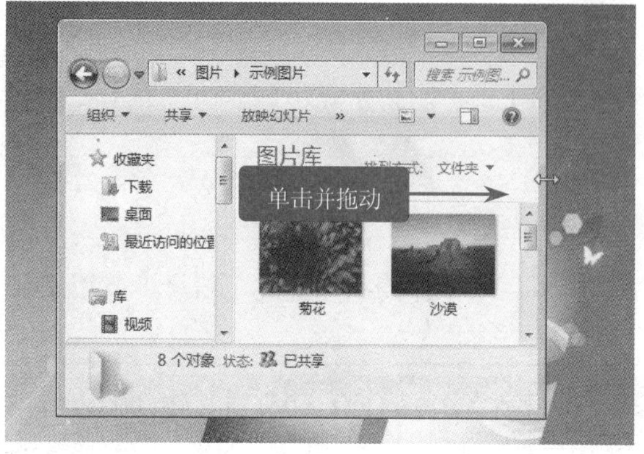


图 3-38

### 01 将鼠标指针变为双箭头，调整窗口的宽度

将鼠标指针移动到窗口右侧的边框处，当光标呈双箭头状时，按下鼠标左键不放，然后向右拖动鼠标，即可调整窗口的宽度，如图 3-38 所示。

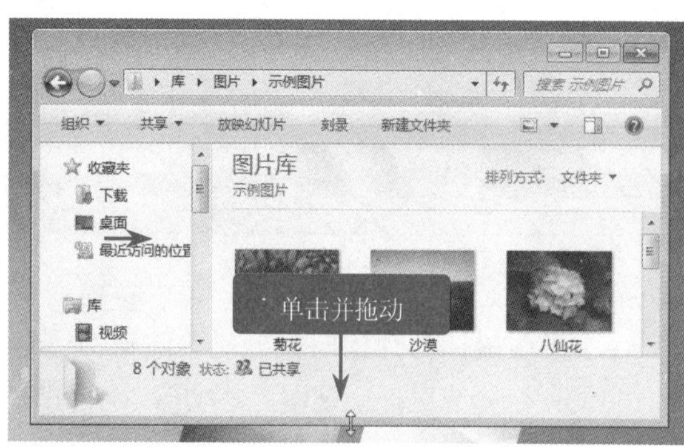


图 3-39

### 02 将鼠标指针变为双箭头，调整窗口高度

将鼠标指针移动到窗口的下边框处，当光标呈双箭头状时，按下鼠标左键不放，然后向下拖动鼠标，即可调整窗口的高度，如图 3-39 所示。

图 3-40

### 03 同时调整窗口的宽度和高度

将鼠标指针移动到窗口的右下角，当光标呈双箭头状时，按下鼠标左键不放，然后向左上或右下拖动鼠标，即可同时调整窗口的宽度和高度，如图 3-40 所示。

## 3.4.4 多窗口排列

如果在桌面上打开了多个程序或文档窗口，那么前面打开的窗口会被后面打开的窗口所覆盖。如果想在桌面上显示所有打开的窗口内容，可以对窗口进行重新排列。下面将具体介绍多窗口排列的操作方法。

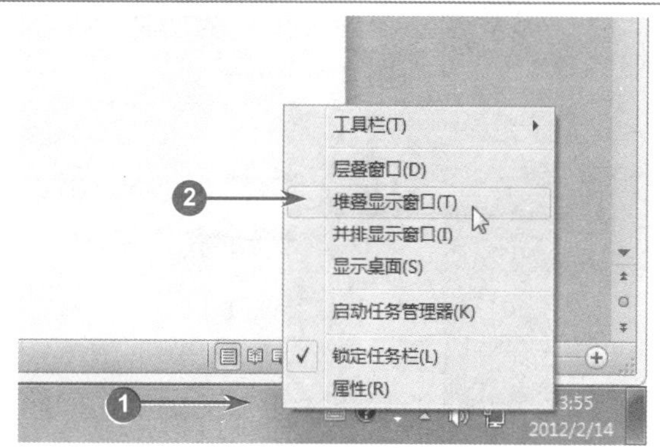


图 3-41

### 01 使用右键快捷菜单，选择一种排列方式

№1 在任务栏的空白处单击鼠标右键。

№2 在弹出的快捷菜单中，选择一种排列方式，如选择【堆叠显示窗口】选项，如图 3-41 所示。

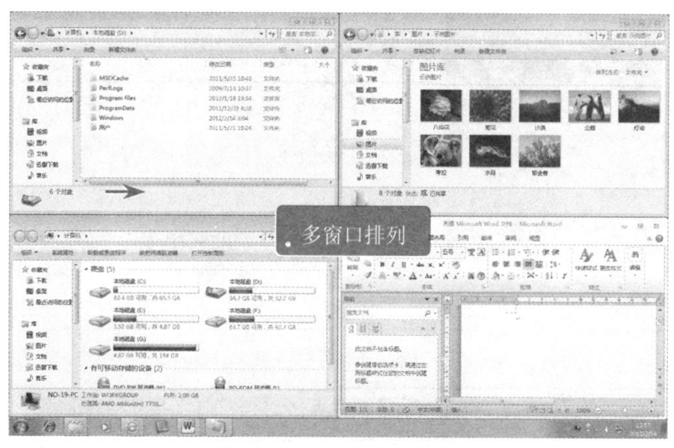


图 3-42

### 02 完成排列，多个窗口呈堆叠效果显示。

多个窗口显示出堆叠效果，如图 3-42 所示。

**■指点迷津**

Windows 7 操作系统提供了层叠窗口、堆叠显示窗口和并排显示窗口 3 种窗口显示方式，用户可以根据个人需要选择一种窗口排列方式。

## 3.4.5 多窗口切换预览

如果用户在桌面上打开多个窗口，但只对其中一个程序窗口进行操作，那么该窗口称为活动窗口。活动窗口在所有打开的程序窗口的最前面，又称前台运行。如果用户准备对某一程序窗口进行操作，那么需将其切换为活动窗口。下面将详细介绍多窗口切换预览的操作方法。

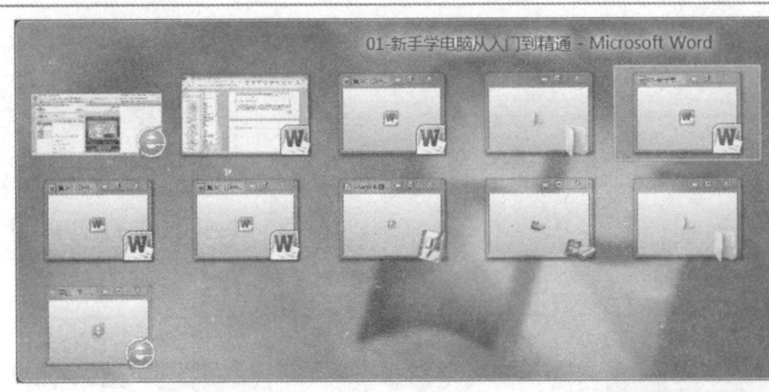

图 3-43

### 01 按下键盘上的〈Alt+Tab〉组合键循环切换

按住〈Alt〉键不放，并重复按〈Tab〉键，就可以循环切换所有打开的窗口和桌面。释放〈Alt〉键可以显示所选的窗口，如图 3-43 所示。

图 3-44

### 02 通过 Windows Fild 3D 切换活动窗口

Windows Fild 3D 以三维堆栈方式排列窗口。单击〈Windows+Tab〉组合键即可打开 Windows Fild 3D 窗口，然后单击堆栈中的任意窗口即可显示该窗口，如图 3-44 所示。

**■多学一点**

用户也可以重复按〈Tab〉键或滚动鼠标滚轮来循环切换打开的窗口，然后释放〈Windows〉键即可显示堆栈中最前面的窗口。

**智慧锦囊**

**快速进行最大化窗口**

用户可以双击标题栏将窗口最大化。另外在 Windows 7 系统中拖动某个窗口到桌面的最上方，也可以最大化该窗口。

## 3.4.6 关闭窗口

在窗口中查看或操作完文件或文件夹后，应该关闭窗口以节省内存资源。下面将详细介绍关闭窗口的两种方法。

图 3-45

## 01 通过【关闭】按钮，关闭窗口

打开窗口后，在标题栏的右上角单击【关闭】按钮，即可关闭窗口，如图 3-45 所示。

### ■多学一点

打开窗口后，如果将窗口最大化至整个屏幕，使用鼠标将无法移动窗口。

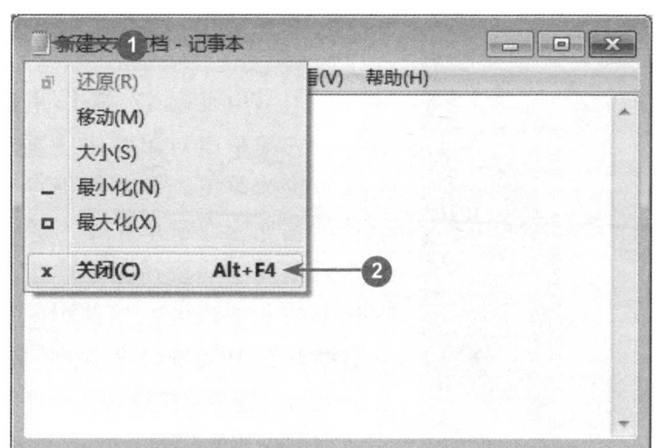


图 3-46

## 02 通过窗口图标，关闭窗口

№1 打开窗口后，在标题栏中单击窗口图标。

№2 在弹出的下拉菜单中选择【关闭】选项即可关闭窗口，如图 3-46 所示。

# Section 3.5 使用菜单与对话框

菜单是一组包含了功能相同或相近的操作命令的集合。菜单中的每一项都对应一个命令，单击即可实现相应的操作。对话框是一种特殊的窗口，是用户与各种命令沟通的桥梁。当选择的命令需要进行进一步操作时，就会弹出对话框，通过对话框操作可以完成各种设置。本节将详细介绍使用菜单与对话框方面的相关知识及操作方法。

## 3.5.1 使用菜单

在一般情况下，菜单分为窗口菜单和快捷菜单。下面将分别详细介绍使用窗口菜单和快捷菜单的操作方法。

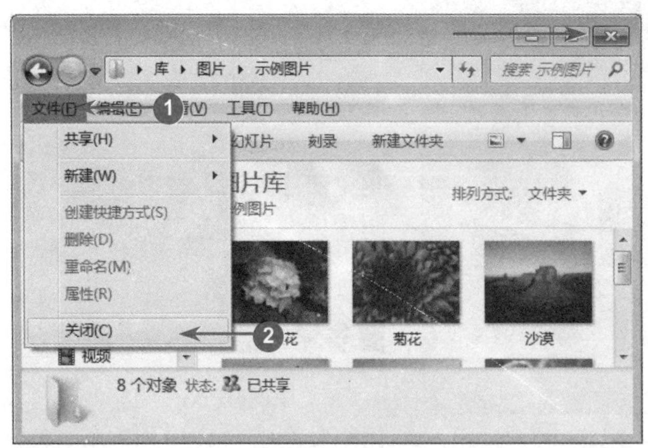


图 3-47

## 01 使用窗口菜单

如果准备使用窗口菜单，那么在窗口的菜单栏中单击菜单名称，然后在弹出的下拉菜单中选择准备应用的选项即可。如在【示例图片】窗口中依次单击【文件】→【关闭】即可关闭窗口，如图 3-47 所示。

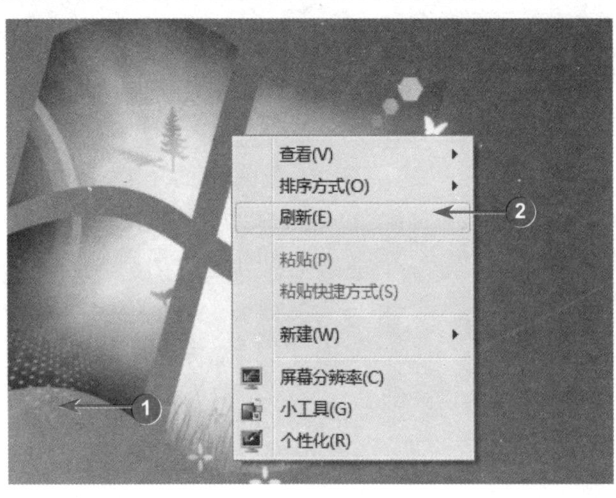


图 3-48

## 02 使用快捷菜单

在 Windows 7 操作系统中，右键单击对象弹出的菜单称为快捷菜单。使用快捷菜单时，首先应右键单击某对象，然后在弹出的快捷菜单中选择其中的选项即可。如使用鼠标右键单击 Windows 7 桌面，在弹出的快捷菜单中选择【刷新】选项即可刷新屏幕，如图 3-48 所示。

## 3.5.2 使用对话框

对话框是用户与电脑进行交流的窗口。Windows 7 操作系统会按照对话框中已经设置好的信息进行操作并显示设置的效果。对话框中包括的组件有选项卡、单选按钮、复选框、文本框、微调框和下拉列表框等。在对话框中，会有许多不同的组件来共同完成相应的设置。下面将分别予以详细介绍。

### 1. 选项卡

当对话框中的命令较多时，为了避免对话框太大，通常采用几个选项卡叠加的方法来处理。Windows 7 按其类别的不同分为若干选项卡，每个选项卡都有自己的名称，单击名称即可在选项卡之间进行切换，如图 3-49 所示。

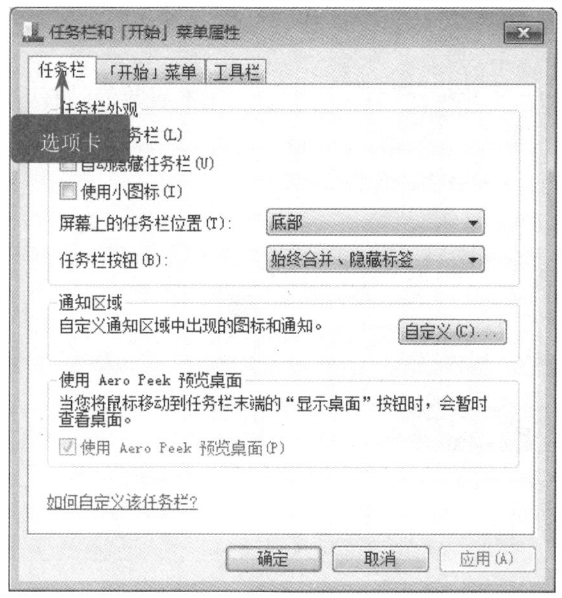


图 3-49

## 2. 单选按钮

单选按钮的标志是一个空白的圆圈，单击空白圆圈即可选中单选按钮，选中后在空白圆圈内部将出现实心圆点。另外，单选按钮是一组互相排斥的选项，每次选择一项后，同一区域内的其他单选按钮内部的实心圆点都会自动取消，如图 3-50 所示。

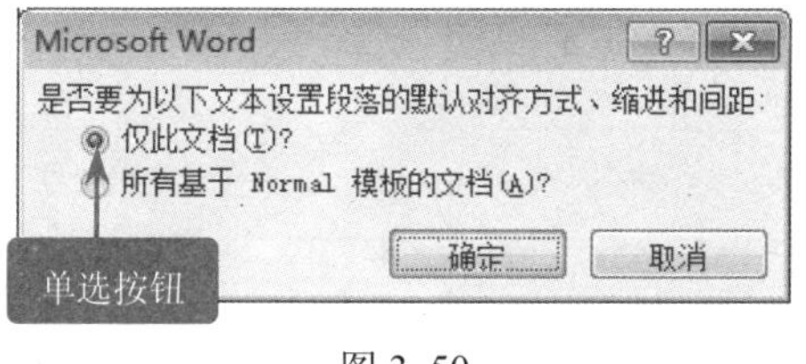


图 3-50

## 3. 复选框

复选框的标志是一个空白方框。单击空白方框，在空白方框中显示一个对号表示选中复选框。在同一区域中可以同时选中一个或多个复选框，如图 3-51 所示。

图 3-51

### 4. 文本框

文本框是对话框中的一个空白区域，用于输入文本或数值。有时在弹出对话框后，文本框中会显示系统建议的信息。如果想要更改该信息，就在文本框内的空白处单击，当框内出现光标插入点时就可以输入文字了，如图 3-52 所示。

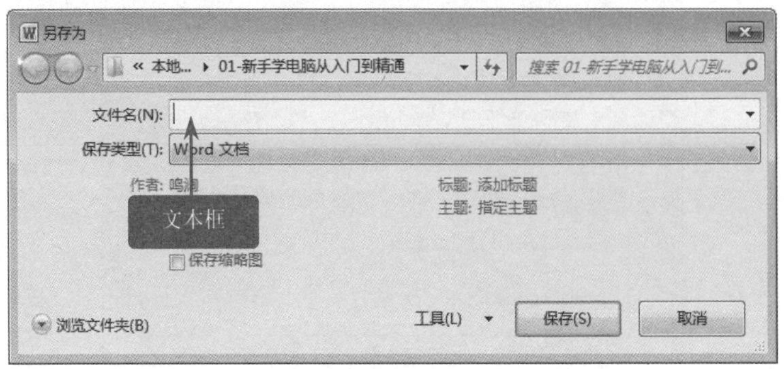


图 3-52

### 5. 微调框

微调框主要用于调整数字的范围。单击微调框右侧的向上箭头，数值将增大；单击向下箭头，数值将减小。另外，为了简化操作过程，用户也可以在微调框中直接输入数值，如图 3-53 所示。

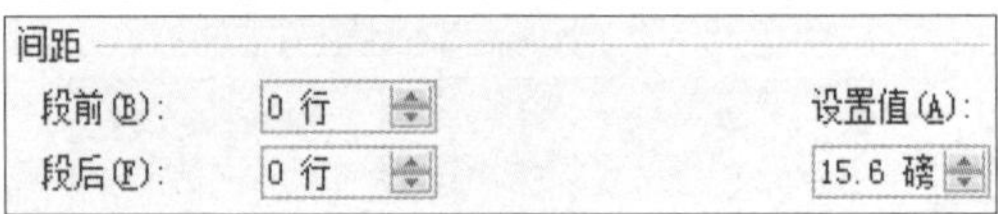


图 3-53

### 6. 列表框

在列表框中，系统已经将可选项事先准备好了，不需要用户再输入文字。当选项多于列表框一次所能显示的数量时，在列表框中就会出现滚动条。用户可以通过单击选择需要的选项，一般只能选择一项，如图 3-54 所示。

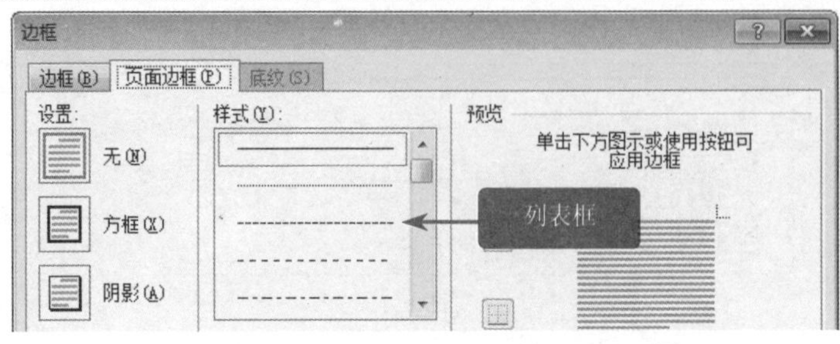


图 3-54

### 7. 下拉列表框

下拉列表框与列表框相似，它的旁边有一个下拉按钮▾。单击下拉列表框右侧的下拉按钮▾，将弹出一个列表，在列表中选择选项即可进行操作，如图 3-55 所示。

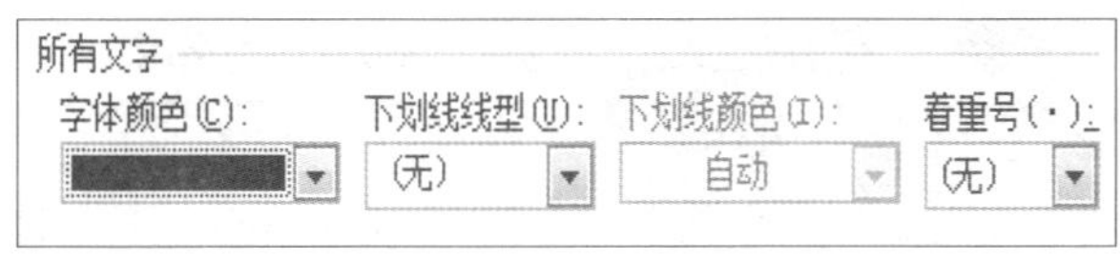


图 3-55

## Section 3.6 实践案例与上机指导

读者通过对本章内容的学习，可以掌握操作 Windows 7 桌面图标的方法，并对使用【开始】菜单、操作任务栏、窗口、菜单和对话框的知识有所了解。本节将针对以上所学知识制作几个案例，分别是添加桌面小工具和重命名桌面图标，希望通过对这几个案例的实践，读者能够完全掌握本章所学的知识。

### 3.6.1 添加桌面小工具

Windows 7 操作系统中包含了一个小型的桌面工具集，在默认情况下，它不会自动打开。下面将详细介绍添加桌面小工具的操作方法。

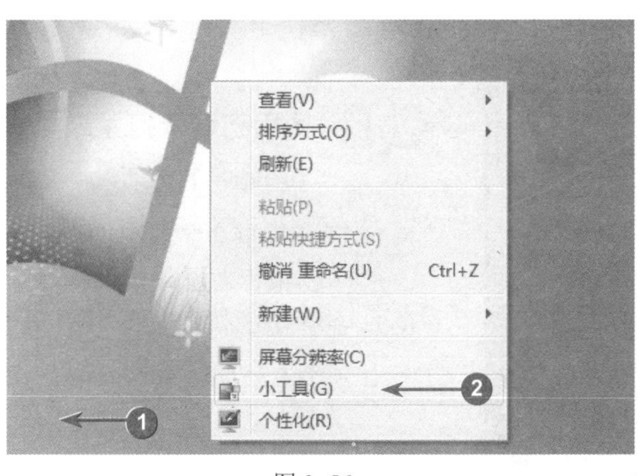


图 3-56

**01 使用右键快捷菜单，选择【小工具】选项**

№1 在 Windows 7 操作系统桌面的空白处，单击鼠标右键。

№2 在弹出的快捷菜单中选择【小工具】选项，如图 3-56 所示。

图 3-57

**02 弹出小工具窗口，双击准备添加的小工具**

弹出【小工具】窗口，双击与该小工具对应的图标，如图 3-57 所示。

**■指点迷津**

在【小工具】窗口中，用户可以添加多个小工具，即双击其他小工具的图标即可。

图 3-58

**03 完成添加桌面小工具，显示添加后的效果**

选择的小工具已被添加到桌面上，这样即可添加桌面小工具，如图 3-58 所示。

**■多学一点**

如果用户需要在边栏中移动小工具，则将光标移动至需要移动的小工具上，然后按住鼠标左键不放，拖动图标至所需处，再释放鼠标即可。

## 3.6.2 重命名桌面图标

如果用户对保存到桌面上的图标名称不满意，那么可以通过右键快捷菜单将其重命名。下面将详细介绍重命名桌面图标的操作方法。

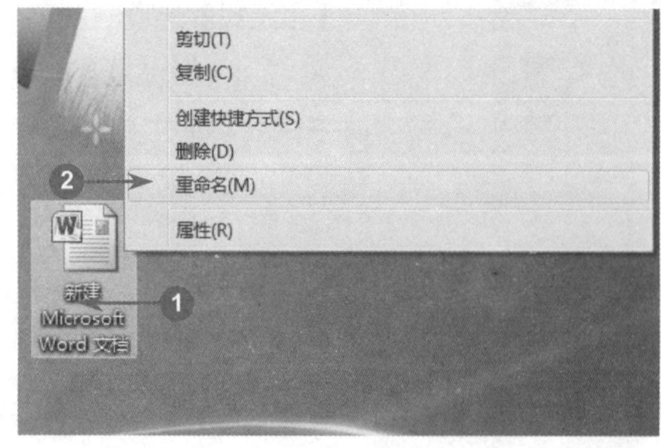


图 3-59

**01 使用右键快捷菜单，选择【重命名】选项**

No1 在准备重命名的桌面图标上，单击鼠标右键。

No2 在弹出的快捷菜单中选择【重命名】选项，如图 3-59 所示。

图 3-60

## 02 出现文本框，输入准备修改的名称

系统会自动出现一个文本框，在文本框中输入准备修改的名称，然后按下键盘上的〈Enter〉键即可重命名桌面图标，如图 3-60 所示。

# 读书笔记

# 第4章
# 轻松管理电脑中的文件

## 本章内容导读

本章主要介绍文件和文件夹、浏览与查看文件方面的知识与技巧，同时还会讲解文件与文件夹的基本操作。在本章的最后还会针对实际的工作需求，讲解还原回收站中的文件和清空回收站的操作方法。通过对本章的学习，读者可以掌握管理电脑中的文件方面的知识，为进一步学习电脑知识奠定基础。

## 本章知识要点

◎ 认识文件和文件夹
◎ 浏览与查看文件
◎ 文件与文件夹的基本操作
◎ 使用回收站

Section
# 4.1 认识文件和文件夹

在管理电脑中的资源时，常常需要用到文件和文件夹。保存在计算机磁盘上的一组相关的数据称为文件，文件是用文件夹来分类存储的。本节将详细介绍认识文件和文件夹方面的知识。

## 4.1.1 磁盘分区与盘符

在计算机中存放信息的主要存储设备是硬盘，但是硬盘不能被直接使用，必须对其进行分割。分割成的一块一块的硬盘区域就是磁盘分区。

盘符是 DOS、Windows 系统中磁盘存储设备的标识符。为了区分每个磁盘分区，用户要将其命名为不同的名称，一般使用 26 个英文字符中的一个字符加上一个冒号来标识，如“本地磁盘（C:）”这样的磁盘分区名称即为盘符，如图 4-1 所示。

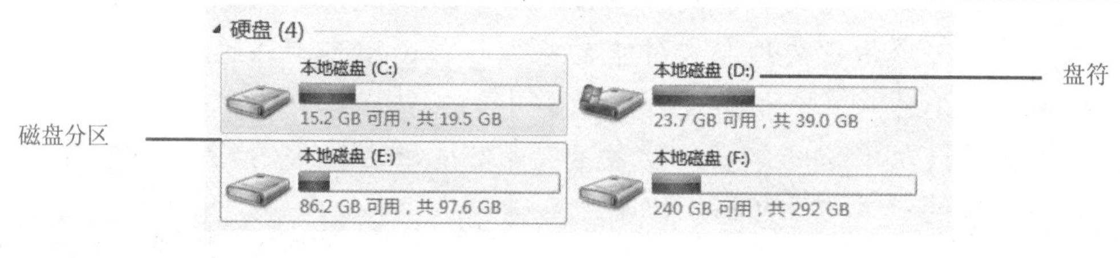


图 4-1

## 4.1.2 什么是文件

文件是指电脑中的各种图片、声音、应用程序、文档和表格等信息。文件是由文件图标、文件名和文件扩展名 3 部分组成的，如图 4-2 所示。

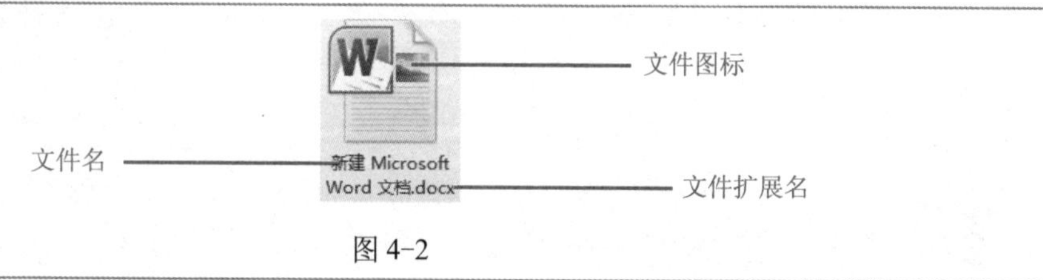


图 4-2

## 4.1.3 什么是文件夹

文件夹也称为目录，是在电脑中保存和管理文件的一种结构。它用来存放文件和下一级子文件夹。文件夹由图标和名称两部分组成，用户可以根据文件夹内存放的资料内容来命名。

一般可以存放以下几种类型的文件，如文档、图片、相册、音乐、音乐集等。使用文件夹最大的优点是为文件的共享和保护提供了方便，如图 4-3 所示。

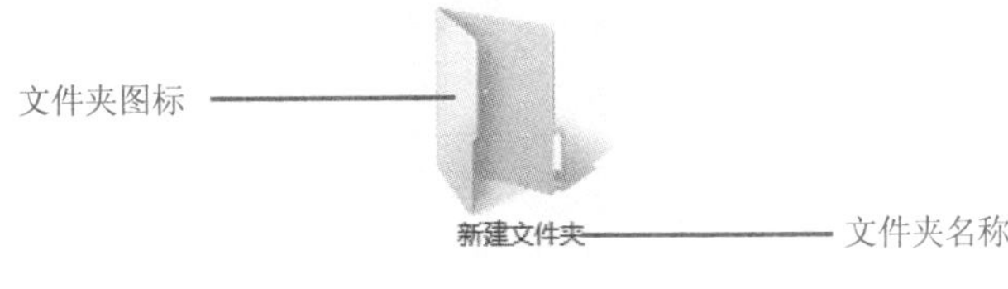


图 4-3

**使用文件夹的注意事项**

**智慧锦囊**

文件名最多可以使用 255 个字符，除开头外均可以为空格。
文件名中不能包含英文状态下的符号，如：\、/ 、:、*、？、<、>等。
同一文件夹中不能有相同的文件名。

Section

## 4.2 浏览与查看文件

在管理电脑中的资源时，常常需要用到文件和文件夹。保存在计算机磁盘上的一组相关的数据称为文件，文件是用文件夹来分类存储的。本节将详细介绍认识文件和文件夹方面的知识。

### 4.2.1 改变文件和文件夹的视图方式

文件和文件夹的视图方式有多种，包括超大图标、大图标、中等图标、小图标和列表等。用户可以根据查询的需要改变文件和文件夹的视图方式，下面详细介绍其操作方法。

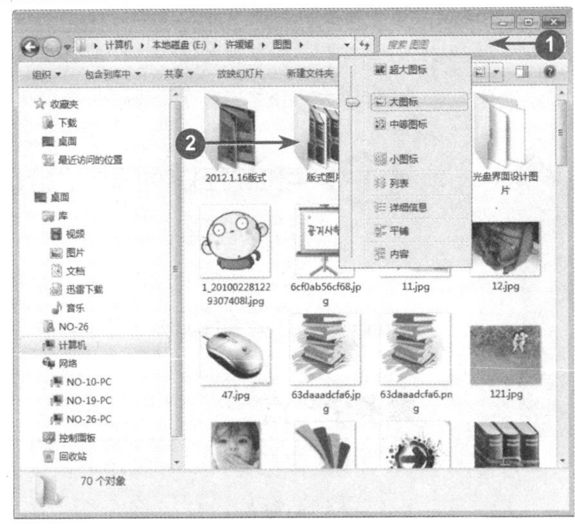


图 4-4

**01** 在计算机窗口中，打开文件夹，选择【大图标】选项

No1 在菜单栏中，单击【更改您视图】下拉按钮 。

No2 在弹出的快捷菜单中，选择【大图标】选项，如图 4-4 所示。

**■多学一点**

在弹出的下拉菜单中，用户还可以根据自己的需要，选择其他选项。

图 4-5

02 可以看到文件和文件夹的视图方式发生了改变

可以看到当前的视图是以【大图标】的形式显示的，如图 4-5 所示。

■多学一点

在视图窗口中，双击准备查看的图像即可对其进行浏览。

## 4.2.2 对文件进行放映幻灯片

在 Windows 7 操作过程中，有时可以根据自身的需要，对文件进行幻灯片放映，下面详细介绍其操作方法。

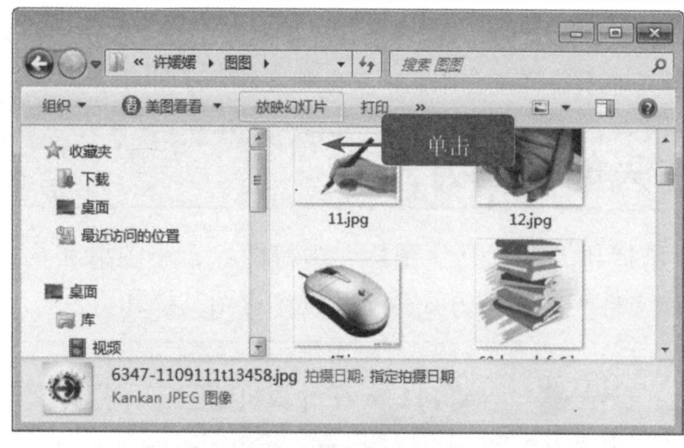


图 4-6

01 在计算机窗口中，打开文件夹，单击【放映幻灯片】按钮

在工具栏中，单击【放映幻灯片】按钮 放映幻灯片，如图 4-6 所示。

■指点迷津

单击【放映幻灯片】按钮，可以自行演示文稿，直至放映结束。

图 4-7

02 可以看到文件已经进行幻灯片放映了

通过以上步骤即可完成对文件进行放映幻灯片的操作，如图 4-7 所示。

■多学一点

单击鼠标右键，在弹出的快捷菜单中可以对幻灯片进行设置。

## 4.2.3 用户库文件夹

对于经常使用的资料，用户可以将其保存到库文件夹中，方便下次的使用。下面详细介绍保存用户库文件夹的操作。

在当前窗口中，打开准备保存的文件夹，在菜单栏中，单击【包含到库中】按钮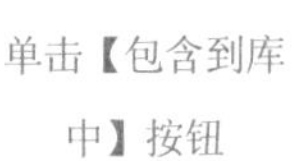，如图4-8所示。

单击【包含到库中】按钮

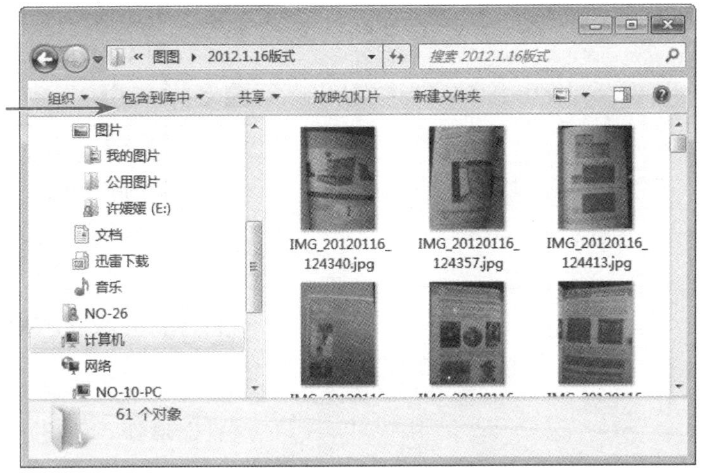


图 4-8

## 4.2.4 显示/隐藏文件

在 Windows 7 操作过程中，用户根据工作需求，还可以将文件显示或者隐藏起来，下面详细介绍显示隐藏文件的操作方法。

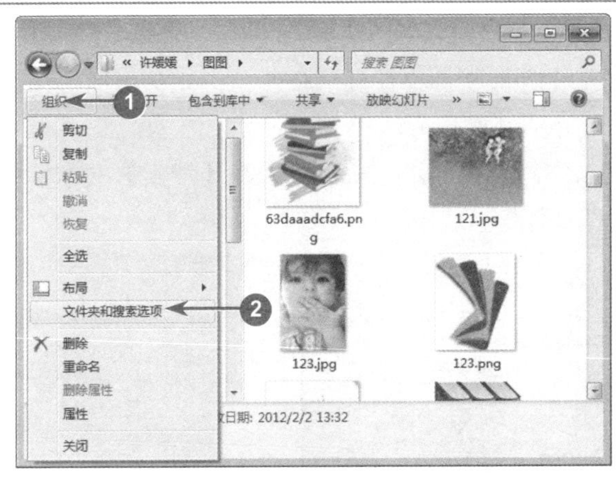


图 4-9

**01 在计算机窗口中，打开文件夹**

№1 在菜单栏中，单击展开【组织】下拉按钮。

№2 在弹出的下拉列表中，选择【文件夹和搜索选项】选项，如图4-9所示。

**■指点迷津**

在【文件夹和搜索选项】选项中可以设置文件夹显示等操作。

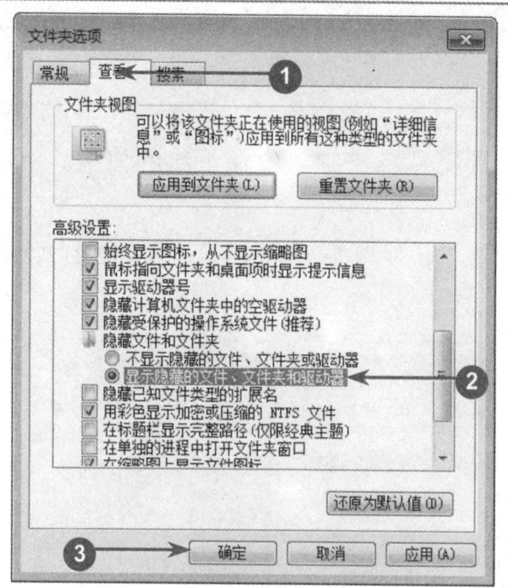

图 4-10

02 弹出【文件夹选项】对话框，设置显示/隐藏文件

№1 选择【查看】选项卡。

№2 在【高级设置】区域中，选中【显示隐藏的文件、文件夹和驱动器】单选项。

№3 单击【确定】按钮，如图 4-10 所示。

**多学一点**

如果单击【不显示隐藏的文件、文件夹或驱动器】单选项，可以将文件、文件夹或驱动器隐藏起来。

图 4-11

03 完成显示和隐藏文件的操作

通过以上步骤即可完成显示隐藏文件的操作，如图 4-11 所示。

## 4.2.5 搜索与查找文件

在 Windows 7 操作过程中，如果忘记了文件或文件夹保存的位置，用户可以通过搜索与查找的方法查找到文件或文件夹，下面详细介绍其操作方法。

在 Windows 7 操作系统桌面的左下角，单击【开始】按钮，在【搜索】文本框中输入准备搜索内容，即可显示出要查找的文件，如图 4-12 所示。

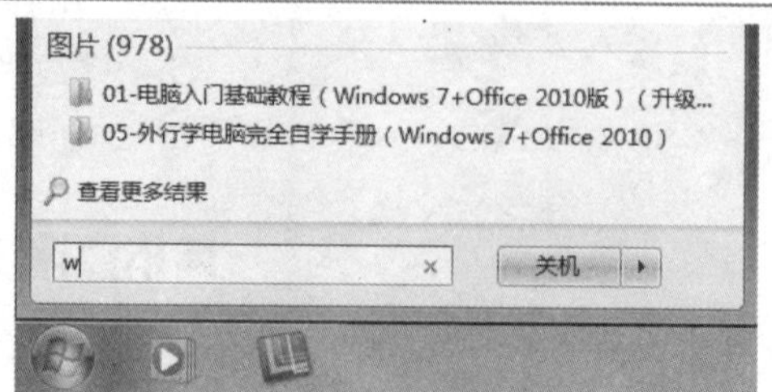

图 4-12

## 显示文件或文件夹

智慧锦囊

用户想要显示出已经隐藏的文件或文件夹，可以右键单击准备显示的文件或文件夹，然后在弹出的快捷菜单中选择【属性】菜单项，在打开的【属性】对话框中，取消选中【隐藏】复选框，最后单击【确定】按钮即可显示出被隐藏的文件或文件夹。

Section

# 4.3 文件与文件夹的基本操作

在 Windows 7 操作中，为了更好地管理电脑中的资源，需要对文件或者文件夹进行基本操作，其中包括创建文件与文件夹、移动文件与文件夹、复制文件与文件夹、重命名文件夹、删除文件与文件夹等操作。本节将详细介绍文件与文件夹的基本操作方面的知识。

## 4.3.1 创建文件与文件夹

在 Windows 7 操作过程中，用户可以根据需要在各个磁盘下创建一个或多个文件夹，用来把文件或文件夹分门别类地放置在不同类型的文件夹中，下面详细介绍创建文件夹的操作方法。

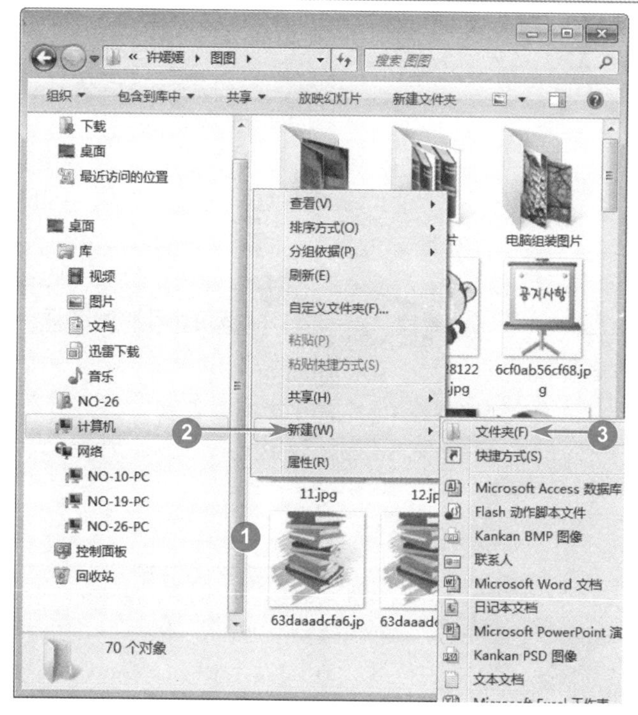


图 4-13

**01 打开计算机窗口，打开文件夹，在其中创建文件夹**

№1 在空白处单击鼠标右键。

№2 在弹出的快捷菜单中，选择【新建】选项。

№3 选择【文件夹】选项，如图 4-13 所示。

**■多学一点**

在当前窗口的工具栏中，单击【新建文件夹】按钮，同样可以创建新文件夹。

图 4-14

**02 可以看到新创建的文件夹**

通过以上步骤即可完成创建文件或文件夹的操作，如图 4-14 所示。

**■多学一点**

在当前窗口中，单击鼠标右键，在弹出的快捷菜单中，可以选择准备创建的新文件。

## 4.3.2 移动文件与文件夹

移动文件或文件夹是指将文件或文件夹移动到其他位置，而不在原来位置继续保存的操作过程。下面详细介绍移动文件或文件夹的操作方法。

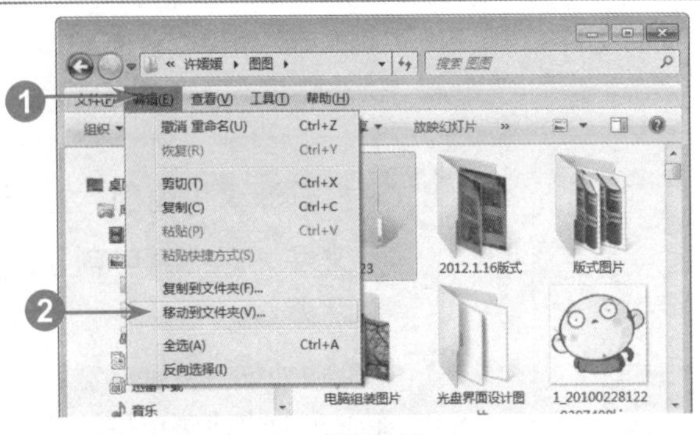


图 4-15

**01 在计算机窗口中打开文件夹，在其中移动文件夹**

№1 选中文件夹，在键盘上按下〈Alt〉键显示菜单栏，选择【编辑】选项。

№2 在弹出的快捷菜单中，选择【移动到文件夹】选项，如图 4-15 所示。

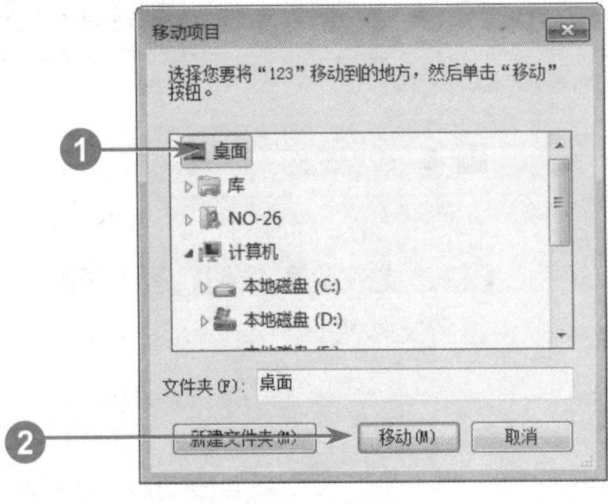


图 4-16

**02 弹出【移动项目】对话框，移动项目**

№1 选择【桌面】选项。

№2 单击【移动】按钮 移动(M) ，如图 4-16 所示。

**■多学一点**

选中文件，在键盘上按下〈Ctrl+X〉组合键剪切文件，然后到准备粘贴的位置，在键盘上按下〈Ctrl+V〉组合键粘贴文件，同样可以对文件或文件夹进行移动。

图 4-17

03 移动文件与文件夹的操作完成

通过以上步骤即可完成移动文件与文件夹的操作，如图 4-17 所示。

## 4.3.3 复制文件与文件夹

复制文件和文件夹是指在电脑中为文件和文件夹建立副本，以防电脑因中病毒或其他原因导致文件和文件夹丢失。下面详细介绍复制文件和文件夹的操作方法。

图 4-18

01 在计算机窗口中，打开文件夹，进行复制操作

№1 选中文件夹，在键盘上按下〈Alt〉键显示菜单栏，选择【编辑】选项。

№2 在弹出的快捷菜单中，选择【复制到文件夹】选项，如图 4-18 所示。

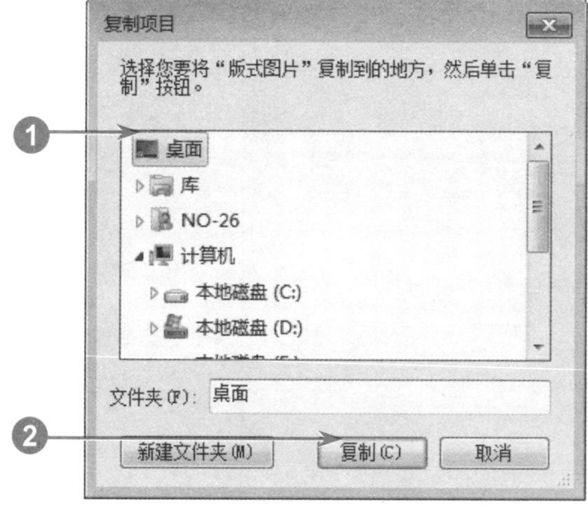

图 4-19

02 弹出【复制项目】对话框，进行复制

№1 选择【桌面】选项。

№2 单击【复制】按钮，如图 4-19 所示。

### ■指点迷津

在【复制项目】对话框中，还可以选择其他路径，将文件复制到其中，再单击【复制】按钮。

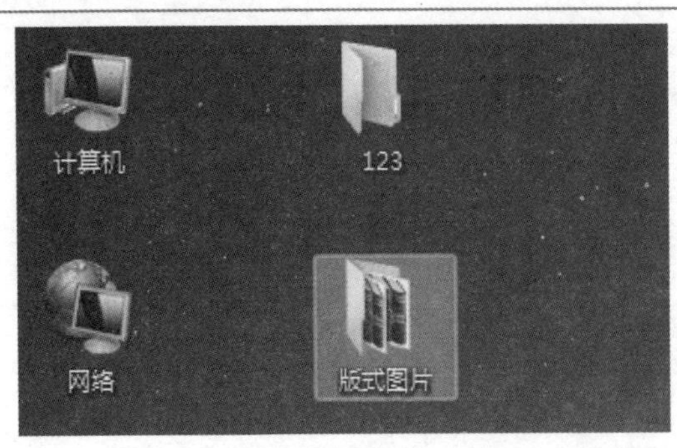


图 4-20

### 03 复制文件和文件夹的操作完成

通过以上步骤即可完成复制文件与文件夹的操作，如图 4-20 所示。

## 快速复制文件或文件夹的方法

智慧锦囊

选中文件，在键盘上按下〈Ctrl+C〉组合键，再在准备复制的位置按下〈Ctrl+V〉组合键。通过以上步骤即可完成快速复制文件或文件夹的操作。

## 4.3.4 重命名文件夹

每个文件夹都包含不同的文件内容，为了方便起见，用户可以对文件夹进行重命名。下面详细介绍重命名文件夹的操作方法。

在当前窗口中选中要改名称的文件夹，单击鼠标右键，在弹出的快捷菜单中，选择【重命名】选项，此时文件名就变为可修改的状态，输入新文件名，在键盘上按下〈Enter〉键即可完成重命名文件的操作，如图 4-21 所示。

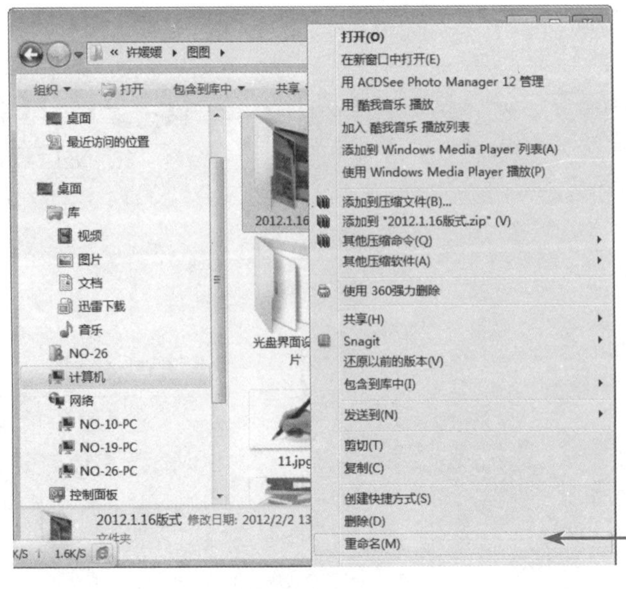


选择【重命名】选项，并输入新名称

图 4-21

## 4.3.5　删除文件与文件夹

在 Windows 7 操作过程中，用户可以把不需要的文件或文件夹删除，从而节省内存空间。下面详细介绍删除文件或文件夹的操作方法。

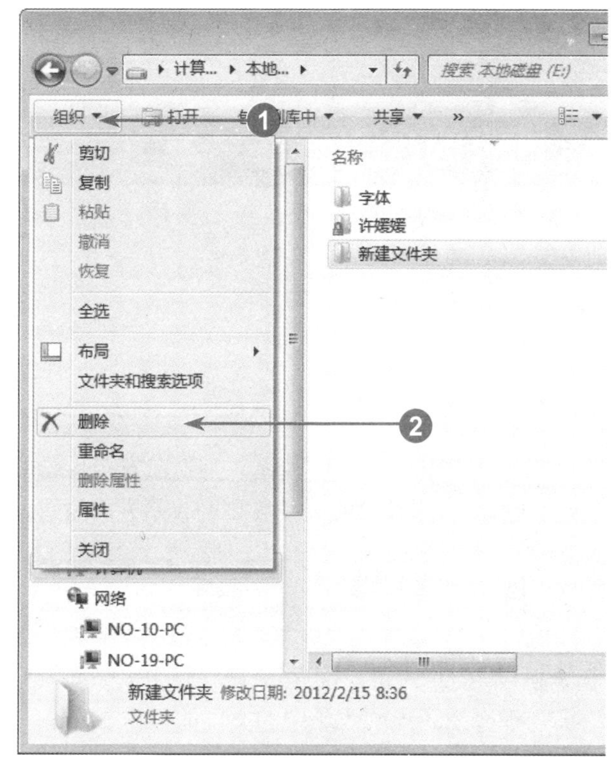


图 4-22

**01 在计算机窗口中，打开本地磁盘（E:），进行删除文件夹操作**

№1 选中准备删除的文件或文件夹，在编辑栏中，单击展开【组织】下拉按钮。

№2 在弹出的快捷菜单中，选择【删除】选项，如图 4-22 所示。

### ■多学一点

选中文件，在键盘上按下〈Delete〉键，弹出【删除文件夹】对话框，单击【是】按钮，同样可以删除文件或者文件夹。

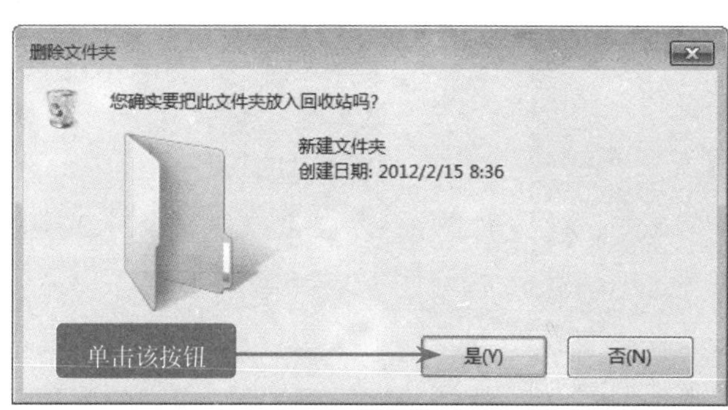


图 4-23

**02 弹出【删除文件夹】对话框**

单击【是】按钮，如图 4-23 所示。

### ■指点迷津

在【删除文件夹】对话框中，如果单击【否】按钮，即可取消删除文件夹的操作。

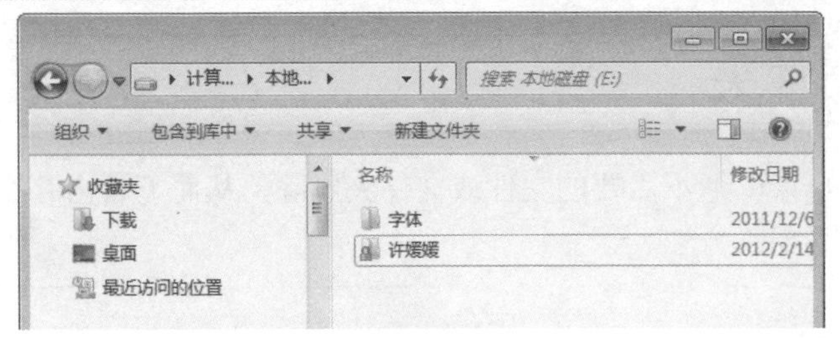


图 4-24

**03 删除文件夹与文件夹的操作完成**

通过以上步骤即可完成删除文件夹的操作，如图 4-24 所示。

**快速删除文件或文件夹的方法**

**智慧锦囊**

选中文件，单击鼠标右键，在弹出的快捷菜单中，选择【删除】选项，即可完成删除文件或文件夹的操作。

## Section 4.4 使用回收站

回收站主要用来存放临时删除的文档资料，用好和管理好回收站、打造赋有个性功能的回收站可以更加方便用户进行日常文档的维护工作。本节将详细介绍使用回收站方面的知识。

### 4.4.1 还原回收站中的文件

随着计算机的普及，越来越多的工作资料以电子文档的形式存储在电脑中，如果误删了文件，就可能让多年的心血毁于一旦。下面详细介绍还原回收站中的文件的操作方法。

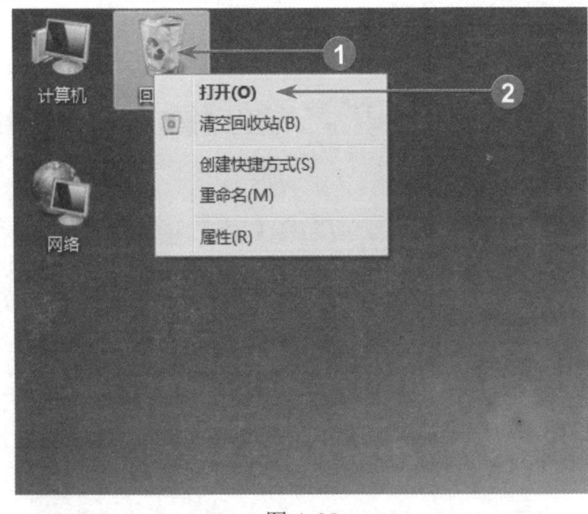


图 4-25

**01 在 Windows 7 操作界面中，打开【回收站】图标**

№1 使用鼠标右键单击【回收站】图标。

№2 在弹出的快捷菜单中，选择【打开】选项，如图 4-25 所示。

**■多学一点**

在 Windows 7 操作界面中，双击【回收站】图标，同样可以打开【回收站】。

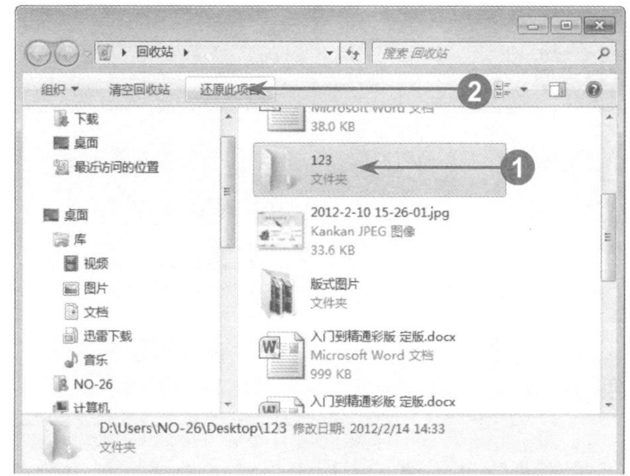


图 4-26

## 02 在回收站窗口中，进行还原项目的操作

№1 选中准备还原的文件夹。

№2 单击【还原此项目】按钮 还原此项目，如图 4-26 所示。

### 多学一点

选中文件夹，单击鼠标右键，在弹出的快捷菜单中，选择【还原】选项，同样可以还原文件。

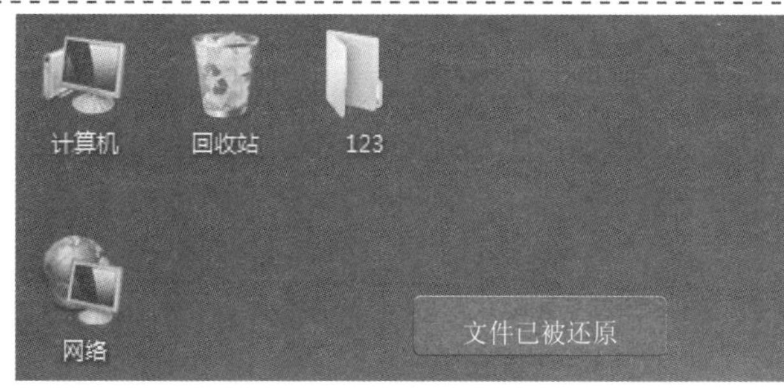


图 4-27

## 03 可以看到文件已经被还原到 Windows 7 操作系统的桌面上

通过以上步骤即可完成还原回收站中的文件的操作，如图 4-27 所示。

## 4.4.2 清空回收站

如果回收站中的内容不准备保留了，可以将其彻底删除，从而节省内存空间。下面详细介绍清空回收站中的内容的操作方法。

在 Windows 7 操作系统的桌面，使用鼠标右键单击【回收站】图标，在弹出的快捷菜单中，选择【清空回收站】选项，如图 4-28 所示，然后在弹出的【删除多个项目】对话框中，单击【是】按钮 是(Y)。

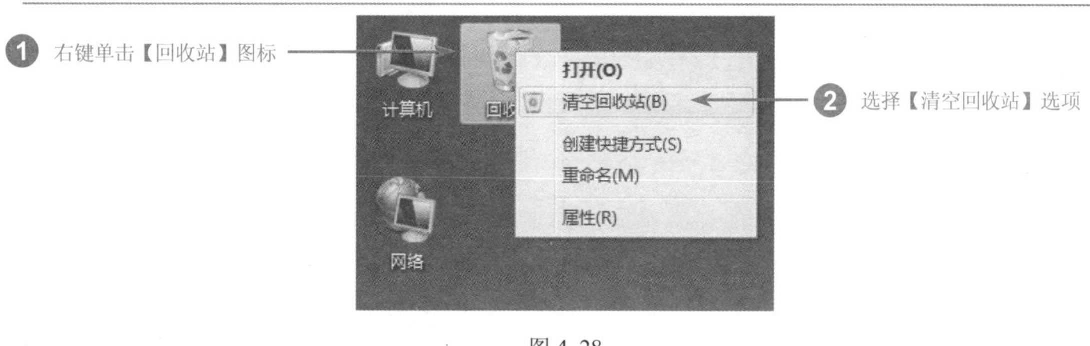


图 4-28

Section

## 4.5 实践案例与上机指导

本章主要学习了管理电脑中文件方面的知识。通过对本章的学习，读者不但可以快速地认识文件和文件夹，而且还可以熟悉文件与文件夹的基本操作以及使用回收站方面的知识。在本节中，将结合实际的工作和应用，通过上机练习，进一步掌握和提高本章所学的知识点。

### 4.5.1 隐藏文件和文件夹

如果电脑中的文件或文件夹里保存了重要的信息，那么用户可以将文件或文件夹隐藏起来，从而保证内容的安全。下面详细介绍隐藏文件或文件夹的操作方法。

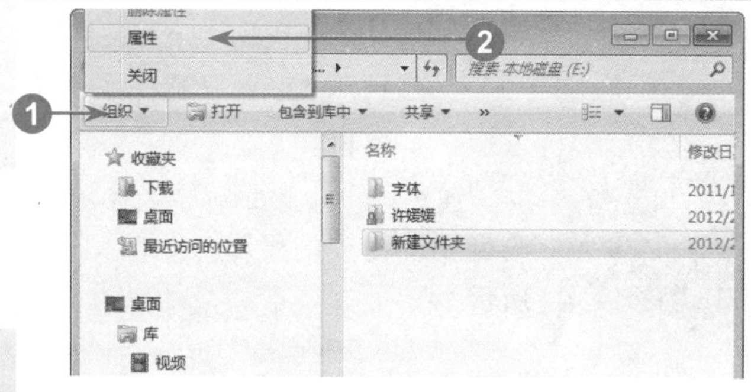


图 4-29

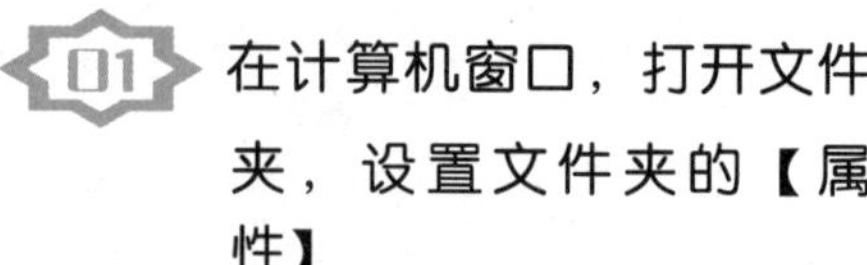

01 在计算机窗口，打开文件夹，设置文件夹的【属性】

№1 选中准备隐藏的文件或者文件夹，单击展开【组织】下拉按钮。

№2 选择【属性】选项，如图 4-29 所示。

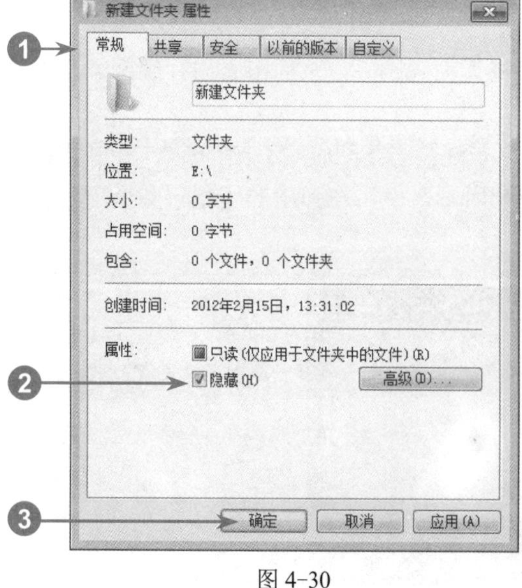


图 4-30

02 弹出【新建文件夹 属性】对话框，选中【隐藏】复选框

№1 选中【常规】选项卡。

№2 在【属性】区域中，选中【隐藏】复选框。

№3 单击【确定】按钮 确定 ，如图 4-30 所示。

**多学一点**

选中文件，单击鼠标右键，在弹出的快捷菜单中，选择【属性】选项，同样可以打开【新建文件夹 属性】对话框。

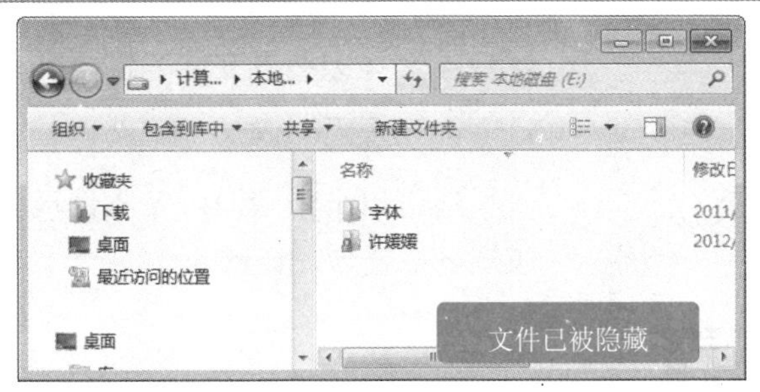

图 4-31

**03 可以看到文件夹已经被隐藏**

通过以上步骤即可完成隐藏文件或文件夹的操作，如图 4-31 所示。

## 4.5.2 显示文件的扩展名

每个文件都有扩展名，扩展名的不同代表文件类型的不同。有时为了满足需求，需要显示文件的扩展名，下面详细介绍其操作方法。

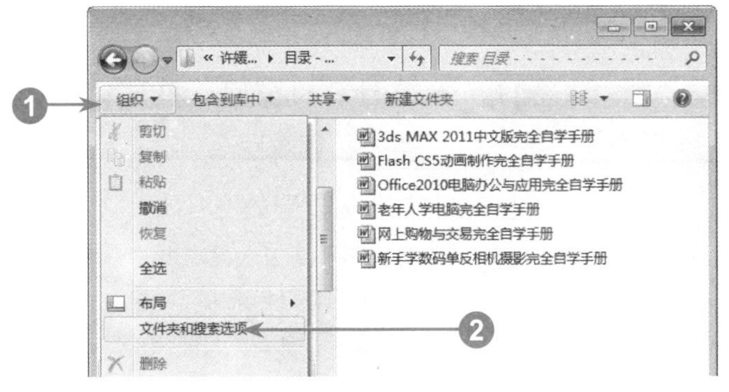

图 4-32

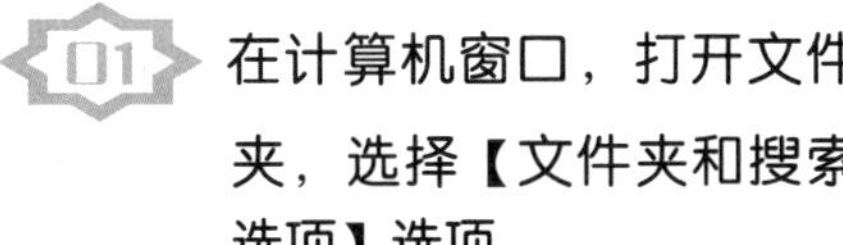

**01 在计算机窗口，打开文件夹，选择【文件夹和搜索选项】选项**

№1 单击展开【组织】下拉按钮 ▾。

№2 在弹出的快捷菜单中，选择【文件夹和搜索选项】选项，如图 4-32 所示。

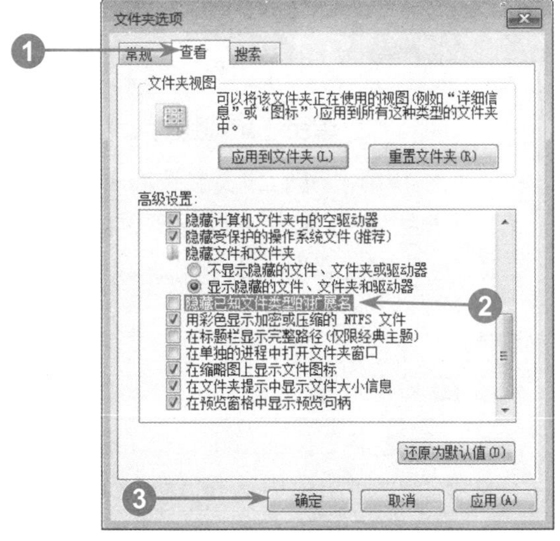

图 4-33

**02 弹出【文件夹选项】对话框，取消【隐藏已知文件类型扩展名】复选框**

№1 选中【查看】选项卡。

№2 在【高级设置】区域中，取消【隐藏已知文件类型的扩展名】复选框。

№3 单击【确定】按钮 确定 ，如图 4-33 所示。

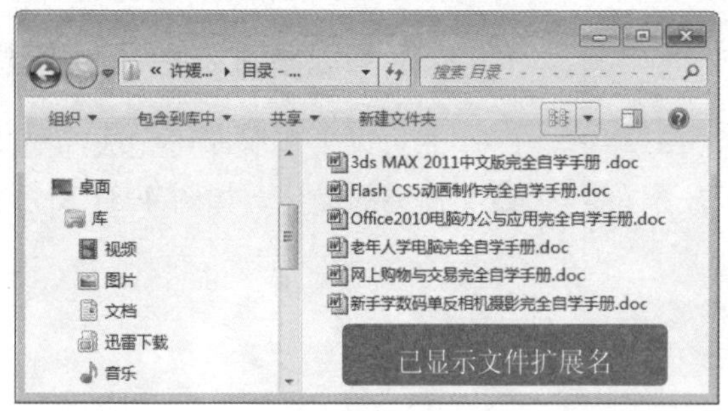


图 4-34

**03 可以看到文件的扩展名已经显示出来**

通过以上步骤即可完成显示文件扩展名的操作，如图 4-34 所示。

## 4.5.3 更改文件夹图标

长期以来都是用不同的文件夹来区分各种资料。但如果一个目录下有很多文件夹，那么时常会令用户花眼。为了方便区分文件夹，用户可以根据需要更改文件夹的图标。下面详细介绍更改文件夹图标的操作方法。

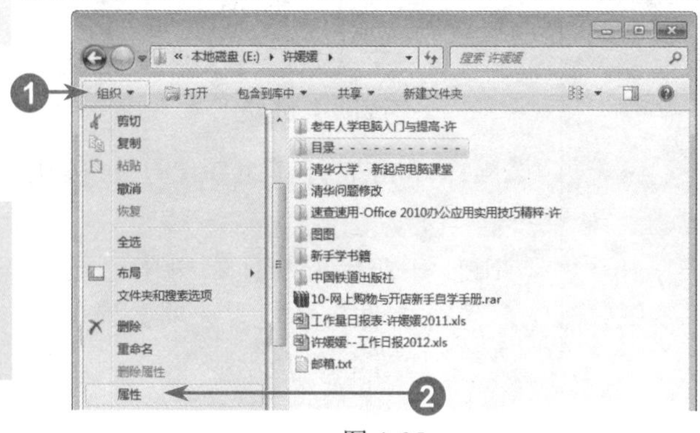

图 4-35

**01 在计算机窗口，打开文件夹，设置属性**

№1 选中准备设置的文件夹，单击展开【组织】下拉按钮。

№2 在弹出的快捷菜单中，选择【属性】选项，如图 4-35 所示。

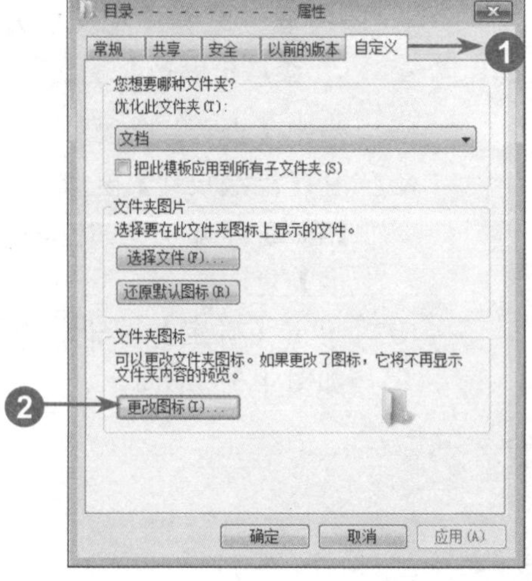

图 4-36

**02 弹出【目录属性】对话框，单击【更改图标】按钮**

№1 单击【自定义】选项卡。

№2 在【文件夹图标】区域，单击【更改图标】按钮，如图 4-36 所示。

### ■多学一点

选中文件，单击鼠标右键，在弹出的快捷菜单中选择【属性】选项，同样可以打开【目录属性】对话框。

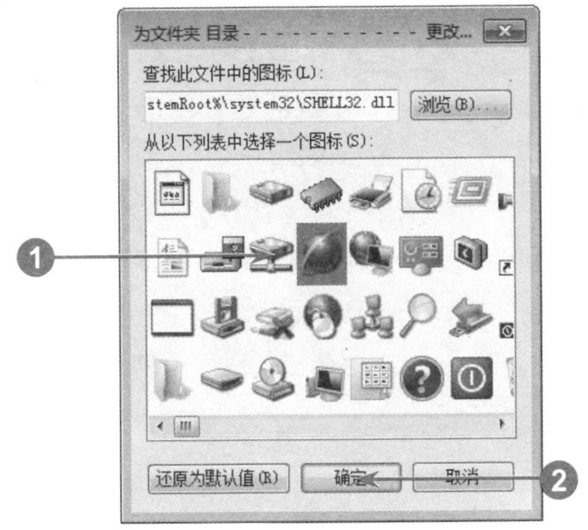

图 4-37

**03** 弹出【为文件夹目录更改】对话框，选择图标

№1 在【从以下列表中选择一个图标】区域中，选择准备使用的图标。

№2 单击【确定】按钮 确定 ，如图 4-37 所示。

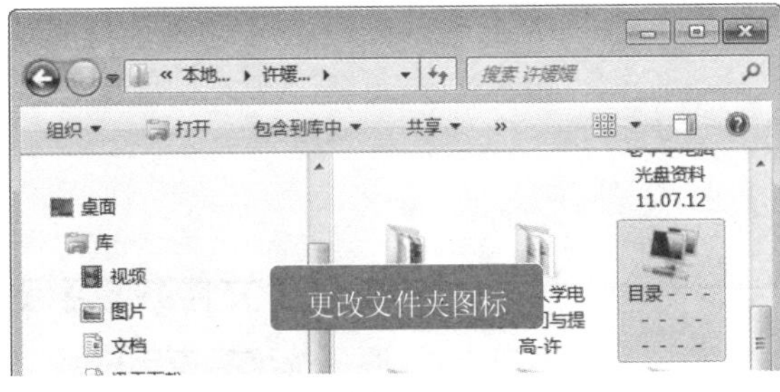

图 4-38

**04** 可以看到文件夹图标已经发生改变

通过以上步骤即可完成更改文件夹图标的操作，如图 4-38 所示。

## 4.5.4 将文件夹设置为共享

所谓共享文件夹就是指某个计算机用来和其他计算机之间相互分享的文件夹，下面详细介绍将文件夹设置为共享的操作方法。

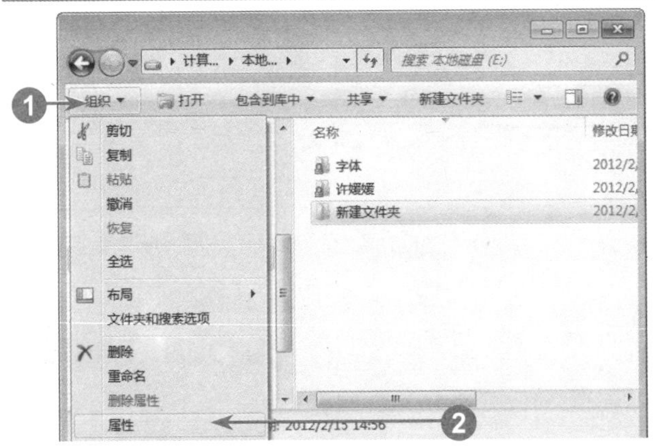

图 4-39

**01** 在计算机窗口，打开文件夹，设置【属性】

№1 选中准备设置的文件夹，单击展开【组织】下拉按钮 。

№2 在弹出的快捷菜单中，选择【属性】选项，如图 4-39 所示。

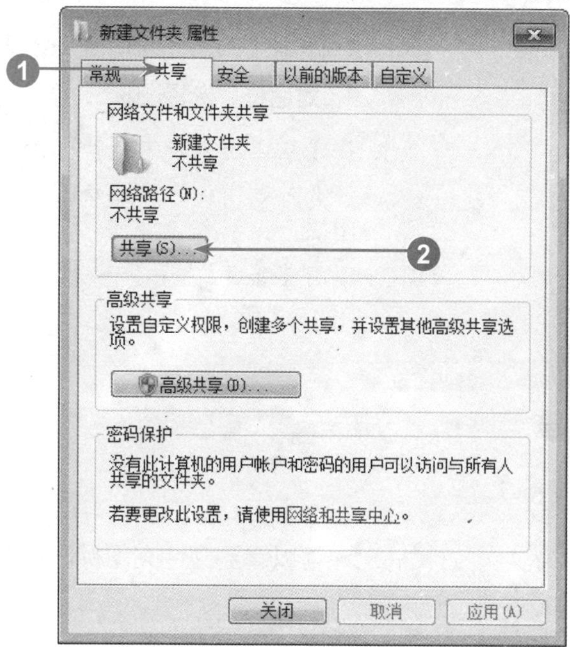


图 4-40

## 02 弹出【新建文件夹 属性】对话框，单击【共享】选项卡

№1 选择【共享】选项卡。

№2 在【网络文件和文件夹共享】区域中，单击【共享】按钮 共享(S)...，如图 4-40 所示。

### ■多学一点

在【新建文件夹 属性】对话框中，还可以设置【常规】、【安全】等属性。

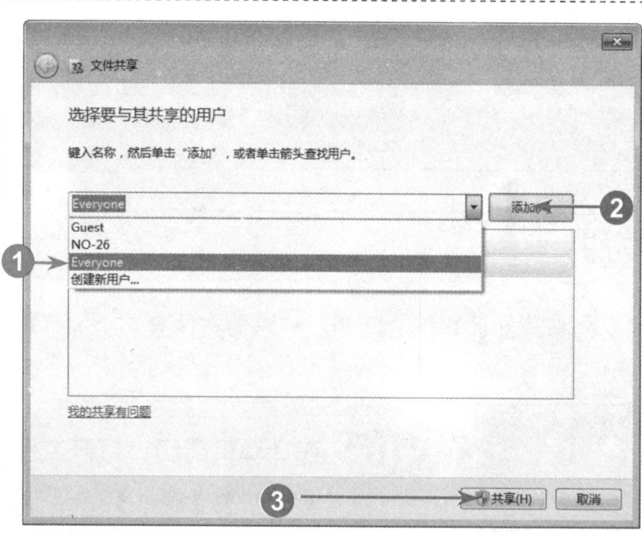


图 4-41

## 03 弹出【文件共享】对话框，选择共享用户

№1 单击展开下拉按钮，选择【Everyone】选项。

№2 单击【添加】按钮 添加(A)。

№3 单击【共享】按钮 共享(H)，如图 4-41 所示。

# 第 5 章

# 设置个性化 Windows 7 系统

## 本章内容导读

本章主要介绍单系统多用户操作、使用 Windows 7 桌面小工具与设置个性化的外观和主题等方面的知识与技巧，同时还将讲解使用轻松访问中心方面的知识，在本章的最后还会针对实际的工作需求，讲解设置鼠标样式、系统日期和时间以及更改账户名称的方法。通过对本章的学习，读者可以掌握个性化设置 Windows 7 系统方面的知识，为进一步学习灵活使用 Windows 7 附件方面的知识奠定基础。

## 本章知识要点

◎ **实现单系统多用户操作**
◎ **使用 Windows 7 桌面小工具**
◎ **设置个性化的外观和主题**
◎ **使用轻松访问中心**

Section

# 5.1 实现单系统多用户操作

在 Windows 7 操作系统中，用户可以设置多个用户账户，这样不仅可以保证每个账户的安全，同时也方便用户对不同的账户进行管理。本节将重点介绍单系统多用户方面的知识与操作技巧。

## 5.1.1 创建新用户账户

在 Windows 7 操作系统中，系统允许多个用户设置和使用多个账户。不同的账户可以给共用一台电脑的每个用户提供单独的桌面环境和个性化的应用程序设置，以防他人篡改用户资料。下面介绍创建新用户账户的操作方法。

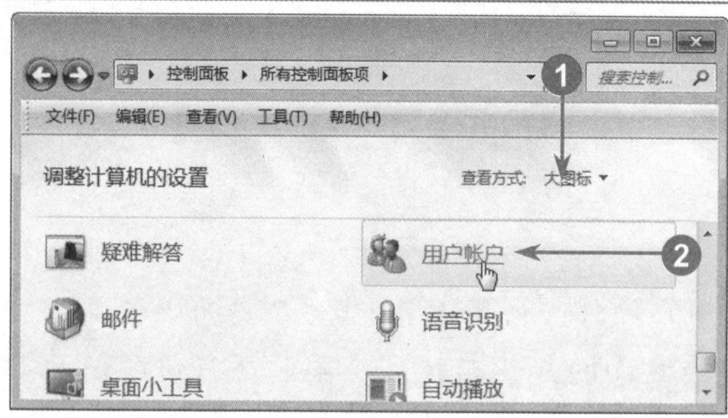


图 5-1

### 01 使用【开始】菜单，选择【控制面板】

№1 进入【所有控制面板项】工作界面后，在【查看方式】下拉列表中，选择【大图标】选项。

№2 单击【用户账户】超链接项，如图 5-1 所示。

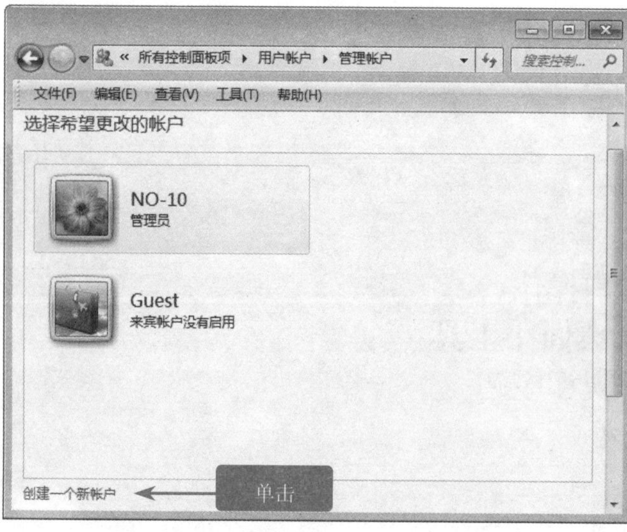


图 5-2

### 02 进入【用户账户】界面，选择【创建一个新账户】选项

进入【管理账户】工作界面，单击【创建一个新账户】超链接项，如图 5-2 所示。

**指点迷津**

在【选择希望更改的账户】区域中，单击【管理员】选项，用户可以对【管理员】账户进行个性化设置和修改。

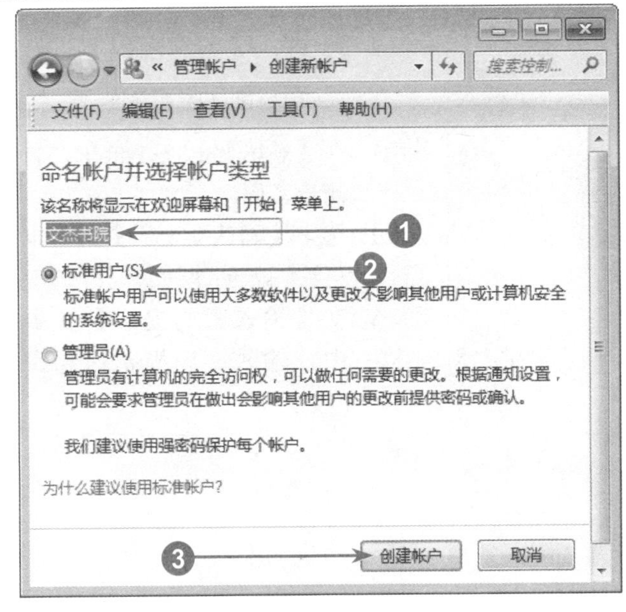


图 5-3

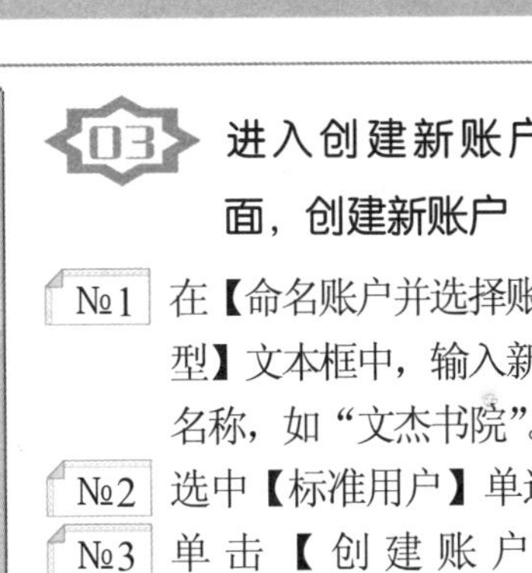

### 03 进入创建新账户工作界面，创建新账户

No1 在【命名账户并选择账户类型】文本框中，输入新账户的名称，如“文杰书院”。

No2 选中【标准用户】单选按钮。

No3 单击【创建账户】按钮 ，如图 5-3 所示。

#### ■多学一点

设置为标准账户可防止普通用户做出一些会对所有使用该计算机的用户造成严重影响的更改，从而有效保护计算机的安全。建议为每个用户都创建一个标准账户。

## 5.1.2 设置账户登录密码

创建新账户后，用户可以对创建的账户进行登录密码设置，这样可以有效地防止其他用户篡改和查看用户信息。下面介绍设置账户登录密码的操作方法。

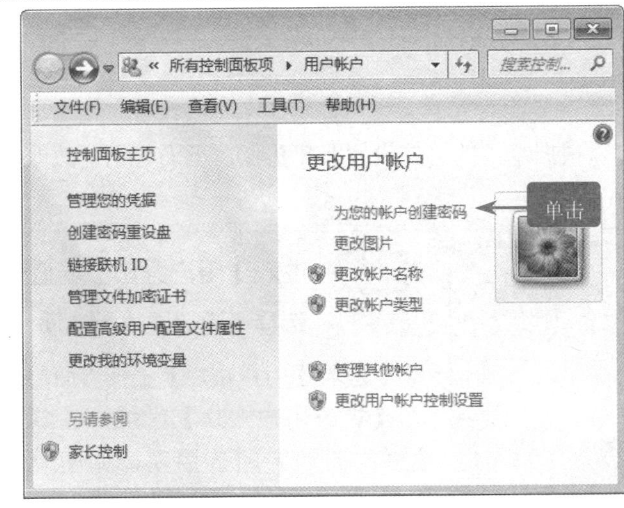


图 5-4

### 01 使用【开始】菜单，单击用户头像，进入用户账户工作界面

进入【用户账户】工作界面后，在【更改用户账户】区域中，单击【为您的账户创建密码】超链接项，如图 5-4 所示。

#### ■指点迷津

设置账户密码时，用户可使用大小写字母、符号和数字。使用字符的数量和种类越多，密码越安全。

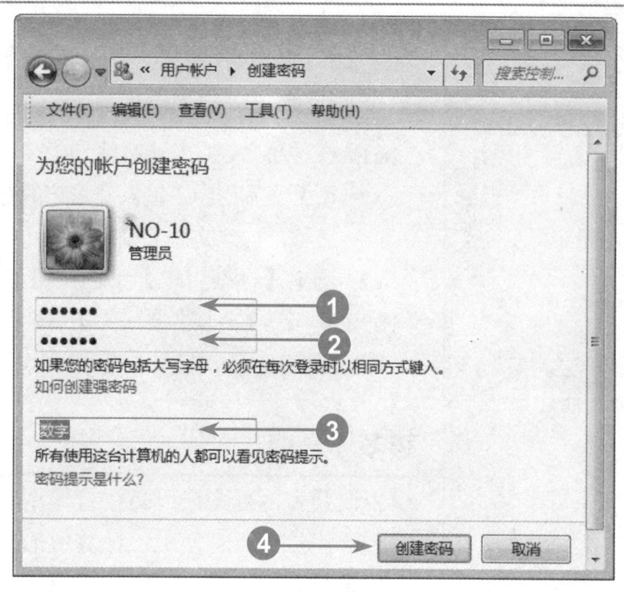


图 5-5

**02** 进入【创建密码】工作界面，创建账户密码

No1 在【新密码】文本框中，输入账户密码。

No2 选中【确认新密码】文本框，再次输入创建的密码。

No3 在【输入密码提示】文本框中，输入密码提示信息，如“数字”。

No4 单击【创建密码】按钮 创建密码，如图 5-5 所示。

**删除创建的登录密码**

智慧锦囊

创建登录密码后，在【用户账户】工作界面中，单击【删除密码】超链接项。进入【删除密码】工作界面后，在【确实要删除您的密码吗】文本框中，输入当前账户的密码，然后单击【删除账户】按钮 删除密码，这样即可删除创建的登录密码。

## 5.1.3 更改账户图片

在 Windows 7 操作系统中，用户可以根据个人的喜好设置账户头像。下面介绍更改账户头像的操作方法。

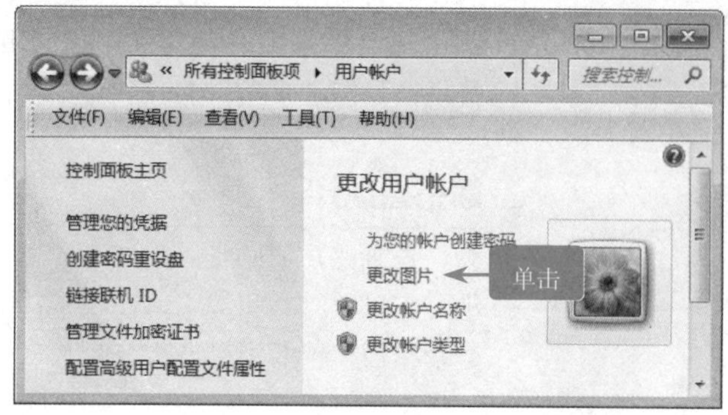


图 5-6

**01** 进入【用户账户】界面，选择【更改图片】选项

进入【用户账户】工作界面后，在【更改用户账户】区域中，单击【更改图片】超链接项，如图 5-6 所示。

■**多学一点**

密码提示可以帮助用户记住自己创建的登录密码。

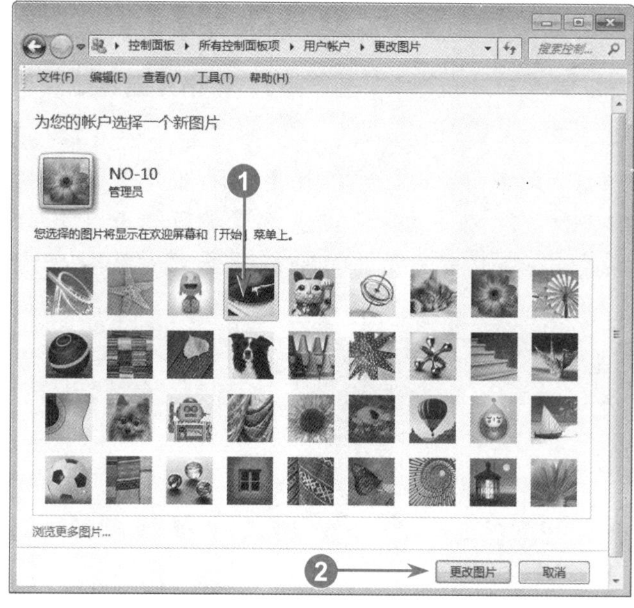


图 5-7

**02 进入【更改图片】工作界面，更换账户头像**

№1 进入【更改图片】工作界面，在图像列表框中，选中准备应用的头像。

№2 单击【更改图片】按钮 更改图片，如图 5-7 所示。

**■指点迷津**

在【更改图片】工作界面中，单击【浏览更多图片】超链接项，在弹出的【打开】对话框中，选择准备应用的头像图片，这样可以自定义账户的头像。

## 5.1.4 删除多余的账户

在 Windows 7 操作系统中，如果创建了多余的账户，用户可将其进行删除。下面介绍删除多余账户的操作方法。

图 5-8

**01 进入【用户账户】界面，选择【管理账户】选项**

进入【管理账户】工作界面后，在【选择希望更改的账户】区域中，单击准备删除的账户选项，如“文杰书院”账户选项，如图 5-8 所示。

**■多学一点**

用户账户是通知 Windows 用户可以访问哪些文件或文件夹、可以对计算机和个人首选项进行哪些更改的信息集合。

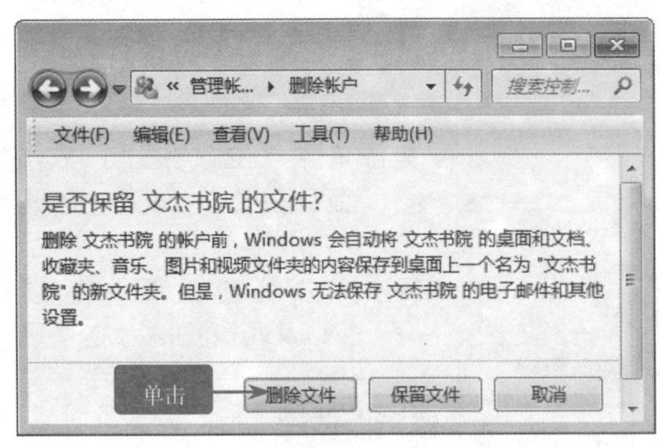


图 5-9

## 02 进入【更改账户】界面，单击【删除账户】选项

单击【删除账户】超链接项后，进入【删除账户】工作界面。系统提示“是否保留文杰书院的文件”信息，单击【删除文件】按钮 删除文件，不保留“文杰书院”的文件，如图 5-9 所示。

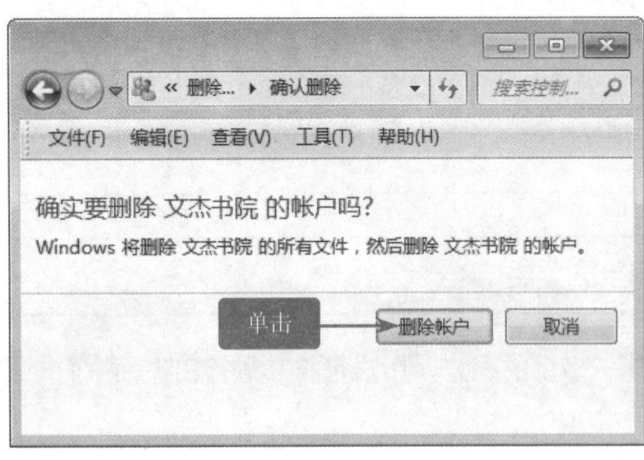


图 5-10

## 03 进入【确认删除】界面，单击【删除账户】按钮

不保留“文杰书院”的文件后，系统提示“确实要删除文杰书院的账户吗”信息，单击【删除账户】按钮 删除帐户，如图 5-10 所示。

### 指点迷津

账户一旦删除将无法恢复使用。因此，用户应谨慎删除账户，避免因操作失误而带来损失。

# Section 5.2 使用 Windows 7 桌面小工具

在 Windows 7 操作系统中，用户可以在电脑桌面添加多种小工具程序来方便日常使用，如时钟、日历、便利贴、CPU 仪表盘、天气、幻灯片放映和计算器等小工具程序。本节将重点介绍使用 Windows 7 桌面小工具方面的知识与操作方法。

## 5.2.1 添加桌面小工具

桌面小工具是 Windows 7 操作系统新增加的功能，在 Windows XP 操作系统下不可使用。下面介绍在 Windows 7 操作系统中添加桌面小工具的操作方法。

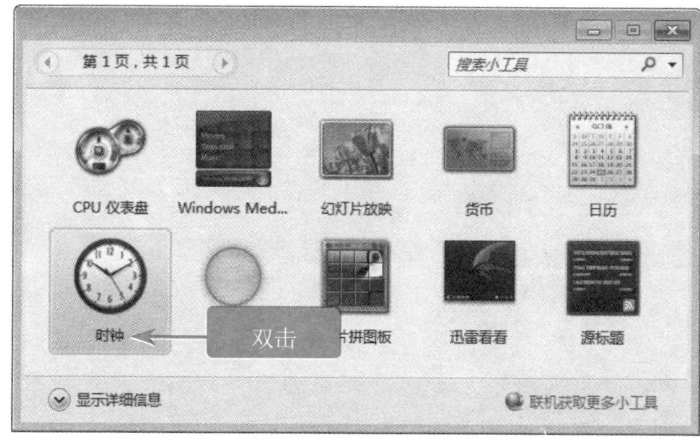

图 5-11

01 右键单击桌面空白处，在弹出的快捷菜单中，选择【小工具】选项

打开【小工具管理】面板，双击准备应用的桌面小工具，如图 5-11 所示。

■多学一点

在【小工具管理】面板中，拖动准备应用的小工具至桌面上，用户同样可以实现小工具的添加。

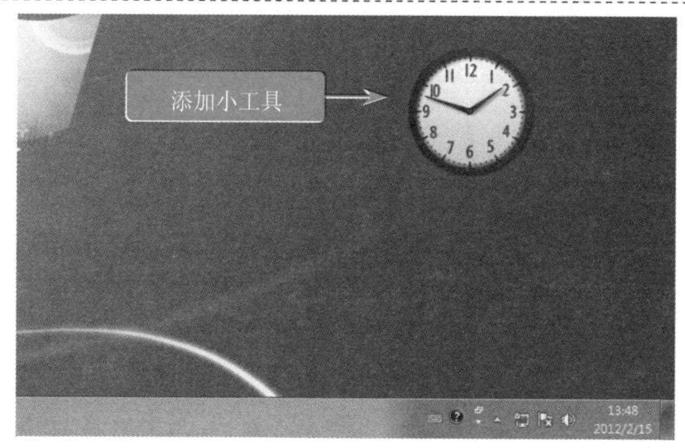

图 5-12

02 显示添加桌面小工具的效果

通过以上方法即可完成添加桌面小工具的操作，如图 5-12 所示。

■指点迷津

在电脑桌面上添加的小工具，用户可以将其摆放在桌面上的任意位置。

智慧锦囊

## 获取更多小工具

在 Windows 7 操作系统中，系统内置了 10 个小工具，用户还可以根据工作需要从微软官方网站上下载更多小工具。在【小工具管理】面板中，单击右下角的【联机获得更多小工具】超链接项，打开微软 Windows 7 个性化网页的小工具分类界面，在这里可以获得更多的小工具。

## 5.2.2 删除桌面小工具

在 Windows 7 操作系统中，用户如果对桌面的某一小工具不再准备使用，那么可以将其从电脑桌面上删除，以便保持电脑桌面的整洁。下面以关闭“时钟”桌面小工具为例，详细介绍删除桌面小工具的操作方法。

在 Windows 7 操作系统桌面上，右键单击准备关闭的桌面小工具，在弹出的快捷菜单中选择【关闭小工具】选项，如图 5-13 所示。

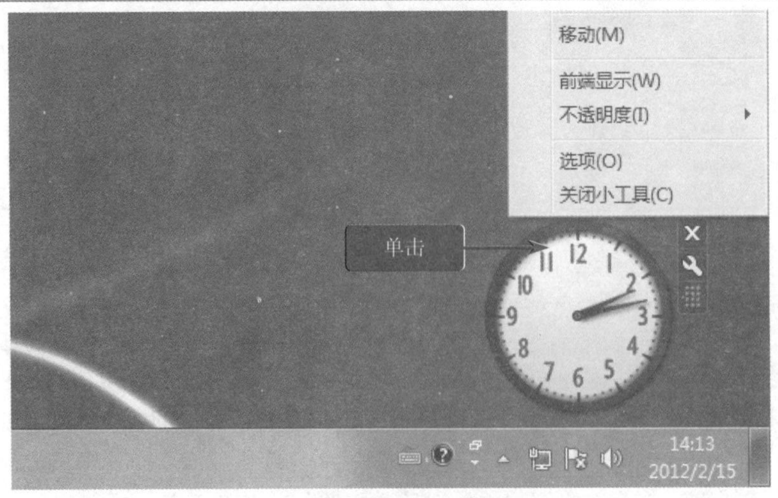


图 5-13

## Section 5.3 设置个性化的外观和主题

在 Windows 7 操作系统中，系统内置了丰富的桌面主题供用户使用，以满足各个年龄段用户的使用需求。用户可以个性化设置系统的主题和外观，丰富自己的视觉享受。本节将重点介绍设置个性化的外观和主题方面的知识与操作技巧。

### 5.3.1 设置 Windows 7 桌面主题

在 Windows 7 操作系统中，用户可以轻松设置出符合自己个性的桌面主题，下面介绍设置 Windows 7 桌面主题的操作方法。

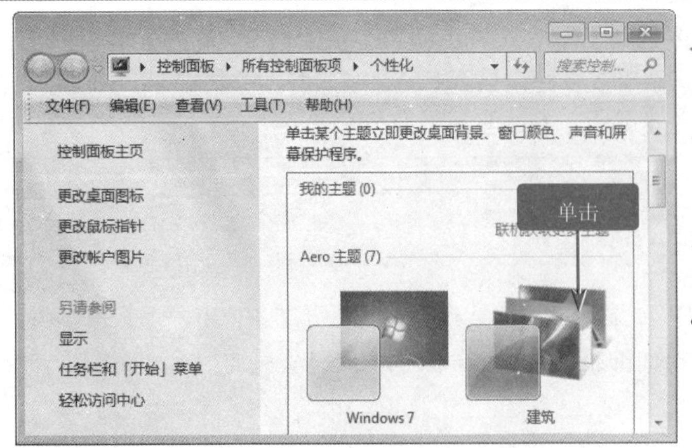


图 5-14

**01 右键单击桌面空白处，在弹出的快捷菜单中，选择【个性化】选项**

进入【个性化】工作界面后，在 Windows 7 主题列表框中，单击准备应用的 Windows 7 主题，如“建筑”主题，如图 5-14 所示。

图 5-15

### 02 显示设置 Windows 7 桌面主题的效果

通过以上方法即可完成设置 Windows 7 桌面主题的操作，如图 5-15 所示。

**■多学一点**

更换操作系统的主题后，系统桌面的背景、窗口颜色、声音和屏幕保护程序也都将随之发生改变。

## 5.3.2 更换桌面背景

在 Windows 7 操作系统中，用户不仅可以更换系统的主题界面，而且还可以随意更换精美的桌面背景，下面介绍更换桌面背景的操作方法。

图 5-16

### 01 选择准备设置为桌面背景的图片的存放位置

选择图片存放的位置后，如“图片库”，右键单击准备设置为桌面背景的图片，在弹出的快捷菜单中，选择【设置为桌面背景】选项，如图 5-16 所示。

图 5-17

### 02 显示设置 Windows 7 桌面背景的效果

通过以上方法即可完成更换 Windows 7 桌面背景的操作，如图 5-17 所示。

**■指点迷津**

Windows 7 操作系统中，系统允许同时选择多张图片作为桌面背景，并定时、自动地以渐变效果切换它们。

## 5.3.3 设置屏幕保护程序

在 Windows 7 操作系统中，用户可以设置屏幕保护程序，这样在长时间不使用电脑时，系统会自动启动屏幕保护程序，以达到保护显示器的作用。下面介绍设置屏幕保护程序的操作方法。

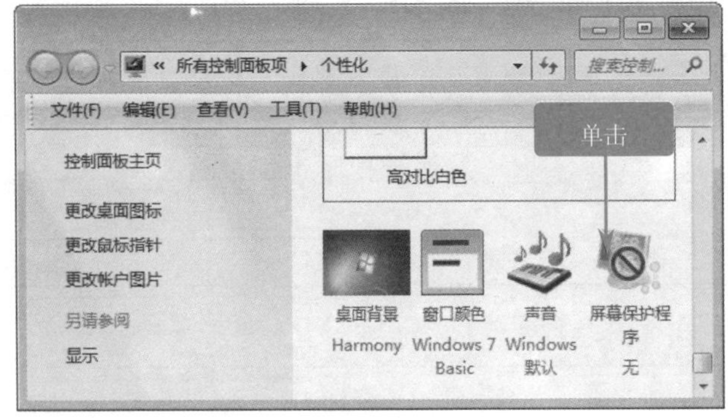


图 5-18

**01 右键单击桌面空白处，在弹出的快捷菜单中，选择【个性化】选项**

进入【个性化】工作界面后，在 Windows 7 主题列表框最下方，单击【屏幕保护程序】超链接项，如图 5-18 所示。

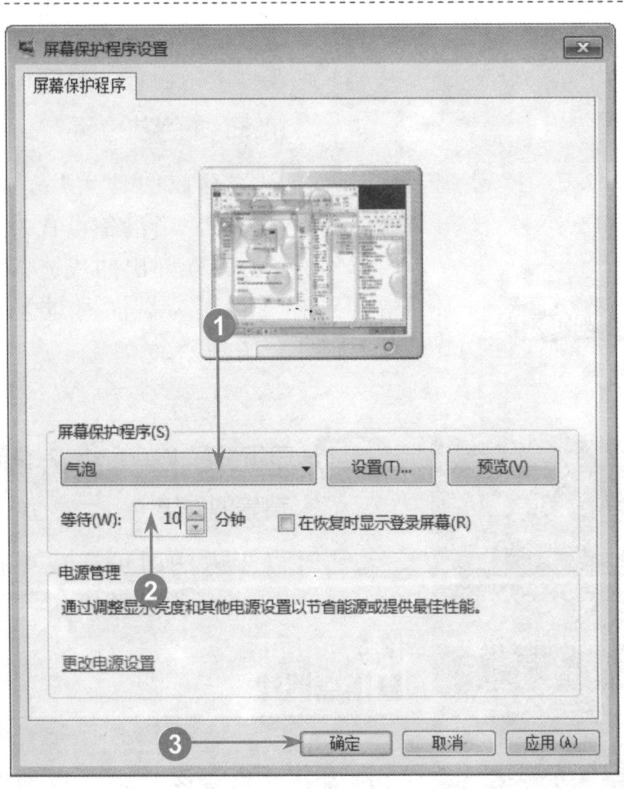


图 5-19

**02 设置屏幕保护程序，显示效果**

№1 弹出【屏幕保护程序设置】对话框，在【屏幕保护程序】下拉列表框中，选择【气泡】选项。

№2 在【等待】文本框中，输入屏幕保护程序启动的时间，如“10”。

№3 单击【确定】按钮 确定 ，如图 5-19 所示。

### 多学一点

在【屏幕保护程序设置】对话框中，单击【预览】按钮 预览(V) ，用户便可快速查看屏幕保护程序显示的效果，单击任意键即可退出预览状态。

## 设置屏幕保护程序样式

智慧锦囊

在 Windows 7 操作系统中，有些屏幕保护程序，如“三维文字”和“照片”等，用户可以对其进行程序样式方面的设置。

## 5.3.4 设置屏幕分辨率和刷新频率

设置屏幕分辨率和刷新频率，对保护显示器的显示效果和使用寿命都有至关重要的作用。下面介绍设置屏幕分辨率和刷新频率的操作方法。

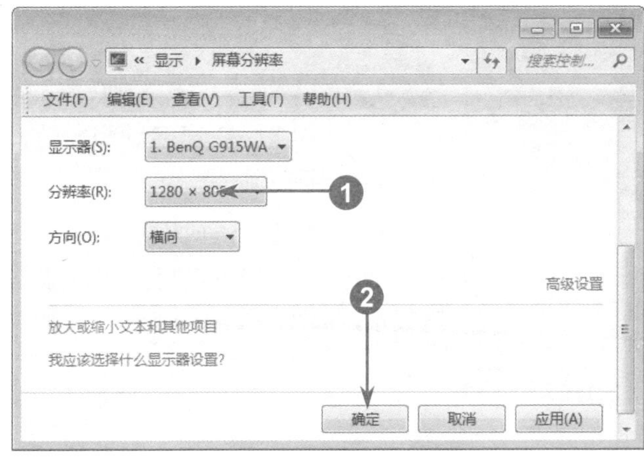

图 5-20

**01** 右键单击桌面空白处，弹出快捷菜单，选择【屏幕分辨率】选项

№1 进入【屏幕分辨率】工作界面，在【分辨率】下拉列表框中，选择准备应用的分辨率，如“1280×800”。

№2 单击【确定】按钮 确定 ，如图 5-20 所示。

图 5-21

**02** 在【屏幕分辨率】工作界面中，单击【高级设置】超链接项

№1 弹出【通用即插即用监视器】对话框，选择【监视器】选项卡。

№2 在【监视器设置】区域中，在【屏幕刷新频率】下拉列表中，选择准备应用的频率，如“60 赫兹”。

№3 单击【确定】按钮 确定 ，如图 5-21 所示。

Section

# 5.4 使用轻松访问中心

在 Windows 7 操作系统中，使用轻松访问中心功能，系统可以帮助用户更方便地使用电脑。本节将重点介绍使用轻松访问中心方面的知识与操作技巧。

## 5.4.1 优化视频显示

在使用 Windows 7 操作系统的过程中，为方便计算机更容易被用户查看，同时也为优化系统的反应速度，用户可以在轻松访问中心中对视频的显示进行优化，具体操作方法如下：

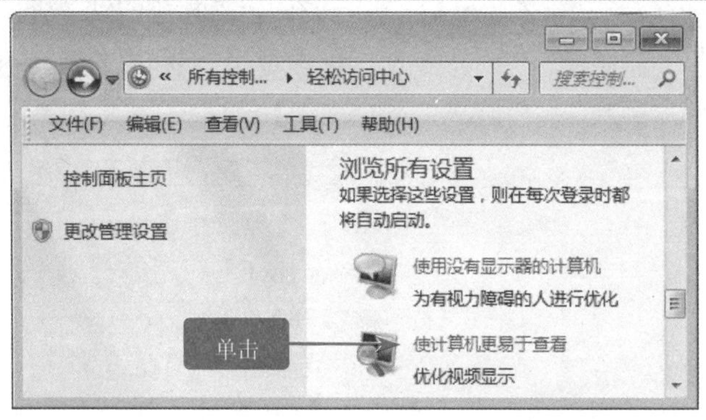


图 5-22

**01 在键盘上按下〈Win+U〉组合键，快速启动轻松访问中心**

进入【轻松访问中心】工作界面，单击【使计算机更易于查看】超链接项，如图 5-22 所示。

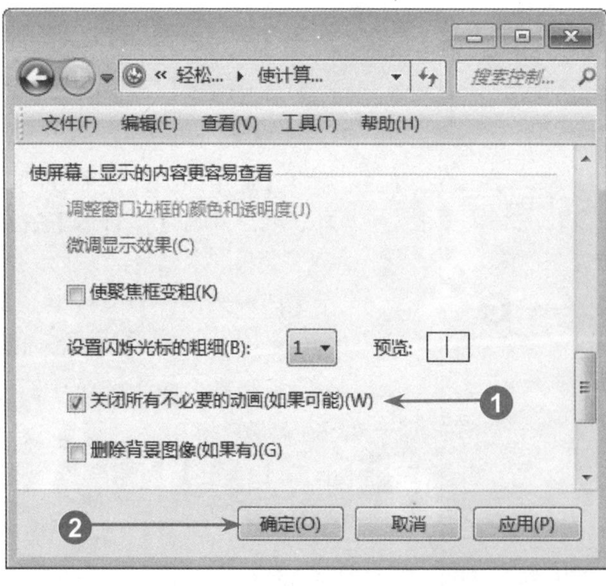


图 5-23

**02 关闭所有不必要的动画，提高系统性能**

№1 进入【使计算机更易于查看】工作界面，选中【关闭所有不必要的动画】复选框。

№2 单击【确定】按钮 确定 ，如图 5-23 所示。

### ■多学一点

选中【关闭所有不必要的动画】复选框后，系统性能会得到有效提升，但系统特效美化程度会相对降低。用户应根据需要进行设置。

## 5.4.2 设置备选输入设备

在没有键盘或鼠标的情况下，用户可以在轻松访问中心中设置备选输入设备，以方便用户对电脑进行操作。下面介绍设置备选输入设备的操作方法。

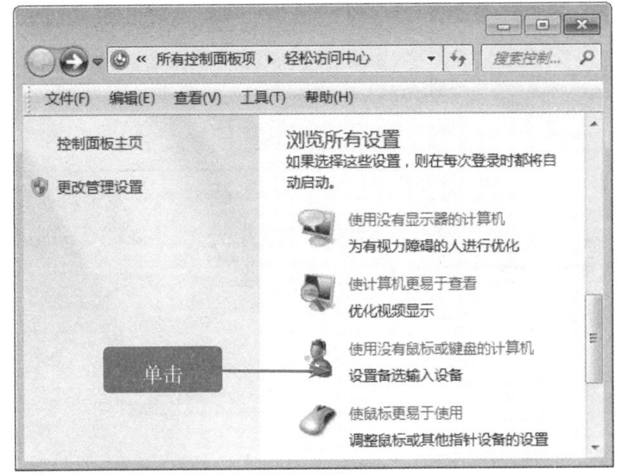


图 5-24

**01 启动【轻松访问中心】，设置备选输入设备**

进入【轻松访问中心】工作界面，单击【使用没有鼠标或键盘的计算机】超链接项，如图 5-24 所示。

### ■指点迷津

在轻松访问中心中，启用语音识别功能，用户同样可以对电脑进行操作和控制。

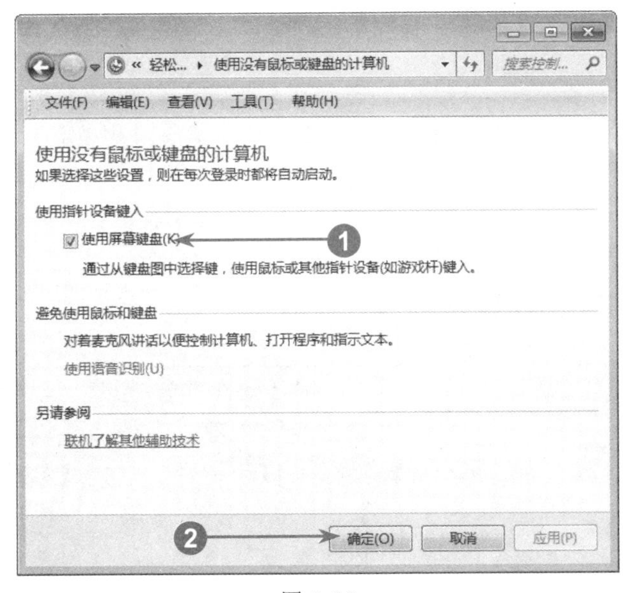


图 5-25

**02 设置备选输入设备。**

№1 进入【使用没有鼠标或键盘的计算机】工作界面，选中【使用屏幕键盘】复选框。

№2 单击【确定】按钮 确定 ，如图 5-25 所示。

### ■多学一点

启用屏幕键盘后，用户可以使用屏幕键盘代替物理键盘输入数据。屏幕键盘会显示出一个带有所有标准键的可视化键盘。

## 5.4.3 设置键盘

为使键盘可以更好地被用户使用和操作，用户可以在轻松访问中心中对键盘进行设置。

下面介绍设置键盘的操作方法。

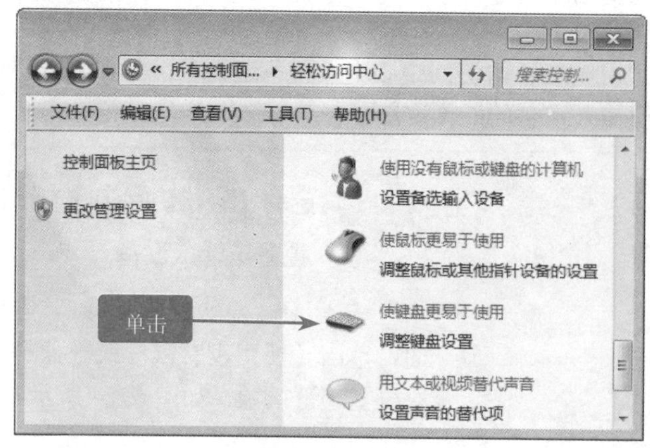


图 5-26

## 01 启动轻松访问中心，调整键盘设置

进入【轻松访问中心】工作界面，单击【使键盘更易于使用】超链接项，如图 5-26 所示。

### ■指点迷津

键盘的快捷方式是使用键盘来执行操作的方式，它有助于加快操作的速度。

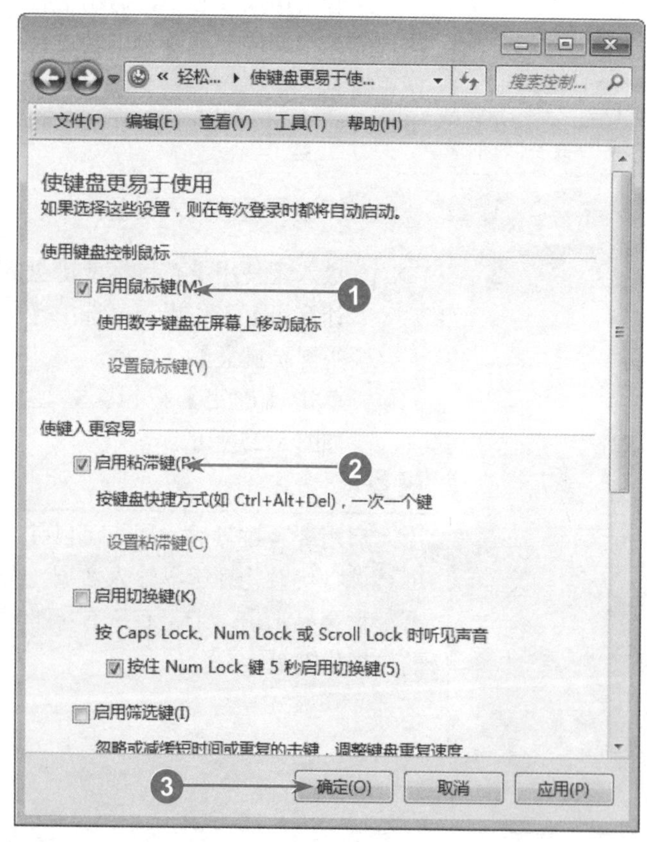


图 5-27

## 02 设置键盘的操作

№1 进入【使键盘更易于使用】工作界面，在【使用键盘控制鼠标】区域中，选中【启用鼠标键】复选框。

№2 在【使键入更容易】区域中，选中【启用粘滞键】复选框。

№3 单击【确定】按钮 确定 ，如图 5-27 所示。

### ■多学一点

启用【鼠标键】，用户可以使用键盘或数字键盘上的箭头键代替鼠标来移动指针。启用【粘滞键】，用户可以只使用一个键而不必同时按三个键。这样可按修改键并使其保持活动状态，直到按下另一个键为止。

# Section 5.5 实践案例与上机指导

本章学习了账户基本操作、桌面小工具、个性化设置系统外观主题和使用轻松访问中心方面的知识。通过对本章的学习，读者不但可以掌握设置用户账户方面的知识，而且还可以掌握对操作系统外观设置、系统键盘和鼠标设置的操作方法。在本节中，将结合实际的工作和应用，通过上机练习，进一步掌握和提高本章所学的知识点。

## 5.5.1 设置鼠标样式

在本章中介绍了使用轻松访问中心方面的知识，下面将结合实践应用，上机练习设置鼠标样式的具体操作方法。通过本节练习，读者可以对使用轻松访问中心方面的知识有更加深入的了解。

进入【轻松访问中心】工作界面后，用户可以快速设置鼠标的样式。下面详细介绍设置鼠标样式的操作方法。

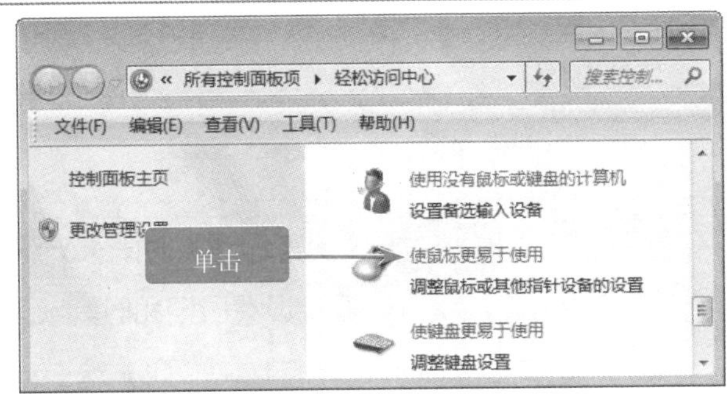


图 5-28

### 01 启动轻松访问中心，设置备选输入设备

进入【轻松访问中心】工作界面，单击【使鼠标更易于使用】超链接项，如图 5-28 所示。

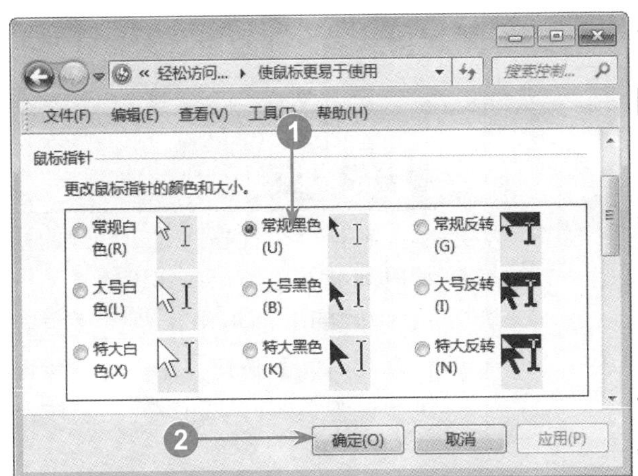


图 5-29

### 02 设置鼠标样式

No1 进入【使鼠标更易于使用】工作界面，在【鼠标指针】区域中，选中【常规黑色】单选框。

No2 单击【确定】按钮 确定 ，如图 5-29 所示。

**多学一点**

在【鼠标属性】对话框中，用户同样可以设置鼠标的样式。

## 5.5.2 设置系统日期和时间

在本章中介绍了个性化设置 Windows 7 操作系统方面的知识，下面将结合实践应用，上机练习设置系统日期和时间的具体操作方法。通过本节练习，读者可以对个性化设置 Windows 7 操作系统方面的知识有更加深入的了解。

在 Windows 7 操作系统中，为保证系统日期和时间的准确性，用户可以随时更改系统的日期和时间，具体操作方法如下。

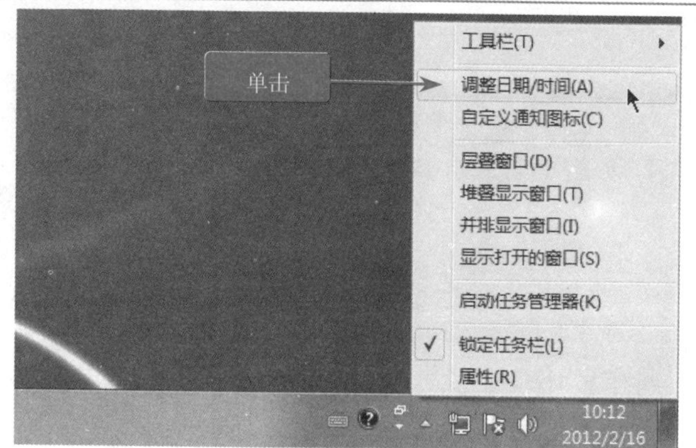


图 5-30

**01 右键单击通知栏中的系统时间，选择【调整日期/时间】选项**

右键单击通知栏中的系统时间，在弹出的快捷菜单中，选择【调整日期/时间】选项，如图 5-30 所示。

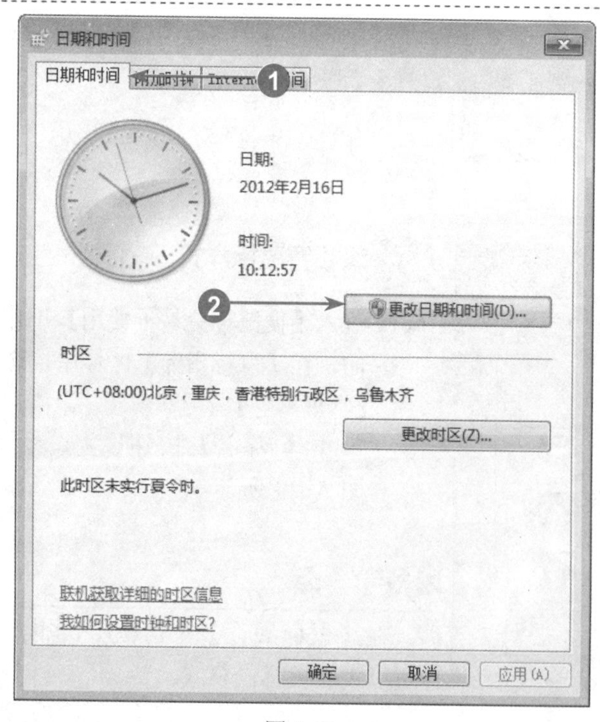


图 5-31

**02 弹出【日期和时间】对话框，设置日期和时间**

No1 弹出【日期和时间】对话框后，单击【日期和时间】选项卡。

No2 单击【更改日期和时间】按钮 更改日期和时间(D)... ，如图 5-31 所示。

### 多学一点

将鼠标指针移向通知栏中的系统时间处并单击，在弹出的【系统日期/时间】面板中，单击【更改日期和时间】按钮，用户同样可以进行设置系统日期和时间的操作。

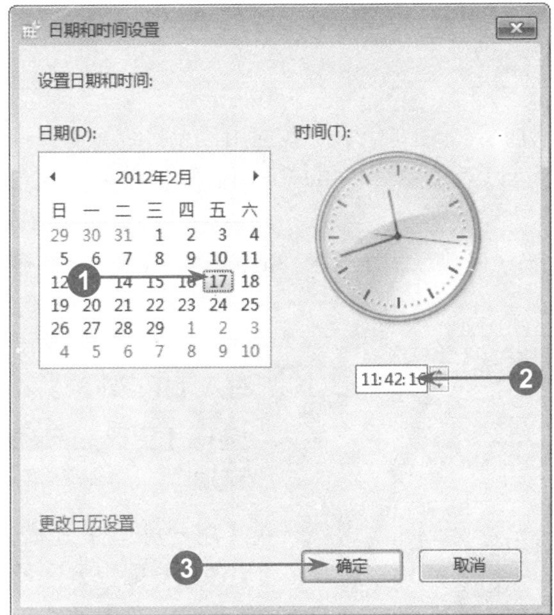


图 5-32

## 03 在【日期和时间设置】对话框中，设置日期和时间的具体数值

№1 进入【日期和时间设置】对话框，在【日期】列表框中，选中准备设置的日期，如“2012年2月17日”。

№2 在【时间】文本框中，输入时间值，如“11：42：16”。

№3 单击【确定】按钮 确定 ，如图5-32所示。

### ■多学一点

在【日期和时间设置】对话框中，单击【更改日历设置】超链接项，用户可以设置日期和时间的格式。

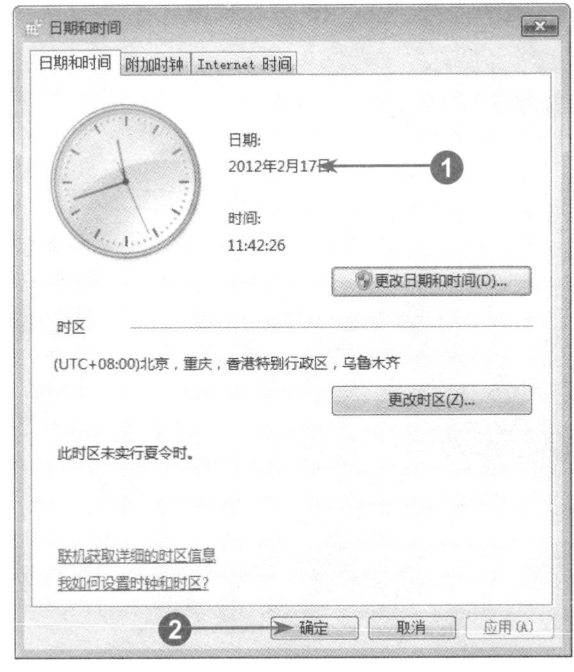


图 5-33

## 04 设置成功后，返回到【日期和时间】对话框

№1 返回到【日期和时间】对话框中，在【日期和时间】区域中，显示设置成功后的日期和时间。

№2 单击【确定】按钮 确定 ，如图5-33所示。

### ■指点迷津

在【日期和时间】对话框中，单击【更改时区】按钮 更改时区(Z)... ，在弹出的【时区设置】对话框中，用户可以设置时区时间。

## 5.5.3 更换账户名称

在本章中介绍了单系统多用户方面的知识，下面将结合实践应用，上机练习更换账户名称的具体操作方法。通过本节练习，读者可以对单系统多用户方面的知识有更加深入的了解。

在 Windows 7 操作系统中，用户可以快速更改显示在登录界面的账户名称，具体操作如下。

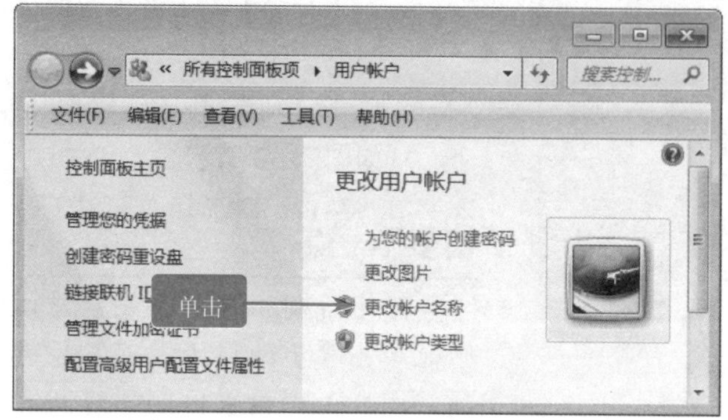


图 5-34

### 01 进入【用户账户】界面，选择【更改账户名称】选项

进入【用户账户】工作界面后，在【更改用户账户】区域中，单击【更改账户名称】超链接项，如图 5-34 所示。

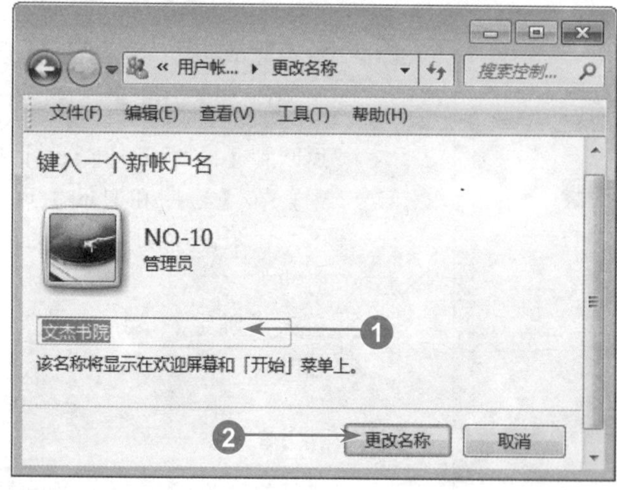


图 5-35

### 02 更换账户名称

№1 进入【更改名称】工作界面，在【键入一个新账户名】文本框中，输入账户名称，如“文杰书院”。

№2 单击【更改名称】按钮 更改名称 ，如图 5-35 所示。

**更换账户名称的注意事项**

**智慧锦囊**

更换账户名称时，用户名的长度不能超过 20 个字符，不能完全由句点或空格组成，不能包含以下任何字符： \/"[]:|<>+=;,?*@。

# 第 6 章

# 灵活使用 Windows 7 附件

## 本章内容导读

本章主要介绍使用写字板、计算器、“画图”程序方面的知识与技巧，同时还将讲解附件中游戏的玩法，在本章的最后还会针对实际的工作需求，讲解使用放大镜、启动截图工具并使用截图工具截图和使用讲述人程序的知识和操作方法。通过对本章的学习，读者可以掌握 Windows 7 附件方面的知识，为进一步学习电脑知识奠定基础。

## 本章知识要点

◎ **使用写字板**
◎ **使用计算器**
◎ **使用“画图”程序**
◎ **玩游戏**

# Section 6.1 使用写字板

在 Windows 7 操作系统中，系统自带了写字板。它具有强大的文字和图片处理功能。用户可以利用它对日常工作中的文件进行编辑，如输入文本、插入图片和声音、剪辑视频和混排图文等。本节将详细介绍使用写字板的相关知识及操作方法。

## 6.1.1 写字板的操作界面

写字板是 Windows 7 操作系统中自带的一个文字处理工具，它功能强大并且使用方便。下面将详细介绍写字板的操作界面，如图 6-1 所示。

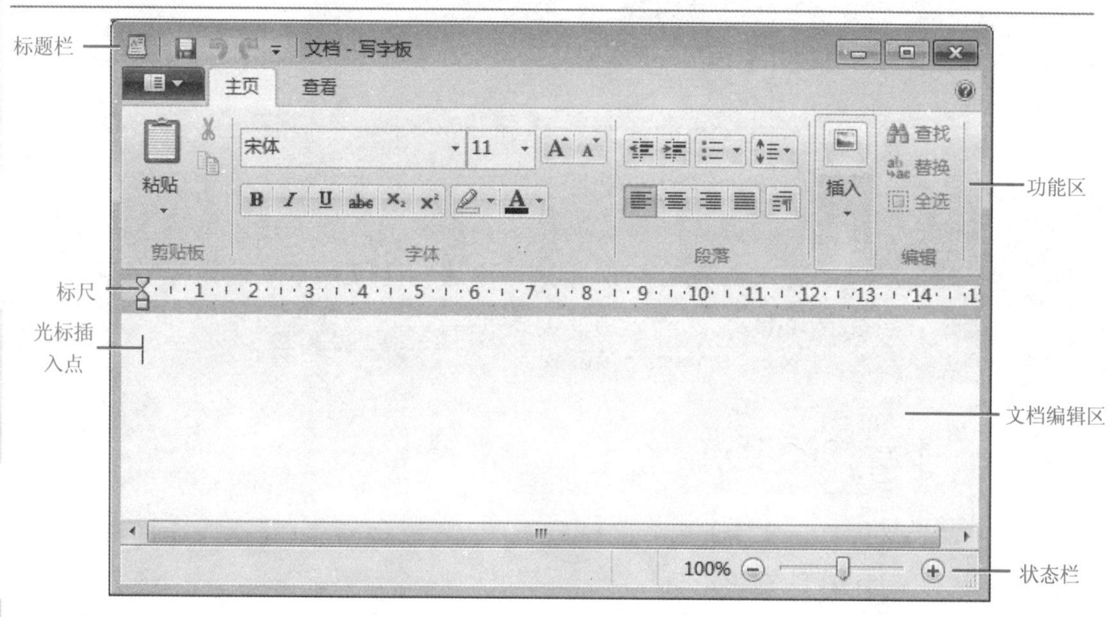


图 6-1

### 1. 标题栏

标题栏可以显示出文件的名称或程序的名称。它的最左侧是【快速访问工具栏】，单击相应的图标即可实现不同的操作，它的最右侧是控制按钮区，包括【最小化】按钮、【最大化】按钮和【关闭】按钮，如图 6-2 所示。

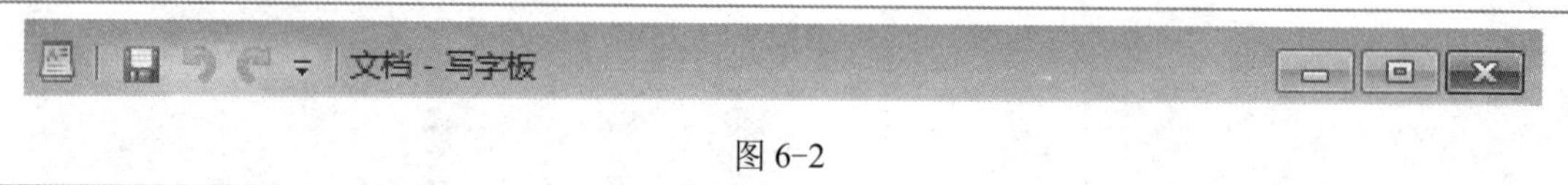


图 6-2

### 2. 功能区

功能区位于标题栏的下方，它代替了以前操作系统中的菜单栏、工具栏和格式栏等。写字板功能区包含了【写字板】按钮区、【开始】选项卡和【查看】选项卡。每个选项卡又细化为几个选项组，如【开始】选项卡细化为【字体】选项组和【段落】选项组等，如图 6-3 所示。

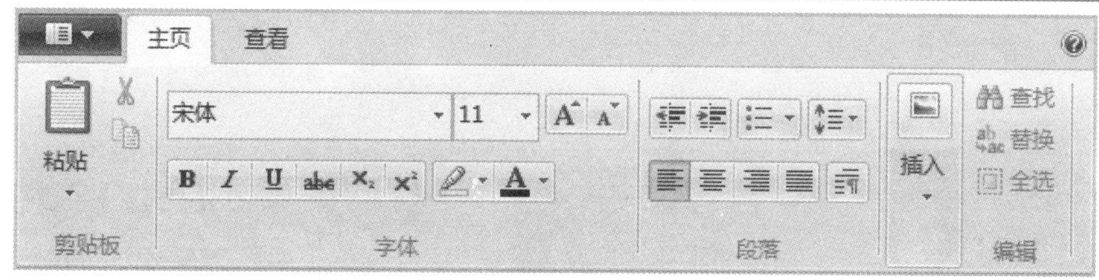


图 6-3

### 3. 标尺

标尺位于功能区的下方。标尺表明了当前页面设置的尺寸，它还可以用于设置段落的缩进量，如图 6-4 所示。

图 6-4

### 4. 文档编辑区

文档编辑区位于标尺的下方，中间空白部分即是。它是对文档进行编辑的区域，文档的输入、编辑和修改都是在这里进行的。

### 5. 光标插入点

在文档编辑区内有一个闪烁的光标，称为插入点。它所在的位置即为光标插入点，其表示字符将要从这里开始被输入或编辑。

### 6. 状态栏

状态栏位于【写字板】操作界面的最下方，它显示了当前窗口的显示比例。

## 6.1.2 输入文字

写字板是专为用户编辑文档而设计的，打开【写字板】程序后，选择准备使用的汉字输入法就可以在写字板中输入汉字了。下面详细介绍在写字板中输入汉字的操作。

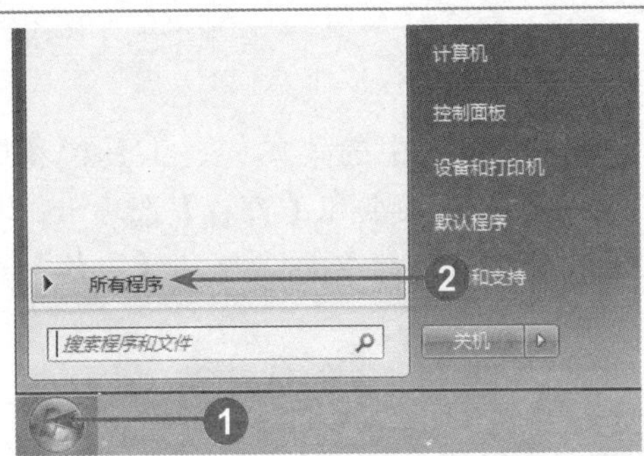


图 6-5

## 01 单击【开始】按钮，选择【所有程序】选项

№1 在 Windows 7 操作系统的左下角单击【开始】按钮。

№2 在弹出的快捷菜单中，选择【所有程序】选项，如图 6-5 所示。

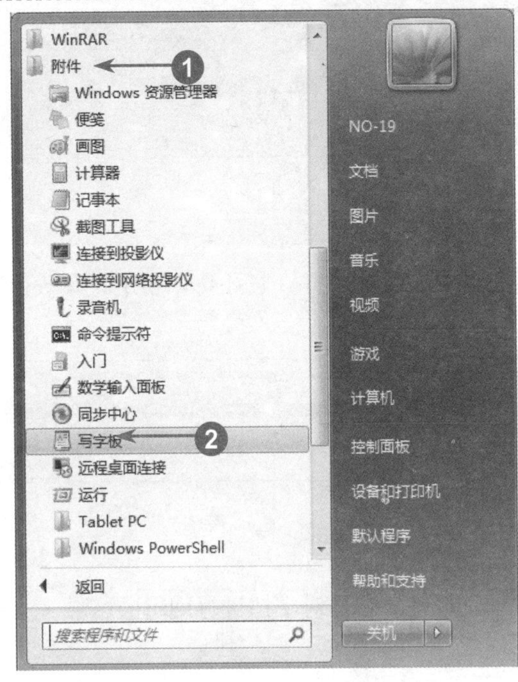


图 6-6

## 02 单击【附件】文件夹，选择【写字板】选项

№1 弹出下一菜单，单击【附件】文件夹。

№2 选择【写字板】文件，如图 6-6 所示。

### ■多学一点

写字板和 Word 程序相同，都具有格式控制等功能，而且保存文件的扩展名都是“.doc”。写字板的容量比记事本等程序的容量大。同时，写字板支持字体格式等多种文本设置方案。在写字板中输入并选择文字后，选择【主页】选项卡，利用功能区的功能选项即可对文字进行格式设置。

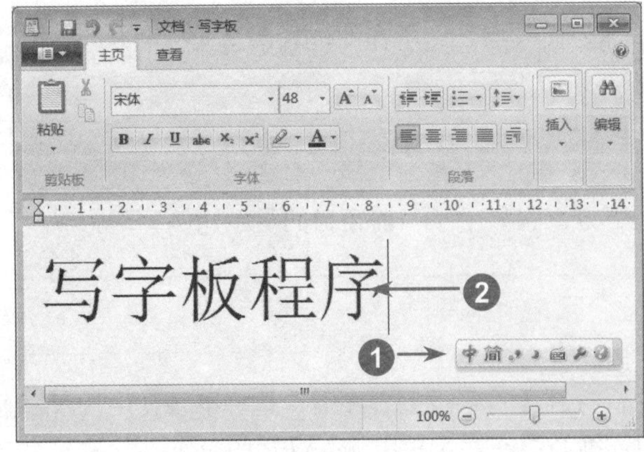


图 6-7

## 03 选择汉字输入法，将汉字输入到写字板

№1 选择使用的汉字输入法。

№2 将汉字输入到写字板上即可完在写字板中输入文字的操作，如图 6-7 所示。

## 6.1.3 设置字体与段落格式

与 Word 文档一样，用户也可以对【写字板】中的文本进行格式上的设置，如设置字体和段落的格式，这样既可以使文档布局更加合理，同时也可以美化整个文档的外观。下面将详细介绍设置字体与段落格式的操作方法。

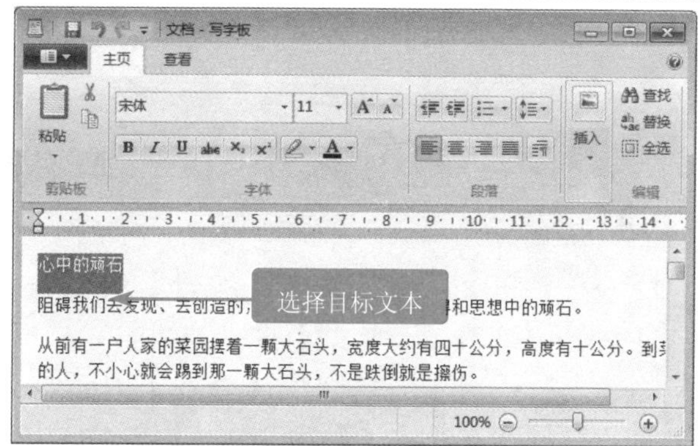

图 6-8

### 01 拖动鼠标，选择准备进行设置的文本

将光标点移动至准备进行设置的文本的左侧，然后单击鼠标左键不放，并拖动至准备进行设置的文本的右侧，完成选择后，释放鼠标即可，如图 6-8 所示。

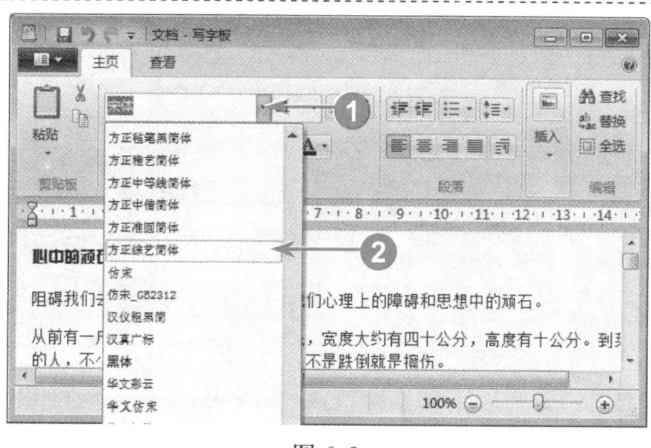
图 6-9

### 02 单击下拉按钮，设置字体格式

№1 单击【字体】列表框右侧的下拉按钮。

№2 在弹出的下拉列表项中，选择准备使用的字体格式，如选择【方正综艺简体】选项，如图 6-9 所示。

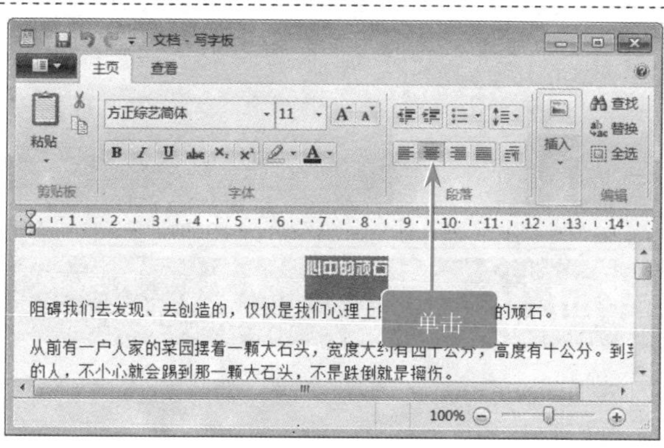

图 6-10

### 03 单击【居中】按钮，设置段落格式

单击【段落】组中的【居中】按钮，即可使标题居中显示，如图 6-10 所示。

## 6.1.4 使用查找和替换功能

在编辑文档时，如果需要把某一相同的文本统一改为其他内容，而人工进行一个个查找再来替换会相当浪费时间，这时用户可以使用【写字板】程序提供的“查找”和“替换”功能来解决这个问题。这样就可以大大地节省时间，提高工作效率。下面将详细介绍使用查找和替换功能的操作方法。

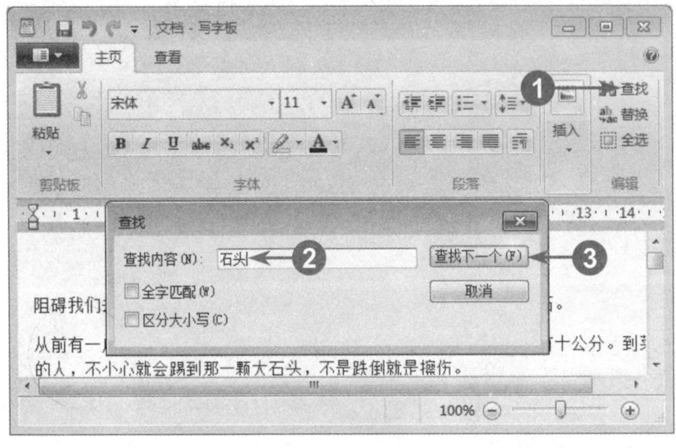


图 6-11

### 01 打开查找对话框，设置查找内容

№1 单击【编辑】组中的【查找】按钮 查找 。

№2 弹出【查找】对话框，在【查找内容】文本框中输入准备查找的内容。

№3 单击【查找下一个】按钮 查找下一个(F)，如图 6-11 所示。

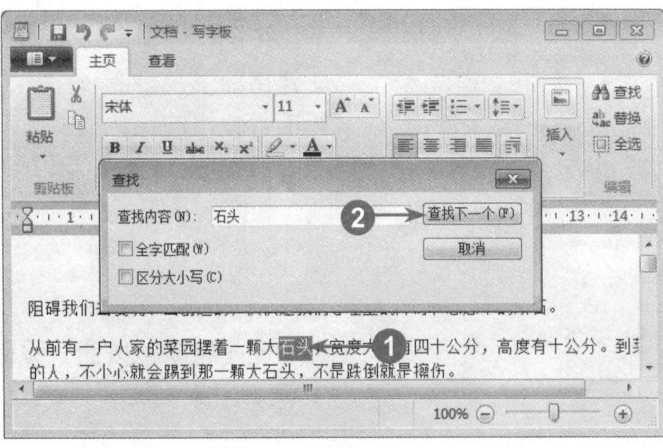


图 6-12

### 02 显示查找效果，再次单击【查找下一个】按钮

№1 【写字板】程序会泛白显示查找到的文本。

№2 如果需要查找下一个相匹配的文字，可以再次单击【查找下一个】按钮 查找下一个(F) 继续查找，如图 6-12 所示。

**智慧锦囊**

### 快速进行文本的移动

选择完准备进行移动的文本后，用户可以使用〈Ctrl+X〉和〈Ctrl+V〉组合键来实现文本的快速移动。

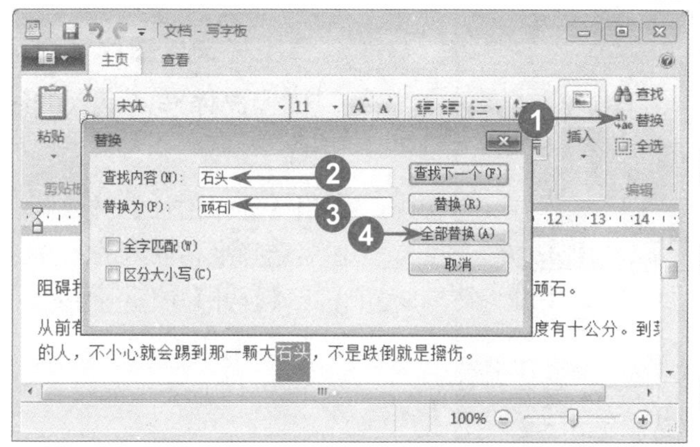


图 6-13

01 打开【替换】对话框，设置替换内容

№1 单击【编辑】组中的【替换】按钮替换。

№2 弹出【替换】对话框，在【查找内容】文本框中输入准备查找的内容。

№3 在【替换为】文本框中输入准备进行替换的内容。

№4 单击【全部替换】按钮全部替换(A)，如图6-13所示。

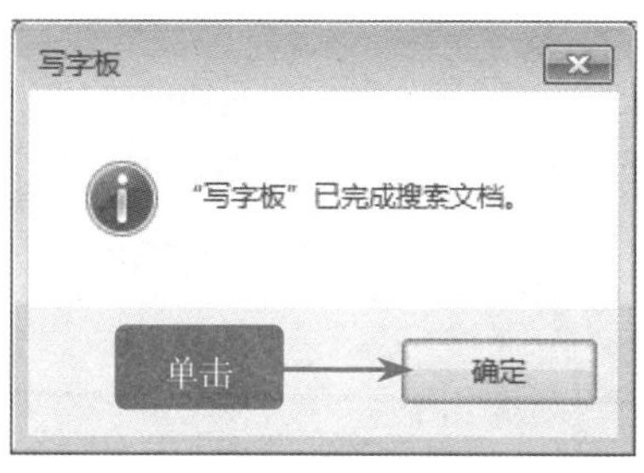


图 6-14

02 弹出对话框，提示完成替换

弹出【写字板】对话框，提示“写字板”已完成搜索文档的信息，单击【确定】按钮即可完成使用查找和替换功能的操作，如图6-14所示。

## 6.1.5 插入图片

在 Windows 7 的写字板中，用户可以插入很多信息来丰富文档的内容，如插入电脑中的图片。下面将详细介绍插入图片的操作方法。

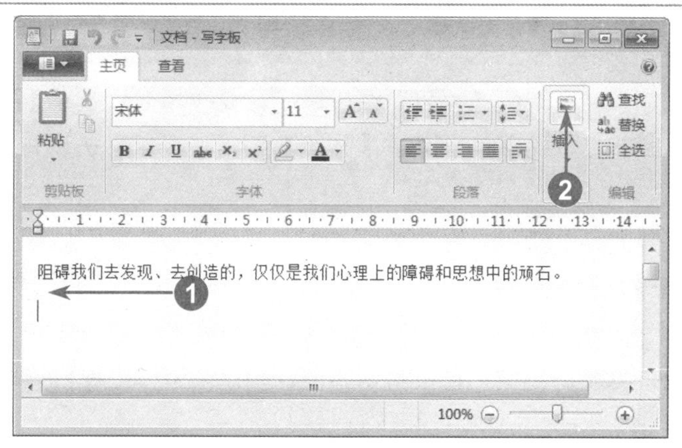


图 6-15

01 定位插入点，单击【插入图片】按钮

№1 将光标插入点定位在准备插入图片的位置。

№2 然后单击【插入】组中的【插入图片】按钮，如图 6-15所示。

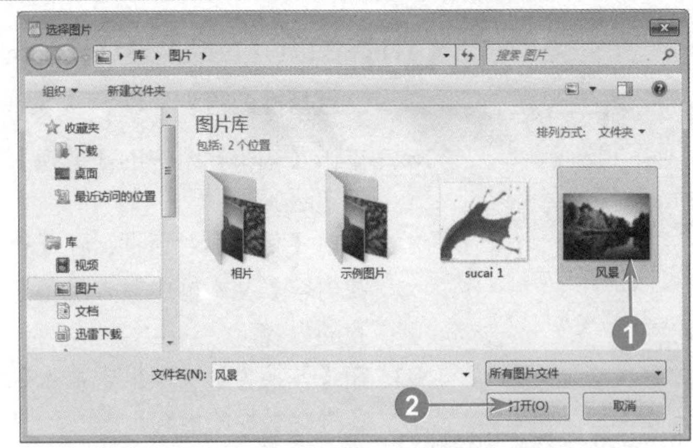


图 6-16

弹出【选择图片】对话框，选择准备插入的图片

№1 弹出【选择图片】对话框，然后选择准备插入的图片。

№2 单击【打开】按钮 打开(O)，如图 6-16 所示。

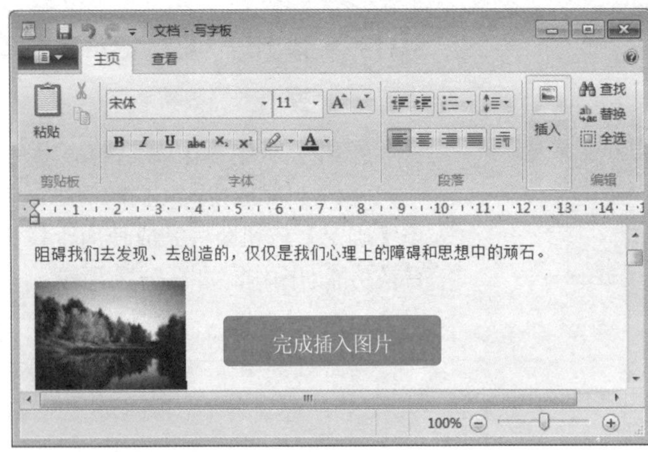


图 6-17

03 完成操作，显示插入的图片

返回到【写字板】程序窗口中，可以看到插入的图片，如图 6-17 所示。

■多学一点

使用〈Ctrl+P〉组合键，用户可以快速地将写字板中的文本内容打印出来。

## 快速关闭文档的操作方法

智慧锦囊

单击【写字板】窗口右上角的【关闭】按钮 ，或在标题栏上单击写字板图标，并在弹出来的下拉菜单中选择【关闭】菜单项，即可快速关闭文档。

## 6.1.6 保存和打开文档

在写字板中完成文档的输入与编辑操作后，用户可以将文档保存到电脑中，以便日后的查看与使用。下面将详细介绍保存和打开文档的操作方法。

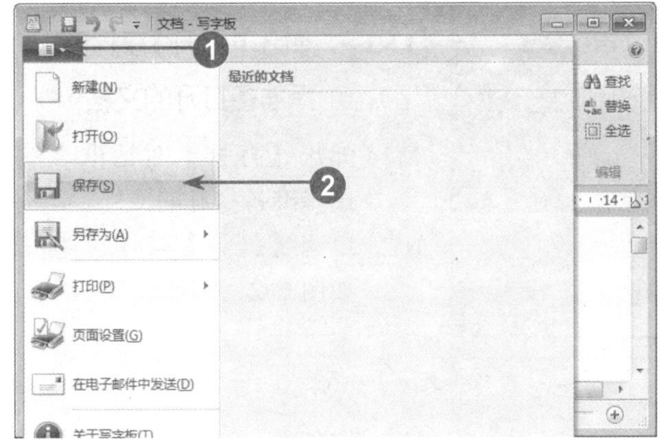

图 6-18

## 01 单击【写字板】按钮，选择【保存】选项

№1 单击【写字板】按钮。

№2 在弹出的菜单中选择【保存】选项，如图 6-18 所示。

### 多学一点

按下键盘上的〈Ctrl+S〉组合键也可快速保存文档。

图 6-19

## 02 弹出【保存为】对话框，设置保存文档

№1 弹出【保存为】对话框，然后选择文档的保存位置。

№2 在【文件名】文本框中输入准备使用的文件名。

№3 单击【保存】按钮，如图 6-19 所示。

图 6-20

## 03 单击【写字板】按钮，选择【打开】选项

№1 单击【写字板】按钮。

№2 在弹出的菜单中选择【打开】选项，如图 6-20 所示。

### 多学一点

按下键盘上的〈Ctrl+O〉组合键，也可以快速地弹出【打开】对话框。

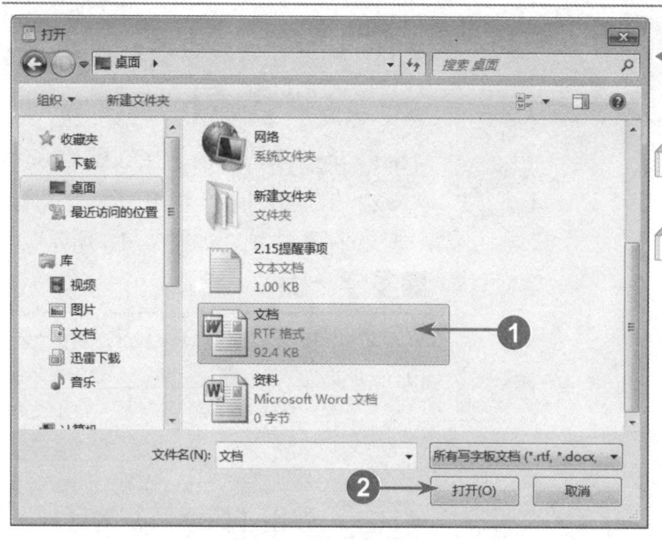


图 6-21

## 04 弹出【打开】对话框，选择准备打开的文档

№1 弹出【打开】对话框，然后选择准备打开的文档。

№2 单击【打开】按钮 打开(O)，如图 6-21 所示。

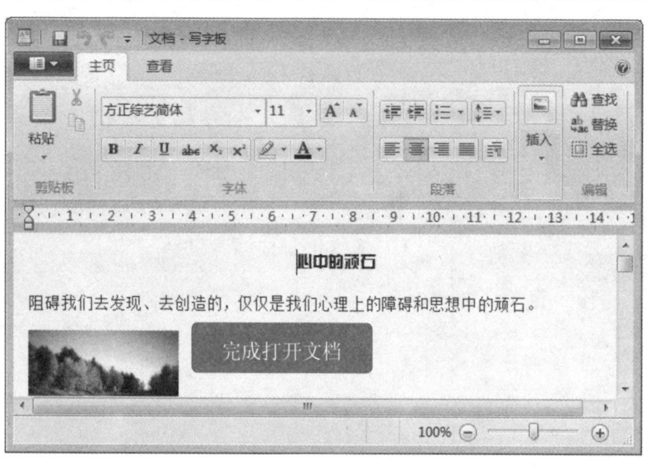


图 6-22

## 05 完成操作，显示打开的写字板文档

选择的文档已被打开，在【写字板】程序窗口中显示打开的文档内容，如图 6-22 所示。

# Section 6.2 使用计算器

Windows 7 操作系统中的计算器具备全新的外观和功能。用户可以进行数据的计算，如管理家庭或公司的开支状况等，也可以进行科学运算，如函数等。用户只需单击计算器上相应的按钮即可执行计算。本节将详细介绍使用计算器进行运算的操作方法。

## 6.2.1 四则运算

在 Windows 7 操作系统中，用户启动计算器以后便可进行简单的四则运算，从而轻松地实现在屏幕上完成计算。下面以计算“20*5+6”为例，具体介绍进行四则运算的操作方法。

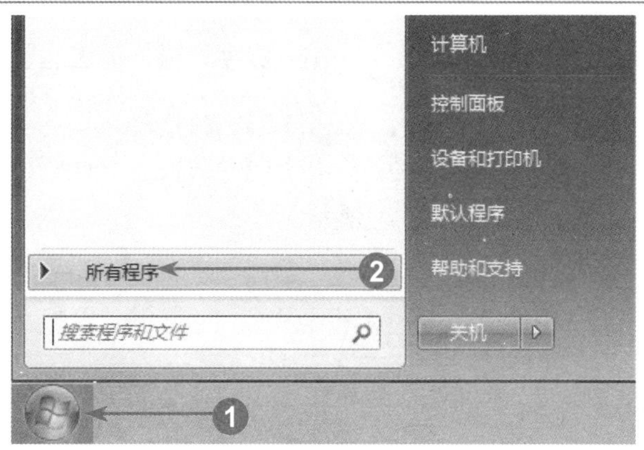

图 6-23

## 01 单击【开始】按钮，选择【所有程序】选项

№1 在 Windows 7 操作系统的左下角单击【开始】按钮。

№2 在弹出的快捷菜单中，选择【所有程序】选项，如图 6-23 所示。

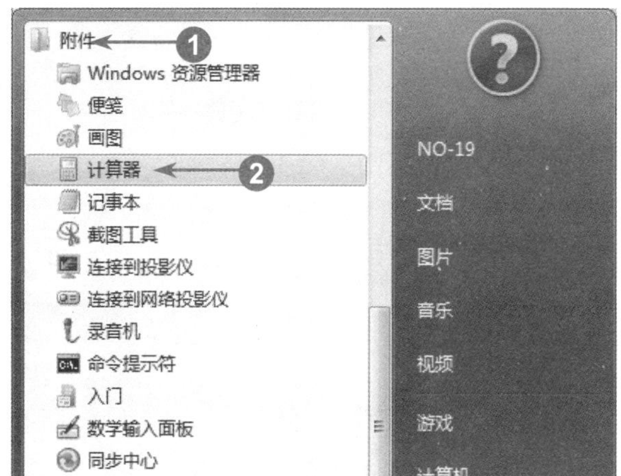

图 6-24

## 02 单击【附件】文件夹，选择【计算器】文件

№1 弹出下一菜单，单击【附件】文件夹。

№2 选择【计算器】文件，如图 6-24 所示。

图 6-25

## 03 打开计算器窗口，输入乘法运算符

№1 打开【计算器】窗口，单击【2】按钮 2 。

№2 单击【0】按钮 0 。

№3 单击【*】按钮 * ，如图 6-25 所示。

### ■指点迷津

在计算器中计算，也要遵从先乘除后加减的运算法则。

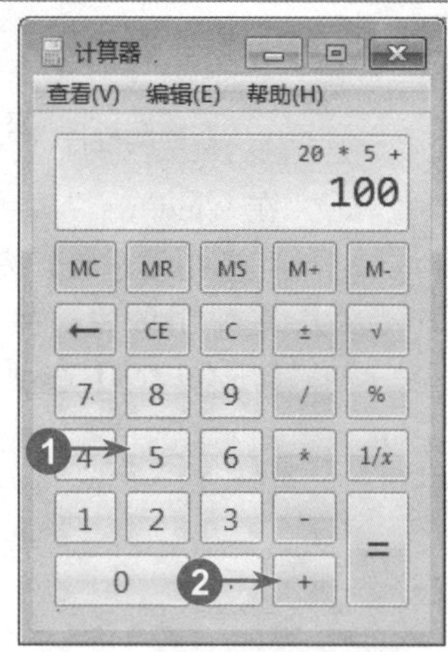

图 6-26

## 04 输入数字，输入加法运算符

№1 单击【5】按钮 5 。

№2 单击【+】按钮 + ，如图 6-26 所示。

### ■指点迷津

在显示栏中会显示当前输入的内容和计算结果。

图 6-27

## 05 输入数字，单击【等于】号按钮

№1 单击【6】按钮 6 。

№2 单击【=】按钮 = ，如图 6-27 所示。

### ■多学一点

单击 ← 按钮可以删除显示栏中的最后一个字符。

图 6-28

## 06 完成四则运算，显示运算结果

在计算器的显示栏中显示运算结果，如图 6-28 所示。

### ■多学一点

若想清除已显示的数字并重新开始计算，可以单击 CE 按钮。

## 6.2.2 科学计算

如果需要计算复杂的数据，那么用户可以将计算器转换为科学型的计算器。科学型计算器可以进行多种的复杂运算，如统计运算、n 次方和 n 次根运算、数制转换运算、函数运算等。下面以计算“$7^9+10^5-7!$”为例，具体介绍使用计算器进行科学计算的操作方法。

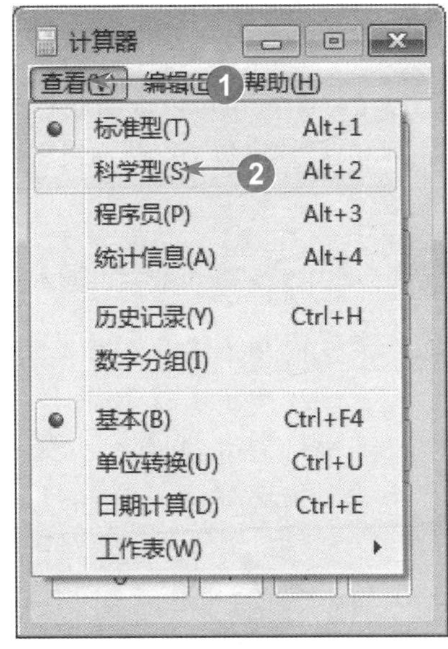


图 6-29

### 01 打开计算器窗口，选择科学型计算器

№1 在 Windows 7 中打开【计算器】窗口，单击【查看】主菜单。

№2 在弹出的下拉菜单中，选择【科学型】选项，如图 6-29 所示。

**■多学一点**

Windows 7 系统自带的计算器包括标准型、科学型和程序员 3 种，用户可以根据个人的需要进行选择。

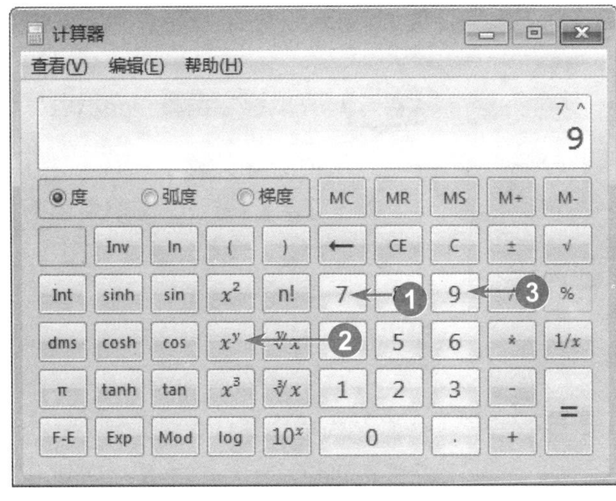


图 6-30

### 02 输入数字，输入 n 次方运算符

№1 单击【7】按钮 7 。

№2 单击【$x^y$】按钮 $x^y$ 。

№3 单击【9】按钮 9 ，如图 6-30 所示。

**■多学一点**

启动计算器后，在键盘上依次按下相应的数字键，也可输入数字，进行运算。

图 6-31

## 03 输入数字，输入加法运算符

№1 单击【+】按钮 + 。

№2 单击【5】按钮 5 。

№3 单击【10^x】按钮 10^x ，如图 6-31 所示。

### ■指点迷津

如果输入的数字有错误，则单击【←】按钮可以依次删除显示栏中的最后一位数字，从而再输入正确的数字。

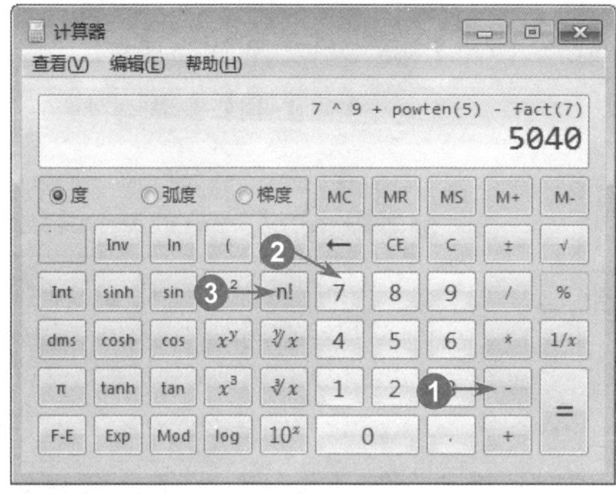


图 6-32

## 04 输入数字，输入阶乘运算符

№1 单击【-】按钮 - 。

№2 单击【7】按钮 7 ，

№3 单击【n!】按钮 n! ，如图 6-32 所示。

图 6-33

## 05 完成科学运算，显示运算结果

单击【=】按钮 = ，在计算器的显示栏中即可显示运算结果，如图 6-33 所示。

### ■多学一点

电脑中的计算器可以输入高达 32 位的数值，并且具有复制、粘贴的功能，可以将运算的结果存储到电脑硬盘中。

Section

# 6.3 使用“画图”程序

使用 Windows 7 系统中的“画图”程序可以绘制、编辑图片并为图片着色，也可以将文本和设计的图案添加到其他图片中。“画图”程序具有操作简单、易于修改、永久保存等特点。本节将详细介绍使用“画图”程序的相关知识及操作方法。

## 6.3.1 认识“画图”程序

在使用“画图”程序绘制图形之前，应先熟悉它的绘图环境。下面将详细介绍“画图”程序的窗口，它主要由以下几部分组成，如图 6-34 所示。

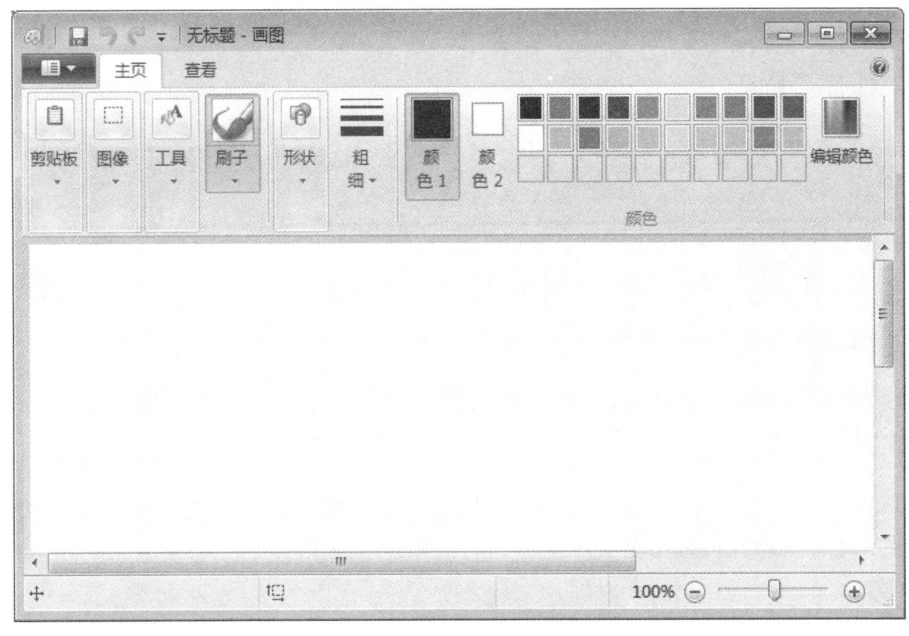


图 6-34

### 1. 标题栏

标题栏的主要作用是显示文件的名称和程序的名称，在其最右侧分别为【最小化】按钮、【最大化】按钮和【关闭】按钮，如图 6-35 所示。

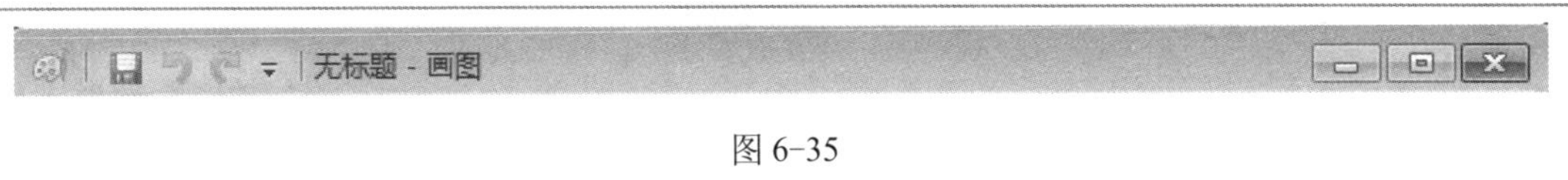


图 6-35

### 2. 【画图】按钮

【画图】按钮位于标题栏的下方，单击该按钮即可弹出下拉菜单，然后选择一些命令即可执行相对应的操作。

### 3. 功能区

功能区位于标题栏的下方，其包含【画图】按钮、【主页】和【查看】选项卡，每个选项卡又会划分为几个组，如图 6-36 所示。

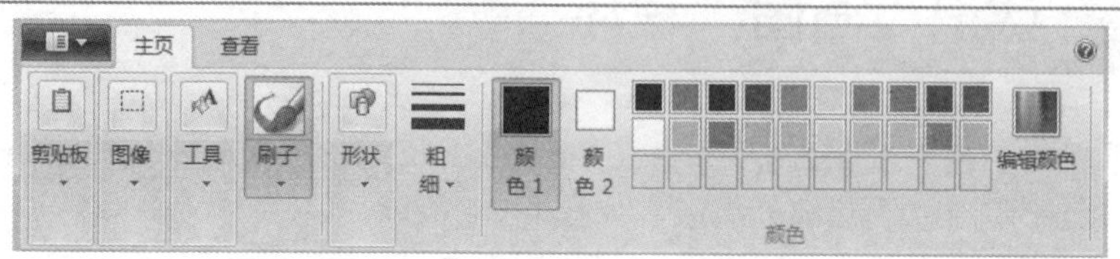


图 6-36

### 4. 画布工作区

画布工作区位于功能区的下方，中间空白部分即是。画布工作区可根据调入的图形大小自动调整。

### 5. 状态栏

状态栏位于画布工作区的下方，它的功能是显示当前窗口的显示比例以及当前状态下光标在画布上的坐标。

## 6.3.2 使用“画图”程序绘制图形

Windows 7 系统自带了“画图”程序，它是一个位图编辑器，用户可以使用该程序在电脑中画画，还可以对各种位图格式的图画进行编辑。下面将详细介绍使用“画图”程序绘制图形的方法。

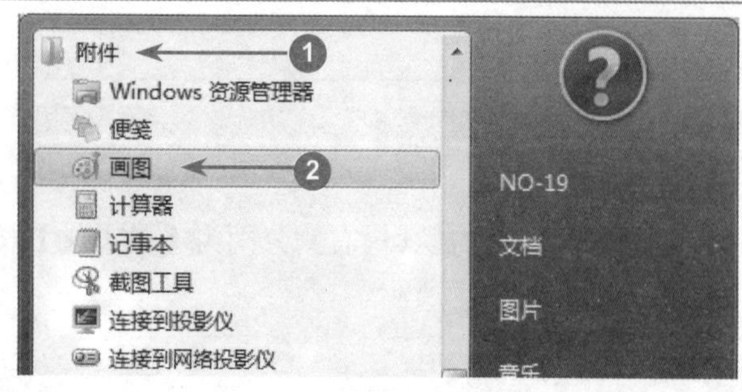


图 6-37

**01 展开【附件】文件夹，选择【画图】程序**

№1 在 Windows 7 操作系统的左下角单击【开始】按钮，打开【所有程序】选项，然后展开【附件】文件夹。

№2 在展开的【附件】菜单中选择【画图】选项，如图 6-37 所示。

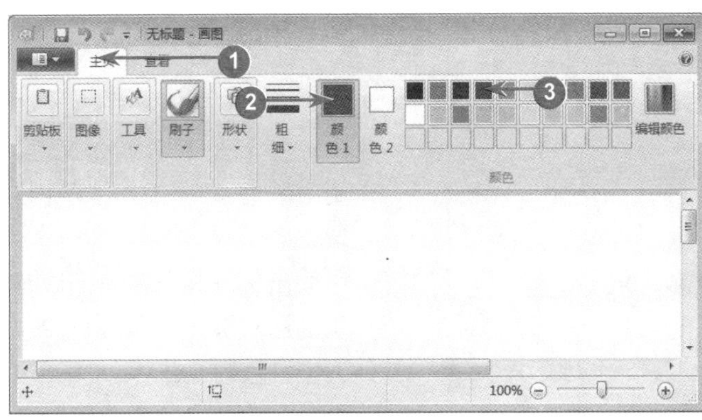

图 6-38

## 02 设置颜色 1，选择准备应用的颜色

№1 打开【无标题-画图】窗口，选择【主页】选项卡。

№2 在【颜色】组中单击【颜色1】（前景色）按钮。

№3 在颜色框中选择准备应用的颜色选项，如图 6-38 所示。

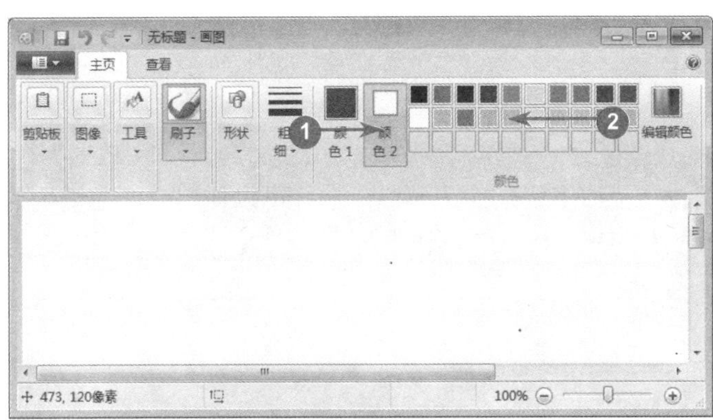

图 6-39

## 03 设置颜色 2，选择准备应用的颜色

№1 在【颜色】组中单击【颜色2】（背景色）按钮。

№2 在颜色框中选择准备应用的颜色选项，如图 6-39 所示。

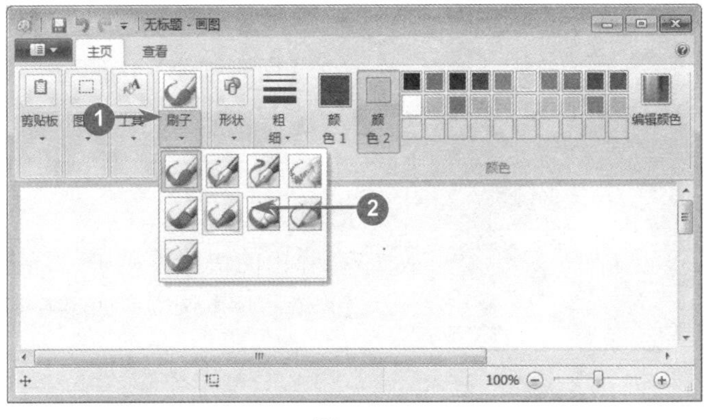

图 6-40

## 04 设置笔刷，选择准备应用的笔刷选项

№1 单击【刷子】按钮下面的下拉按钮。

№2 在弹出的下拉列表中选择准备应用的笔画选项，如图 6-40 所示。

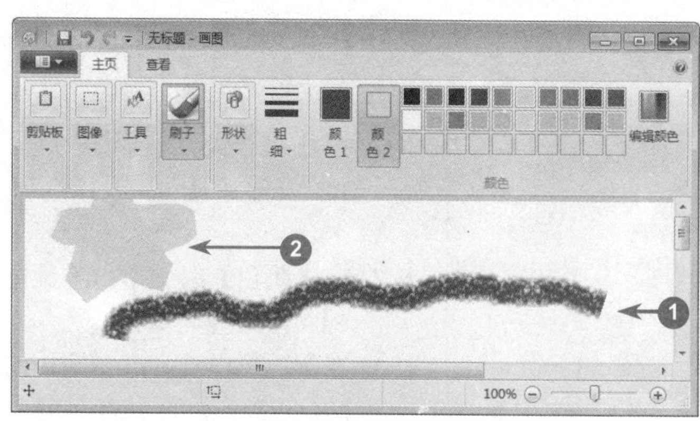

图 6-41

**05 利用鼠标绘制图形**

№1 将鼠标指针移动至工作区域，单击并拖动鼠标左键，使用颜色 1 在工作区域内画画。

№2 释放鼠标左键后，单击并拖动鼠标右键，使用颜色 2 在工作区域内画画，如图 6-41 所示。

Section

# 6.4 玩游戏

在 Windows 7 操作系统中，系统自带了许多好玩的小游戏，这样可以使用户能在繁忙的工作之余放松一下心情。本节将详细介绍在 Windows 7 操作系统中玩游戏的方法。

## 6.4.1 扫雷

在 Windows 操作系统中，扫雷游戏是一款非常经典的益智类小游戏。它非常考验玩家的记忆能力和推理能力。下面将详细介绍玩扫雷游戏的操作方法。

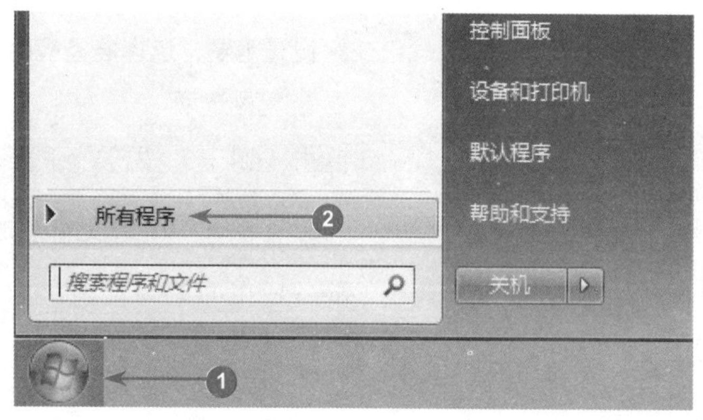

图 6-42

**01 单击【开始】按钮，选择【所有程序】选项**

№1 在 Windows 7 操作系统的左下角单击【开始】按钮 。

№2 在弹出的快捷菜单中，选择【所有程序】选项，如图 6-42 所示。

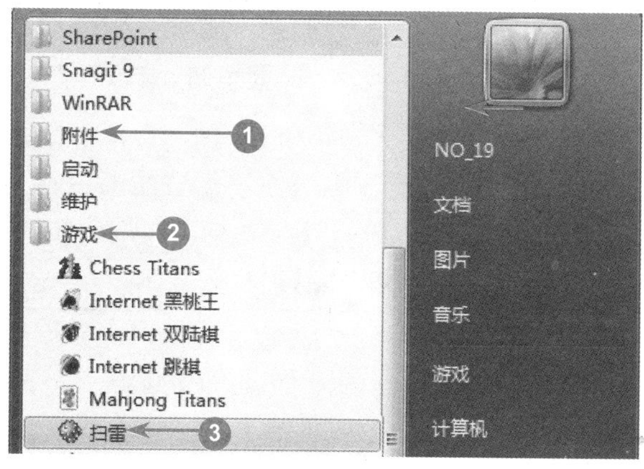

图 6-43

## 02 展开【附件】文件夹，选择【扫雷】游戏

№1 在打开的【所有程序】菜单中，选择【附件】文件夹。

№2 选择【游戏】文件夹。

№3 选择【扫雷】选项，如图 6-43 所示。

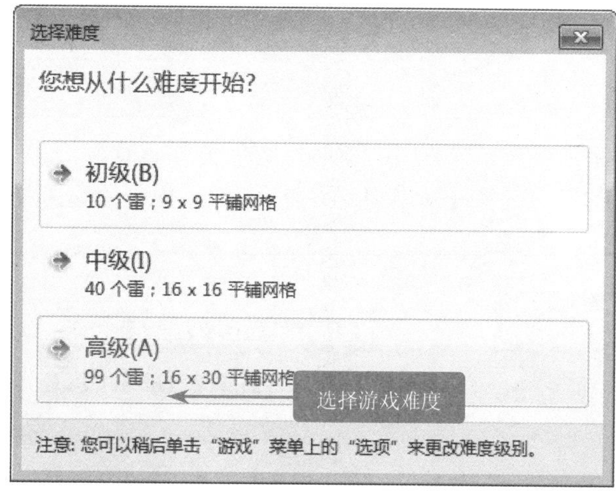

图 6-44

## 03 弹出【选择难度】对话框，选择游戏难度

弹出【选择难度】对话框，选择游戏难度，如选择【高级】，如图 6-44 所示。

### ■多学一点

在【选择难度】对话框中，包含有初级、中级和高级 3 种难度系数的游戏，用户可以根据个人的需要进行选择。

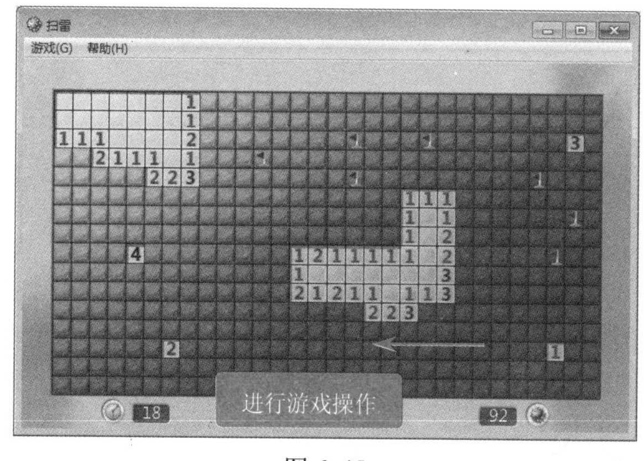

图 6-45

## 04 打开扫雷窗口，进行游戏操作

打开【扫雷】游戏窗口，单击鼠标左键，翻开空白的方块。玩家要根据空白方块中提示的数字，推理出地雷的位置。单击鼠标右键可以插上小红旗，如图 6-45 所示。

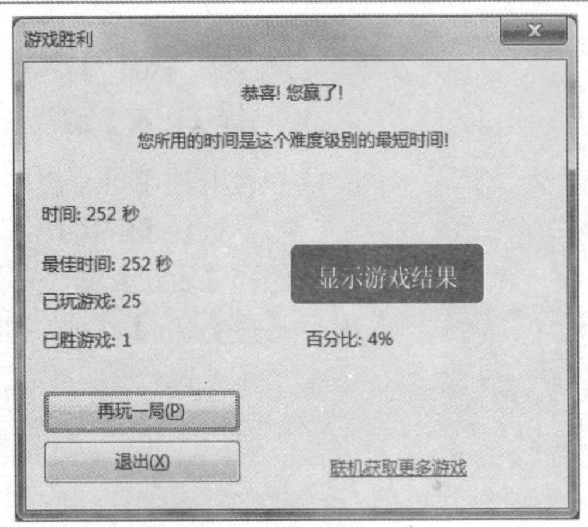


图 6-46

**05 游戏结束，弹出对话框，显示游戏结果**

将游戏中的所有地雷位置都插上小红旗后，游戏结束并弹出【游戏胜利】对话框，如图 6-46 所示。

**■指点迷津**

在游戏过程中，玩家若左键单击到埋有地雷的方块，则会弹出【游戏失败】对话框，此次游戏失败。单击【再玩一局】按钮，可以重新再玩。

## 6.4.2 Chess Titans

Chess Titans 是微软公司开发的一款国际象棋游戏，它是一种复杂的策略游戏。游戏的目的是将对方的王将死，并且每个棋子都有具体的行走规则。下面将介绍 Chess Titans 游戏的玩法。

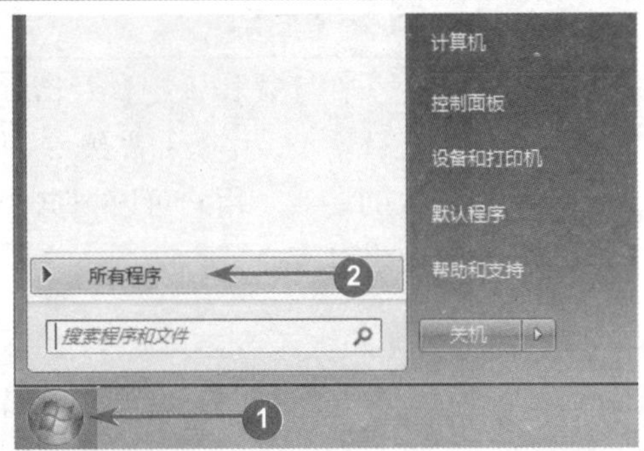


图 6-47

**01 单击【开始】按钮，选择【所有程序】选项**

№1 在 Windows 7 操作系统的左下角单击【开始】按钮 。

№2 在弹出的快捷菜单中，选择【所有程序】选项，如图 6-47 所示。

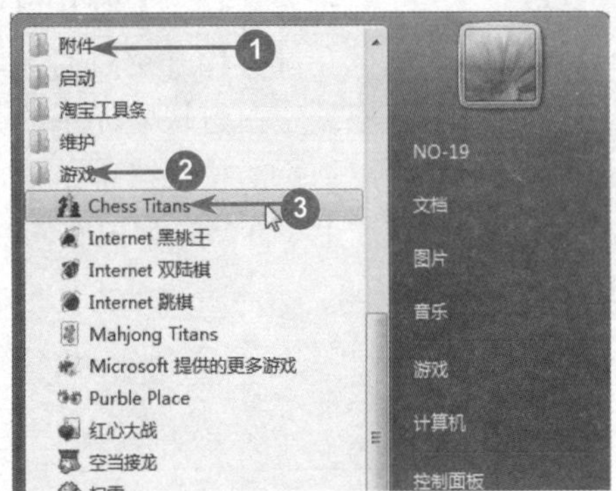


图 6-48

**02 展开【附件】文件夹，选择 Chess Titans 游戏**

№1 在打开的【所有程序】菜单中，选择【附件】文件夹。

№2 选择【游戏】文件夹。

№3 选择【Chess Titans】选项，如图 6-48 所示。

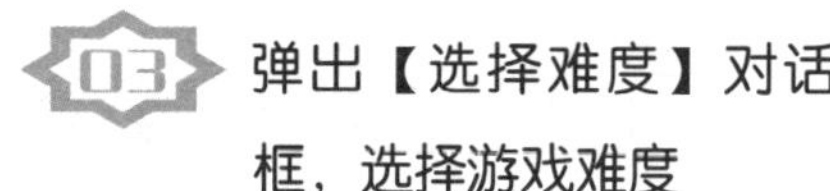

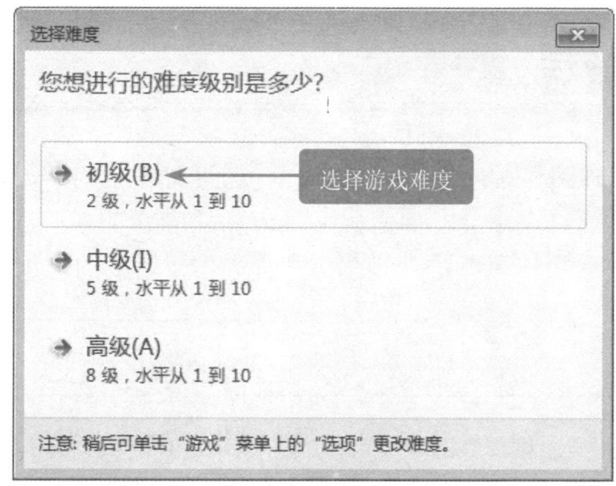

图 6-49

## 03 弹出【选择难度】对话框，选择游戏难度

弹出【选择难度】对话框，选择游戏难度，如选择【初级】，如图 6-49 所示。

### ■多学一点

在【选择难度】对话框中，包含有初级、中级和高级 3 种难度系数的游戏，用户可以根据个人的需要进行选择。

图 6-50

## 04 打开 Chess Titans 窗口，进行游戏操作

打开【Chess Titans】游戏窗口，依据游戏规则移动棋子并且保全自己的王，将死对方的王，如图 6-50 所示。

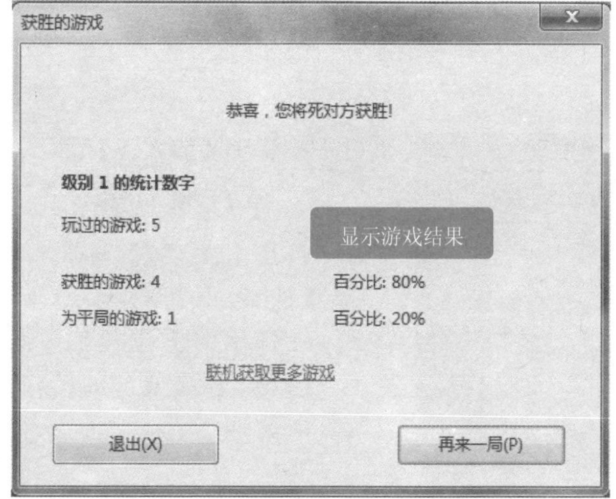

图 6-51

## 05 游戏结束，弹出对话框，显示游戏结果

在把对方的王将死后，游戏结束并弹出【获胜的游戏】对话框，如图 6-51 所示。

### ■指点迷津

在游戏结束后，用户单击【再来一局】按钮 再来一局(P) 可以重新再玩。

Section

# 6.5 实践案例与上机指导

本章学习了使用写字板、计算器、“画图”程序等方面的知识。通过对本章的学习，读者不但可以掌握附件小工具的使用方法，而且还学会了如何玩 Windows 7 自带的小游戏。在本节中，将结合实际的工作和应用，通过上机练习，进一步掌握和提高本章所学的知识点。

## 6.5.1 使用放大镜

在本章中介绍了使用附件小工具方面的知识，下面将结合实践应用，上机练习使用放大镜的具体操作。通过本节练习，读者可以对附件小工具的使用有更加深入的了解。

在 Windows 7 桌面上单击【开始】按钮，在弹出的【开始】菜单中选择【所有程序】→【附件】选项后，展开【轻松访问】选项，即可选择放大镜工具。下面介绍使用放大镜的操作方法。

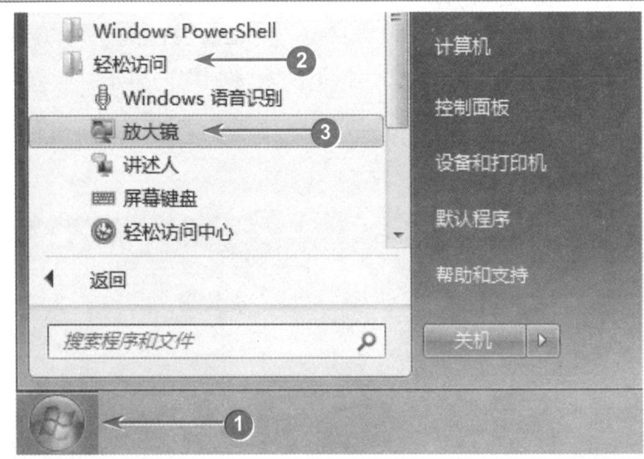


图 6-52

**01 展开【所有程序】选项，选择【放大镜】程序**

№1 在 Windows 7 操作系统的左下角单击【开始】按钮。

№2 在弹出的菜单中选择【所有程序】→【附件】选项后，选择【轻松访问】选项。

№3 选择【放大镜】选项，如图 6-52 所示。

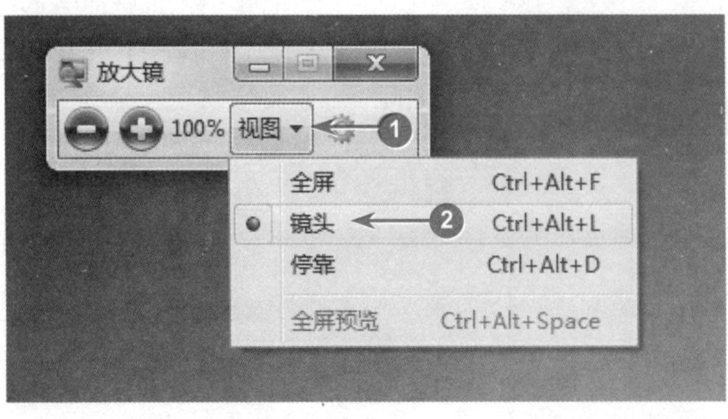


图 6-53

**02 弹出【放大镜】窗口，选择【镜头】选项**

№1 打开【放大镜】窗口，单击【视图】按钮。

№2 在弹出的下拉菜单中选择【镜头】选项，如图 6-53 所示。

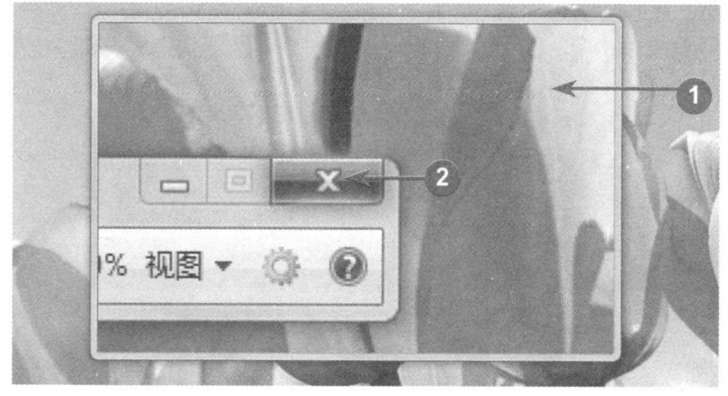

图 6-54

03 屏幕中显示镜头，操作放大镜

№1 屏幕中显示镜头，在镜头中可以看到放大的内容。当鼠标指针显示在镜头的中间位置时，可以进行操作。

№2 单击【关闭】按钮，即可关闭【放大镜】窗口，如图 6-54 所示。

## 6.5.2 启动截图工具并使用截图工具截图

在本章中介绍了使用附件小工具方面的知识，下面将结合实践应用，上机练习使用截图工具的具体操作。通过本节练习，读者可以对附件小工具的使用有更加深入的了解。

在 Windows 7 桌面上单击【开始】按钮，在弹出的【开始】菜单中选择【所有程序】→【附件】选项后，即可选择截图工具。下面介绍启动截图工具并使用截图工具截图的操作方法。

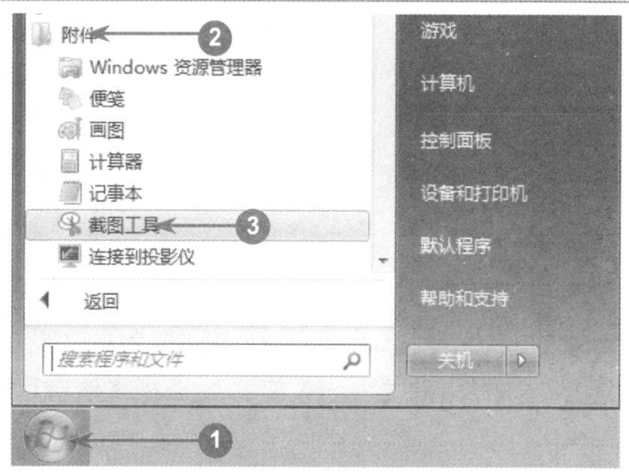

图 6-55

01 展开【所有程序】选项，选择截图工具

№1 在 Windows 7 操作系统的左下角单击【开始】按钮。

№2 在弹出的开始菜单中选择【所有程序】选项后，展开【附件】选项。

№3 选择【截图工具】选项，如图 6-55

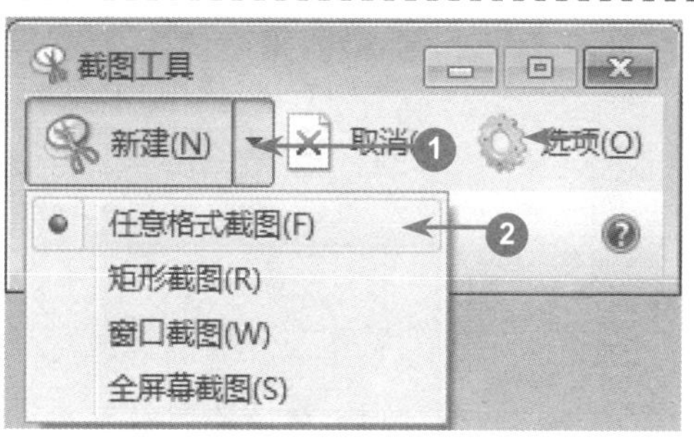

图 6-56

02 单击【新建】按钮，选择【任意格式截图】选项

№1 打开【截图工具】窗口，单击【新建】按钮右侧的下拉按钮。

№2 在弹出的下拉菜单中选择【任意格式截图】选项，如图 6-56 所示。

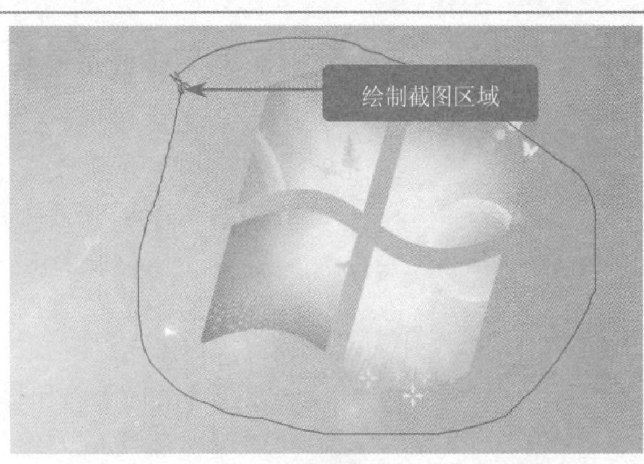

图 6-57

### 03 单击并拖动鼠标，捕捉屏幕区域

鼠标指针变为形，单击并拖动鼠标左键，在屏幕上绘制所要截取的区域，如图 6-57 所示。

■多学一点

在截图工具中有任意格式截图、矩形截图、窗口截图和全屏幕截图 4 种方式，用户可以根据个人的需要进行选择。

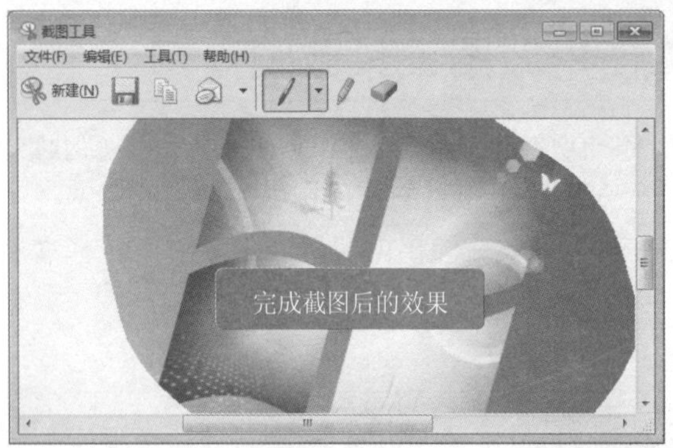

图 6-58

### 04 完成截图，显示截图后的效果

释放鼠标左键即可打开【截图工具】窗口，用户可以在工作区中看到刚刚捕捉的屏幕区域，如图 6-58 所示。

## 6.5.3 使用讲述人程序

在本章中介绍了使用附件小工具方面的知识，下面将结合实践应用，上机练习使用讲述人程序的具体操作。通过本节练习，读者可以对附件小工具的使用有更加深入的了解。

在 Windows 7 桌面上单击【开始】按钮，在弹出的【开始】菜单中选择【所有程序】→【附件】后，展开【轻松访问】选项，即可选择讲述人。下面介绍使用讲述人的操作方法。

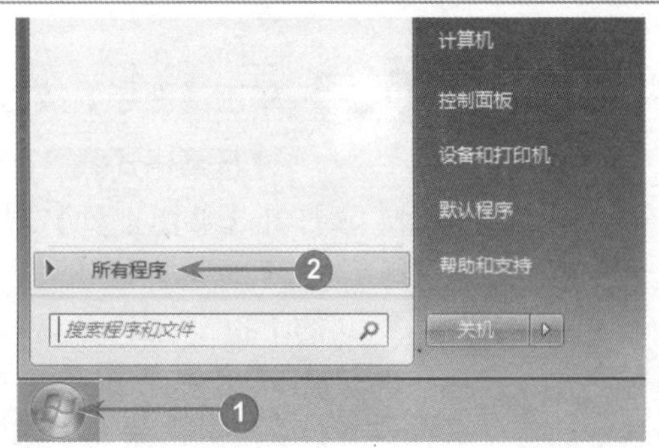

图 6-59

### 01 单击【开始】按钮，选择【所有程序】选项

№1 在 Windows 7 操作系统的左下角单击【开始】按钮。

№2 在弹出的快捷菜单中，选择【所有程序】选项，如图 6-59 所示。

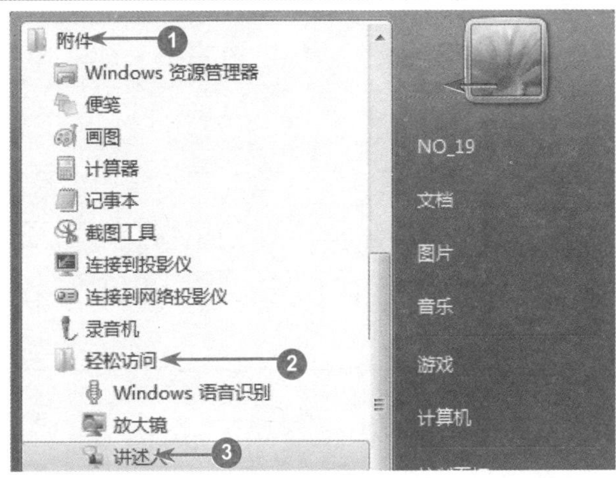


图 6-60

## 02 打开【所有程序】菜单，选择【讲述人】选项

№1 打开【所有程序】菜单，选择【附件】选项。

№2 选择【轻松访问】选项。

№3 选择【讲述人】选项，如图 6-60 所示。

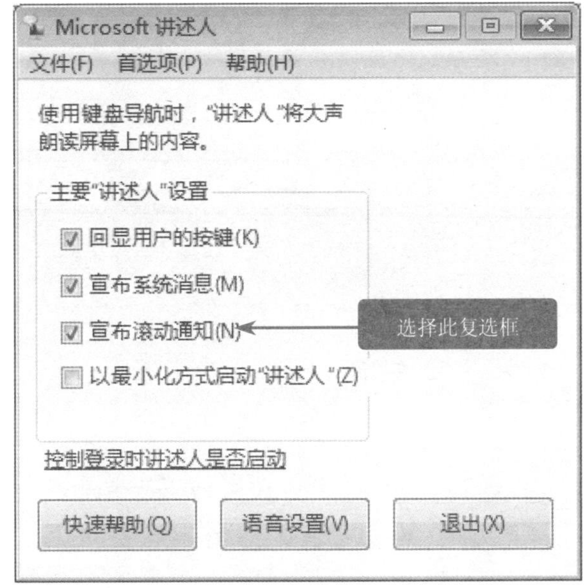


图 6-61

## 03 弹出【Microsoft 讲述人】窗口，启动讲述人程序

进入【Microsoft 讲述人】窗口，在【主要“讲述人”设置】区域中，选中【宣布滚动通知】复选框。保证电脑已经连接了音箱或耳机后，用户再在电脑中进行编辑操作时即可听到讲述人朗读屏幕上的内容，如图 6-61 所示。

# 读书笔记

# 第1章

# 电脑打字一学就会

## 本章内容导读

本章主要介绍汉字输入法的基本操作和使用拼音输入法方面的知识与技巧，同时还将讲解使用五笔输入法的操作方法，在本章的最后还会针对实际的工作需求，讲解五笔字型字根口诀和输入繁体字实例的方法。通过对本章的学习，读者可以掌握电脑打字方面的知识，为进一步学习使用 Word 2010 输入与编写文章方面的知识奠定基础。

## 本章知识要点

◎ 认识汉字输入法
◎ 添加与删除汉字输入法
◎ 使用拼音输入法
◎ 使用五笔字型输入法

Section

# 7.1 认识汉字输入法

汉字输入法，通常又被称作中文输入法。它是通过 ASCII 字符的组合（又称为编码）或者手写、语音将汉字输入到电脑等电子设备中的一种方法。使用汉字输入法，用户打字的速度和准确度都会有很大的提升。本节将重点介绍汉字输入法方面的基础知识与操作技巧。

## 7.1.1 汉字输入法的分类

汉字输入法是向计算中输入信息的一种重要手段，根据键盘输入的类型，汉字输入法分为音码、形码和音形码 3 种。下面详细介绍汉字输入法分类方面的知识。

### 1. 音码

音码输入法非常适合电脑初学者进行学习操作，因为使用此类输入法，用户只要会拼写汉语拼音就可以进行汉字录入方面的工作。下面简单介绍几种常见的音码输入法。

- 微软拼音输入法：这类输入法可以连续输入整句话的拼音，不必人工分词和挑选候选词组，可以大大提高了输入文字的效率。
- 搜狗拼音输入法：这类输入法支持自动更新网络新词和拥有整合符号等功能，使用此类输入法可以提高用户输入文字的准确性，同时输入速度也会有明显提高。

### 2. 形码

形码是一种先将汉字的笔画和部首进行字根编码，然后再根据这些基本编码组合成汉字的输入方法。其优点是只要用户可以熟练掌握形码的输入技巧，那么输入汉字的效率就可远胜于音码输入法。下面详细介绍形码的几种常用类型。

- 五笔字型：这类输入法具有输入键码短、输入时间快等特点，可以高效地节省用户的输入时间并提高打字的速度。
- 表形码：这类输入法是按照汉字的书写顺序用部件来进行编码的。表形码的代码与汉字的字形或字音相关联，因此比其他的形码更容易被掌握。

### 3. 音形码

音形码输入法的特点是输入方法不局限于音码或形码一种形式，而是将某些汉字输入系统的优点有机地结合起来，使一种输入法可以包含多种输入法。下面介绍音形码的几种常用类型。

- 自然码：具有高效的双拼输入、特有识别码技术、兼容其他输入法等特点，并且支持全拼、简拼和双拼等多种输入方式。
- 郑码：是以单字输入为基础，词语输入为主导，用 2 至 4 个英文字母便能输入两字词组、多字词组和 30 个字以内的短语的一种输入方式。

## 创建快捷方式的方法

智慧锦囊

随着网络技术的进步，音形码输入法的种类也在不断地增多。常用的两种音形码输入法分别是万能五笔字型输入法和大众形音输入法。

## 7.1.2 选择与切换汉字输入法

在 Windows 7 操作系统中，使用个人习惯的输入法可以更好地帮助用户完成输入操作。下面以使用微软拼音输入法为例，具体介绍选择与切换汉字输入法的操作方法。

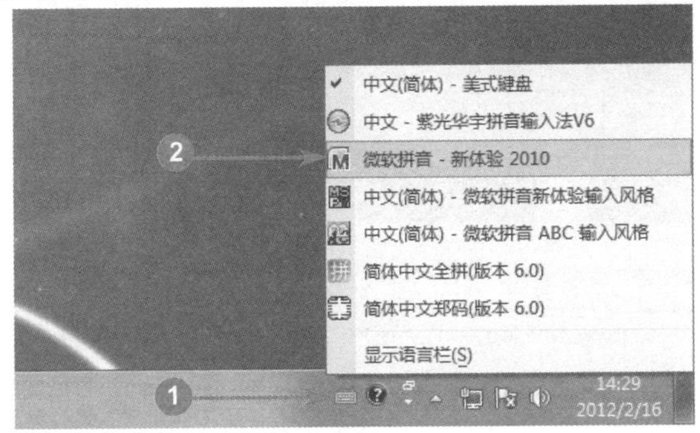


图 7-1

### 01 在系统桌面通知栏中，选择微软拼音输入法

№1 在 Windows 7 系统桌面通知栏中，单击【输入法】图标。

№2 在弹出的输入法列表框中，选择准备使用的输入法，如“微软拼音-新体验2010”，如图 7-1 所示。

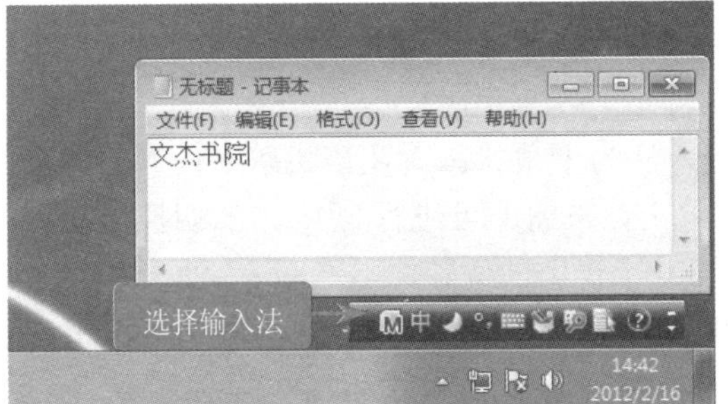


图 7-2

### 02 在状态栏中显示微软拼音输入法的效果

通过以上方法即可完成选择使用微软拼音汉字输入法的操作。用户可在【记事本】程序中进行输入汉字的操作，如图 7-2 所示。

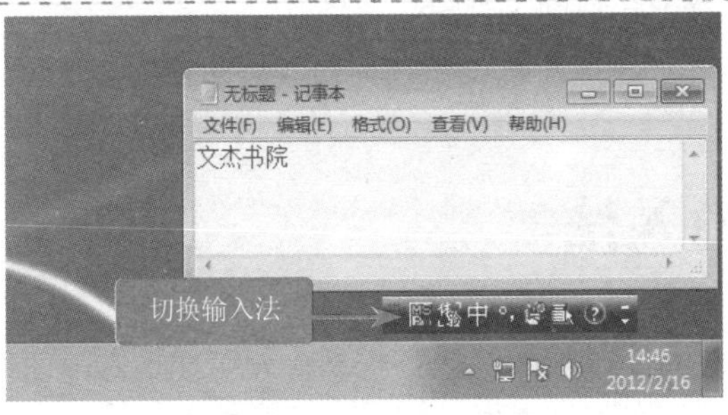


图 7-3

### 03 在键盘上按下组合键，进行输入法切换操作

在键盘上按下〈Shift+Ctrl〉组合键，便可将当前输入法快速切换至下一输入法，如图 7-3 所示。

### 7.1.3 认识汉字输入法状态条

在 Windows 7 语言栏中，用户选择不同的汉字输入法即可弹出对应的输入法状态条。下面以紫光拼音输入法状态条为例，介绍汉字输入法状态条方面的知识。

紫光拼音输入法的状态条包括中\英文切换、简体字\繁体字切换、中\英文标点切换、全\半角切换、软键盘、输入法设置和在线帮助等，如图 7-4 所示。

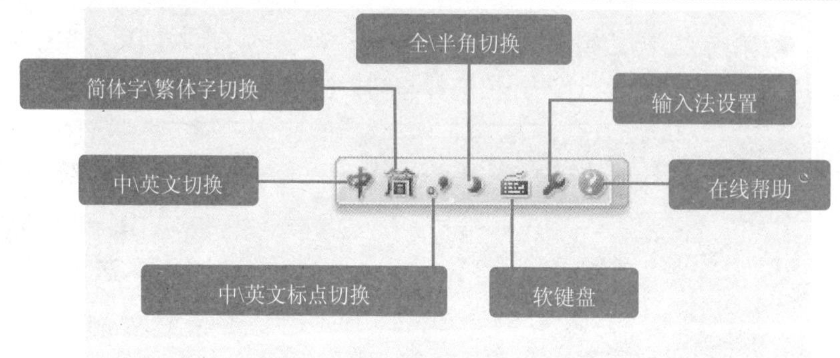


图 7-4

- 中\英文切换：在输入汉字时，如果准备输入英文，单击此按钮即可进行中\英文切换。
- 简体字\繁体字切换：在默认情况下，使用输入法输入的汉字为简体字，单击此按钮可切换至繁体字输入状态。
- 中\英文标点切换：在默认情况下，输入法的标点为中文状态，单击该按钮，用户可进行中\英文标点的切换。
- 全\半角切换：在默认情况下，输入法为半角状态。在该状态下输入的字符、字母和数字等是占据半个汉字的位置。单击该按钮即可进行全\半角的切换，在全角状态下输入的字符、字母和数字等是占据一个汉字的位置。
- 软键盘：在输入法状态条中，单击该按钮即可在屏幕上弹出软键盘，用户使用鼠标单击软键盘中的字符即可输入汉字、标点等。
- 输入法设置：单击此按钮，用户可以对输入法进行基本设置、高级设置、按键设置、外观设置、词库管理、短语设置和辅助工具设置等操作。
- 在线帮助：单击此按钮，用户可以在线打开网页，查询输入法的使用方法。

## Section 7.2 添加与删除汉字输入法

在 Windows 7 操作系统中，用户可以对系统输入法进行设置，如添加个人习惯使用的汉字输入法和删除多余的汉字输入法等操作。本节将重点介绍添加与删除汉字输入法方面的知识与操作技巧。

## 7.2.1 添加和删除系统自带的汉字输入法

在 Windows 7 操作系统中，如果个人习惯使用的输入法不在系统语言栏中，用户可以通过添加输入法将其添加到系统语言栏中。下面以使用微软拼音输入法为例，介绍添加和删除系统自带的汉字输入法的操作方法。

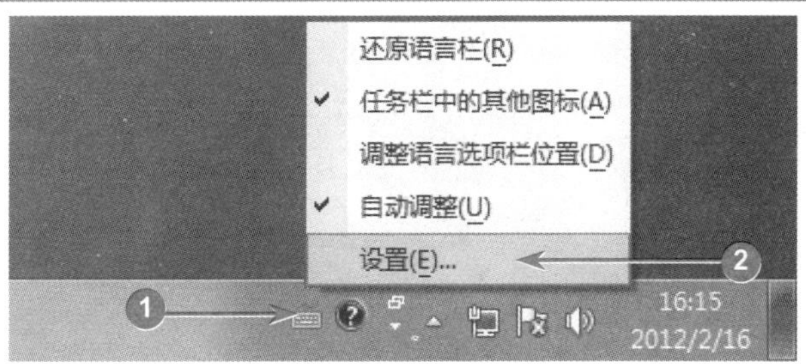


图 7-5

### 01 在系统通知栏中，设置输入法

№1 在系统通知栏中，右键单击【输入法】图标。

№2 在弹出的快捷菜单中，选择【设置】选项，如图 7-5 所示。

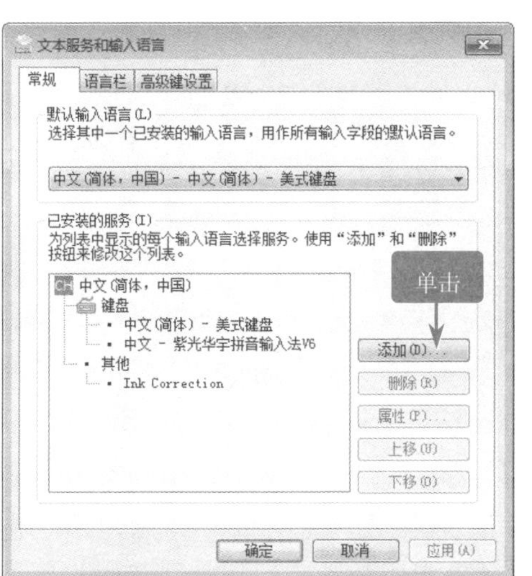


图 7-6

### 02 在【文本服务和输入语言】对话框中，单击【添加】按钮

弹出【文本服务和输入语言】对话框，单击【添加】按钮 添加(D)...，如图 7-6 所示。

**指点迷津**

在【文本服务和输入语言】对话框中，在【已安装的服务】区域中，选择一种已添加的输入法，单击【属性】按钮 属性(P)...，用户可以查看此输入法的使用属性。

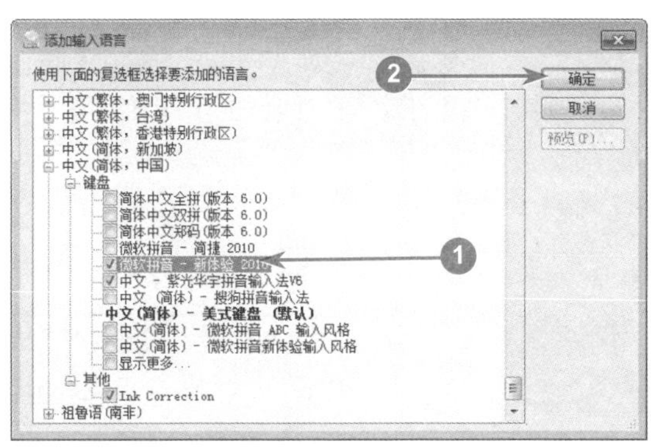


图 7-7

### 03 弹出【添加输入语言】对话框，添加输入法

№1 弹出【添加输入语言】对话框，选中准备添加的汉字输入法复选框，如“微软拼音-新体验 2010”。

№2 单击【确定】按钮 确定，如图 7-7 所示。

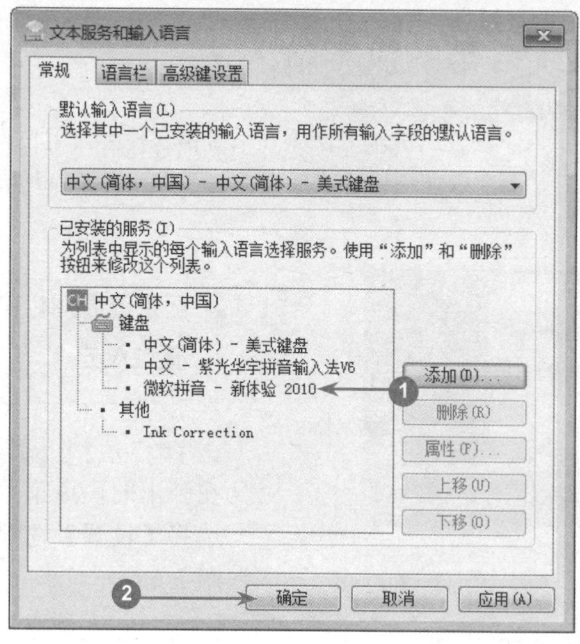


图 7-8

## 04 返回到【文本服务和输入语言】对话框，成功添加汉字输入法

№1 返回到【文本服务和输入语言】对话框，在【已安装的服务】列表框中，用户可查看已添加的汉字输入法。

№2 单击【确定】按钮确定，如图 7-8 所示。

### ■指点迷津

在【文本服务和输入语言】对话框中，在【已安装的服务】列表框中，选择一种输入法，单击【上移】按钮上移(U)或【下移】按钮下移(O)，用户便可更改此输入法的位置。

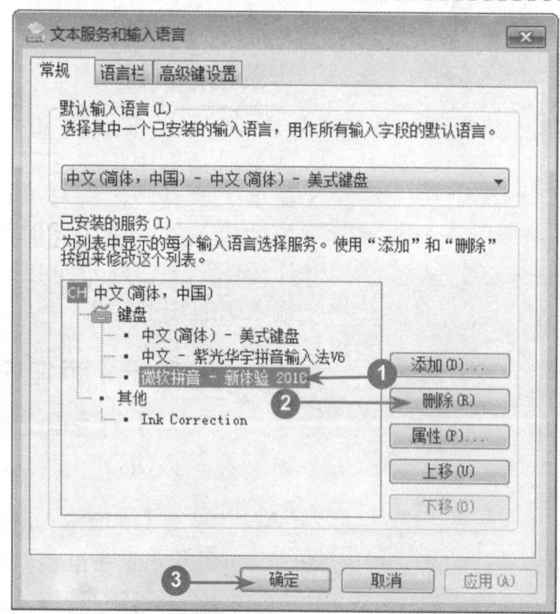


图 7-9

## 05 在【文本服务和输入语言】对话框中，单击删除按钮

№1 在【文本服务和输入语言】对话框中，在【已安装的服务】列表框中，选择准备删除的输入法，如“微软拼音-新体验 2010”。

№2 单击【删除】按钮删除(R)。

№3 单击【确定】按钮确定，如图 7-9 所示。

### ■多学一点

如果尝试删除的语言是系统默认的语言，那么用户将无法删除该语言。

## 删除语言界面包

智慧锦囊

在删除语言界面包的母语之前或同时，用户必须先删除语言界面包。

## 7.2.2 安装外部汉字输入法

随着汉字输入法技术的不断进步，在当今的互联网世界，汉字输入法已经进入到百花齐放的时代。用户可以根据个人的使用习惯下载安装各种外部汉字输入法，如“搜狗输入法”等。下面以安装搜狗输入法为例，介绍安装外部汉字输入法的操作方法。

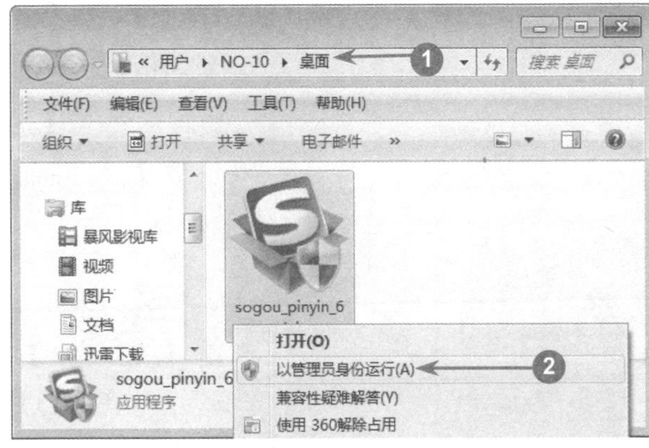

图 7-10

**01 选择安装程序存放的位置，右键单击安装程序并运行该程序**

№1 打开搜狗输入法安装程序的存放位置，如“桌面”。

№2 右键单击该安装程序，在弹出的快捷菜单中，选择【以管理员身份运行】选项，如图 7-10 所示。

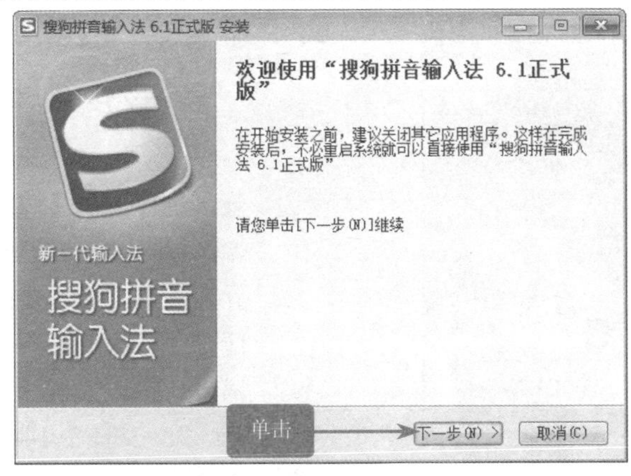

图 7-11

**02 进入搜狗拼音输入法的安装界面**

安装程序进入搜狗拼音输入法的安装界面，单击【下一步】按钮下一步(N) >，如图 7-11 所示。

**■指点迷津**

安装搜狗拼音输入法后，用户不必重启系统，可以直接使用。

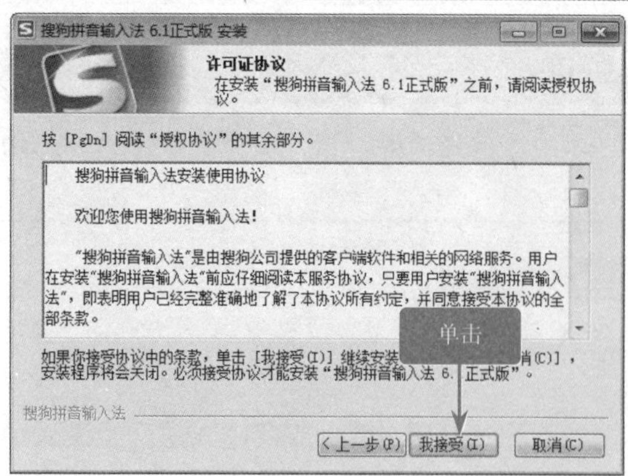


图 7-12

## 03 安装程序进入【许可证协议】界面

安装程序进入【许可证协议】安装界面，在【按[PgDn]阅读"授权协议"的其余部分】下方的列表框中，显示了搜狗拼音输入法安装使用协议的主要内容，用户查看后，单击【我接受】按钮 我接受(I)，如图 7-12 所示。

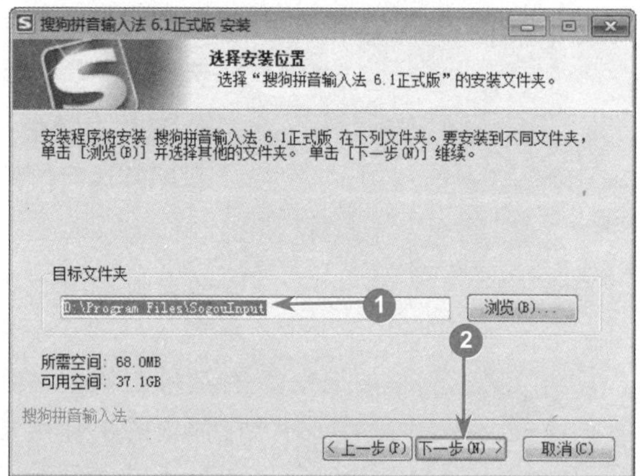


图 7-13

## 04 安装程序进入【选择安装位置】界面

№1 安装程序进入【选择安装位置】的界面，在【目标文件夹】文本框中，输入文件要安装的目录位置。

№2 单击【下一步】按钮 下一步(N)>，如图 7-13 所示。

### ■多学一点

搜狗拼音输入法支持自定义个性化皮肤功能，用户可根据个人喜好在官网中下载使用。

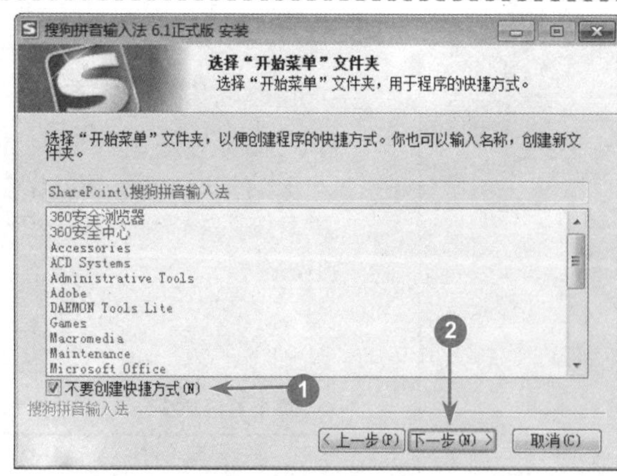


图 7-14

## 05 进入【选择"开始菜单"文件夹】安装界面

№1 安装程序进入【选择"开始菜单"文件夹】的安装界面，选中【不要创建快捷方式】复选框。

№2 单击【下一步】按钮 下一步(N)>，如图 7-14 所示。

### ■指点迷津

搜狗拼音输入法可以在线更新词库，便可减少用户自己造词的时间。

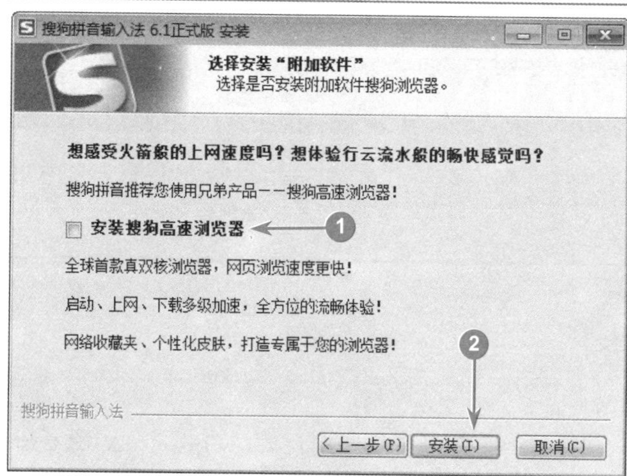


图 7-15

## 06 进入【选择安装"附加软件"】界面

№1 安装程序进入【选择安装"附加软件"】的界面，取消【安装搜狗高速浏览器】复选框的选中状态。

№2 单击【安装】按钮安装(I)，如图 7-15 所示。

### ■多学一点

如果选中【安装搜狗高速浏览器】复选框，系统将自动安装搜狗高速浏览器。

图 7-16

## 07 安装程序进入【正在安装】界面

安装程序进入【正在安装】界面，界面显示搜狗拼音输入法的安装进度，如图 7-16 所示。

### ■指点迷津

最新版本的搜狗拼音输入法支持手写输入功能，该功能可帮助用户手写输入生字，极大地增加了用户的输入体验。

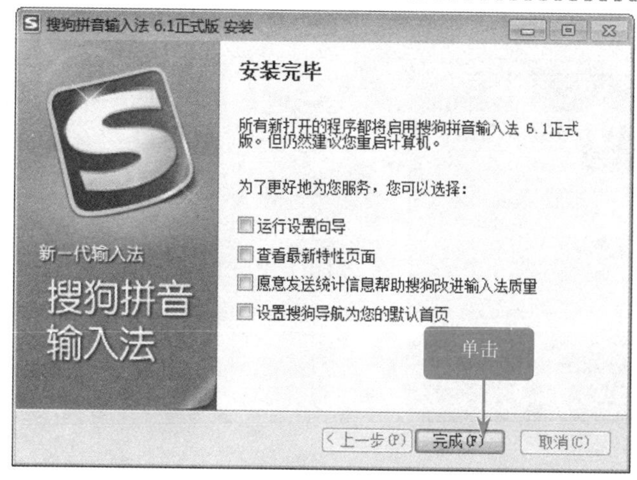


图 7-17

## 08 安装程序进入安装完毕的界面

安装程序进入【安装完毕】界面，单击【完成】按钮完成(F)，如图 7-17 所示。

### ■多学一点

如果用户是首次使用搜狗拼音输入法，那么可以启用【设置向导】功能，这样系统将会帮助用户设置搜狗拼音输入法。

## 官网下载搜狗拼音输入法

智慧锦囊

如果准备使用搜狗拼音输入法，用户可以登录其官方网址："http://pinyin.sogou.com/" 进行下载，同时也可在官网中下载各种精美的输入法皮肤。

Section

# 7.3 使用拼音输入法

拼音输入法作为主流的一种输入法，已经得到越来越多用户的认可和喜爱。随着拼音输入法技术的不断进步，拼音输入法的输入优势也越来越明显，供用户使用的种类也越来越多。本节将重点介绍使用拼音输入法方面的知识与操作技巧。

## 7.3.1 用全拼输入法输入汉字

使用微软拼音输入法，用户可以用全拼输入方式输入汉字。下面以输入词组"图书"为例，介绍全拼输入汉字的操作方法。

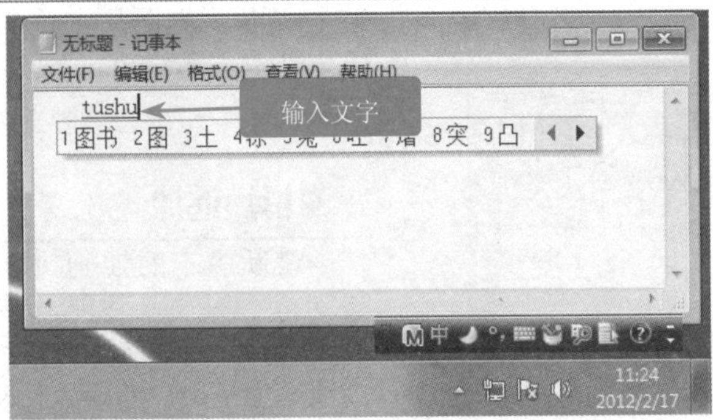


图 7-18

### 01 在通知栏中选择微软拼音输入法，输入文字

在记事本文档中，输入词组"图书"的汉语拼音，如"tushu"，在弹出的候选窗格中显示候选的词组，在键盘上按下词组"图书"所在的序列号即数字键〈1〉键，如图 7-18 所示。

图 7-19

### 02 使用全拼输入法输入汉字

确认选择词组"图书"后，在键盘上按下空格键，如图 7-19 所示。

## 7.3.2 用微软拼音 ABC 输入法输入汉字

在 Windows 7 操作系统中，用户可以使用微软拼音 ABC 输入法输入汉字，微软拼音 ABC 输入法的特点是使用简单，操作方便快捷。下面介绍用微软拼音 ABC 输入法输入汉字的操作方法。

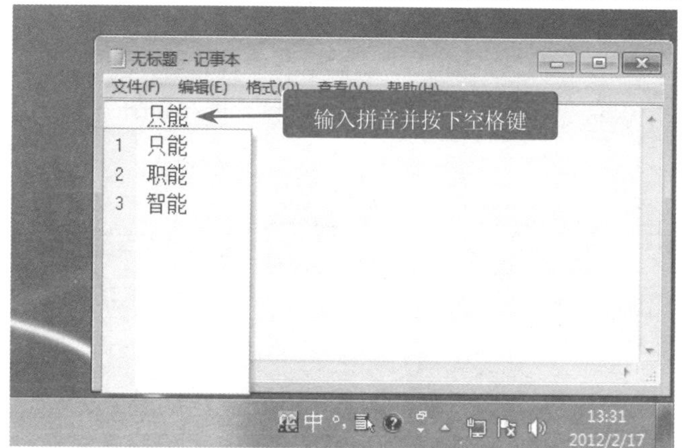


图 7-20

**01 在通知栏中选择微软拼音 ABC 输入法，然后输入文字**

在记事本文档中，输入词组“智能”的汉语拼音，如“zhineng”，然后在键盘上按下空格键。在弹出的候选窗格中会显示候选的词组，在键盘上按下词组“智能”所在的序列号即数字键〈3〉键，如图 7-20 所示。

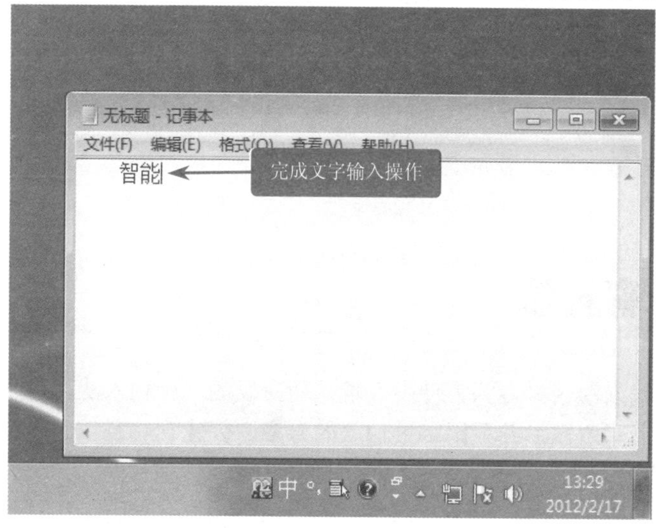


图 7-21

**02 在记事本文档中显示文字输入的成果**

通过以上方法即可完成使用微软拼音 ABC 输入法输入汉字的操作，如图 7-21 所示。

**■多学一点**

使用微软拼音 ABC 输入法时，该输入法不能自动转换，用户必须用空格键进行拼音/汉字的转换。

## 7.3.3 用搜狗拼音输入法输入汉字

搜狗拼音输入法是国内现今主流的汉字拼音输入法之一，用户可以通过互联网备份自己的个性化词库和配置信息。下面介绍使用搜狗拼音输入法输入汉字的操作方法。

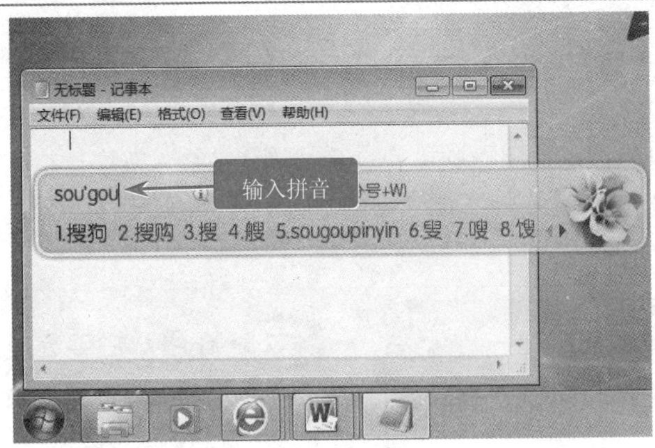


图 7-22

**01 在通知栏中选择搜狗拼音输入法，输入文字**

在记事本文档中，输入词组“搜狗”的汉语拼音，如“sougou”。在弹出的候选窗格中显示候选的词组，在键盘上按下词组“搜狗”所在的序列号即数字键〈1〉键，如图 7-22 所示。

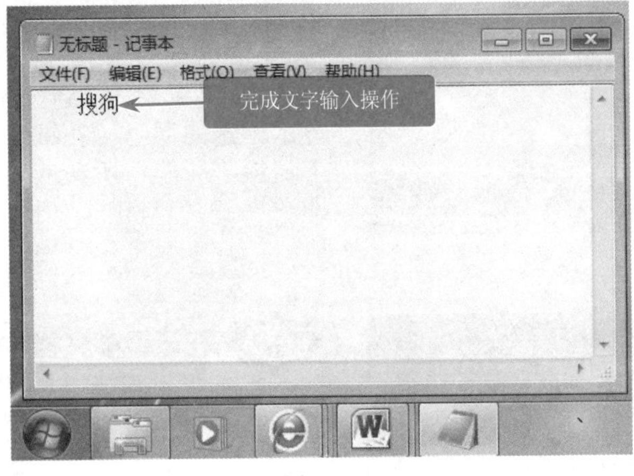


图 7-23

**02 在记事本文档中显示文字输入的成果**

通过以上方法即可完成使搜狗拼音输入法输入汉字的操作，如图 7-23 所示。

**■指点迷津**

使用搜狗拼音输入法的最新版，在键盘上按下〈I〉键，用户便可快速开启更换输入法皮肤的功能。

## Section 7.4 使用五笔字型输入法

五笔字型输入法简称“五笔”输入法，是专为方便中文输入而研发的一种输入法。由于五笔输入法依据了汉字的字形特征和书写习惯，并采用字根输入的方案，因此它具有重码少、词汇量大、输入速度快等特点。本节将介绍使用五笔字型输入法方面的知识与操作技巧。

### 7.4.1 五笔字型输入法基础

掌握五笔字型输入法的基础是实现快速高效输入汉字的方法之一。下面将重点介绍五笔字型输入法基础方面的知识与操作技巧。

#### 1. 汉字的 3 个层次

五笔输入法是一种字形分解、拼形输入的编码方案。它将汉字进行分解归类，并结合电脑处理汉字的能力，将汉字分为笔画、字根和单字 3 个层次。下面详细介绍汉字的 3 个层次方面的知识。

- 笔画：是指书写汉字时，不间断地一次写成的一个线条，如“丨”和“丿”等。
- 字根：是指笔画与笔画的连接或交叉形成的，相对不变的，类似于偏旁部首的结构，如“亻”“大”“二”和“日”等。
- 单字：是字根按一定的位置关系拼装组合而成的汉字，如“估”“字”和“根”等。

在汉字的 3 个层次中，笔画是汉字最基本的组成单位，字根是构成汉字最重要的单位，五笔字型输入法是以字根为基本单位组成的编码。笔画、字根和单字的关系，如表 7-1 所示。

**表 7-1　笔画、字根和单字的关系**

| 笔　画 | 字　根 | 单　字 |
| --- | --- | --- |
| 一、丨、乙、丶、丿 | 雨、文 | 雯 |
| 乙、一、乙、亅 | 纟、彐、水 | 绿 |
| 丶、丿、一、乙、丨 | 丷、丑 | 羞 |
| 丶、一、丿、乙 | 氵、𠂉、一、氵 | 海 |
| 一、丨、丿、乙 | 艹、亻、七 | 花 |
| 丿、一、丨、乙 | 禾、日 | 香 |
| 丨、乙、一、丿、丶 | 田、幺、小 | 累 |

## 2. 汉字的 5 种笔画

笔画是指书写汉字时，一次写成的连续不间断的线条。五笔字型输入法为方便用户记忆和使用，只考虑了笔画的运笔方向，将汉字的基本构成单位规定为五种笔画，分别是“横”“竖”“撇”“捺”“折”。在五笔字型输入法中，为了便于记忆和排序，分别以 1、2、3、4、5 作为 5 种单笔画的代号，如表 7-2 所示。

**表 7-2　汉字的 5 种笔画**

| 名　称 | 代　码 | 笔 画 走 向 | 笔画及变形 | 说　明 |
| --- | --- | --- | --- | --- |
| 横 | 1 | 左→右 | 一、 | “提”视为“横” |
| 竖 | 2 | 上→下 | 丨、亅 | “左竖钩”视为“竖” |
| 撇 | 3 | 右上→左下 | 丿 | 水平调整 |
| 捺 | 4 | 左上→右下 | 丶 | “点”视为“捺” |
| 折 | 5 | 带转折 | 乙、乚、乛、⺄、㇈ | 除“左竖钩”外所有带折的笔画 |

## 3. 汉字的 3 种字形

为了方便用户记忆和输入，在对汉字进行分类时，五笔字型输入法根据书写时的顺序和汉字本身的结构以及字根间的位置关系，将汉字分为 3 种字形，分别为左右型、上下型和杂合型。下面具体介绍汉字 3 种字形方面的知识。

（1）左右型

左右型字形是指整字分成左右两个部分或左中右三个部分并列排列，字根之间有较明显的距离，且每部分可由一个或多个字根组成，如汉字结构中的左右结构和左中右结构。根据左右型汉字的组成，左右型包括双合字和三合字两种情况，如表 7-3 所示。

表 7-3　左右型汉字

| 字　型 | 特　征 | 图　示 | 字例 |
| --- | --- | --- | --- |
| 双合型 | 整字分成两部分，左右排列，中间有明显的间隙。 | ◫ | 组、伴、把 |
| 三合型 | 整字分成 3 部分，从左到右排列，或者单独占据一边的一部分与另外两部分左右排列。 | ▥ | 湖、浏、侧 |
| | | | 指、流、借 |
| | | | 数、部、封 |

（2）上下型

上下型字形是指整字分成上下两个部分或上中下三个部分上下排列，各个部分之间有较明显的间隙，且每部分可由一个或多个字根组成，如汉字结构中的上下结构和上中下结构。根据上下型汉字的组成，上下型又包括双合字和三合字两种情况，如表 7-4 所示。

表 7-4　上下型汉字

| 字　型 | 特　征 | 图　示 | 字　例 |
| --- | --- | --- | --- |
| 双合型 | 整字分成两部分，上下排列，中间有明显的间隙。 | ⊟ | 分、芯、字 |
| 三合型 | 整字分成 3 部分，从上到下排列，或者单独占据一层的一部分与另外两部分上下排列。 | ☰ | 意、竟、莫 |
| | | | 恕、型、照 |
| | | | 崔、荡、淼 |

（3）杂合型

杂合型字形是指整字的各个部分之间没有明显的结构位置关系，且不能明显地分为左右或上下关系，如汉字结构中的独体字、全包围和半包围结构，字根之间虽有间距，但总体呈一体，如表 7-5 所示。

表 7-5　杂合型汉字

| 字 型 | 特　征 | 结构 | 图示 | 字例 |
| --- | --- | --- | --- | --- |
| 杂合型 | 整字的各个部分之间没有明显的结构关系，且无法划分为左右型或上下型。 | 单体字 | □ | 口、目、乙 |
| | | 全包围 | ▣ | 回、因、国 |
| | | 半包围 | | 同、风、冈 |
| | | 半包围 | | 凶、函、肉 |
| | | 半包围 | | 包、匀、赵 |

## 4. 关于判断字形结构的约定

在五笔字型输入法中，汉字字形结构的判定需要遵守几条约定，下面介绍判断汉字字形结构方面的知识。

- 凡是单笔画与一个基本字根相连的汉字：此类型汉字被视为杂合型，如汉字“千”“夭”“自”“天”“千”“久”和“乡”等。
- 基本字根和孤立的点组成的汉字：此类型汉字被视为杂合型，如汉字“太”“勺”“主”“斗”“下”“术”和“叉”等。

- 包含两个字根，并且两个字根相交的汉字：此类型汉字被视为杂合型，如汉字“无”“本”“甩”“丈”和“电”等。
- 包含有字根“走”、“辶”和“廴”的汉字：此类型汉字被视为杂合型，如汉字“赶”“逃”“建”“过”“延”和“趣”等。

## 7.4.2 五笔字根的分布

在五笔字型输入法中，字根是构成汉字最重要、最基本的单位。掌握五笔字根的分布规律，对用户快速掌握五笔字根有非常大的帮助，下面介绍五笔字根分布方面的知识。

### 1. 字根的区号

五笔字型的字根键盘根据字根的起笔笔画将字根分为 5 个区，按照横、竖、撇、捺、折的顺序，分别用代号 1、2、3、4、5 表示，如图 7-24 所示。

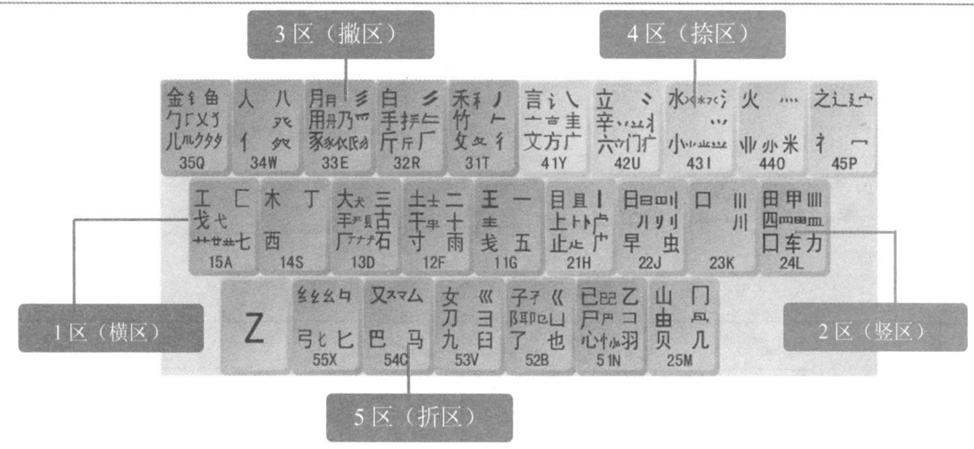


图 7-24

### 2. 字根的位号

在五笔字型的字根键盘中，每个区都由 5 个字母键组成，每个字母键都对应一个位号，依次用代码 1、2、3、4、5 来表示。字根的位号与区号组合即成为字根的区位号，如表 7-6 所示。

**表 7-6　字根的位号**

| 字 根 区 | 区　号 | 位　号 | 字 母 键 | 区 位 号 |
|---|---|---|---|---|
| 横区 | 1 | 1～5 | G、F、D、S、A | 11～15 |
| 竖区 | 2 | 1～5 | H、J、K、L、M | 21～25 |
| 撇区 | 3 | 1～5 | T、R、E、W、Q | 31～35 |
| 捺区 | 4 | 1～5 | Y、U、I、O、P | 41～45 |
| 折区 | 5 | 1～5 | N、B、V、C、X | 51～55 |

## 五笔字型学习键的使用

智慧锦囊

五笔字型输入法的字根键只使用了〈A〉~〈Y〉25 个英文字按键，〈Z〉键在五笔字型输入法中作为特殊的“学习键”。如果对键盘上的字根不熟悉，或者难以确定某个汉字的拆分方法，用户可用〈Z〉键来代替未知的部分。

### 3. 五笔字根的分布规律

掌握五笔字型的区号和位号后，用户即可学习五笔字根的分布规律，初学者掌握了这些分布规律后可以更方便地记忆字根。下面介绍五笔字根分布规律方面的知识。

➢ 字根的起笔笔画确定了字根所在的区：如字根“士”“寸”“寸”“雨”“土”和“二”的起笔笔画为“一”，字根都为第 1 区字根。
➢ 有些字根的第 2 笔笔画与位号一致：如字根“士”“门”“也”和“白”的第 2 笔笔画为“丨”，字根所在的位为第 2 位。
➢ 有些字根与该键上的其他字根相似:，如“亻”和“人”“忄”和“心”等。

在五笔字型字根表中，单笔画及其复合笔画形成的字根，其位号与字根的笔画数一致，如表 7-7 所示。

表 7-7　单笔画及其复合笔画字根的分布规律

| 字根 | 笔画数 | 区位号 | 字根 | 笔画数 | 区位号 | 字根 | 笔画数 | 区位号 |
|---|---|---|---|---|---|---|---|---|
| 一 | 1 | 11 | 刂 | 2 | 22 | 丶 | 1 | 41 |
| 二 | 2 | 12 | 川 | 3 | 23 | 冫 | 2 | 42 |
| 三 | 3 | 13 | 口 | 4 | 24 | 氵 | 3 | 43 |
| 丨 | 1 | 21 | 丿 | 1 | 31 | 灬 | 4 | 44 |
| 彡 | 2 | 32 | 彡 | 3 | 33 | 乙 | 1 | 51 |
| 巛 | 2 | 52 | 巛 | 3 | 53 | | | |

## 7.4.3 汉字的拆分

在五笔字型输入法中，将汉字拆分成字根主要有书写顺序、取大优先、兼顾直观、能散不连和能连不交五大原则。下面将详细介绍汉字拆分原则方面的知识。

### 1. 书写顺序

书写顺序是指在拆分汉字时，要按照汉字的书写顺序即从左到右、从上到下的顺序进行拆分，如表 7-8 所示。

表 7-8 依照书写顺序原则拆分汉字

| 汉 字 | 字 根 | 书写顺序拆分方式 |
| --- | --- | --- |
| 取 | 耳、又 | 取取 |
| 要 | 西、女 | 要要 |
| 可 | 丁、口 | 可可 |

## 2. 取大优先

取大优先是指在拆分汉字时，保证按照书写顺序拆分汉字的同时，要拆出尽可能大的字根，从而确保拆分出的字根数量最少，如表 7-9 所示。

表 7-9 依照取大优先原则拆分汉字

| 汉 字 | 字 根 | 取大优先拆分方式 |
| --- | --- | --- |
| 莘 | 艹、辛 | 莘莘 |
| 雯 | 雨、文 | 雯雯 |
| 交 | 六、乂 | 交交 |

## 3. 兼顾直观

兼顾直观是指在拆分汉字时，要尽量照顾汉字的直观性和完整性，那么有时就要牺牲书写顺序和取大优先两个原则，形成个别特殊的情况，如表 7-10 所示。

表 7-10 依照兼顾直观原则拆分汉字

| 汉 字 | 字 根 | 兼顾直观拆分方式 |
| --- | --- | --- |
| 回 | 囗、口 | 回回 |
| 龙 | 𠂇、匕 | 龙龙 |
| 兆 | ⺦、儿 | 兆兆 |

## 4. 能散不连

能散不连是指如果一个汉字可以拆分成几个字根“散”的关系，则不要拆分成“连”的关系。有时字根之间的关系介于“散”和“连”之间，那么只要不是单笔画字根，则均按照“散”的关系处理，如表 7-11 所示。

表 7-11 依照能散不连原则拆分汉字

| 汉 字 | 字 根 | 能散不连拆分方式 |
| --- | --- | --- |
| 占 | ⺊、口 | 占占 |
| 羊 | 丷、王 | 羊羊 |
| 午 | 𠂉、十 | 午午 |

### 5. 能连不交

能连不交是指在拆分汉字时，如果一个汉字可以拆分成几个基本字根“连”的关系，则不要拆分成“交”的关系，如表 7-12 所示。

**表 7-12 依照能连不交原则拆分汉字**

| 汉　字 | 字　根 | 能连不交拆分方式 |
|---|---|---|
| 先 | 丿、土、儿 | 先先先 |
| 失 | 𠂉、人 | 失失 |
| 午 | 𠂉、十 | 午午 |

## 7.4.4 键面字的输入

键面字是指在五笔字型字根键盘上显示的，本身既是汉字又是字根的汉字。在五笔字型字根表中，每个字根键上的第一个字根汉字即是键面字。如果准备输入键面字，用户只需在键盘上连续敲击 4 次其所在的字母键即可。键面字一共有 25 个，其编码如表 7-13 所示。

**表 7-13 键面字的编码**

| 键名汉字 | 编　码 | 键名汉字 | 编　码 | 键名汉字 | 编　码 |
|---|---|---|---|---|---|
| 金 | QQQQ | 人 | WWWW | 月 | EEEE |
| 白 | RRRR | 禾 | TTTT | 言 | YYYY |
| 立 | UUUU | 水 | IIII | 火 | OOOO |
| 之 | PPPP | 工 | AAAA | 木 | SSSS |
| 大 | DDDD | 土 | FFFF | 王 | GGGG |
| 目 | HHHH | 日 | JJJJ | 口 | KKKK |
| 田 | LLLL | 纟 | XXXX | 又 | CCCC |
| 女 | VVVV | 子 | BBBB | 已 | NNNN |
| 山 | MMMM | | | | |

## 7.4.5 简码的输入

简码是取其编码的第一、二或三个字根进行编码，再加一个空格键进行输入的汉字。简码输入可以减少击键次数，提高输入速度。下面介绍简码的输入方法。

### 1. 一级简码

五笔字型编码方案挑选了汉字中使用频率较高的 25 个汉字，分布在键盘的 25 个字母键上，作为一级简码。一级简码的输入方法是按下简码所在的字母键再按一下空格键即可，如图 7-25 所示。

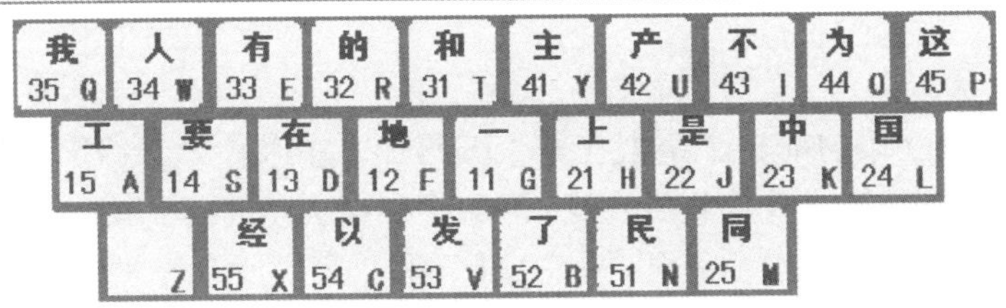


图 7-25

## 2. 二级简码

输入二级简码汉字时，用户要在键盘上输入汉字的前两个字根的所在键，再按下空格键即可。二级简码共有 600 多个，其在键盘上的输入规律如表 7-14 所示。

**表 7-14 二级简码的编码**

| 字母 | GFDSA | HJKLM | TREWQ | YUIOP | NBVCX |
|---|---|---|---|---|---|
| G | 五于天末开 | 下理事画现 | 玫珠表珍列 | 玉平不来 | 与屯妻到互 |
| f | 二寺城霜载 | 直进吉协南 | 才垢圾夫无 | 坟增示赤过 | 志地雪支 |
| D | 三夺大厅左 | 丰百右历面 | 帮原胡春克 | 太磁砂灰达 | 成顾肆友龙 |
| S | 本村枯林械 | 相查可楞机 | 格析极检构 | 术样档杰棕 | 杨李要权楷 |
| A | 七革基苛式 | 牙划或功贡 | 攻匠菜共区 | 芳燕东芝 | 世节切芭药 |
| H | 睛睦睚盯虎 | 止旧占卤贞 | 睡睥肯具餐 | 眩瞳步眯瞎 | 卢眼皮此 |
| J | 量时晨果虹 | 早昌蝇曙遇 | 昨蝗明蛤晚 | 景暗晃显晕 | 电最归紧昆 |
| K | 呈叶顺呆呀 | 中虽吕另员 | 呼听吸只史 | 嘛啼吵噗喧 | 叫啊哪吧哟 |
| L | 车轩因困轼 | 四辊加男轴 | 力斩胃办罗 | 罚较辚边 | 思团轨轻累 |
| M | 同财央朵曲 | 由则崭册 | 几贩骨内风 | 凡赠峭赕迪 | 岂邮凤嶷 |
| T | 生行知条长 | 处得各务向 | 笔物秀答称 | 入科秒秋管 | 秘季委么第 |
| R | 后持拓打找 | 年提扣押抽 | 手白扔失换 | 扩拉朱搂近 | 所报扫反批 |
| E | 且肝须采肛 | 胩胆肿肋肌 | 用遥朋脸胸 | 及胶膛膦爱 | 甩服妥肥脂 |
| W | 全会估休代 | 个介保佃仙 | 作伯仍从你 | 信们偿伙 | 亿他分公化 |
| Q | 钱针然钉氏 | 外旬名甸负 | 儿铁角欠多 | 久匀乐炙锭 | 包凶争色 |
| Y | 主计庆订度 | 让刘训为高 | 放诉衣认义 | 方说就变这 | 记离良充率 |
| U | 闰半关亲并 | 站间部曾商 | 产瓣前闪交 | 六立冰普帝 | 决闻妆冯北 |
| I | 汪法尖洒江 | 小浊澡渐没 | 少泊肖兴光 | 注洋水淡学 | 沁池当汉涨 |
| O | 业灶类灯煤 | 粘烛炽烟灿 | 烽煌粗粉炮 | 米料炒炎迷 | 断籽娄烃糨 |
| P | 定守害宁宽 | 寂审宫军宙 | 客宾家空宛 | 社实宵灾之 | 官字安它 |
| N | 怀导居民 | 收慢避惭届 | 必怕愉懈 | 心习悄屡忱 | 忆敢恨怪尼 |
| B | 卫际承阿陈 | 耻阳职阵出 | 降孤阴队隐 | 防联孙耿辽 | 也子限取陛 |
| V | 姨寻姑杂毁 | 叟旭如舅妯 | 九奶婚 | 妨嫌录灵巡 | 刀好妇妈姆 |
| C | 骊对参骠戏 | 骒台劝观 | 矣牟能难允 | 驻驼 | 马邓艰双 |
| X | 线结顷红 | 引旨强细纲 | 张绵级给约 | 纺弱纱继综 | 纪弛绿经比 |

### 3. 三级简码

三级简码是指汉字中的前三个字根在整个编码体系中唯一。三级简码汉字的输入方法为：第 1 个字根所在键+第 2 个字根所在键+第 3 个字根所在键+空格键。如输入三级简码汉字“超”，则在键盘上输入前三个字根“土”“止”和“刀”所在键“F”“H”“V”，然后再在键盘上按下空格键即可完成三级简码汉字“超”的输入操作。

## Section 7.5 实践案例与上机指导

本章学习了汉字输入法、安装外部汉字输入法、使用拼音输入法和使用五笔字型输入法等方面的知识。通过对本章的学习，读者不但可以掌握汉字输入法操作与设置方面的知识，而且还可以掌握使用拼音输入法和使用五笔输入法输入汉字的操作方法。在本节中，将结合实际的工作和应用，通过上机练习，进一步掌握和提高本章所学的知识点。

### 7.5.1 五笔字型字根口诀

在本章中介绍了五笔字型输入法方面的知识，下面将结合实践应用，介绍五笔字型字根口诀方面的知识。通过本节练习，读者可以对使用五笔输入法方面的知识有更加深入的了解。

掌握五笔字型字根口诀是使用五笔字型输入法输入汉字的基础。为了便于用户对五笔字型字根口诀的记忆，五笔字型有 25 条五笔字根助记词，每个字根键对应一句助记词。通过对字根助记词的记忆，用户便可快速掌握五笔字型字根口诀。五笔字根助记词按区号分为 5 组，如表 7-15 所示。

表 7-15 五笔字根口诀

| 字　母 | 字根助记词 | 字　母 | 字根助记词 |
|---|---|---|---|
| G | 王旁青头戋(兼)五一 | H | 目具上止卜虎皮 |
| F | 土士二干十寸雨 | J | 日早两竖与虫依 |
| D | 大犬三丰(羊)古石厂 | K | 口与川，字根稀 |
| S | 木丁西 | L | 田甲方框四车力 |
| A | 工戈草头右框七 | M | 山由贝，下框几 |
| T | 禾竹一撇双人立，<br>反文条头共三一 | Y | 言文方广在四一，<br>高头一捺谁人去 |
| R | 白手看头三二斤 | U | 立辛两点六门疒（病） |
| E | 月彡(衫)乃用家衣底 | I | 水旁兴头小倒立 |
| W | 人和八，三四里 | O | 火业头，四点米 |
| Q | 金（钅）勺缺点无尾鱼，犬旁留㐅儿一点夕，氏无七（妻） | P | 之字军盖建道底，<br>摘礻（示）衤（衣） |
| N | 已半巳满不出己，<br>左框折尸心和羽 | X | 慈母无心弓和匕，幼无力 |
| B | 子耳了也框向上 | C | 又巴马，丢矢矣 |
| V | 女刀九臼山朝西 | | |

## 7.5.2 输入繁体字

在本章中介绍了汉字输入法方面的知识，下面将结合实践应用，上机练习使用汉字输入法输入繁体字的方法。通过本节练习，读者可以对使用汉字输入法方面的知识有更加深入的了解。

使用搜狗拼音输入法，用户不仅可以高效快速地输入简体字，同时可以十分便捷地输入繁体字。下面介绍使用搜狗拼音输入法输入繁体字的操作方法。

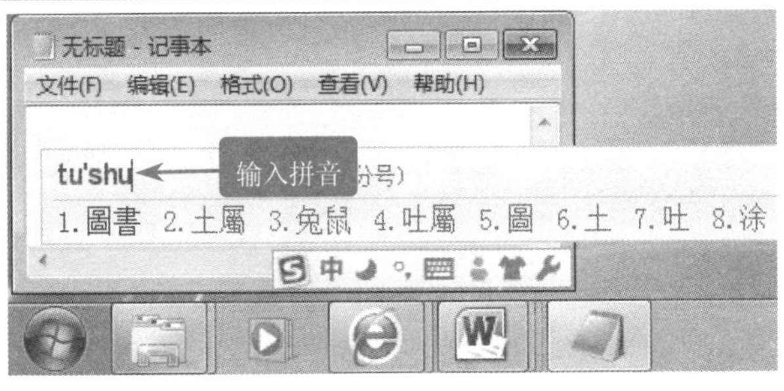


图 7-26

### 01 通知栏中选择搜狗拼音输入法，输入汉字

在键盘上按下〈Ctrl+Shift+F〉组合键，在记事本文档中输入词组“图书”的拼音，在弹出的候选窗格中，在键盘上按下词组“图书”所在的序列号即数字键〈1〉键，如图 7-26 所示。

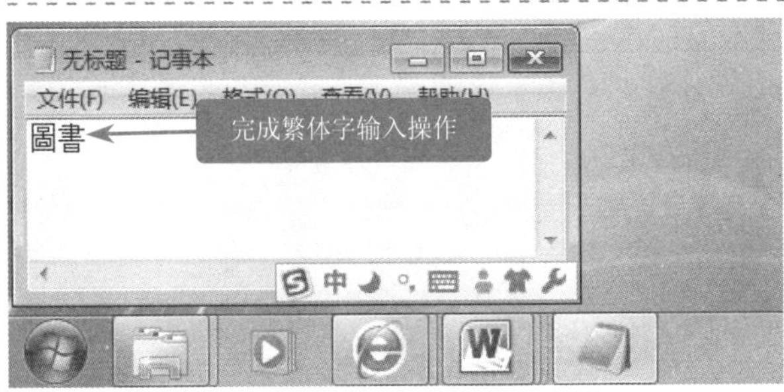


图 7-27

### 02 在记事本文档中显示输入繁体字的成果

通过以上方法即可完成使用搜狗拼音输入法输入繁体字的操作，如图 7-27 所示。

# 读书笔记

# 第 8 章

# 使用 Word 2010 输入与编写文章

## 本章内容导读

本章主要介绍 Word 2010 的基本操作、输入文本和编辑文本等方面的知识与技巧，同时还将讲解设置文本和段落格式的基本方法，在本章的最后还会针对实际的工作需求，讲解打印 Word 文档等实例的操作方法。通过对本章的学习，读者可以掌握使用 Word 2010 输入与编写文章方面的知识，为进一步学习电脑知识奠定基础。

## 本章知识要点

◎ **初识 Word 2010**
◎ **Word 2010 的基本操作**
◎ **输入文本**
◎ **编辑文本**
◎ **设置文本和段落格式**
◎ **打印 Word 文档**

Section

# 8.1 初识 Word 2010

Microsoft Word 2010 具有非常出色的功能，是较为上乘的文档格式设置工具。它还可以更轻松、高效地组织和编写文档，并使这些文档唾手可得。本节将详细介绍初识 Word 2010 方面的知识。

## 8.1.1 启动 Word 2010

如果准备使用 Word 2010 进行文档编辑的操作，首先需要启动 Word 2010。下面详细介绍启动 Word 2010 的操作方法。

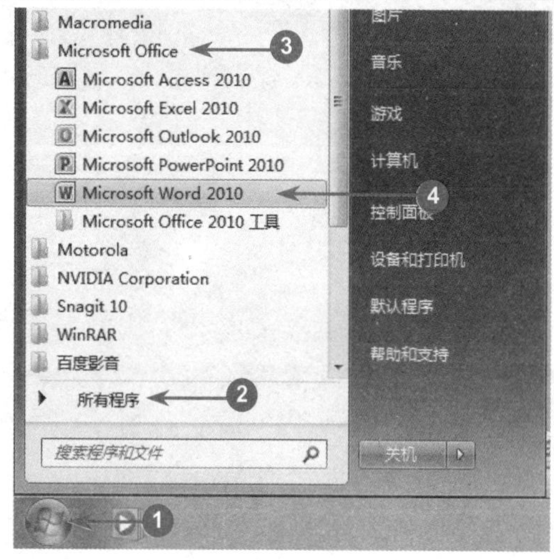


图 8-1

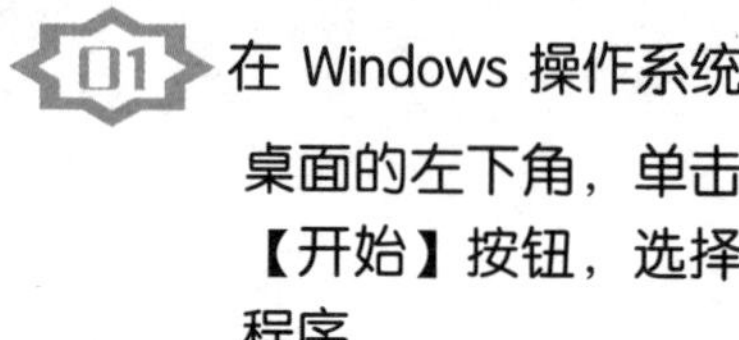

**01 在 Windows 操作系统桌面的左下角，单击【开始】按钮，选择程序**

依次单击【开始】按钮 →【所有程序】→【Microsoft Office】→【Microsoft Word 2010】选项，如图 8-1 所示。

**■指点迷津**

【Microsoft Office】包括 Word 2010、Excel 2010 和 Power Point 2010 等。

图 8-2

**02 启动 Microsoft Word 2010 完成**

通过以上步骤即可完成启动 Word 2010 的操作，如图 8-2 所示。

**■多学一点**

用户在桌面上双击【Microsoft Word 2010】快捷方式的图标，可以快速启动 Word 2010。

智慧锦囊

## 创建快捷方式图标

Word 2010 快捷方式的创建方法为：单击桌面【开始】按钮，选择【所有程序】→【Microsoft Office】选项，右键单击【Microsoft Word 2010】选项，在弹出的快捷菜单中选择【发送到】→【桌面快捷方式】选项即可。

## 8.1.2 认识 Word 2010 的工作界面

启动 Word 2010 后即可进入到 Word 2010 的工作界面。Word 2010 的工作界面与 Word 2007 相比，无论从外观上还是功能上都有了较大改变。Word 2010 的工作界面主要由标题栏、【快速访问】工具栏、功能区、水平标尺、垂直标尺、导航窗格、工作区、滚动条和状态栏等部分组成，如图 8-3 所示。

图 8-3

### 1. 标题栏

标题栏位于 Word 2010 工作界面的最上方，用于显示文档或程序的名称。在标题栏的最右侧，是【最小化】按钮、【最大化】按钮/【还原】按钮和【关闭】按钮，用于执行窗口的最小化、最大化/还原和关闭操作，如图 8-4 所示。

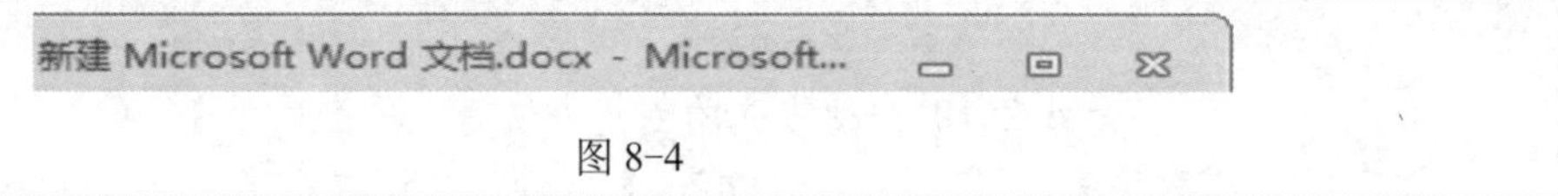


图 8-4

### 2.【快速访问】工具栏

【快速访问】工具栏位于 Word 2010 工作界面的左上方，用于快速执行一些操作。在 Word 2010 的使用过程中，用户可以根据个人的需要，添加或删除【快速访问】工具栏中的命令选项。

### 3. 功能区

功能区由不同的选项卡组成，每个选项卡由不同的组组成，例如在 Word 2010 主界面上单击【开始】选项卡则会显示相应的功能区，该功能区中包括【剪贴板】组、【字体】组、【段落】组、【样式】组和【编辑】组，如图 8-5 所示。

图 8-5

### 4. 工作区

工作区即文档编辑区，是 Word 2010 的主要工作区域，用户可以在其中进行文档编辑的操作，如输入文字、插入图片、设置和编辑文字格式等，如图 8-6 所示。

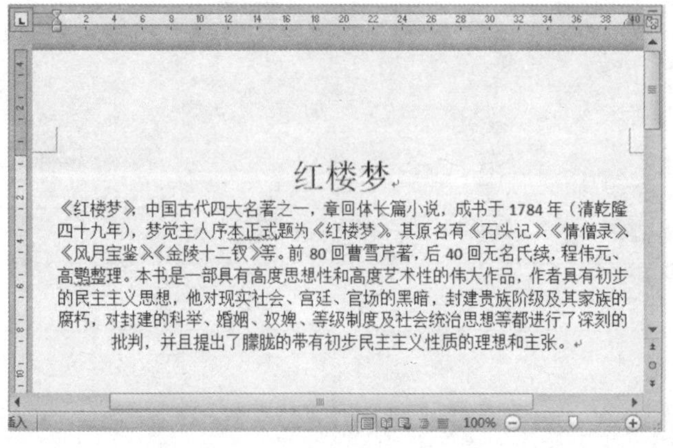


图 8-6

### 5. 导航窗格

导航窗格位于 Word 2010 工作界面的左侧，是 Word 2010 新增的功能，它用于进行长文档的编辑与查看操作。在导航窗格中用户可以轻松地查看或编辑长文档的结构图、查看页面的缩略图并使用渐进式搜索文档内容。

### 6. 状态栏

状态栏位于 Word 2010 工作界面的最下方，它用于查看页面信息、进行语法检查、切换视图模式和调节显示比例等操作，如图 8-7 所示。

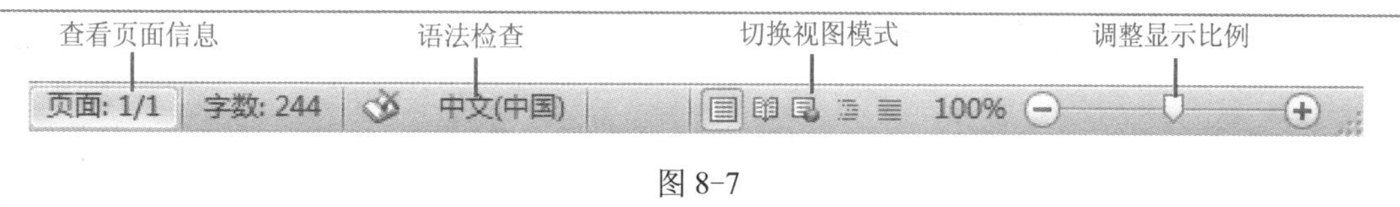


图 8-7

## 8.1.3 退出 Word 2010

在 Word 2010 中完成文件的编辑和保存操作后，需要退出 Word 2010，下面详细介绍退出 Word 2010 的操作方法。

在 Word 2010 工作界面中完成文档的保存操作后，选择【文件】选项卡，在打开的 Backstage 视图中单击【退出】按钮，即可退出 Word 2010，如图 8-8 所示。

图 8-8

## 快速关闭 Word 2010 的方法

智慧锦囊

在 Word 2010 的工作界面中，单击界面右上方的【关闭】按钮，同样可以直接退出 Word 2010。

Section

# 8.2 Word 2010 的基本操作

Word 2010 中的所有文本编辑都是在文档中进行的，所以用户更加要掌握 Word 2010 的基本操作，其中包括新建 Word 文档、保存 Word 文档、打开 Word 文档和关闭 Word 文档。本节将详细介绍 Word 2010 的基本操作方面的知识。

## 8.2.1 新建 Word 文档

在操作的过程中，用户如果准备在新的页面进行文字地录入与编辑，可以新建文档。下面详细介绍新建 Word 文档的操作方法。

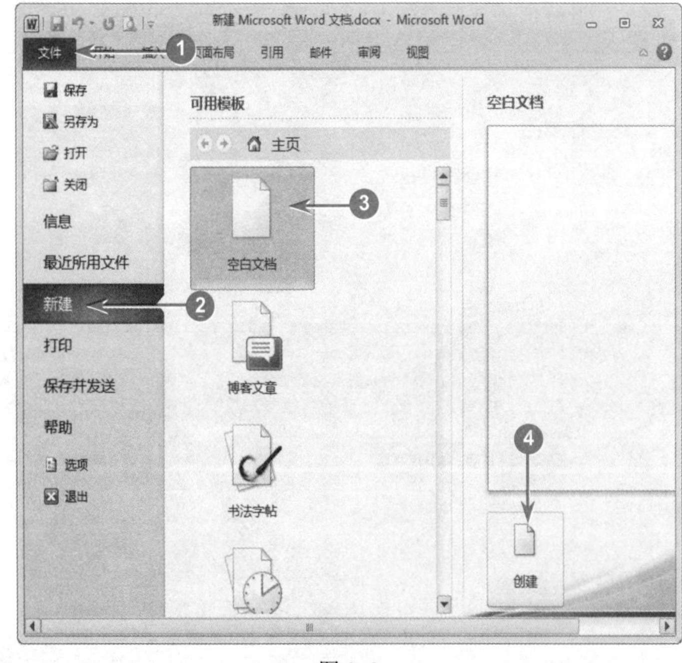


图 8-9

### 01 启动 Word 文档，新建文档

№1 在工具栏中，选择【文件】选项卡。

№2 选择【新建】选项。

№3 在可用模板区域，单击【空白文档】选项。

№4 单击【创建】按钮，如图 8-9 所示。

**多学一点**

用户在【可用模板】区域双击准备创建的模板选项，可快速新建一个基于该模板的文档。

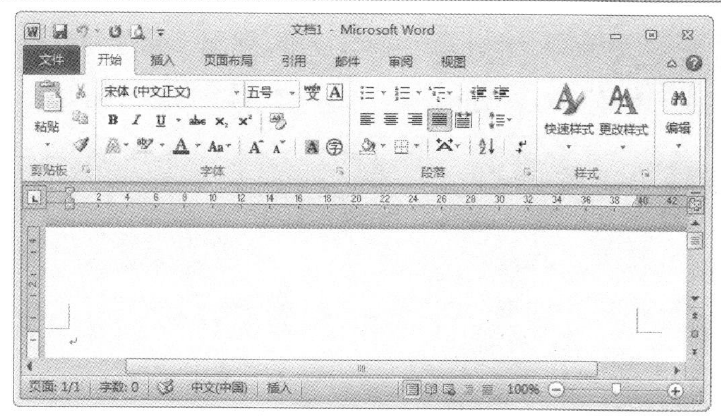

图 8-10

**02 新建文档完成，新建文档的名称为“文档1”**

可以看到新建的文档 1 通过以上步骤即可完成新建文档的操作，如图 8-10 所示。

## 快速创建文档的方法

智慧锦囊

启动 Word 2010，用户在键盘上按下〈Ctrl+N〉组合键，同样可以快速地新建一个文档，并进行相应的操作。

## 8.2.2 保存 Word 文档

在 Word 2010 中完成文档的编辑操作后，用户可以将文档保存到电脑中，以便日后进行文档的查看与编辑操作。下面详细介绍保存文档的操作方法。

图 8-11

**01 启动 Word 文档，编辑文本，进行保存**

№1 在工具栏中，选择【文件】选项卡。

№2 选择【保存】选项，如图 8-11 所示。

**■多学一点**

启动 Word 文档进行编辑，完成后在键盘上按下〈Ctrl+S〉组合键，即可完成保存文档的操作。

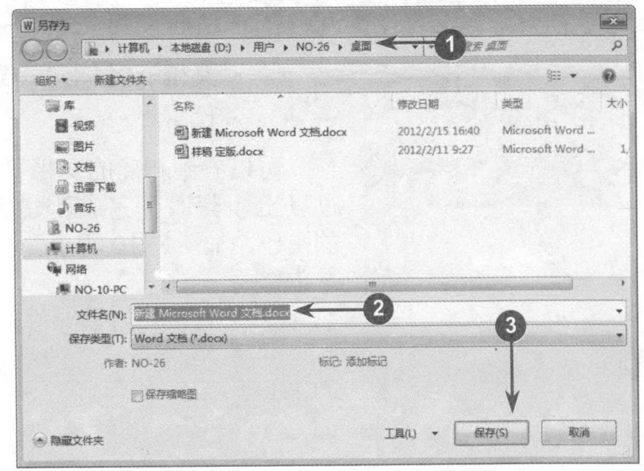

图 8-12

**02 弹出【另存为】对话框，保存文档**

№1 选择文件的保存位置。

№2 在【文件名】文本框中，输入准备使用的名称。

№3 单击【保存】按钮，如图 8-12 所示。

**■多学一点**

单击展开【保存类型】下拉列表，用户可以根据个人的需要选择不同的保存类型。

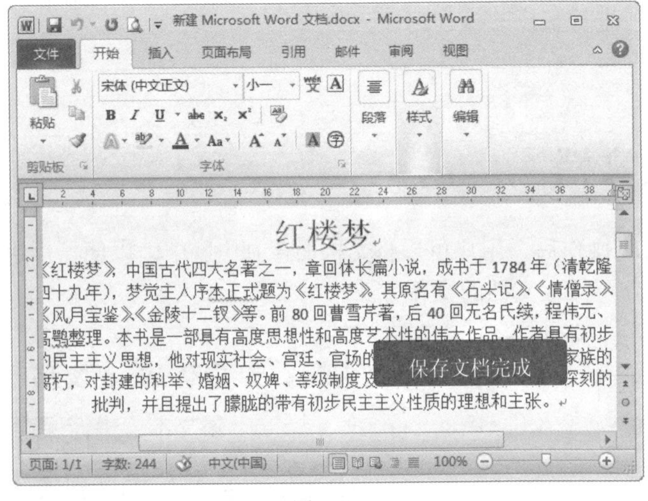

图 8-13

**03 在标题栏中，显示文档的保存名称**

通过以上步骤即可完成保存 Word 文档的操作，如图 8-13 所示。

**■指点迷津**

用户在【快速访问】工具栏中单击【保存】按钮，也可进行保存文档的操作。

## 8.2.3 打开 Word 文档

如果用户准备使用 Word 2010 查看或编辑电脑中已保存的文档内容，可以打开文档。打开文档的方法包括：使用对话框打开文档和使用选项卡打开文档，下面详细介绍其操作方法。

### 1. 使用对话框打开文档

在启动 Word 2010 时，用户可以利用【打开】对话框快速打开文档。下面介绍使用【打开】对话框打开文档的操作方法。

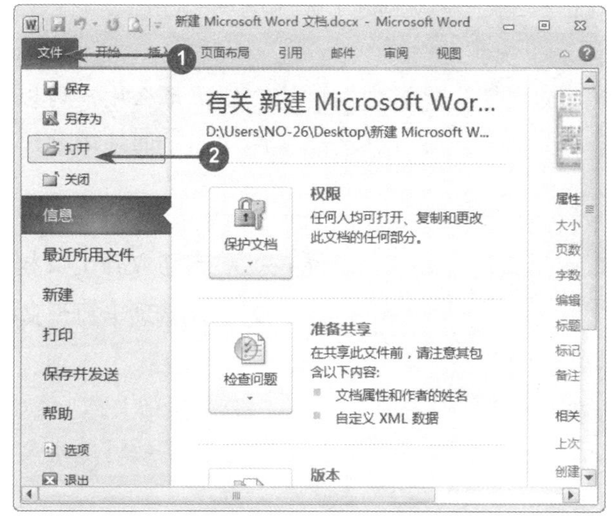

图 8-14

## 01 启动 Word 文档，打开文档

№1 在工具栏中，选择【文件】选项卡。

№2 选择【打开】选项，如图 8-14 所示。

### 多学一点

用户在键盘上按下〈Ctrl+O〉组合键，也可弹出【打开】对话框，进行打开文档的操作。

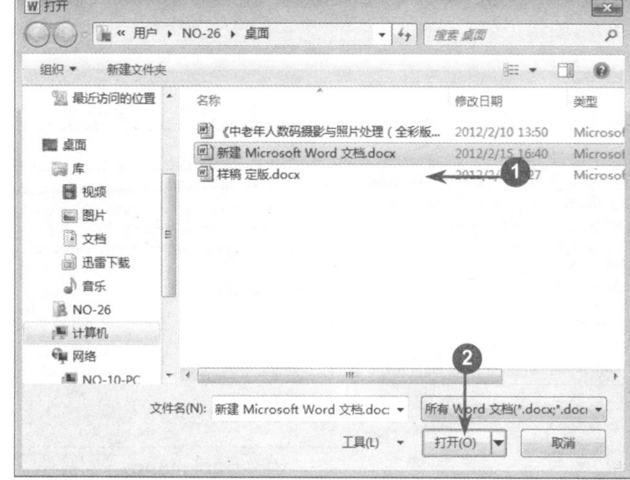

图 8-15

## 02 弹出【打开】对话框，打开文档

№1 选择准备打开的文件。

№2 单击【打开】按钮，如图 8-15 所示。

### 指点迷津

单击展开【所有 Word 文档】下拉按钮，用户可以在其中选择文档的文本格式。

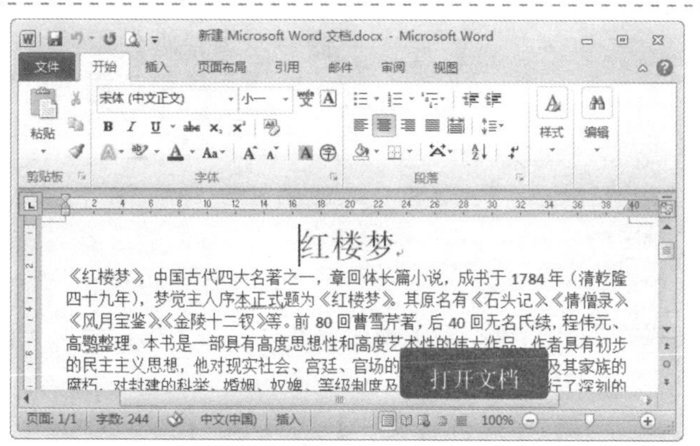

图 8-16

## 03 已经打开准备打开的文档

通过以上步骤即可完成打开已存 Word 文档的操作，如图 8-16 所示。

### 2. 使用选项卡打开文档

在 Word 2010 中，如果准备打开的文档为最近使用过的文档，那么用户可以使用 Backstage 视图中的【最近所用文件】选项卡进行打开文档的操作。下面详细介绍使用选项卡打开文档的操作方法。

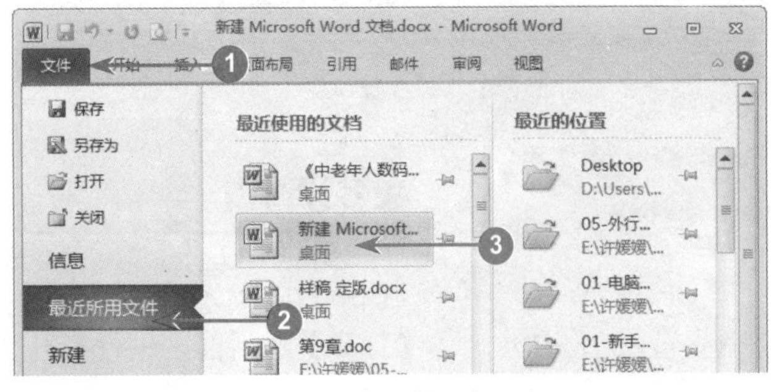

图 8-17

**01 启动 Word 文档，使用选项卡打开文档**

No1 在工具栏中，选择【文件】选项卡。

No2 选择【最近所用文件】选项。

No3 在最近使用的文档区域中，选择准备打开的文档，如图 8-17 所示。

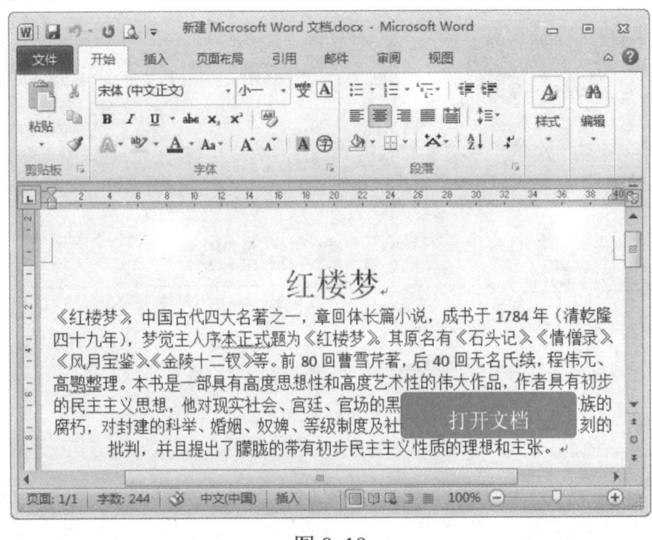

图 8-18

**02 已经打开准备打开的文档**

通过以上步骤即可完成打开已存 Word 文档的操作，如图 8-18 所示。

**■ 指点迷津**

在 Backstage 视图中选中【快速访问此数目的“最近使用的文档”】复选框，可在视图左侧显示出最近使用的文档的按钮，用户单击按钮也可打开文档。

## 8.2.4 关闭 Word 文档

在 Word 2010 中完成文档的编辑操作后，如果不准备使用该文档，用户可以将其关闭。下面介绍关闭文档的操作方法。

启动 Word 文档，编辑完成后，在工具栏中选择【文件】选项卡，在 Backstage 视图中，选择【关闭】选项，即可完成关闭 Word 文档的操作，如图 8-19 所示。

图 8-19

## 快速关闭 Word 文档

智慧锦囊

用户在 Word 2010 中完成文档的编辑与保存操作后，在键盘上按下〈Ctrl+W〉组合键，可以快速关闭文档。

Section

# 8.3 输入文本与符号

Word 程序是工作人员常用的办公软件之一，用户在编辑文档的过程中，经常需要输入文本，其中包括文本的输入和特殊符号的输入。本节将详细介绍输入文本方面的知识。

## 8.3.1 输入文本

启动 Word 2010 并创建文档后，用户在文档中定位光标即可进行文本的输入。下面详细介绍输入文本的操作方法。

启动 Word 2010，选择准备使用的输入法，在文档光标处输入文本，完成户按下空格键，使用上下键选择准备输入汉字，如图 8-20 所示。

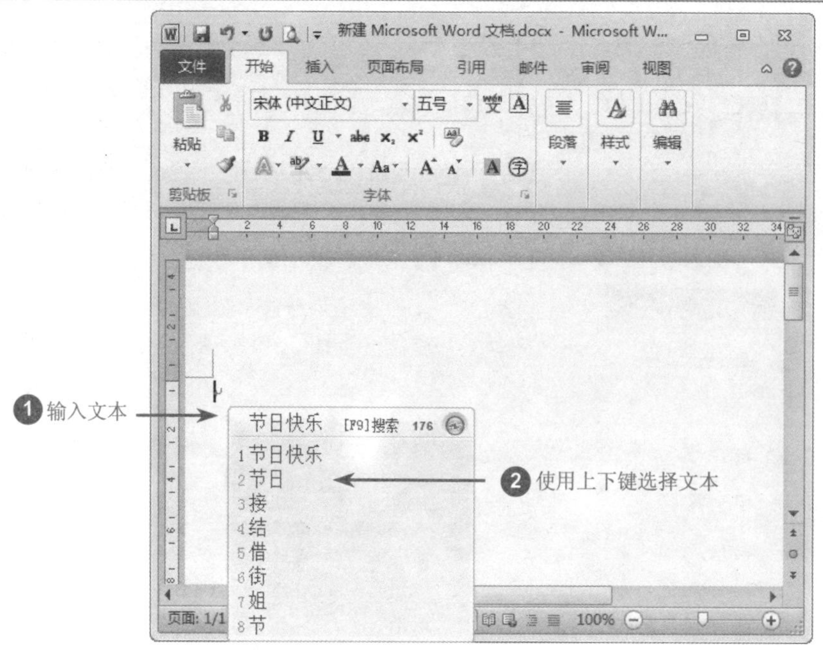


图 8-20

## 8.3.2 输入符号

在编辑文档的过程中，经常会遇到符号的输入，比如笑脸等特殊符号。下面详细介绍输入特殊符号的操作方法。

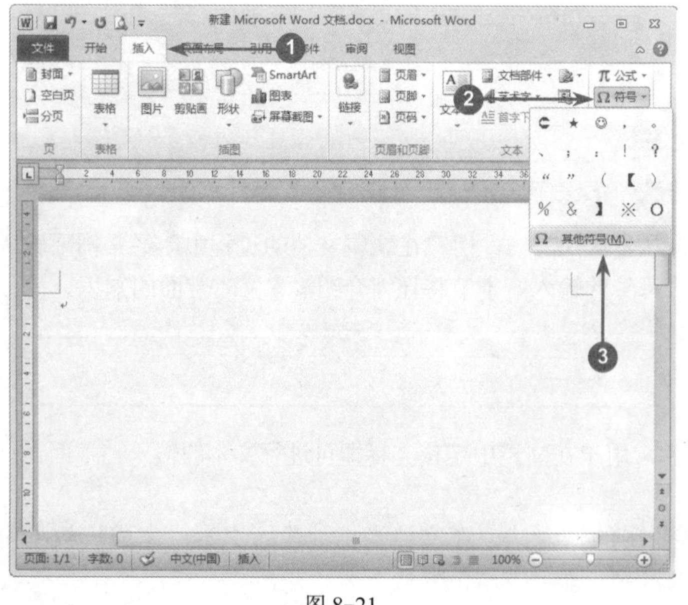


图 8-21

### 01 启动 Word 文档，选择其他符号选项

№1 在菜单栏中，选择【插入】选项卡。

№2 在【符号】组中，单击展开【符号】下拉按钮 Ω 符号 。

№3 在弹出的列表中，选择【其他符号】选项，如图 8-21 所示。

### ■ 指点迷津

Word 中的特殊符号包括上标、下标、数学符号、单位符号和分数等。

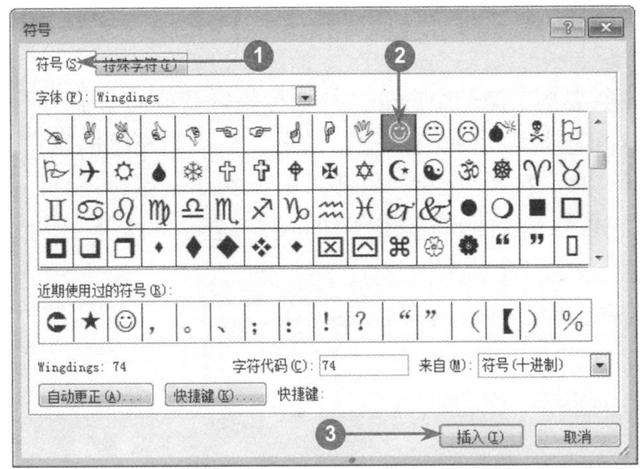


图 8-22

**02 弹出【符号】对话框，选择准备使用的符号**

№1 选择【符号】选项卡。

№2 选择准备使用的“笑脸”符号。

№3 单击【插入】按钮，如图 8-22 所示

■ **多学一点**

选择【特殊字符】选项卡，用户可以快速插入特殊字符或自定义的特殊字符。

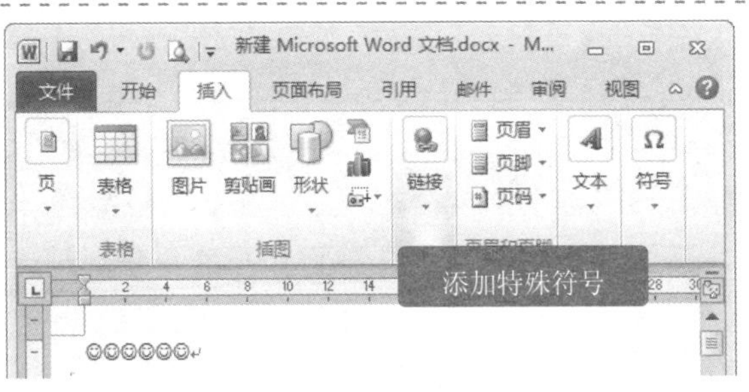


图 8-23

**03 笑脸符号已经插入到文档中**

通过以上步骤即可完成插入特殊符号的操作，如图 8-23 所示。

Section

# 8.4 编辑文本

在 Word 2010 中输入文本之后，用户可以对文本进行编辑，从而达到制作的需要。本节将介绍编辑文本的操作方法，如选择文本、修改文本、删除文本、查找和替换文本。

## 8.4.1 选择文本

在 Word 文档中输入文本后，用户可以通过选择文本的方法编辑文本，下面详细介绍选择文本的操作方法。

➢ 选择任意文本：将光标定位在准备选择的文字或文本的左侧或右侧，单击并拖动光标至准备选取的文字或文本的右侧或左侧，然后释放鼠标左键即可选中单个文字或某段文本。

➢ 选择一行文本：移动鼠标指针到准备选择的某一行行首的空白处，待鼠标指针变成向右箭头形状时，单击鼠标左键即可选中该行文本。

- 选择一段文本：将光标定位在准备选择的一段文本的任意位置，然后连续单击鼠标左键三次即可选中一段文本。
- 选择整篇文本：移动鼠标指针至文本左侧的空白处，待鼠标指针变成向右箭头形状↗时，连续单击鼠标左键三次即可选择整篇文档；将光标定位在文本左侧的空白处，待鼠标指针变成向右箭头形状↗时，按住〈Ctrl〉键不放，同时单击鼠标左键即可选中整篇文档；将光标定位在准备选择的整篇文档的任意位置，按下键盘上的〈Ctrl+A〉组合键即可选中整篇文档。
- 选择词：将光标定位在准备选择的词的位置，连续单击鼠标左键两次即可选择词。
- 选择句子：按住〈Ctrl〉键的同时，单击准备选择的句子的任意位置即可选择句子。
- 选择垂直文本：将光标定位在任意位置，然后按住〈Alt〉键，同时拖动鼠标指针到目标位置，即可选择某一垂直块文本。
- 选择分散文本：选中一段文本后，按住〈Ctrl〉键，同时再选中其他不连续的文本，即可选择分散文本。

**利用快捷键选择文本**

智慧锦囊

使用快捷键选择文本可以提高编辑速度，下面介绍利用快捷键选择任意文本的操作方法：

组合键〈Shift+↑〉：选中光标所在位置至上一行对应位置处的文本。

组合键〈Shift+↓〉：选中光标所在位置至下一行对应位置处的文本。

组合键〈Shift+←〉：选中光标所在位置左侧的一个文字。

组合键〈Shift+→〉：选中光标所在位置右侧的一个文字。

组合键〈Shift+Home〉：选中光标所在位置至行首的文本。

组合键〈Shift+End〉：选中光标所在位置至行尾的文本。

组合键〈Ctrl+Shift+Home〉：选中光标位置至文本开头的文本。

组合键〈Ctrl+Shift+End〉：选中光标位置至文本结尾处的文本。

## 8.4.2 修改文本

在编写 Word 文本的过程中，对于错误的文本，用户可以对其进行修改，从而保证输入的正确性。下面详细介绍修改文本的操作方法。

在 Word 文档中，使用鼠标左键选中准备修改的文本内容，当文本处于选中状态时，输入正确的文本内容，即可完成修改文本的操作，如图 8-24 所示。

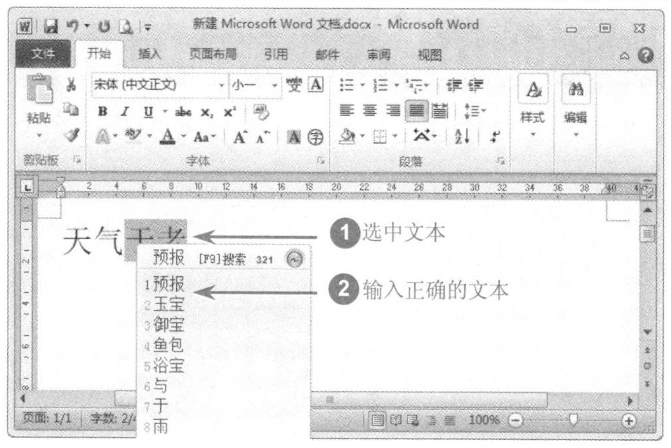


图 8-24

## 在改写状态下修改文本

智慧锦囊

将鼠标光标定位在准备修改的文本左侧，用户在键盘上按下〈Insert〉键可以将文本的输入状态更改为“改写”，输入正确的文本内容后，正确的文本内容将替代错误的文本内容。通过以上步骤即可完成在改写状态下修改文本的操作。

### 8.4.3 删除文本

在编辑文档的过程中，对于不需要的文本，用户可以将其删除，从而使文档变得更加准确。下面详细介绍删除文本的操作方法。

在 Word 2010 中，将鼠标光标定位在准备删除的文本的右侧，在键盘上按下〈Back Space〉键，即可删除光标左侧的文本，如图 8-25 所示。

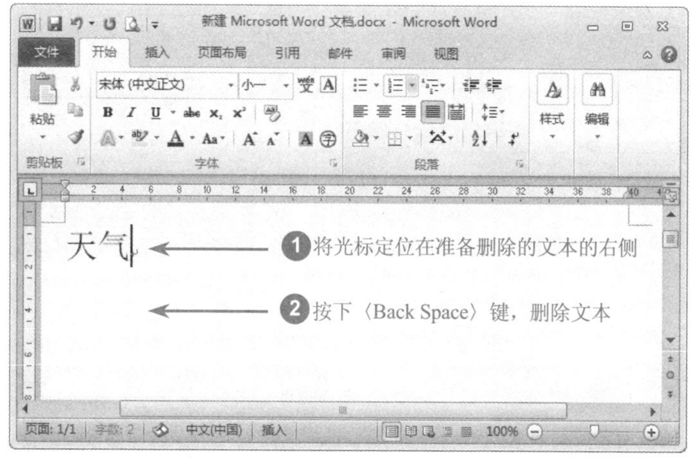


图 8-25

智慧锦囊

## 删除文本的方法

用户将鼠标光标定位在准备删除的文本的左侧，在键盘上按下〈Delete〉键，可以直接删除光标右侧的文本。

## 8.4.4 查找和替换文本

Word 2010 提供的查找和替换功能可以实现快速搜索字、词或句子，并且对于文本中重复出现的错别字可以一次性全部纠正，从而减少用户工作的强度和时间。下面详细介绍查找和替换文本的操作方法。

### 1. 查找文本

在 Word 2010 中，使用查找文本功能可以查找到文档中的任意字符、词语和符号等内容，下面详细介绍查找文本的操作方法。

在编辑 Word 文档中，打开【导航】窗格，将鼠标光标定位在文档的起始位置，在【导航】窗格的搜索框中输入要查找的内容，在工作区中显示搜索结果，如图 8-26 所示。

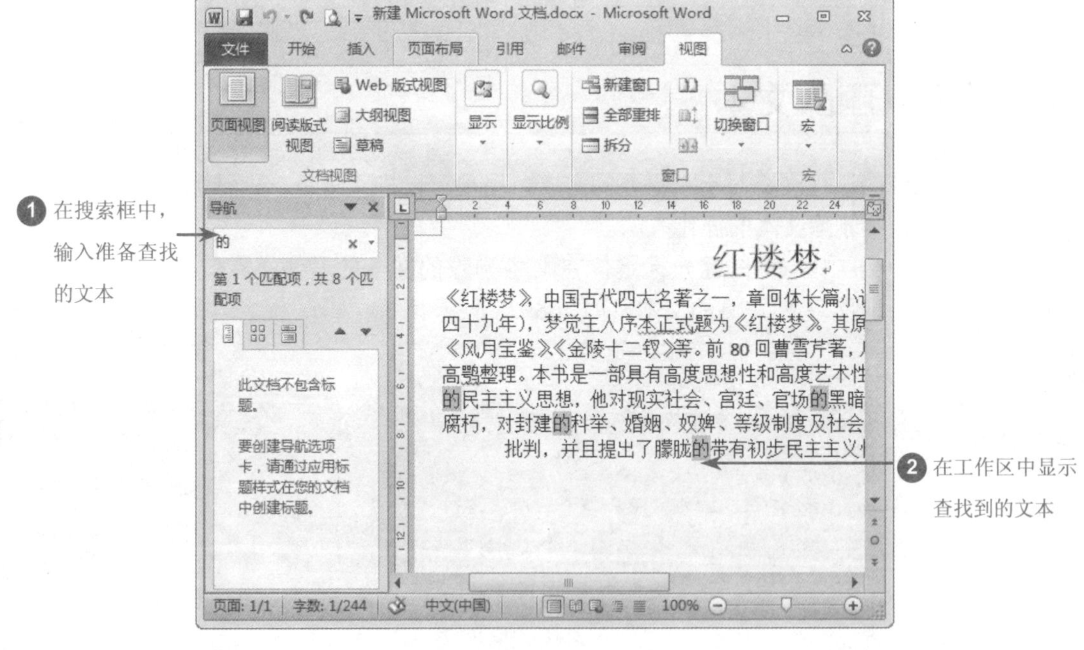


图 8-26

### 2. 替换文本

在使用 Word 2010 编辑文本时，如果文本中的内容出现错误或需要更改，用户可以使用替换文本的方法进行修改，下面详细介绍替换文本的操作方法。

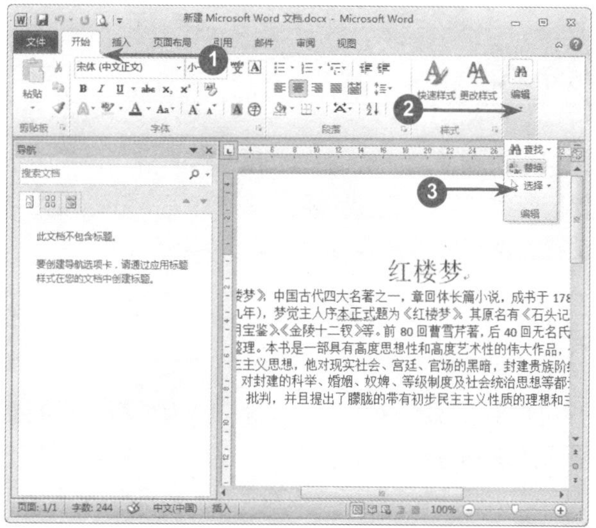
图 8-27

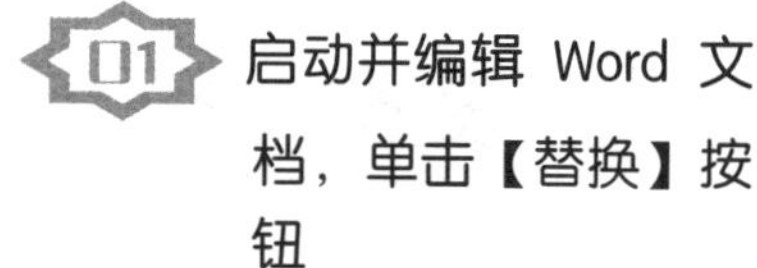

## 01 启动并编辑 Word 文档，单击【替换】按钮

№1 在菜单栏中，选择【开始】选项卡。

№2 在【编辑】组中，单击展开【编辑】下拉按钮。

№3 在弹出的列表中，选择【替换】选项，如图 8-27 所示。

■ 多学一点

用户在键盘上按下〈Ctrl+H〉组合键，同样可以打开替换对话框。

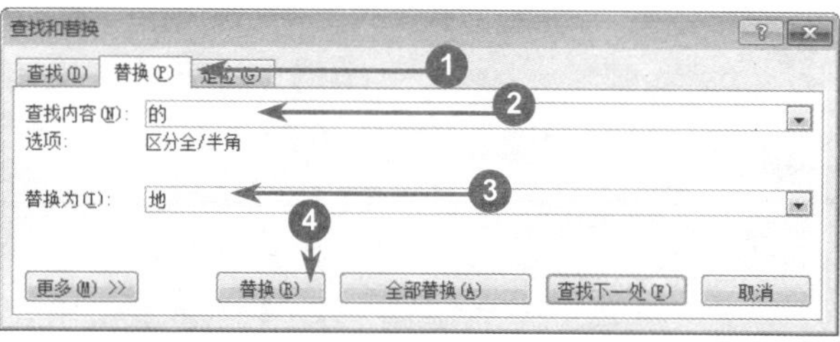

图 8-28

## 02 弹出【查找和替换】对话框，进行替换操作

№1 选择【替换】选项卡。

№2 在【查找内容】文本框中，输入查找内容。

№3 在【替换为】文本框中，输入准备替换的文本。

№4 单击【替换】按钮，如图 8-28 所示

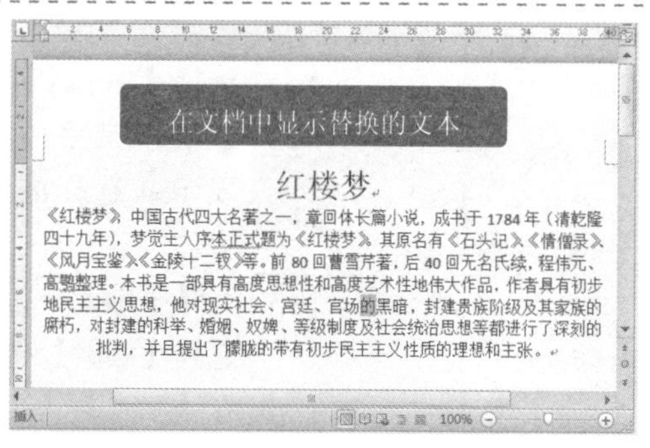

图 8-29

## 03 在文档中显示替换的文本

单击【替换】按钮，即可替换查找到的内容，如图 8-29 所示

## 全部替换文本

智慧锦囊

用户在【查找和替换】文本框中输入查找与替换的内容后，单击【全部替换】按钮，即可快速替换查找到的全部内容。

Section

# 8.5 设置文本和段落格式

为了使文档变得更加美观和生动，用户可在文档中设置文本和段落的格式，其中包括设置文本格式、设置段落对齐方式、设置段落缩进、设置行间距、设置首字下沉、设置分栏、设置边框和底纹等。本节将详细介绍设置文本和段落格式方面的知识与操作。

## 8.5.1 设置文本格式

在 Word 2010 中输入文本后，用户可以对文本的格式进行设置，从而使得文本的显示方式更加丰富。下面详细介绍设置文本格式的操作方法。

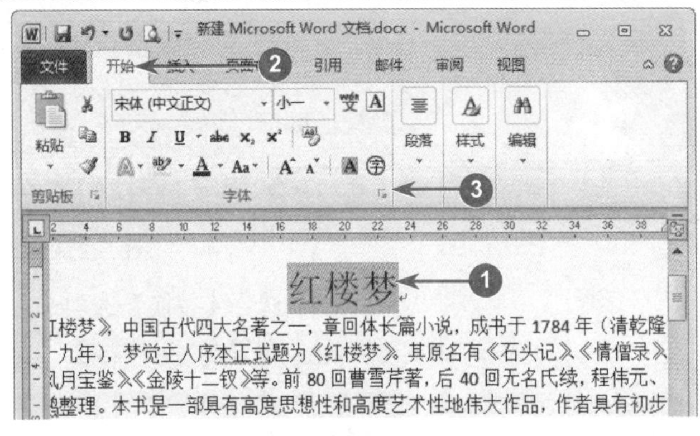


图 8-30

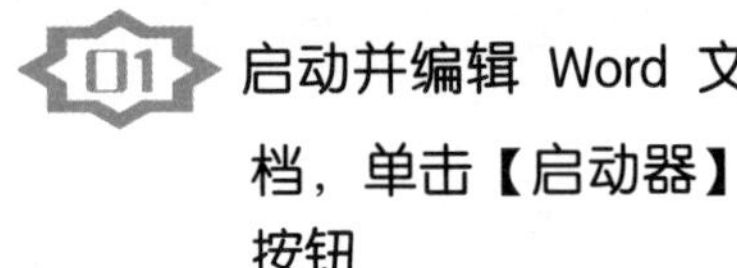

01 启动并编辑 Word 文档，单击【启动器】按钮

№1 选中准备设置文本格式的文本。

№2 在菜单栏中，选择【开始】选项卡。

№3 在【字体】组中，单击【启动器】按钮，如图 8-30 所示。

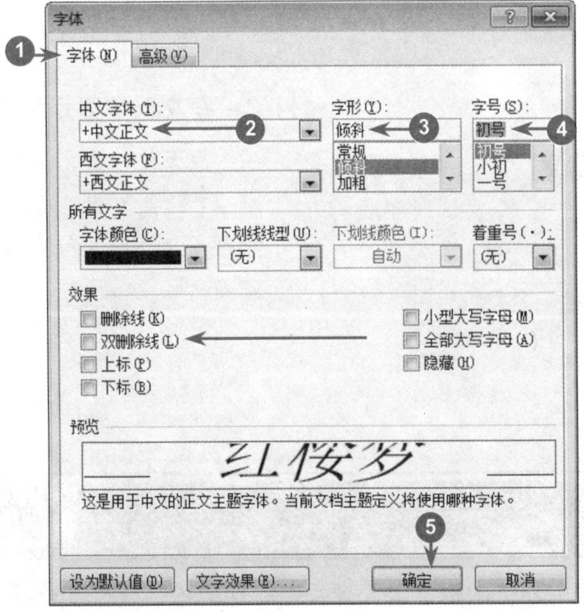


图 8-31

02 弹出【字体】对话框，设置字体格式

№1 选择【字体】选项卡。

№2 在【中文字体】下拉列表中，选择准备使用的字体。

№3 在【字形】下拉列表中，选择【倾斜】选项。

№4 在【字号】下拉列表中，选择【初号】选项。

№5 单击【确定】按钮，如图 8-31 所示。

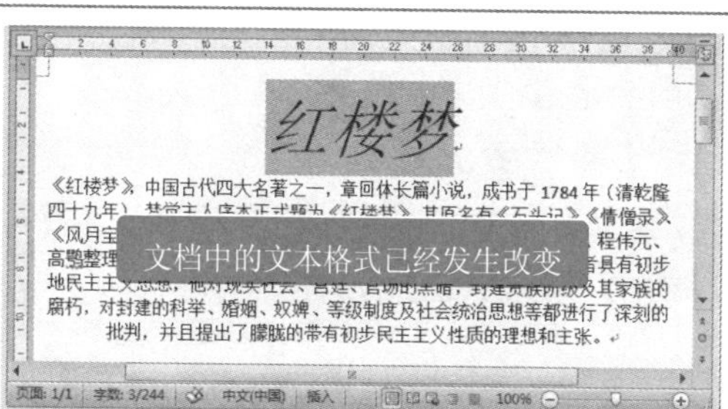


图 8-32

**03 在文档中，字体已经发生变化**

通过以上步骤即可完成设置文本格式的操作，如图 8-32 所示。

## 8.5.2 设置段落对齐方式

在 Word 2010 中，设置文档的段落格式不但可以方便文档的排版，还可以使文档更加的精美。下面详细介绍设置段落对齐方式的操作方法。

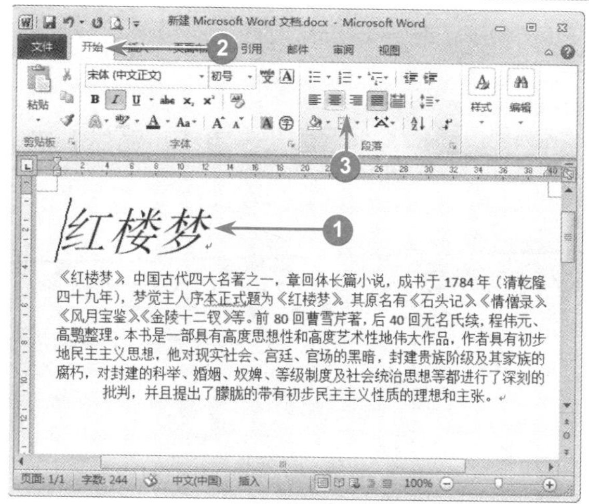

图 8-33

**01 启动并编辑 Word 文档，设置【居中对齐】方式**

№1 将鼠标光标定位在准备进行格式设置的文本中。

№2 在菜单栏中，选择【开始】选项卡。

№3 在【段落】组中，单击【居中】按钮，如图8-33 所示。

### ■ 多学一点

用户在键盘上按下〈Ctrl+E〉组合键，可以快速将段落居中。

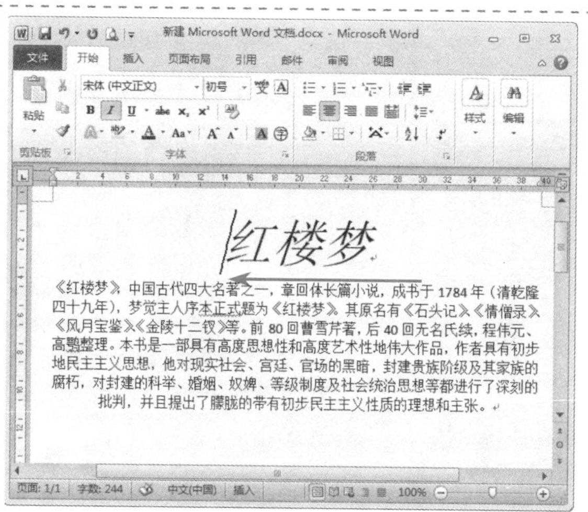

图 8-34

**02 段落已经显示为居中对齐方式**

通过以上步骤即可完成设置段落对齐方式的操作，如图 8-34 所示。

### ■ 多学一点

在键盘上按下〈Ctrl+L〉组合键，可以设置段落文本左对齐；在键盘上按下〈Ctrl+R〉组合键，可以设置段落文本右对齐；在键盘上按下〈Ctrl+Shift+L〉组合键，可以设置分散对齐。

## 8.5.3 设置段落缩进

在书写文件时，一般都会将所写的内容设置为段落缩进的格式，其中包括首行缩进和悬挂缩进。下面以设置首行缩进为例，详细介绍设置段落缩进的操作方法。

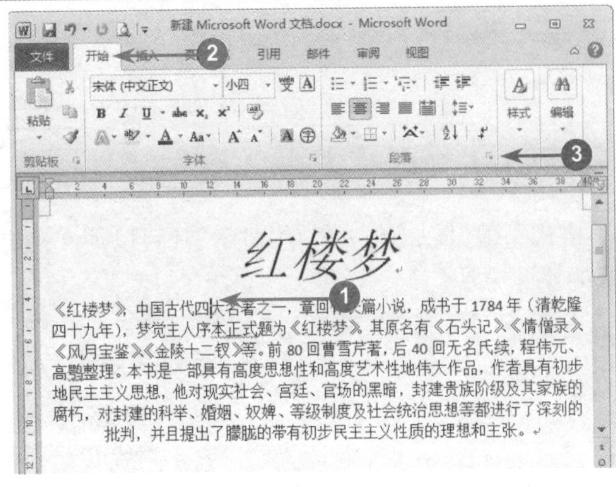

图 8-35

**01 启动并编辑 Word 文档，单击段落【启动器】按钮**

No1 将光标定位在准备设置段落缩进的段落中的任意位置。

No2 在菜单栏中，选择【开始】选项卡。

No3 在【段落体】组中，单击【启动器】按钮，如图 8-35 所示。

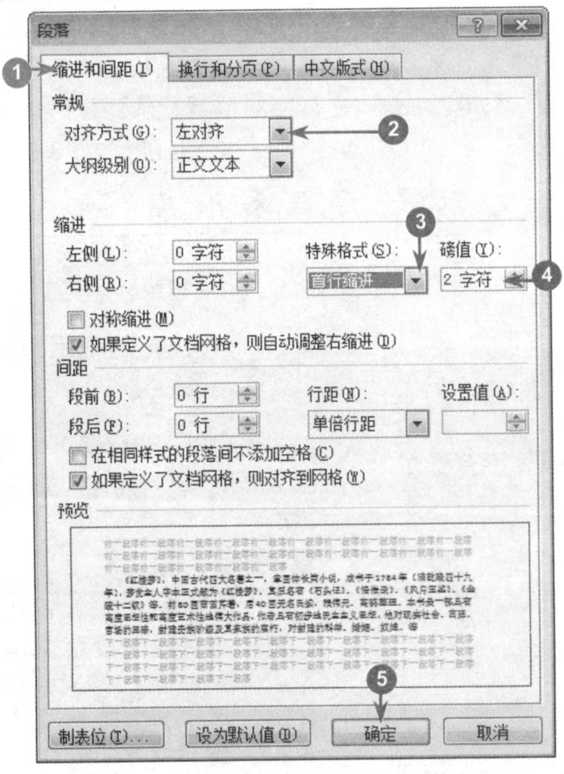

图 8-36

**02 弹出【段落】对话框，设置段落缩进**

No1 选择【缩进和间距】选项卡。

No2 在【常规】区域，单击展开【对齐方式】下拉按钮，选择【左对齐】选项。

No3 在【缩进】区域，单击展开【特殊格式】下拉按钮，选择【首行缩进】选项。

No4 设置【磅值】参数为【2字符】。

No5 单击【确定】按钮，如图 8-36 所示。

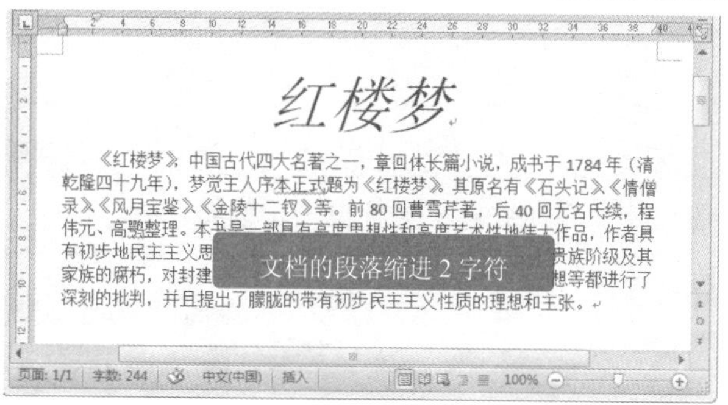


图 8-37

03 在文档中，可以看到文本的段落缩进为 2 字符

通过上述步骤即可完成段落缩进的设置，如图 8-37 所示。

## 8.5.4 设置行间距

在 Word 2010 中，设置行间距是指设置段落中相邻两个行之间的距离，从而使文章变得更加清晰。下面详细介绍设置行间距的操作方法。

启动 Word 文档，将鼠标光标定位在准备设置行间距的段落中的任意位置，在菜单栏中，选择【开始】选项卡，在【段落】组中单击【行和段落间距】按钮，在弹出的下拉列表中，选择【2.0】选项，就可以看到文档的行间距发生变化，如图 8-38 所示。

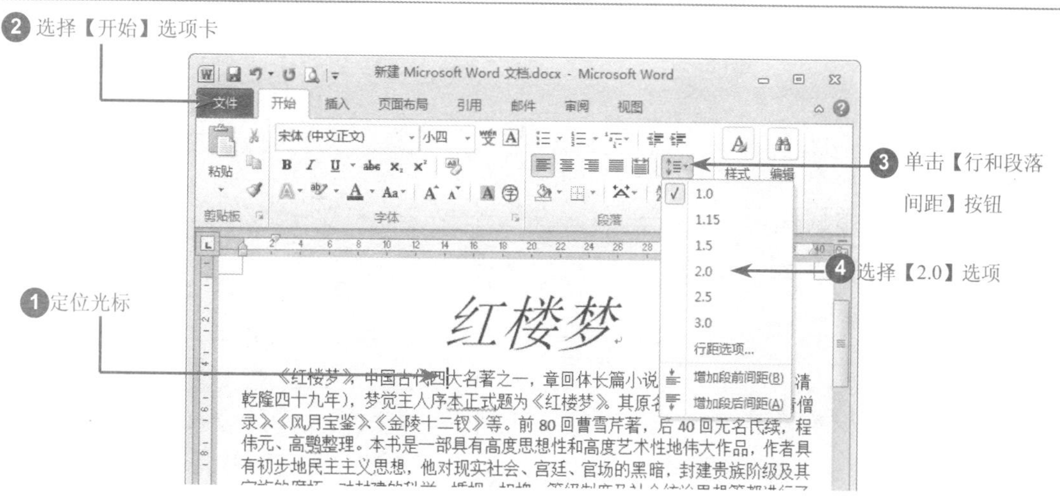


图 8-38

# Section 8.6 打印 Word 文档

在办公环境中，用户经常需要将电脑中存放的各种办公文档用书面的形式进行保存，这就需要使用 Word 2010 的打印功能。该功能不但可以打印预览效果，还可以对纸张进行设置。本节将详细介绍打印 Word 文档方面的知识。

## 8.6.1 设置页边距

页面边距是指在 Word 文档中，文本和页面空白区域之间的距离。如果用户准备将文档打印到纸张上，那么首先需要设置页边距。下面详细介绍设置页边距的操作方法。

图 8-39

### 01 编辑 Word 文档完成后，选择页边距选项

No1 在菜单栏中，选择【页面布局】选项卡。

No2 在【页面设置】组中，单击展开【页边距】下拉按钮。

No3 在弹出的下拉列表中，选择【自定义边距】选项，如图 8-39 所示。

**多学一点**

Word 2010 为用户提供了多个页边距方案。用户在【页边距】下拉菜单中选择准备应用的页边距选项，可以直接设置页边距。

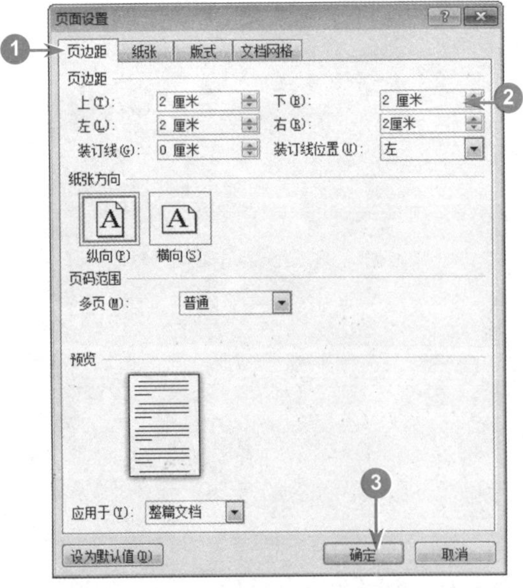

图 8-40

### 02 弹出【页面设置】对话框，设置页边距

No1 选择【页边距】选项卡。

No2 在【页边距】区域，设置【上】、【下】、【左】、【右】的数值。

No3 单击【确定】按钮，如图 8-40 所示。

**多学一点**

用户在【页面设置】对话框中选择【纸张】选项卡，可以对纸张的大小进行设置。

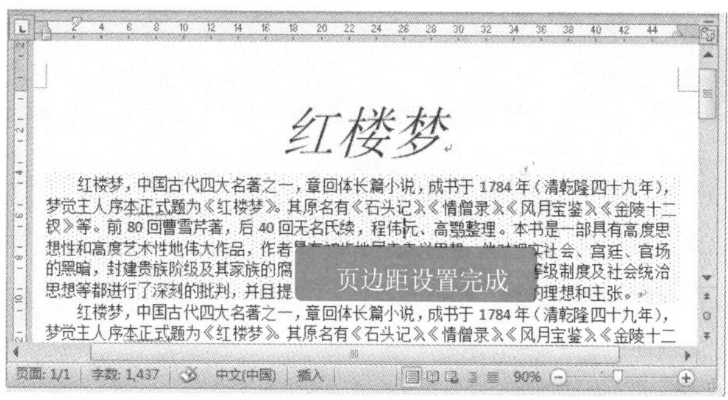

图 8-41

## 03 可以看到文档中的页边距发生了变化

通过以上步骤即可完成设置页边距的操作，如图 8-41 所示。

### 使用装订线设置

智慧锦囊

装订线边距设置是指在文档的顶部或者左侧留出额外的边距空间。设置装订线边距可以保证在装订时文字不会被装订在可视区外，而且也不会被装订线盖住。用户在【页面布局】组中打开【页面设置】对话框，即可对装订线的边距以及装订线所在的位置进行设置。

## 8.6.2 设置纸张大小

在 Word 文档中，用户需要选择合适的纸型以适合打印的纸张，一般要在文档输入前就进行纸张的设置，这样有利于文档的排版。下面详细介绍设置纸张大小的操作方法。

启动 Word 2010，在菜单栏中，选择【页面布局】选项卡，在【页面设置】组中单击【纸张大小】按钮，在弹出的下拉列表中，选择【A4】选项，即可设置【纸张大小】为【A4】，如图 8-42 所示。

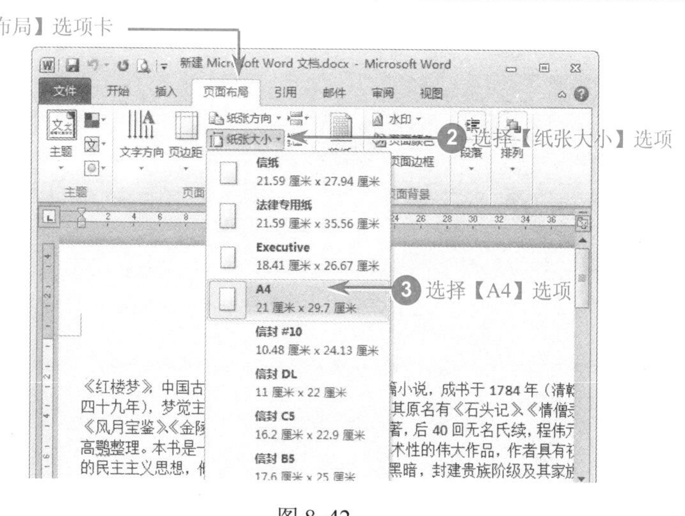


图 8-42

Section

# 8.7 实践案例与上机指导

本章学习了 Word 的基本操作、文本操作和段落格式操作。通过对本章的学习，读者不但可以掌握如何设置文本格式，而且还可以熟悉编辑文本方面的知识。在本节中，将结合实际的工作和应用，通过上机练习，进一步掌握和提高本章所学的知识点。

## 8.7.1 设置文本的显示比例

在 Word 2010 中，文本的显示比例默认为 100%，用户可以根据文档的编辑需要自行设置文本的显示比例。下面详细介绍设置文本的显示比例的操作方法。

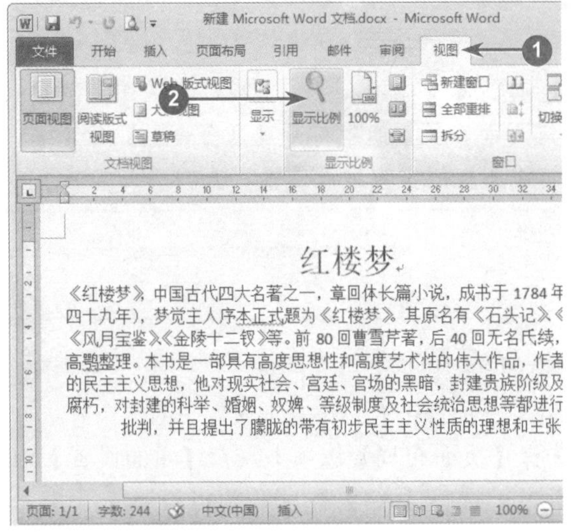


图 8-43

**01 打开文档后，单击【显示比例】选项**

№1 在菜单栏中，选择【视图】选项卡。

№2 在【显示比例】组中，单击【显示比例】按钮，如图 8-43 所示。

**■指点迷津**

显示比例是指文档中文字的缩放程度。在多数情况下，用户可以单击底部状态栏中的缩放控件来进行文本的缩放。

图 8-44

**02 弹出【显示比例】对话框，设置显示比例**

№1 在【显示比例】区域中，单击【200%】单选项。

№2 单击【确定】按钮确定，如图 8-44 所示。

图 8-45

## 03 文档中文本的显示比例为 200%

通过以上步骤即可完成设置文本的显示比例的操作，如图 8-45 所示。

## 8.7.2 预览及打印文章

在 Word 2010 中完成文档的编辑操作后，用户可以直接将其打印到纸张上，以便于文档内容的浏览与保存。下面详细介绍打印文档的操作方法。

在 Word 2010 中完成文档的编辑后，在菜单栏中选择【文件】选项卡，在 Backstage 视图中选择【打印】选项，在【打印机】下拉列表框中选择【打印机】选项，在页面右侧预览打印效果，最后单击【打印】按钮，如图 8-46 所示。

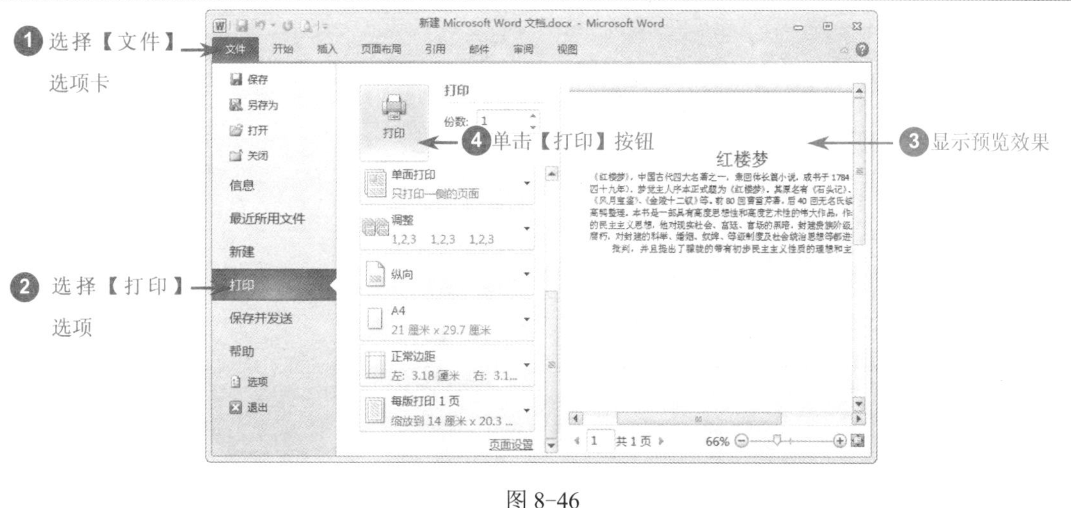

图 8-46

# 读书笔记

# 第 9 章

# 设计与制作精美的 Word 文档

## 本章内容导读

本章主要介绍在 Word 文档中使用对象、设置图片格式、Word 文档中使用表格和编辑表格方面的知识与技巧，在本章的最后还会针对实际的工作需求，讲解插入屏幕截图、添加艺术效果和套用表格样式的方法。通过对本章的学习，读者可以掌握设计与制作精美的 Word 文档方面的知识，为进一步学习电脑知识奠定基础。

## 本章知识要点

◎ **在 Word 文档中使用对象**
◎ **设置图片格式**
◎ **在 Word 文档中使用表格**
◎ **编辑表格**

Section

# 9.1 在 Word 文档中使用对象

在掌握了 Word 2010 的基本操作和基本编辑操作后，用户若想设计一个美观且图文并茂的文档就需掌握在 Word 文档中使用对象的方法。将剪贴画、图片和艺术字等插入到 Word 文档以后，可以使 Word 文档变得生动起来。本节将详细介绍在 Word 文档中使用对象的相关知识及操作方法。

## 9.1.1 插入图形

在 Word 2010 中有各种图形，用户可以在 Word 文档中插入矩形、线条和流程图等，使用这些图形可以方便地进行图形标注，并明晰文档内容。下面介绍插入图形的操作方法。

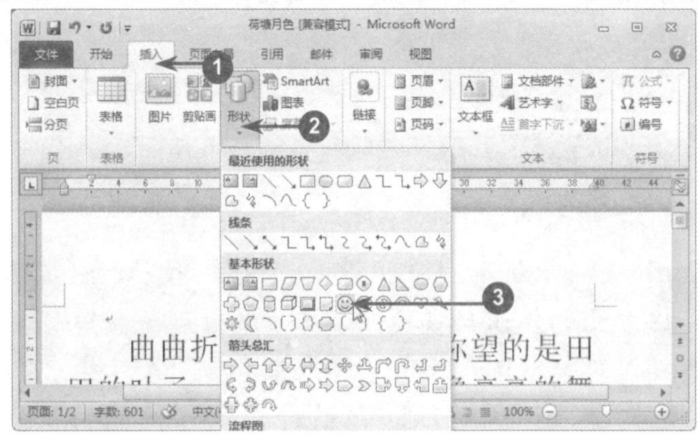

图 9-1

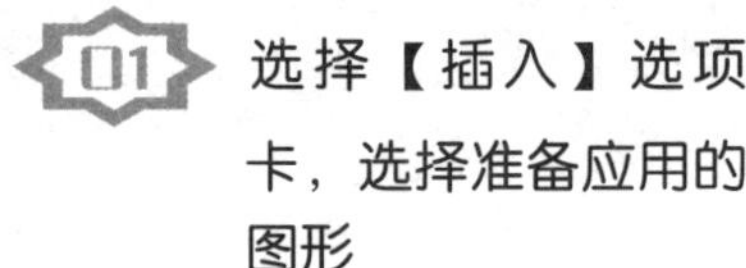

01 选择【插入】选项卡，选择准备应用的图形

№1 打开 Word 文档，选择【插入】选项卡。

№2 在【插图】选项组中单击【形状】按钮。

№3 在弹出的下拉列表中的【基本形状】区域中，选择准备应用的形状，如选择【笑脸】选项，如图 9-1 所示。

图 9-2

02 图形已被插入到文档中，显示插入效果

移动鼠标指针至文档中准备绘制自选图形的位置，单击并拖动鼠标左键至目标位置，释放鼠标左键即可完成绘制自选图形的操作，如图 9-2 所示。

### 指点迷津

系统会自动将用户曾经使用过的形状保存在【最近使用的形状】栏里，方便再次使用。

## 9.1.2 插入图片

使用 Word 2010 编辑文档内容时，用户可以根据文档的内容插入适当的图片以增强页面的说服力，同时也使文档的内容变得充实、生动。下面详细介绍插入图片的操作方法。

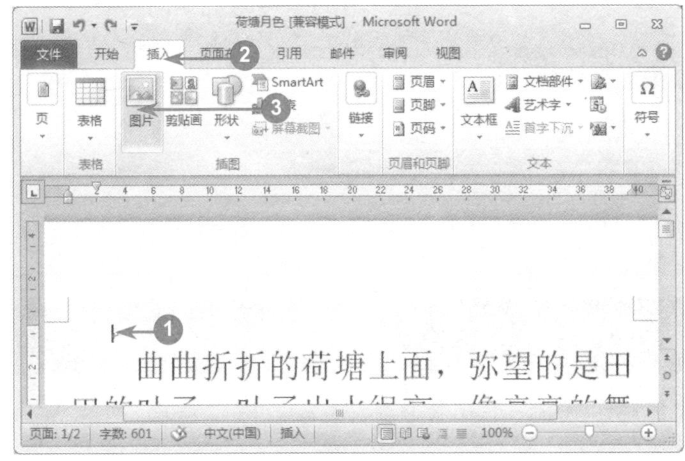

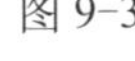

图 9-3

**01 选择【插入】选项卡，单击【图片】按钮**

№1 将鼠标光标定位在准备插入图片的位置。

№2 选择【插入】选项卡。

№3 在【插图】选项组中，单击【图片】按钮，如图 9-3 所示。

图 9-4

**02 弹出对话框，选择准备插入的图片**

№1 弹出【插入图片】对话框，选择图片的保存位置的选项。

№2 选择准备插入的图片。

№3 单击【插入】按钮插入(S)，如图 9-4 所示。

### 更改插入图片的方法

智慧锦囊

插入图片后，如果用户发现图片不合适，可以更改该图片，更改图片的方式如下：右键单击准备更改的图片，在弹出的快捷菜单中选择【更改图片】选项，弹出【插入图片】对话框，选择更改的图片，单击【插入】按钮插入(S)即可更改原有图片。

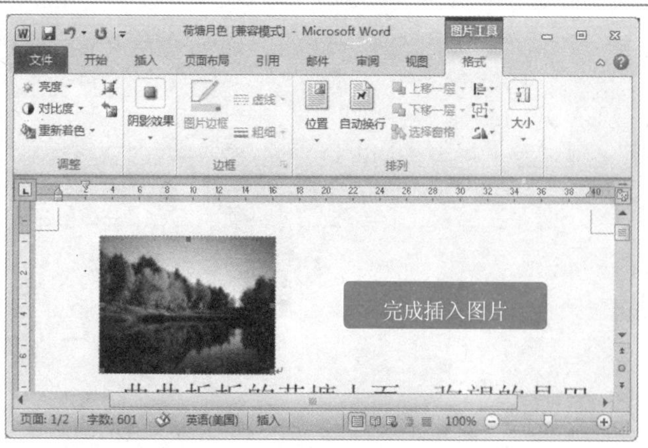


图 9-5

## 03 完成插入图片的操作，在文档中显示插图后的效果

通过以上方法即可完成在 Word 2010 文档中插入图片的操作，如图 9-5 所示。

## 快速插入图片的方法

**智慧锦囊**

在【插入图片】对话框中，用户双击准备插入的图片选项，可以直接完成插入图片的操作。

## 9.1.3 插入剪贴画

Word 2010 中的部分剪贴画为矢量图像，用户可以根据需要编辑和修改这些剪贴画，从而使剪贴画的内容更符合文档的内容。在文档中直接添加非矢量图像的剪贴画，可免去寻找图片的麻烦。下面将详细介绍插入剪贴画的操作方法。

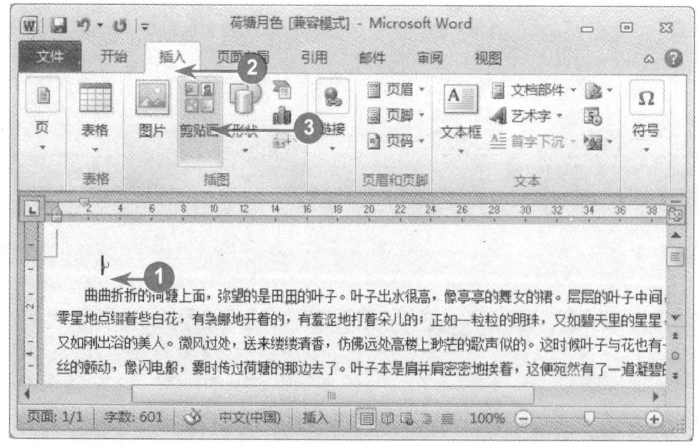


图 9-6

## 01 选择【插入】选项卡，单击【剪贴画】按钮

No1 将鼠标光标定位在准备插入剪贴画的位置。

No2 选择【插入】选项卡。

No3 在【插图】选项组中，单击【剪贴画】按钮，如图 9-6 所示。

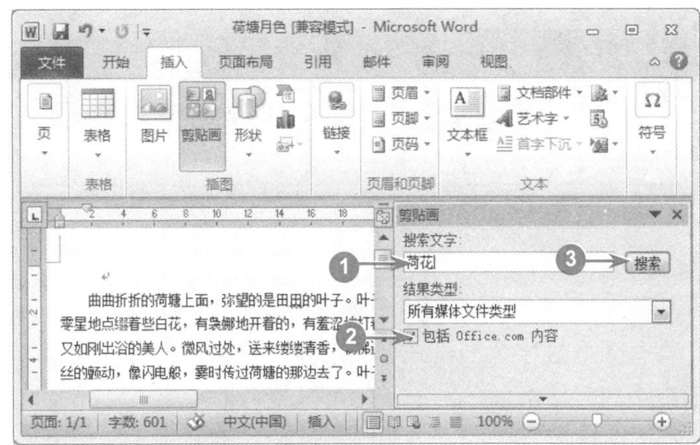


图 9-7

## 02 弹出剪贴画窗格，输入搜索内容

№1 打开【剪贴画】窗格，输入搜索内容。

№2 选择【包括 Office.com 内容】复选框。

№3 单击【搜索】按钮 搜索 ，如图 9-7 所示。

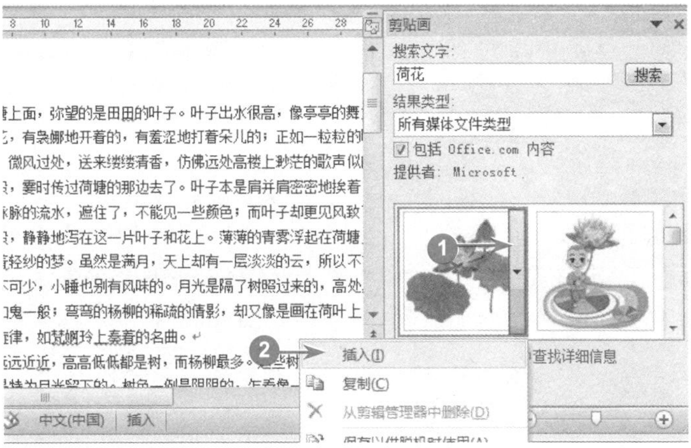

图 9-8

## 03 选择准备插入的剪贴画

№1 移动鼠标指针指向准备插入的剪贴画，然后单击右侧的下拉箭头按钮。

№2 选择【插入】选项，如图 9-8 所示。

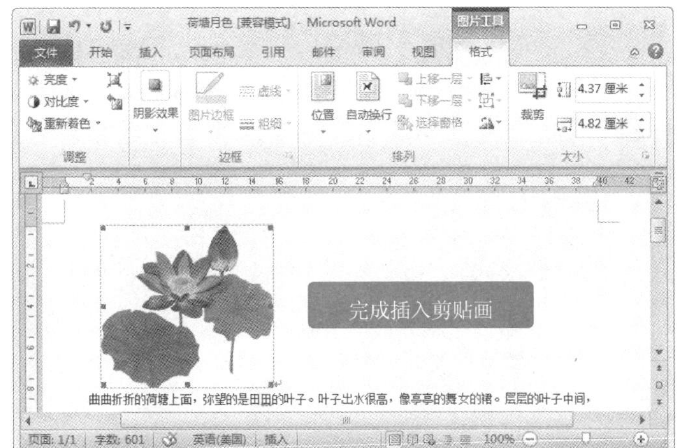


图 9-9

## 04 插入剪贴画，显示插入后的效果

选择的剪贴画已被插入到 Word 文档中，这样即可完成插入剪贴画的操作，如图 9-9 所示。

### ■多学一点

在【剪贴画】窗格中，用户双击准备插入的剪贴画，可以直接完成插入操作。

## 编辑剪贴画的方法

智慧锦囊

用户在选择好剪贴画后，选择【格式】选项卡，然后使用【绘图工具】添加图形和图片或进行上色。

## 9.1.4 插入艺术字

在对 Word 文档进行编辑时，即使设置过字体的格式，但字体的样式仍然略显单调，此时用户可以在 Word 文档中插入艺术字。这样不仅美化了 Word 文档，而且还可以使之具有良好的艺术效果。下面介绍插入艺术字的操作方法。

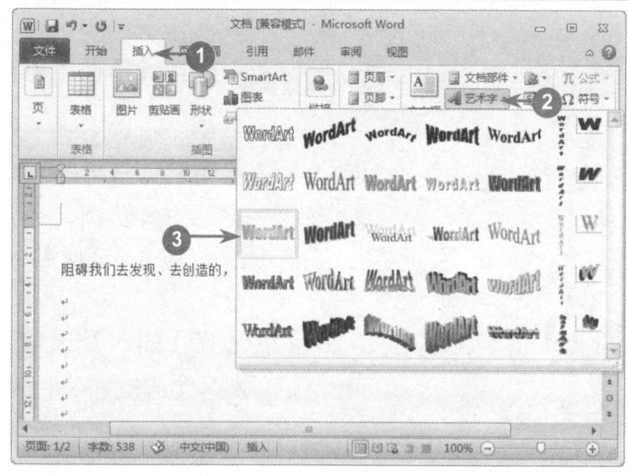

图 9-10

**01 选择【插入】选项卡，选择准备插入的艺术字样式**

№1 启动 Word 2010，选择【插入】选项卡。

№2 在【文本】组中单击【艺术字】按钮艺术字。

№3 选择准备插入的艺术字样式，如选择【艺术字 13】选项，如图 9-10 所示。

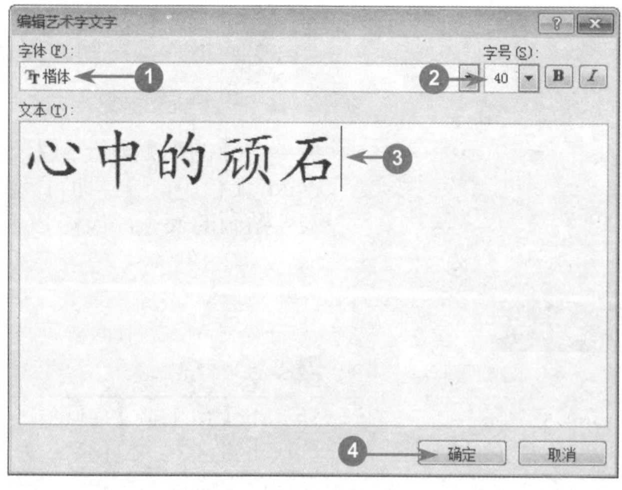


图 9-11

**02 弹出【编辑艺术字文字】对话框，输入艺术字内容**

№1 弹出【编辑艺术字文字】对话框，在【字体】下拉列表中选择字体，如“楷体”。

№2 在【字号】下拉列表中选择字号，如“40”。

№3 在【文本】文本框中输入艺术字内容。

№4 单击【确定】按钮确定，如图 9-11 所示。

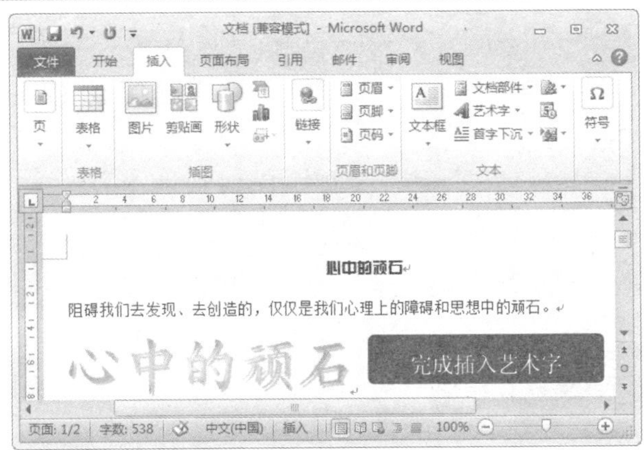


图 9-12

03 完成插入艺术字的操作，在文档中显示效果

通过上述方法即可完成在 Word 2010 中插入艺术字的操作，如图 9-12 所示。

■多学一点

用户还可以更改艺术字的粗细度和倾斜度等效果。

# Section 9.2 设置图片格式

在 Word 文档中应用图片后，用户可以设置图片的格式，从而使图片更符合显示要求。本节将介绍设置图片格式的操作方法，如删除背景、应用图片样式、添加艺术效果、修正图片和裁剪图片等。

## 9.2.1 应用图片样式

图片样式决定了图片的总体外观，包括图片形状、边框以及图片效果等。用户为图片选择合适的样式可以提高图片的美观度。下面将详细介绍应用图片样式的操作方法。

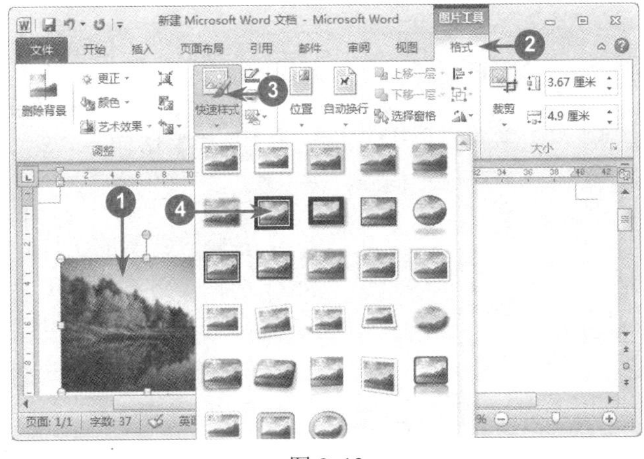


图 9-13

01 选择【格式】选项卡，选择准备应用的图片样式

No1 在 Word 2010 文档中，选中准备应用图片样式的图片。

No2 选择【格式】选项卡。

No3 在【图片样式】组中单击【快速样式】按钮。

No4 选择准备应用的图片样式，如选择【双框架，黑色】选项，如图 9-13 所示。

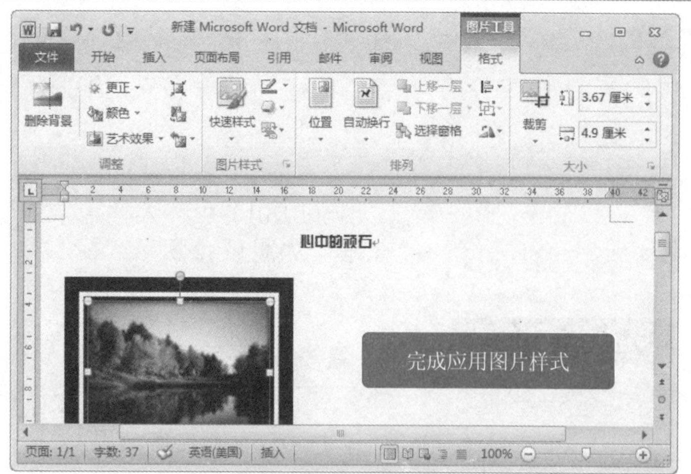


图 9-14

**02 图片样式已应用，在文档中显示效果**

选中的图片样式已改变，如图 9-14 所示。

## 手动设置图片边框和图片效果

智慧锦囊

用户在【图片样式】组中单击【图片边框】按钮右侧的下拉箭头，可以进行边框效果设置，单击【图片效果】按钮，可以进行图片效果设置。

## 9.2.2 删除背景

在 Word 2010 中，用户使用删除背景功能可以自动删除图片的多余部分，从而突出图片的主题。下面将详细介绍删除图片背景的操作方法。

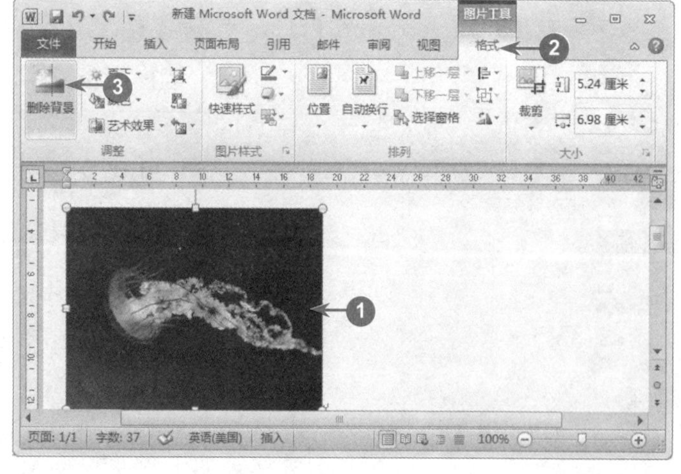


图 9-15

**01 选择【格式】选项卡，单击【删除背景】按钮**

No1 启动 Word 2010，选中准备删除背景的图片。

No2 选择【格式】选项卡。

No3 在【调整】组中单击【删除背景】按钮，如图 9-15 所示。

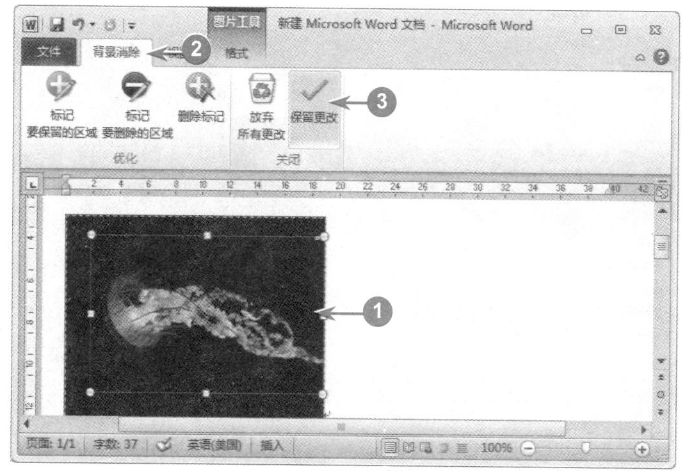

图 9-16

## 02 调整保留区域大小，单击【保留更改】按钮

№1 单击并拖动图片四周的控制点，调整保留区域的大小。

№2 选择【背景消除】选项卡。

№3 在【关闭】组中，单击【保留更改】按钮，如图 9-16 所示。

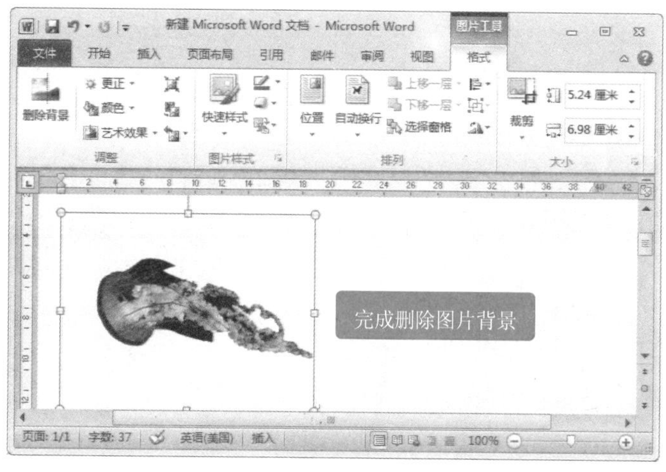

图 9-17

## 03 完成删除图片背景的操作，在文档中显示效果

选择的图片背景已被删除，如图 9-17 所示。

### 多学一点

用户在【关闭】组中单击【放弃所有更改】按钮，即可放弃删除背景操作。

### 标记要保留的区域

智慧锦囊

用户选中准备删除背景的图片，单击【删除背景】按钮后，选择【背景消除】选项卡，单击【标记要保留的区域】按钮，然后绘制线条以标记要在图片中保留的区域，这样操作后，可以使要删除的图片背景更为准确。

## 9.2.3 修正图片

在 Word 2010 中，用户可以通过修正图片颜色的强度、亮度和饱和度，将图片变得更加引人注目、更加有震撼力，从而增强对文档的说明。下面详细介绍修正图片的操作方法。

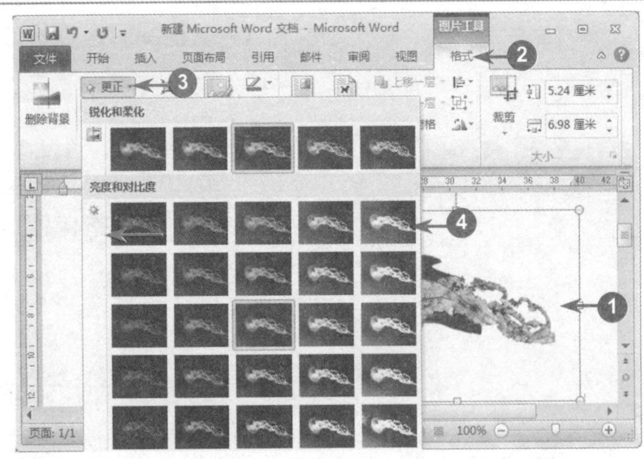

图 9-18

## 01 单击【更正】按钮，调整亮度和对比度

No1 选中准备修正的图片。

No2 选择【格式】选项卡。

No3 在【调整】组中单击【更正】按钮 更正。

No4 在【亮度和对比度】区域中，选择【亮度：+40%；对比度：-40%】选项，如图 9-18 所示。

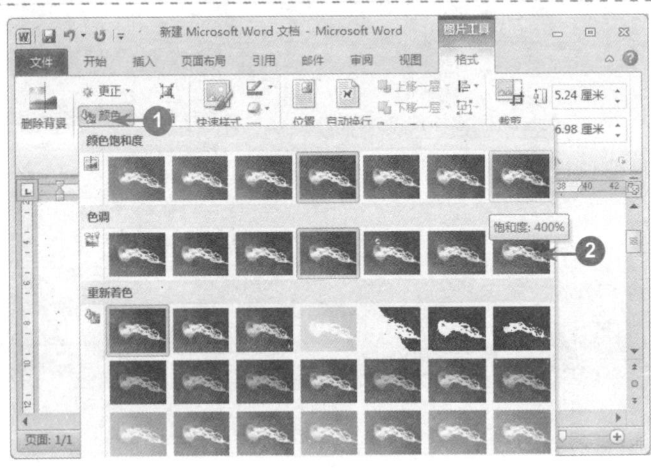

图 9-19

## 02 单击【颜色】按钮，调整图片颜色的饱和度

No1 在【调整】组中单击【颜色】按钮 颜色。

No2 在【颜色饱和度】区域中选择【饱和度：400%】选项，如图 9-19 所示。

图 9-20

## 03 单击【颜色】按钮，给图片重新着色

No1 在【调整】组中单击【颜色】按钮 颜色。

No2 在【重新着色】区域中，选择【橙色，强调文字颜色 6 深色】选项，如图 9-20 所示。

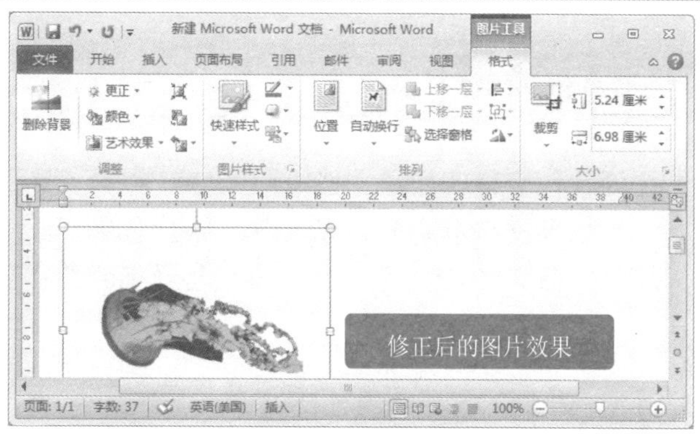

图 9-21

**04 完成修正图片的操作，文档中显示效果**

选择的图片已被修正并达到所需要的效果，如图 9-21 所示。

## 9.2.4 裁剪图片

在 Word 2010 中，用户可以任意裁剪文档中已插入的图片，从而使之变为用户想要的形状或大小，同时还可以美化 Word 文档。下面将详细介绍裁剪图片的操作方法。

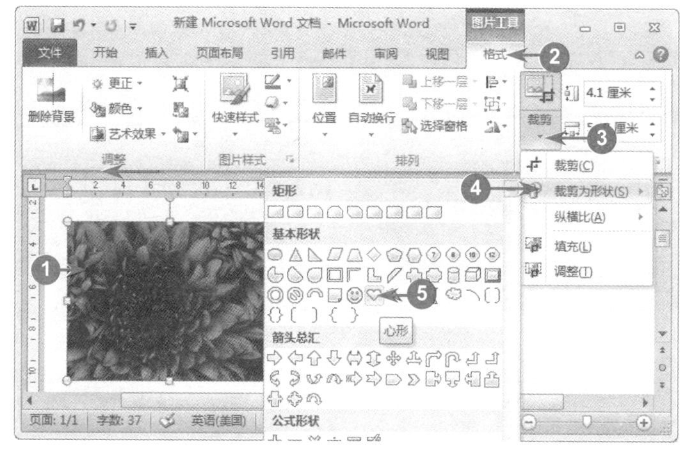
图 9-22

**01 单击【菜单】按钮，选择准备裁剪的形状**

№1 选中准备裁剪的图片。

№2 选择【格式】选项卡。

№3 在【大小】组中，单击【裁剪】按钮的下拉箭头。

№4 在弹出的下拉菜单中，选择【裁剪为形状】选项。

№5 在【基本形状】区域中，选择准备为图片裁剪的形状，如“心形”选项，如图 9-22 所示。

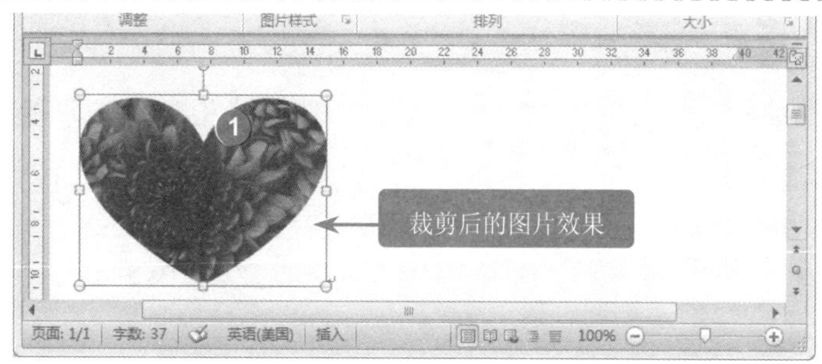

图 9-23

**02 完成裁剪图片的操作，在文档中显示效果**

选中的图片已被裁剪为“心形”形状，如图 9-23 所示。

Section

# 9.3 在 Word 文档中使用表格

在编辑 Word 文档时，用户经常需要使用表格，如在文档中插入员工名单、课程表和出勤表等。在 Word 文档中应用表格，可以使文档看起来条理清晰，易于查看，而且用户若将表格进行美化操作，还可以大大增添 Word 文档的艺术感。本节将详细介绍在 Word 文档中使用表格的操作方法。

## 9.3.1 插入表格

用户如果准备应用表格在 Word 文档中输入数据，那么首先需要在文档中插入表格。下面将详细介绍在文档中插入表格的操作方法。

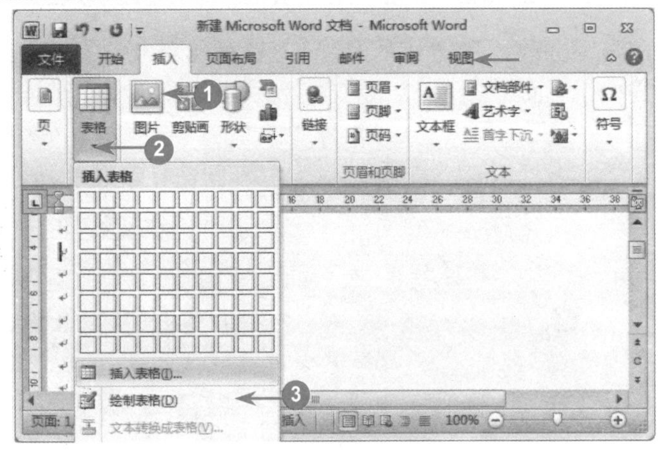


图 9-24

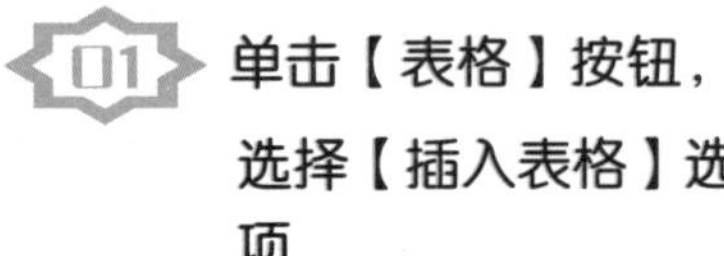

01 单击【表格】按钮，选择【插入表格】选项

№1 将鼠标光标定位在文档中以后，选择【插入】选项卡。

№2 在【表格】组中，单击【表格】按钮。

№3 在弹出的下拉菜单中选择【插入表格】选项，如图 9-24 所示。

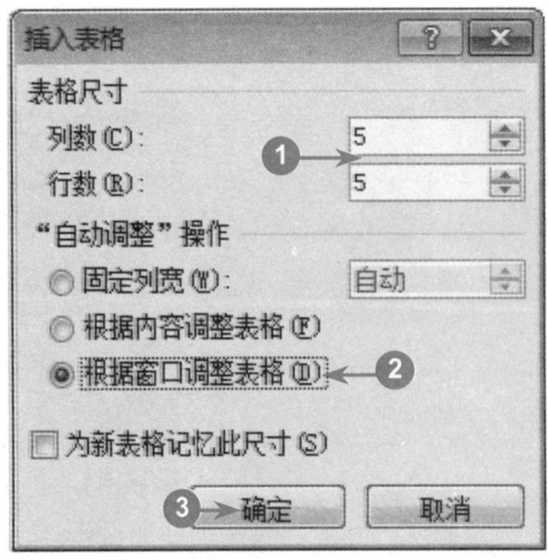


图 9-25

02 弹出对话框，设置输入表格尺寸

№1 弹出【插入表格】对话框，在【表格尺寸】区域中，输入行数和列数。

№2 选中【根据窗口调整表格】单选项。

№3 单击【确定】按钮，如图 9-25 所示。

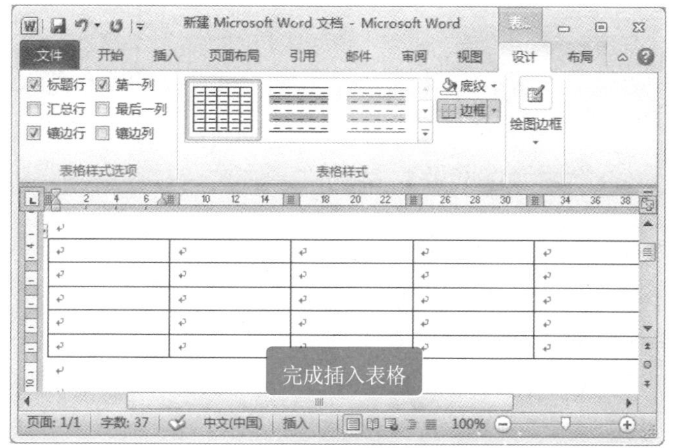


图 9-26

03 完成插入表格的操作，在文档中显示插入表格后的效果

在 Word 文档中，完成插入“5 列 5 行”表格的操作。这样即可完成插入表格的操作，如图 9-26 所示。

■多学一点

用户在【表格】组中单击【表格】按钮，在弹出的下拉列表中通过移动鼠标指针来选择表格的行数和列数，单击后即可自动创建表格。

**智慧锦囊**

## 快速插入表格

Word 2010 提供了添加表格的快捷方式，规格在 10×8 以下的表格均可快速插入文档。快速插入表格的方法如下：选择【插入】选项卡，在【表格】组中单击【表格】按钮，在弹出的下拉列表中，在【插入表格】区域内选择表格规格。

## 9.3.2 插入表格行与列

插入表格后，随着文本地不断输入会出现已插入表格的行数和列数不够的情况，此时用户可以插入行列，以增加表格的尺寸。下面具体介绍插入表格行与列的操作方法。

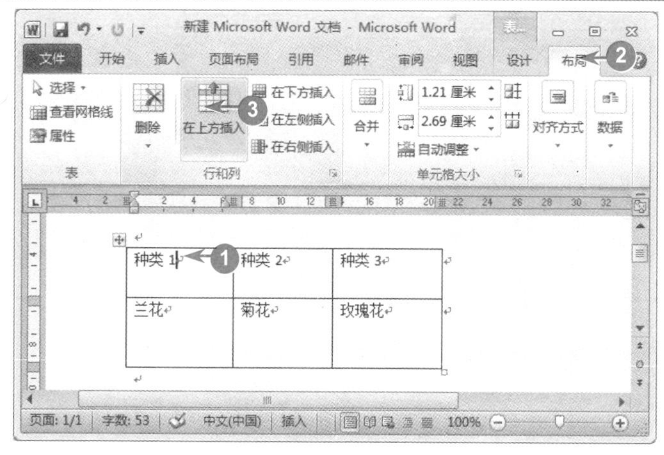


图 9-27

01 选择【布局】选项卡，单击【在上方插入】按钮

No1 将鼠标光标定位在准备插入行的表格中。

No2 选择【布局】选项卡。

No3 在【行和列】选项组中，单击【在上方插入】按钮，如图 9-27 所示。

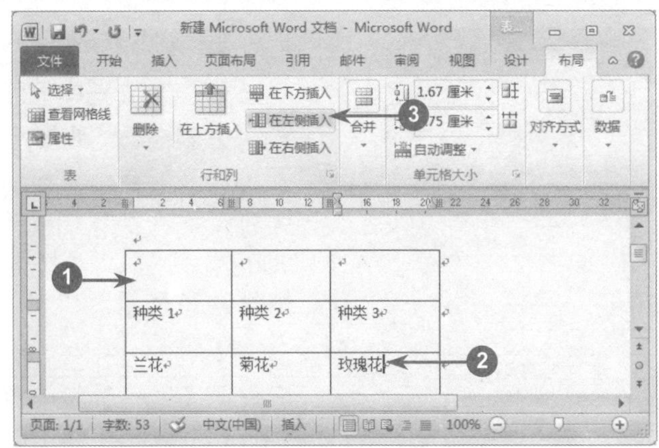


图 9-28

## 02 定位鼠标光标，单击【在左侧插入】按钮

№1 通过上述操作即可在光标所在行上方插入一行。

№2 将鼠标光标定位在准备插入列的表格中。

№3 在【行和列】选项组中，单击【在左侧插入】按钮 在左侧插入，如图 9-28 所示。

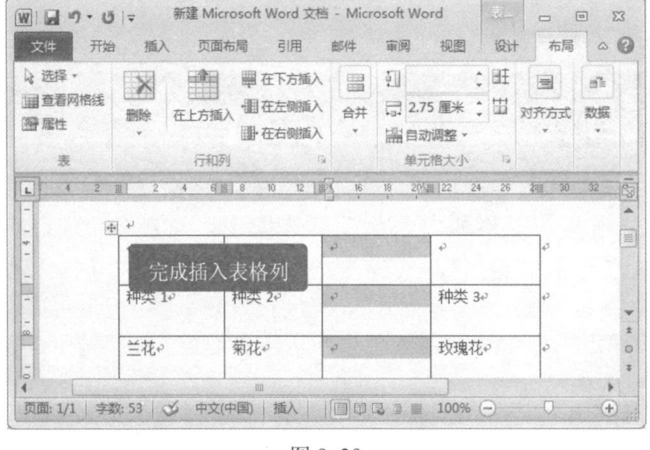


图 9-29

## 03 完成插入表格行与列的操作，显示插入后的效果

通过上述操作即可在光标所在列左侧插入一列，如图 9-29 所示。

### ■多学一点

用户单击【在右侧插入】按钮 在右侧插入，可在光标所在列右侧插入一列。

### 使用其他方式插入表格的行和列

智慧锦囊

除了使用工具栏插入表格，用户还可以使用弹出的快捷菜单插入表格的行和列，具体方法如下：将鼠标光标定位在准备添加行和列的位置，单击鼠标右键，在弹出的快捷菜单中选择【插入】选项，在弹出的子菜单中选择行和列的添加方向，即可插入表格的行和列。

## 9.3.3 删除表格行与列

在应用表格的过程中，经常会出现表格的行或列有多余的情况，为达到表格的标准并符合文档的需要，用户可以将多余的表格行与列删除。下面将详细介绍删除表格行与列的操作方法。

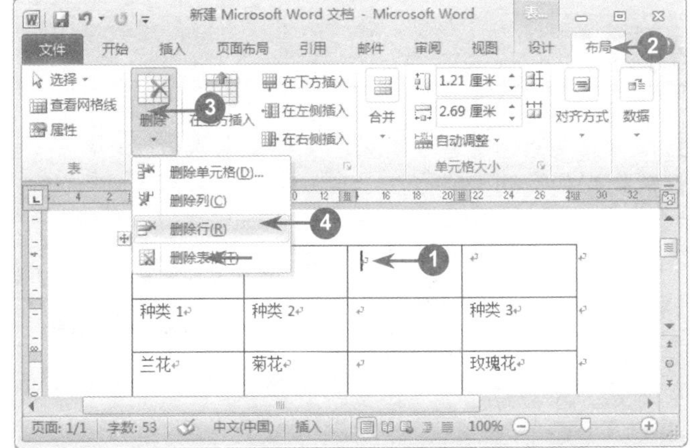

图 9-30

01 单击【删除】按钮，选择【删除行】选项

№1 将鼠标光标定位在准备删除行的表格中。

№2 选择【布局】选项卡。

№3 在【行和列】选项组中，单击【删除】按钮。

№4 在弹出的下拉菜单中，选择【删除行】选项，如图 9-30 所示。

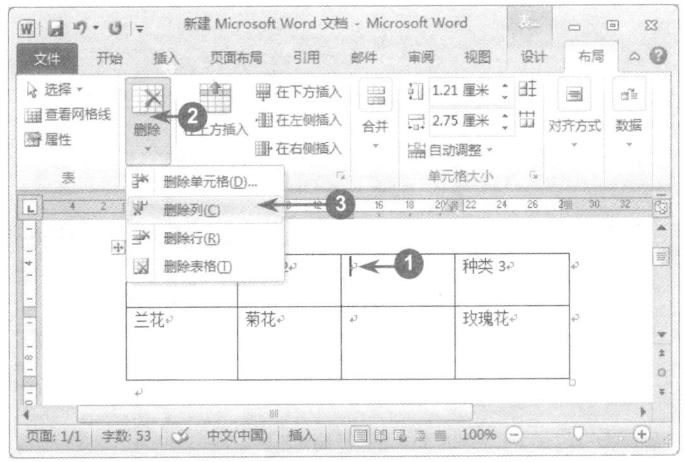

图 9-31

02 单击【删除】按钮，选择【删除列】选项

№1 表格中的行已被删除，将光标定位在准备删除列的表格中。

№2 在【行和列】组中，单击【删除】按钮。

№3 在弹出的下拉菜单中，选择【删除列】选项，如图 9-31 所示。

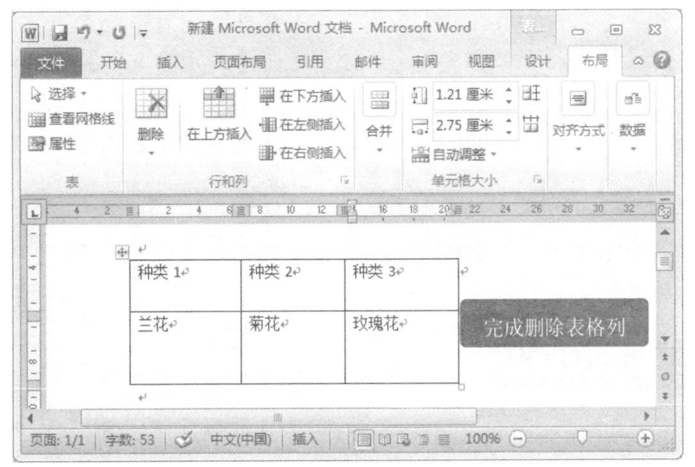

图 9-32

03 完成删除表格行与列的操作，显示删除后的效果

通过上述步骤即可完成删除表格行与列的操作，如图 9-32 所示。

■多学一点

用户选中要删除的行或列，单击鼠标右键，在弹出的下拉菜单中，选择【删除行】或【删除列】选项，可直接删除表格的行或列。

## 9.3.4 调整行高与列宽

在插入表格时，Word 对单元格的大小有默认设置。但是由于放置的内容不同，单元格的大小也会有所不同。下面介绍调整行高与列宽的操作方法。

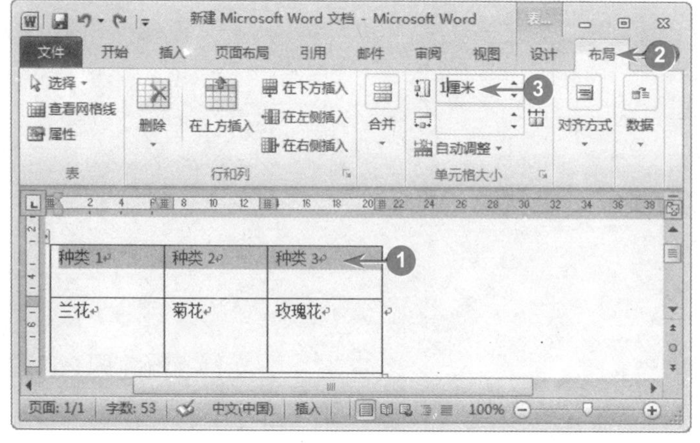


图 9-33

### 01 选中表格行，在微调框中输入行高值

No1 选中 Word 文档中准备调整行高的表格行。

No2 选择【布局】选项卡。

No3 在【单元格大小】选项组的【表格行高】微调框中输入行高值，如图 9-33 所示。

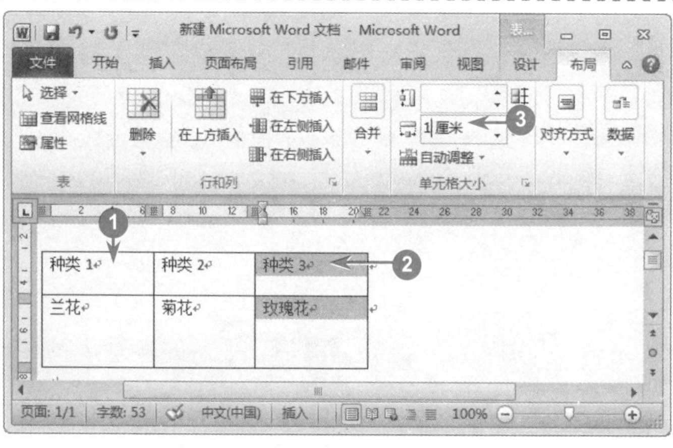


图 9-34

### 02 选中表格列，在微调框中输入列宽值

No1 选中准备调整列宽的表格，在键盘上按下〈Enter〉键即可调整表格的列宽。

No2 选中 Word 文档中准备调整列宽的表格列。

No3 在【单元格大小】选项组的【表格列宽】微调框中输入列宽值，如图 9-34 所示。

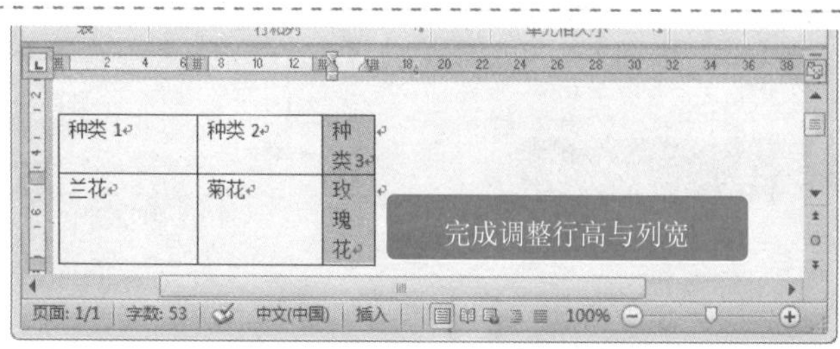


图 9-35

### 03 完成调整行高与列宽的操作，显示调整后的效果

通过上述方法即可完成调整行高与列宽的操作，如图 9-35 所示。

Section

# 9.4 编辑表格

有时在 Word 文档中插入的表格并不能完全符合文档编辑的需要。当需要输入的表格为特殊样式时，用户需将已插入的表格进行拆分合并处理，以符合文档的需要。本节将详细介绍编辑表格的操作方法，如合并单元格、拆分单元格和拆分表格等。

## 9.4.1 合并单元格

合并单元格是指将两个或两个以上的单元格的合并为一个单元格的操作，在制作表格的合计栏、总结栏或标题栏时，用户常常会使用到该操作。合并单元格既可以合并同列的单元格，也可合并同行的单元格。下面将详细介绍合并单元格的操作方法。

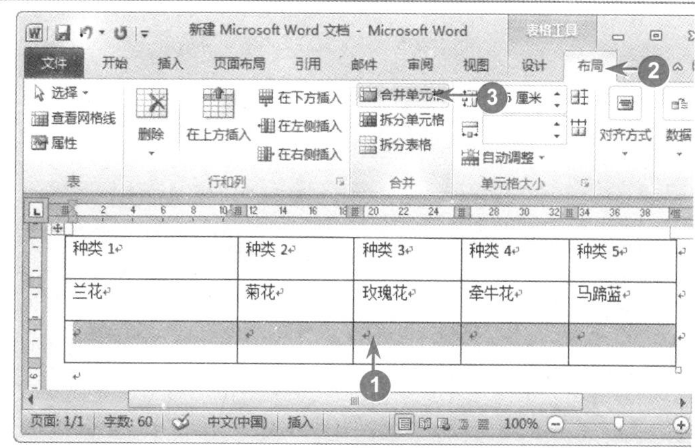

图 9-36

**01 选中要合并的单元格，单击【合并单元格】按钮**

№1 选择准备合并的单元格。

№2 选择【布局】选项卡。

№3 在【合并】组中，单击【合并单元格】按钮合并单元格，如图 9-36 所示。

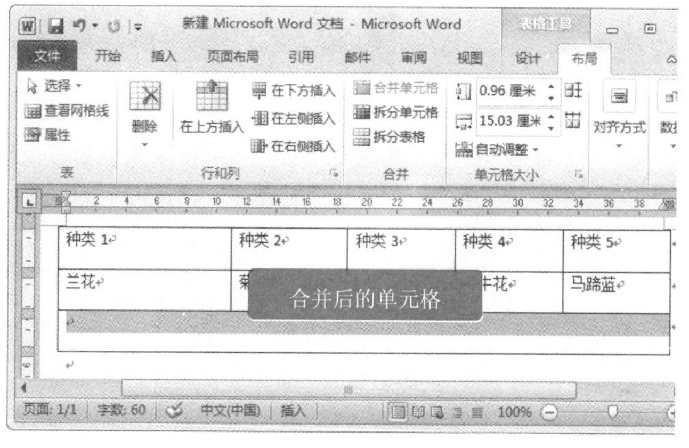


图 9-37

**02 完成合并操作，显示合并单元格后的效果**

选中的单元格已被合并。这样即可将选定的单元格区域合并为一个单元格，如图 9-37 所示。

### ■多学一点

用户选中准备合并的单元格，单击鼠标右键，在弹出的快捷菜单中，选择【合并单元格】选项，也可合并单元格。

## 9.4.2 拆分单元格

拆分单元格是合并单元格的反操作，拆分单元格的操作可以将一个单元格拆分为两个或两个以上单元格。下面将详细介绍拆分单元格的操作方法。

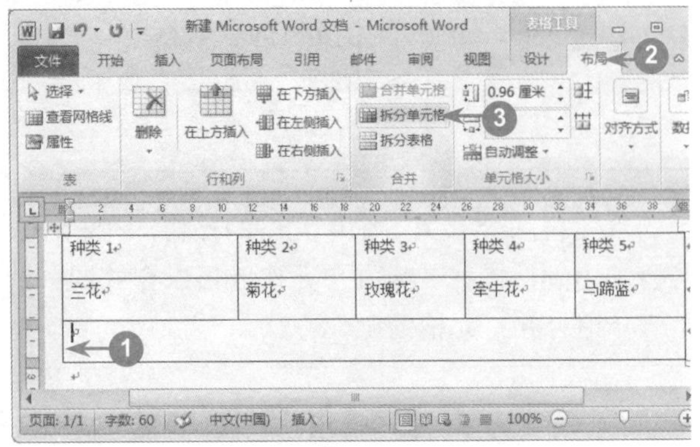

图 9-38

### 01 选中要拆分的单元格，单击【拆分单元格】按钮

№1 选中准备进行拆分的单元格。

№2 选择【布局】选项卡。

№3 在【拆分】组中，单击【拆分单元格】按钮，如图 9-38 所示。

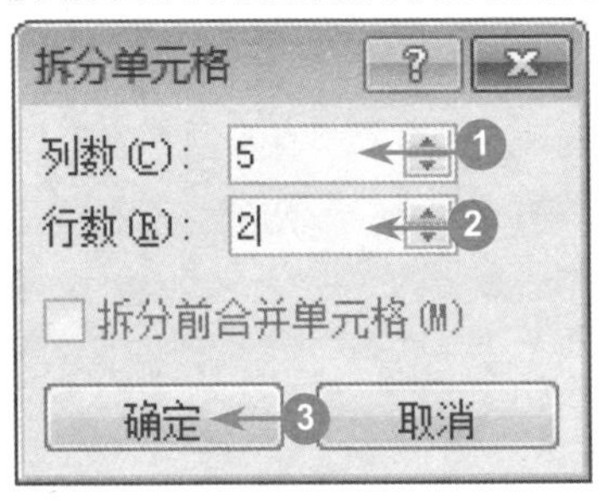


图 9-39

### 02 弹出对话框，输入准备拆分的行数和列数

№1 弹出【拆分单元格】对话框，在【列数】微调框中，输入准备拆分的列数。

№2 在【行数】微调框中输入准备拆分的行数。

№3 单击【确定】按钮，如图 9-39 所示。

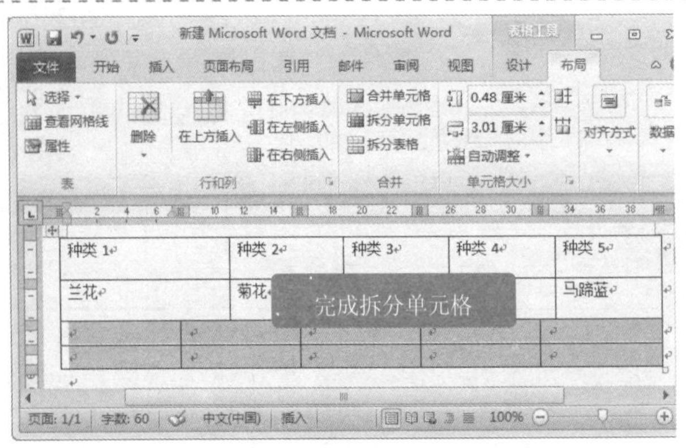


图 9-40

### 03 完成拆分操作，显示拆分单元格后的效果

选中的单元格已被拆分为 5 列 2 行，这样即可完成拆分单元格的操作，如图 9-40 所示。

**■多学一点**

用户选中多个相邻单元格后，在【拆分单元格】对话框中，选中【拆分前合并单元格】复选框，可以将相邻的单元格拆分。

## 9.4.3 拆分表格

拆分表格是指将整张表格拆分为两个或两个以上表格的操作，拆分表格可以方便用户对表格的编辑，而且被拆分后的表格会保持原来表格的样式，这样就避免了因重复操作而带来的麻烦。下面将详细介绍拆分表格的操作方法。

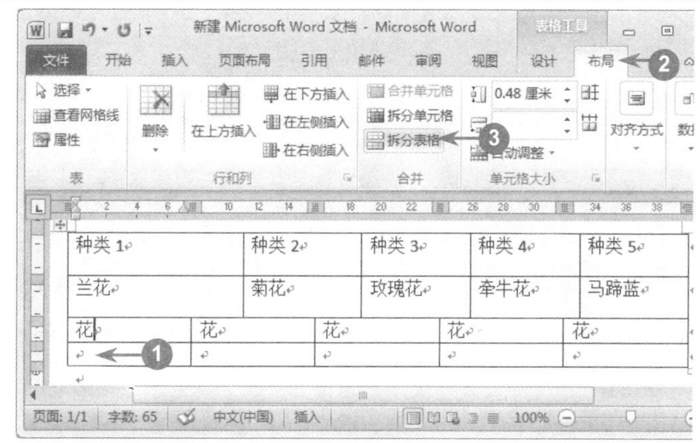


图 9-41

**01 选中准备进行拆分的表格，单击【拆分表格】按钮**

No1 将鼠标光标定位在准备拆分的表格行的任意单元格中。

No2 选择【布局】选项卡。

No3 在【合并】组中，单击【拆分表格】按钮，如图 9-41 所示。

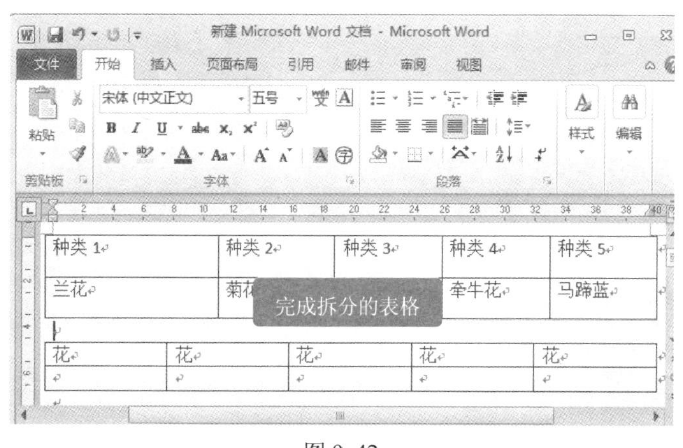


图 9-42

**02 完成拆分表格的操作，显示拆分表格后的效果**

选中的表格已被拆分为 2 个表格，这样即可完成拆分表格的操作，如图 9-42 所示。

**多学一点**

用户将鼠标光标定位在准备拆分的表格行的任意单元格上，按下键盘上的〈Shift+Ctrl+Enter〉组合键，同样可以完成拆分表格的操作。

# Section 9.5 实践案例与上机指导

本章学习了在 Word 文档中使用对象、设置图片格式、使用表格、编辑表格和美化与修饰表格方面的知识。通过对本章的学习，读者不但可以掌握在 Word 文档中使用对象的方法，而且还可以熟悉在 Word 文档中使用表格的方法。在本节中，将结合实际的工作和应用，通过上机练习，进一步掌握和提高本章所学的知识点。

## 9.5.1 插入屏幕截图

在本章中介绍了设计与制作 Word 文档方面的知识，下面结合实践应用，上机练习插入屏幕截图的具体操作。通过本节练习，读者可以更加深入地了解如何在 Word 文档中使用对象。

在 Word 2010 文档中，用户可以插入图片、图形剪贴画和艺术字等，同时还可以插入任何未最小化到任务栏的程序图片。下面详细介绍插入屏幕截图的方法。

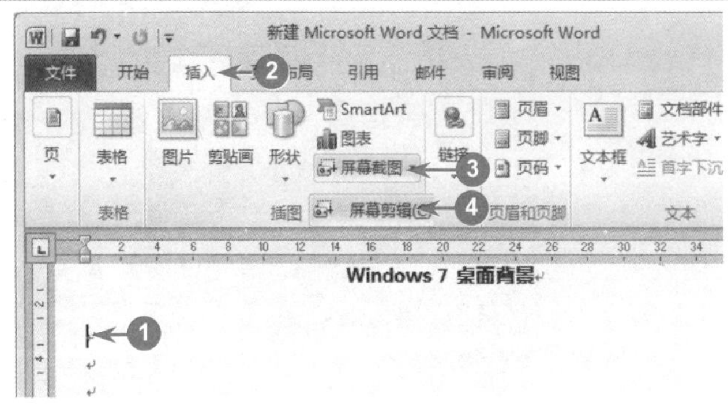


图 9-43

### 01 选择【插入】选项卡，单击【屏幕截图】按钮

№1 将鼠标光标定位到准备插入屏幕截图的位置。

№2 选择【插入】选项卡。

№3 在【插图】组中，单击【屏幕截图】按钮。

№4 在弹出的下拉菜单中，选择【屏幕剪辑】选项，如图 9-43 所示。

图 9-44

### 02 拖动鼠标绘制准备截屏的区域

当鼠标指针变为黑色十字形时，移动鼠标指针至起始位置，单击并拖动鼠标指针至目标位置，然后释放鼠标左键，如图 9-44 所示。

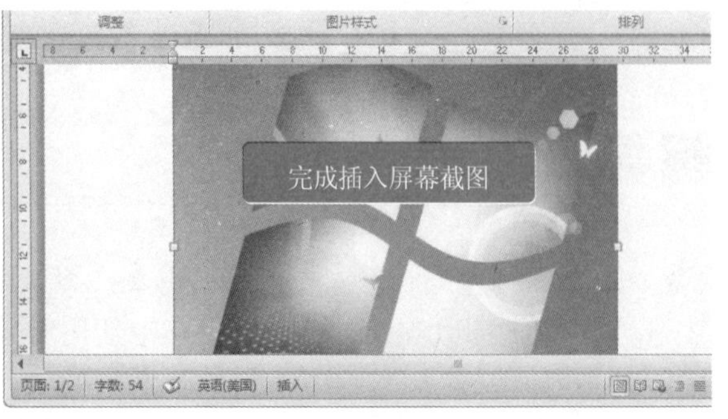


图 9-45

### 03 完成插入操作，显示插入屏幕截图后的效果

通过上述操作即可将屏幕截图插入到 Word 文档中，如图 9-45 所示。

智慧锦囊

## 快速插入窗口截图

当电脑中打开多个程序窗口时，用户可以单击【屏幕截图】按钮 屏幕截图，在下拉菜单中的【可用视窗】区域会显示每个程序窗口的截图，单击窗口缩略图即可插入相应的窗口截图。

## 9.5.2 添加艺术效果

在本章中介绍了设计与制作 Word 文档方面的知识，下面结合实践应用，上机练习添加艺术效果的具体操作。通过本节练习，读者可以对设置图片格式方面的知识有更加深入的了解。

在 Word 2010 文档中，用户可以将艺术效果添加到图片中，从而使该图片更像草图或油画等。下面将详细介绍添加艺术效果的操作方法。

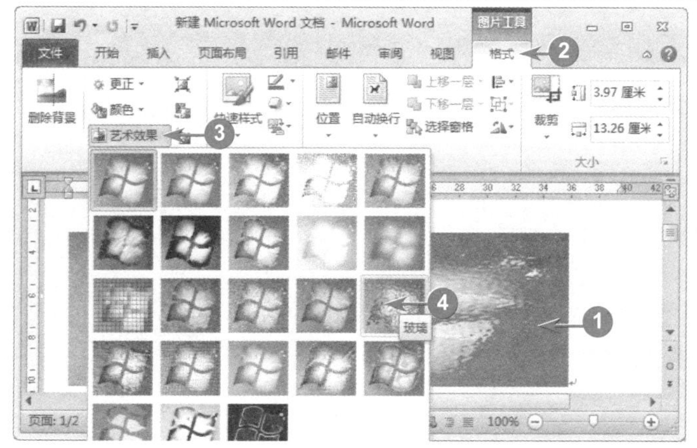


图 9-46

### 01 选择准备应用样式的图片，单击【艺术效果】按钮

№1 在 Word 文档中，选中准备添加艺术效果的图片。

№2 选择【格式】选项卡。

№3 在【调整】组中单击【艺术效果】按钮 艺术效果。

№4 选择准备应用的艺术效果的选项，如选择【玻璃】效果选项，如图 9-46 所示。

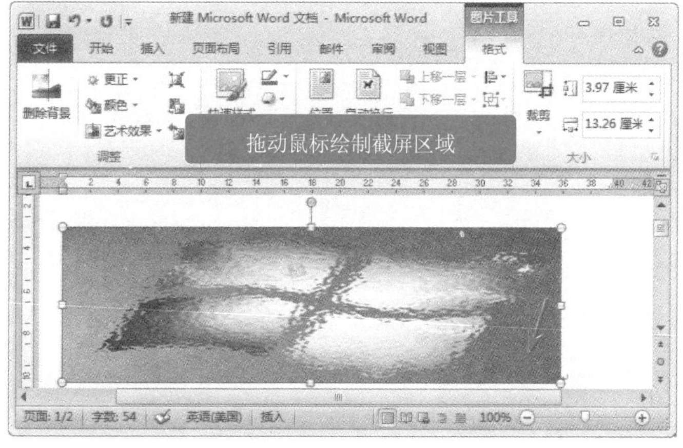


图 9-47

### 02 完成添加艺术效果的操作，显示添加后的效果

通过上述操作即可为图片添加艺术效果，如图 9-47 所示。

## 9.5.3 套用表格样式

在本章中介绍了设计与制作 Word 文档方面的知识，下面结合实践应用，上机练习套用表格样式的具体操作。通过本节练习，读者可以对使用表格方面的知识有更加深入的了解。

表格样式决定了表格的总体外观，如表格的底纹颜色、边框线条样式和颜色等。当用户学会套用表格样式以后就可以快速地格式化表格，从而节省大量的编辑时间。下面介绍套用表格样式的操作方法。

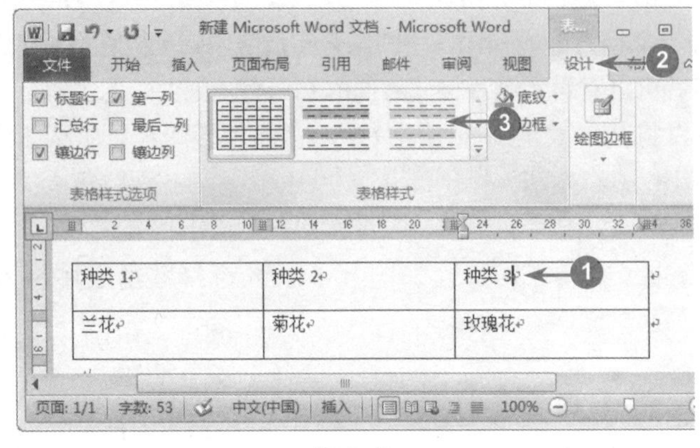


图 9-48

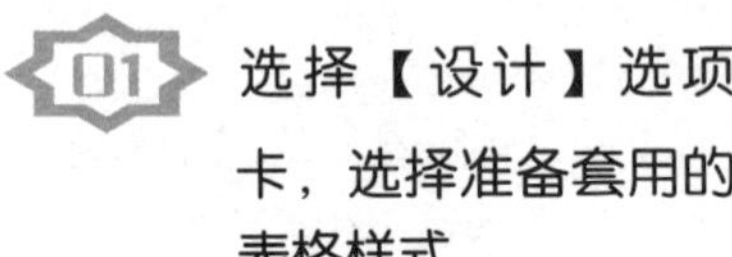

**01 选择【设计】选项卡，选择准备套用的表格样式**

№1 将鼠标光标定位在表格中。

№2 选择【设计】选项卡。

№3 在【表格样式】组中选择准备套用的表格样式的选项，如图 9-48 所示。

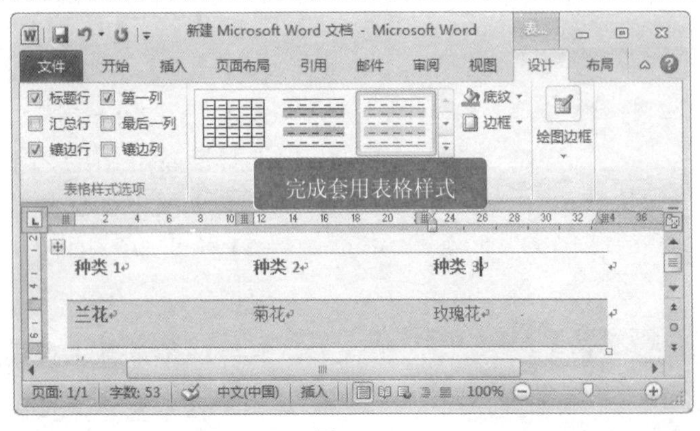


图 9-49

**02 完成套用表格样式的操作，显示套用后的效果**

在表格中显示新的样式效果，如图 9-49 所示。

# 第 10 章 使用 Excel 2010 电子表格

## 本章内容导读

本章主要介绍 Excel 2010 电子表格的工作簿和工作表 3 方面的基础知识。同时还将讲解行和列的基本操作，在本章的最后还会针对实际的工作需求，讲解单元格的基本操作以及输入数据的操作方法。通过对本章的学习，读者可以掌握关于 Excel 2010 电子表格方面的知识，为进一步学习电脑知识奠定基础。

## 本章知识要点

- ◎ 认识工作簿、工作表和单元格
- ◎ 工作簿的基本操作
- ◎ 工作表的基本操作
- ◎ 行和列的基本操作
- ◎ 单元格的基本操作
- ◎ 输入数据
- ◎ 打印 Excel 表格

Section

# 10.1 认识工作簿、工作表和单元格

Microsoft Excel 是微软公司办公软件 Microsoft Office 的组件之一，它主要用于完成日常的表格制作和数据计算等。

在 Excel 2010 中，为了更好地描述表格和表格以及表格和单元格之间的关系，于是就引入了工作簿和工作表两个概念。工作簿是一个包含一个或多个表格的“文件夹”，其中的表格即被称为工作表。这就使得工作簿、工作表和单元格之间形成了一个包含与被包含的关系，如图 10-1 所示。

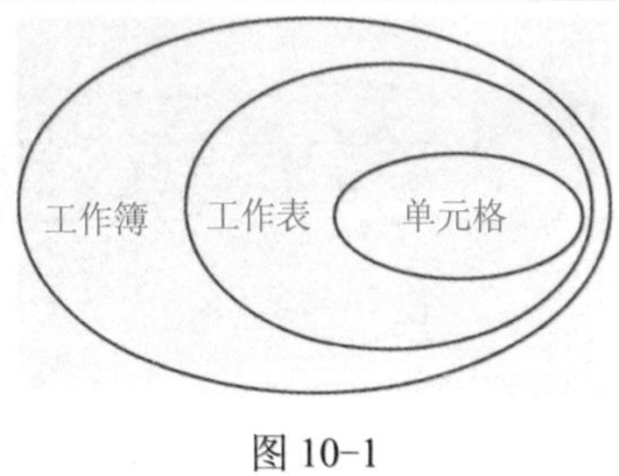


图 10-1

Section

# 10.2 工作簿的基本操作

在使用 Excel 2010 时，用户必须掌握工作簿的基本操作，其中包括新建工作簿、保存工作簿、打开工作簿、关闭工作簿、隐藏或显示工作簿等。本节将详细介绍工作簿的基本操作方面的知识。

## 10.2.1 新建工作簿

启动 Excel 2010 时，系统会自动新建一个名为 Book1 的空白工作簿，用户也可以新建空白工作簿。下面详细介绍新建工作簿的操作方法。

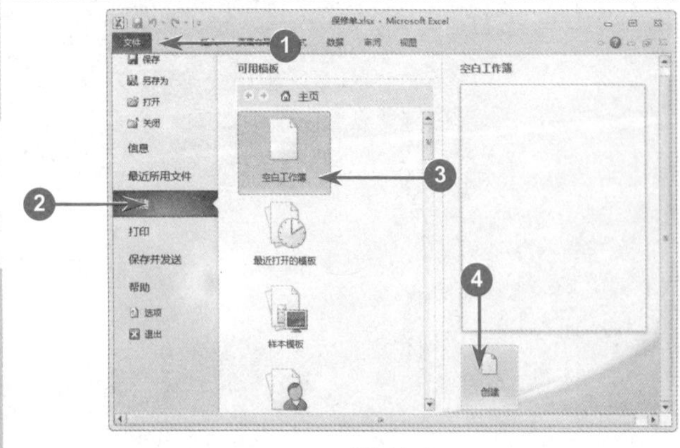


图 10-2

**01 启动 Excel 2010，新建工作簿**

No1 在菜单栏中，选择【文件】选项卡。

No2 在 Backstage 视图中选择【新建】选项。

No3 在【可用模板】区域中，选择【空白工作簿】选项。

No4 单击【创建】按钮，如图 10-2 所示。

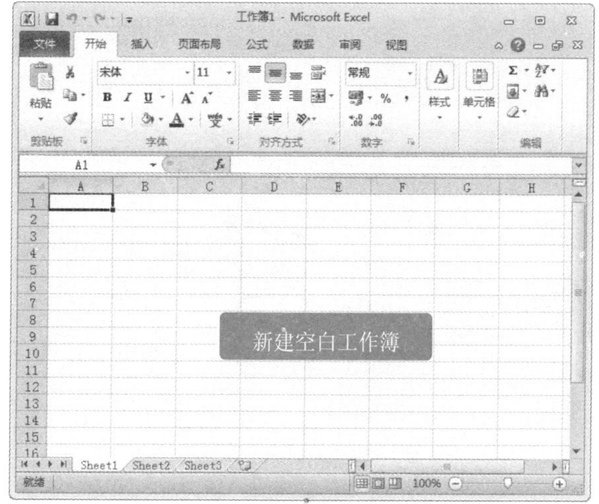


图 10-3

### 02 新建的工作簿名称为“工作簿1”

通过以上步骤即可完成新建工作簿的操作，如图 10-3 所示。

**■多学一点**

用户启动 Excel 2010 后，在键盘上按下〈Ctrl+N〉组合键，可以快速新建一个基于当前工作簿的空白工作簿。

## 10.2.2 保存工作簿

当工作簿编辑完成时，用户需要将其保存起来以方便下次使用。下面详细介绍保存工作簿的操作方法。

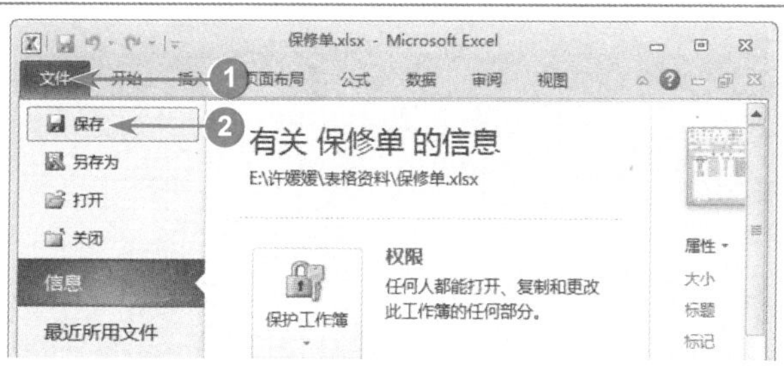


图 10-4

### 01 启动 Excel 2010，编辑完成并保存工作簿

№1 在菜单栏中，选择【文件】选项卡。

№2 在 Backstage 视图中选择【保存】选项，如图 10-4 所示。

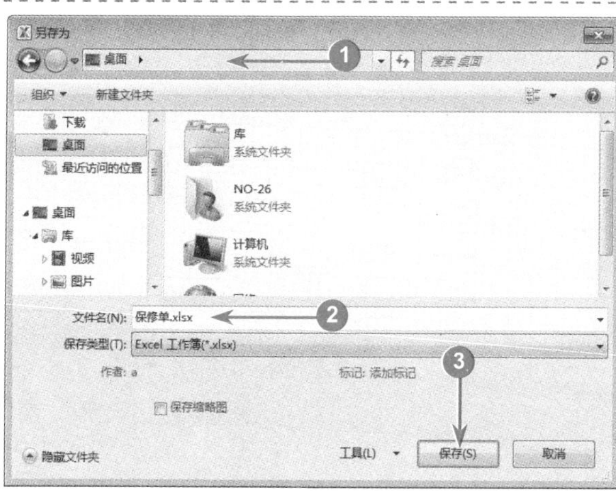


图 10-5

### 02 弹出【另存为】对话框，保存工作簿

№1 选择文件要保存的位置。

№2 在【文件名】文本框中输入文件名。

№3 单击【保存】按钮 保存(S)，如图 10-5 所示。

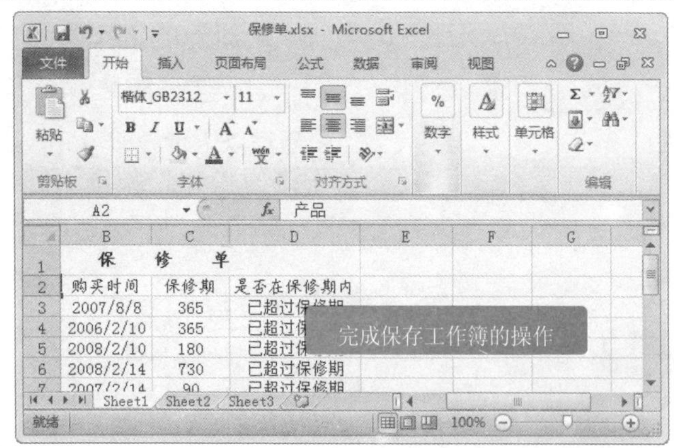


图 10-6

### 03 工作簿已经保存成功

通过以上步骤即可完成保存工作簿的操作，如图 10-6 所示。

**■多学一点**

在【快速访问】工具栏中单击【保存】按钮，也可进行保存工作簿的操作。

## 快捷键保存工作簿

智慧锦囊

在 Excel 2010 中完成工作簿的编辑操作后，用户在键盘上按下〈Ctrl+S〉组合键，可以快速将工作簿保存。

## 10.2.3 打开工作簿

在准备编辑工作簿时，用户需先将工作簿打开，再进行数据处理。用户一般可以通过对话框或者【快速访问】工具栏两种方式打开工作簿。下面以用对话框方式打开工作簿为例，详细介绍打开工作簿的操作方法。

图 10-7

### 01 启动 Excel 2010，打开工作簿

№1 在菜单栏中，选择【文件】选项卡。

№2 在 Backstage 视图中，选择【打开】选项，如图 10-7 所示。

**■多学一点**

用户在 Backstage 视图选中【快速访问此数目的“最近使用的工作簿”】复选框，视图左侧便会显示出最近使用过的工作簿按钮，单击该按钮即可打开工作簿。

图 10-8

02 弹出【打开】对话框，打开工作簿

№1 选择文件的保存位置。

№2 选择准备打开的文档。

№3 单击【打开】按钮，如图 10-8 所示。

■多学一点

在键盘上按下〈Ctrl+O〉组合键，系统同样可以弹出【打开】对话框。

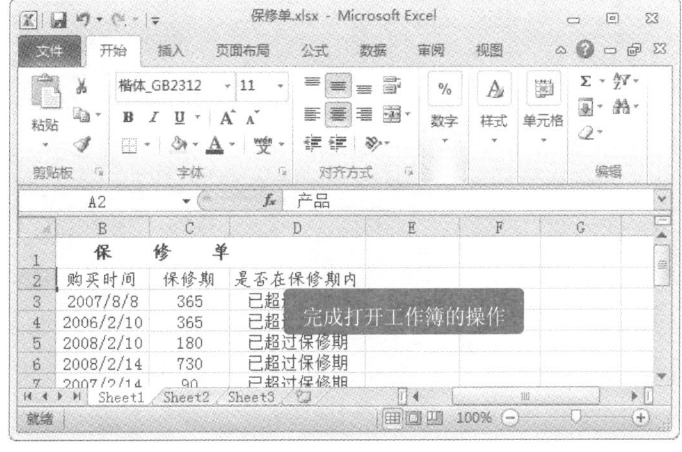


图 10-9

03 工作簿已经被打开

通过以上步骤即可完成打开工作簿的操作，如图 10-9 所示。

Section

## 10.3 工作表的基本操作

工作表是显示在工作簿区域中的表格，其包括行和列组成的单元格。工作表的主要功能是进行数据的存储和处理。工作表的基本操作主要包括新建工作表、切换工作表、复制工作表、设置工作表标签颜色和重命名工作表等。本节将详细介绍工作表的基本操作。

### 10.3.1 新建工作表

一个新建的工作簿默认包含三个工作表。在编辑工作表时，用户也可以根据需要插入新的工作表。下面详细介绍新建工作表的操作方法。

启动 Excel 2010，在工作表标签区域单击【插入工作表】按钮，通过以上步骤即可完成新建工作表的操作。创建完成后，工作表标签区域会显示出新建的工作表标签，如图 10-10 所示。

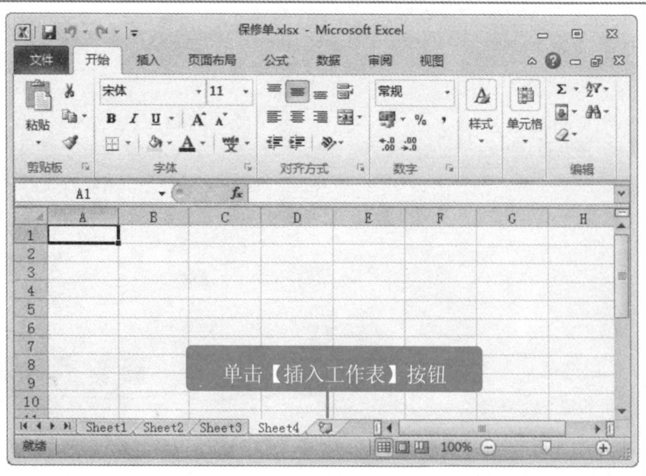


图 10-10

## 使用快捷键新建工作表

智慧锦囊

在 Excel 2010 中，如果用户准备新建工作表，可以在键盘上按下〈Shift+F11〉组合键，这样便可快速地新建一个工作表。

## 10.3.2 切换工作表

在 Excel 2010 中，工作表标签的颜色为白色的是当前活动的工作表，用户可以根据需要切换工作表，从而编辑其他工作表中的内容。下面详细介绍切换工作表的操作方法。

启动 Excel 2010，在工作表标签区域，单击〈Sheet2〉按钮，即可切换到 Sheet2 工作表中，如图 10-11 所示。

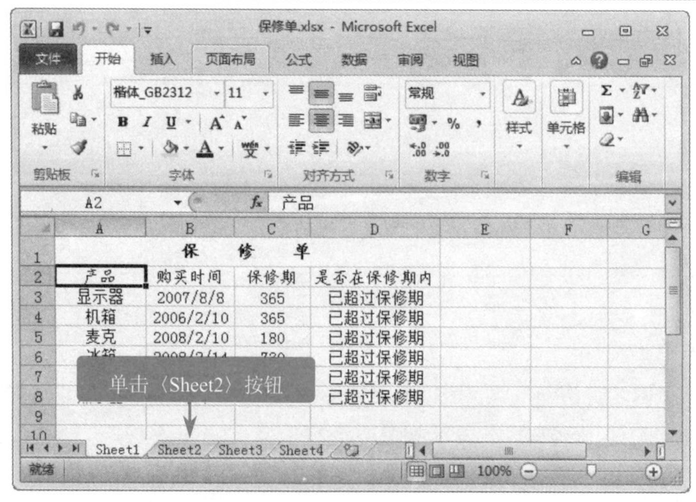


图 10-11

## 10.3.3 复制工作表

复制工作表是指将已有的工作表复制出一个或者多个副本的操作，这样便可将原有的工作表备份。下面详细介绍复制工作表的操作方法。

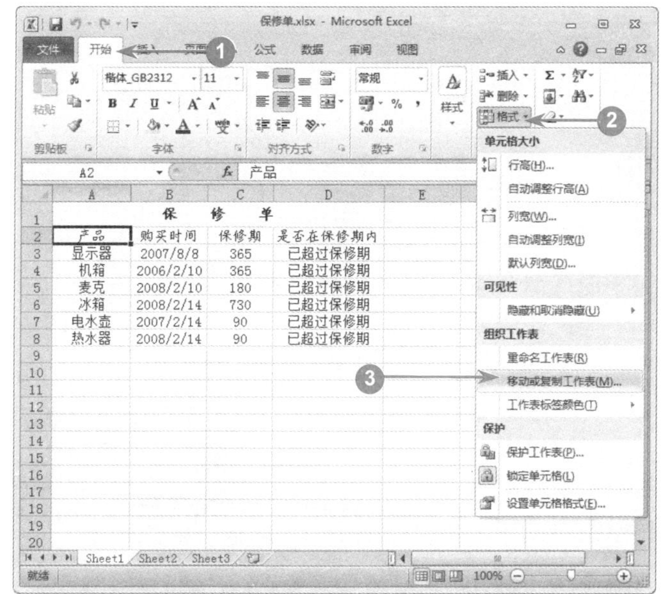


图 10-12

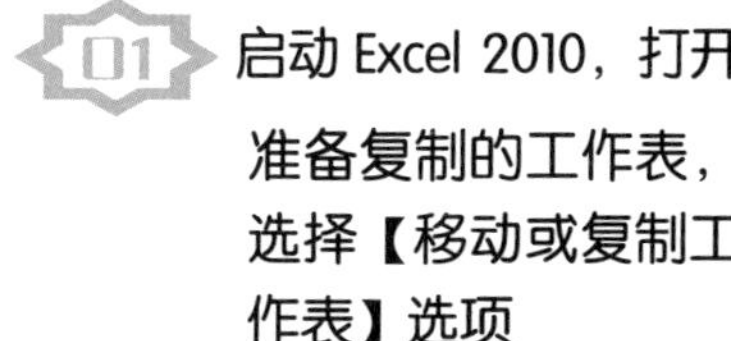

**01 启动 Excel 2010，打开准备复制的工作表，选择【移动或复制工作表】选项**

No1 在菜单栏中，选择【开始】选项卡。

No2 在【单元格】组中，单击展开【格式】下拉按钮。

No3 在弹出的下拉列表中，选择【移动或复制工作表】选项，如图 10-12 所示。

**■多学一点**

用户在键盘上按下〈Ctrl〉键，同时单击并拖动准备复制的工作表标签至目标位置，即可快速地复制工作表。

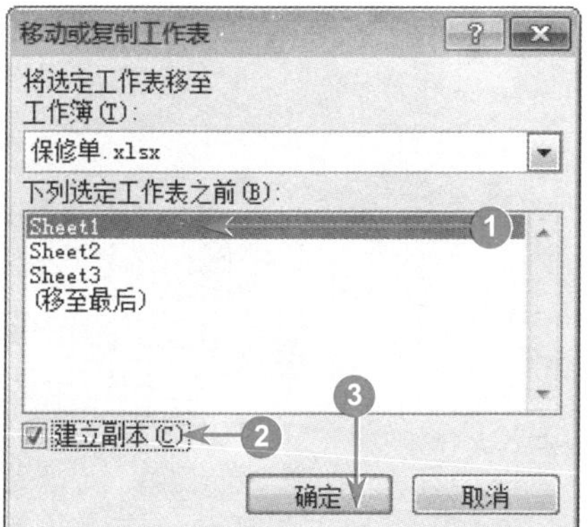


图 10-13

**02 弹出【移动或复制工作表】对话框，进行工作表的复制**

No1 在【下列选定工作表之前】区域中，选择工作表准备复制到的位置。

No2 选中【建立副本】复选框。

No3 单击【确定】按钮 确定，如图 10-13 所示。

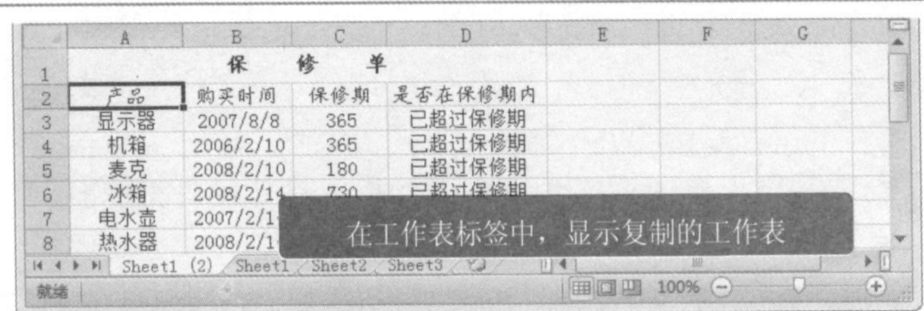


图 10-14

## 03 在工作表标签中，显示复制的工作表

通过以上步骤即可完成复制工作表的操作，如图 10-14 所示。

## 10.3.4 重命名工作表

工作簿中默认的工作表名称为“Sheet1”“Sheet2”和“Sheet3”，用户也可根据需要重命名工作表，从而更好地区分工作表。下面详细介绍重命名工作表的操作方法。

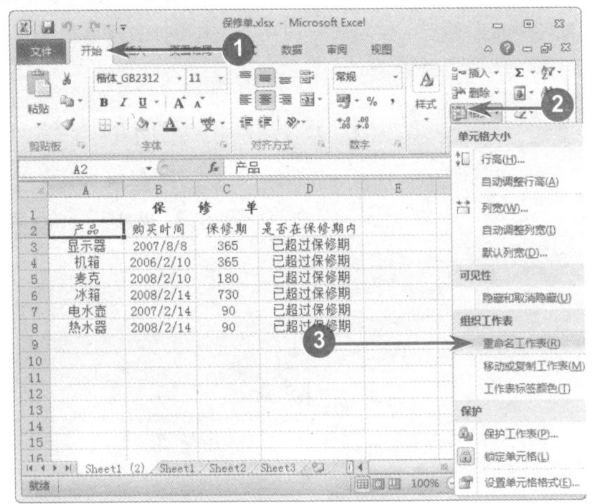

图 10-15

## 01 打开 Excel 2010，选择【重命名工作表】选项

No 1 在菜单栏中，选择【开始】选项卡。

No 2 在【单元格】组中，单击展开【格式】下拉按钮。

No 3 在弹出的下拉列表中，选择【重命名工作表】选项，如图 10-15 所示。

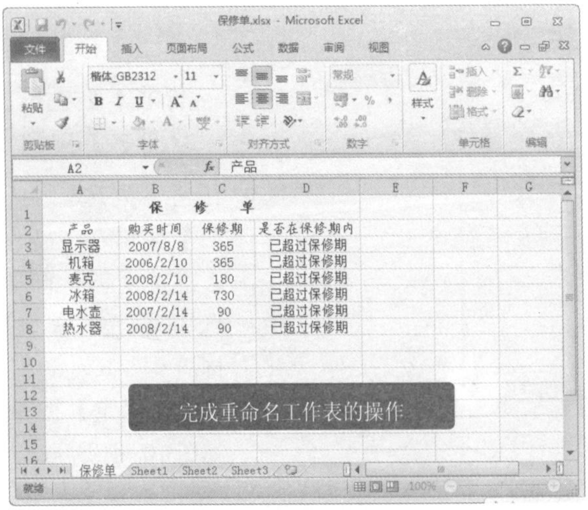

图 10-16

## 02 在工作表标签中输入准备应用的名称

工作表的标签变为可编辑状态，输入新的工作表名称，最后在键盘上按下〈Enter〉键，如图 10-16 所示。

### ■多学一点

用户双击准备重命名的工作表标签，当工作表标签变为可编辑状态时，输入新的工作表名称，最后在键盘上按下〈Enter〉键即可快速重命名工作表。

## 10.3.5 删除工作表

在 Excel 2010 中，用户可以删除不再准备使用的工作表。下面详细介绍删除工作表的操作方法。

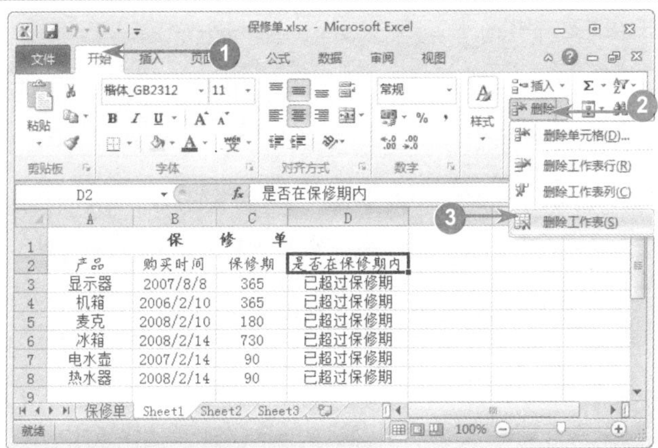


图 10-17

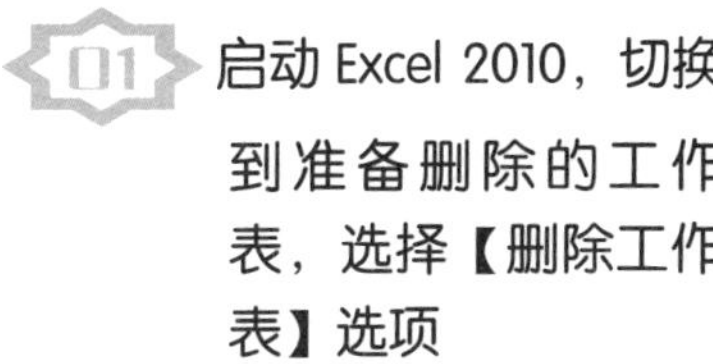

启动 Excel 2010，切换到准备删除的工作表，选择【删除工作表】选项

№1 在菜单栏中，选择【开始】选项卡。

№2 在【单元格】组中，单击展开【删除】下拉按钮。

№3 在弹出的下拉列表中，选择【删除工作表】选项，如图 10-17 所示。

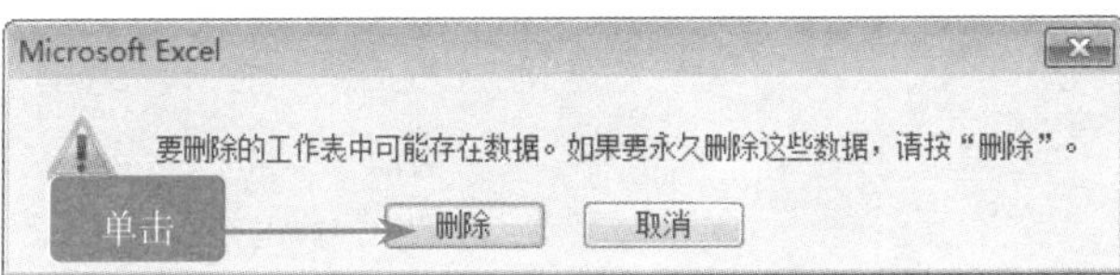


图 10-18

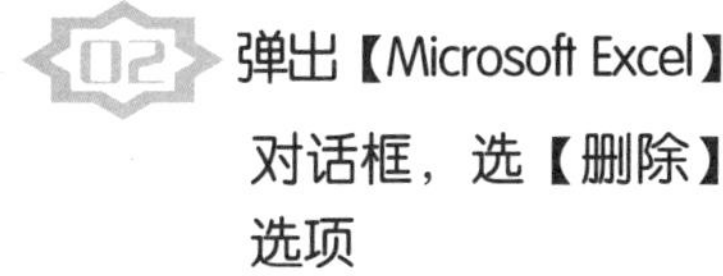

弹出【Microsoft Excel】对话框，选【删除】选项

单击【删除】选项，如图 10-18 所示。

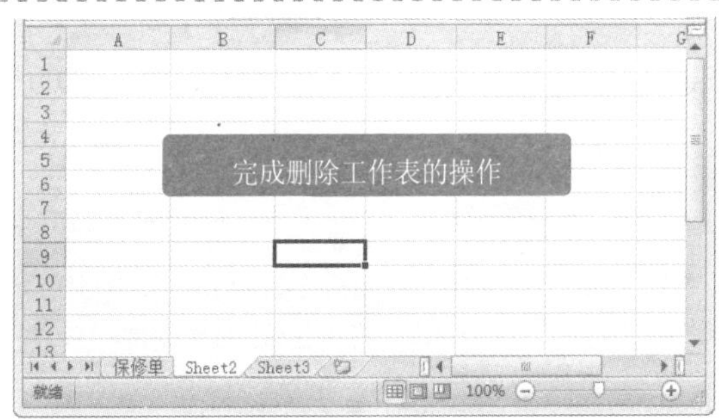


图 10-19

03 选中的工作表已经被删除

通过以上步骤即可完成删除工作表的操作，如图 10-19 所示。

### 快速删除工作表

智慧锦囊

用户打开准备删除的工作表，右键单击其工作表标签，在弹出的快捷菜单中选择【删除】选项，即可直接删除该工作表。

Section
# 10.4 行和列的基本操作

在 Excel 2010 中，工作表是由行和列组成的单元格，当用户在单元格内输入较长的数据时，可能会出现所输数据无法完全显示的情况，这时用户可以通过调整行高和列宽的方法来解决这个问题。本节将详细介绍行和列的基本操作。

## 10.4.1 插入行和列

对工作表进行编辑时，用户可以根据不同的需要插入行和列。当插入新的行和列时，其他的行和列将让出空白的地方使新的行和列能够插入。下面详细介绍插入行和列的操作方法。

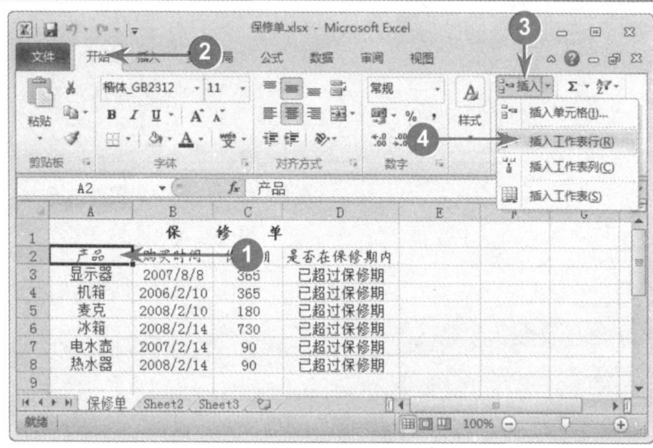

图 10-20

### 01 启动 Excel 2010，选择【插入工作表行】选项

№1 选择准备插入行的单元格，行将会插入在选定单元格的上方。

№2 在菜单栏中，选择【开始】选项卡。

№3 在【单元格】组中，单击展开【插入】下拉按钮。

№4 在弹出的下拉列表中，选择【插入工作表行】选项，如图 10-20 所示。

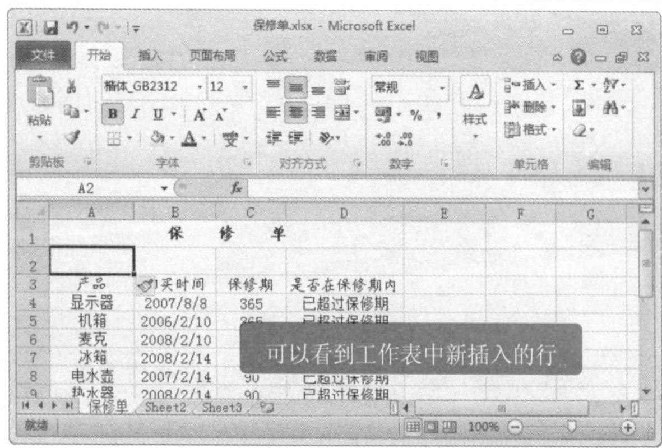


图 10-21

### 02 在工作表中，显示刚刚插入的新行

通过以上步骤即可完成插入新行的操作，如图 10-21 所示。

**多学一点**

同样，用户单击展开【插入】下拉按钮，选择【插入工作表列】选项，即可完成插入工作表列的操作。

## 使用快捷菜单插入行和列

智慧锦囊

用户在准备插入行或列的位置选择一个单元格，单击鼠标右键，在弹出的快捷菜单中，选择【插入】选项，在【插入】对话框中，选择准备插入的行或列，单击【确定】按钮，即可完成插入行或列的操作。

## 10.4.2 删除行和列

在使用 Excel 2010 进行编辑时，对于不需要的行和列，用户可以将其删除，以提高一定的工作效率。下面详细介绍删除行和列的操作方法。

图 10-22

### 01 启动 Excel 2010，选择【删除工作表行】选项

№1 选择准备删除行的单元格。

№2 在菜单栏中，选择【开始】选项卡。

№3 在【单元格】组中，单击展开【删除】下拉按钮。

№4 在弹出的下拉列表中，选择【删除工作表行】选项，如图 10-22 所示。

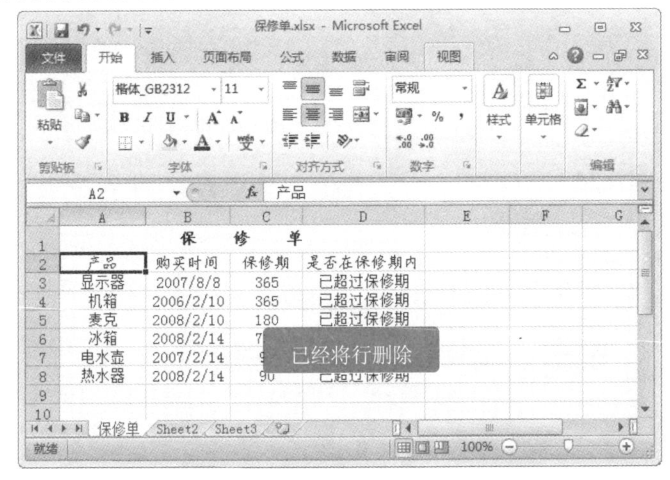


图 10-23

### 02 在工作表中，已经删除选中的行

通过以上步骤即可完成删除行的操作，如图 10-23 所示。

#### 多学一点

同样，用户单击展开【删除】下拉按钮，选择【删除工作表列】选项，即可完成删除工作表列的操作。

## 使用快捷菜单删除行和列

**智慧锦囊**

用户在准备删除行或列的位置选择一个单元格，单击鼠标右键，在弹出的快捷菜单中，选择【删除】选项，在【删除】对话框中，选择准备删除的行或列，单击【确定】按钮，即可完成删除行和列的操作。

## 10.4.3 调整行高和列宽

用户在工作表中输入完内容后，如果单元格的行高或列宽不合适，那么就会影响到数据的显示。下面详细介绍调整行高和列宽的操作方法。

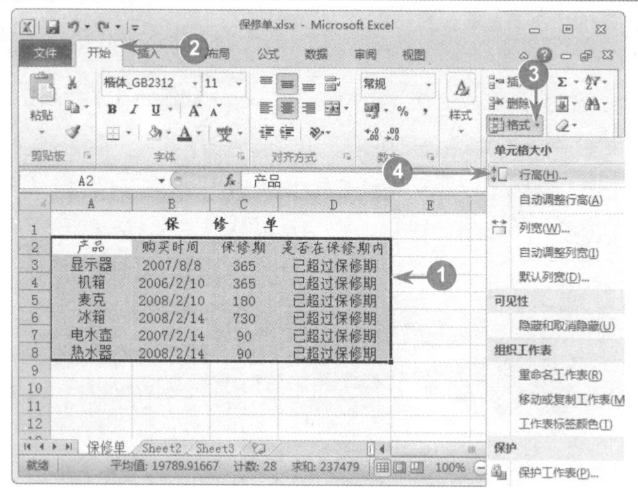


图 10-24

**01 启动 Excel 2010，选择【行高】选项**

№1 选中准备设置行高的单元格区域。

№2 在菜单栏中，选择【开始】选项卡。

№3 在【单元格】组中，单击展开【格式】下拉按钮。

№4 在弹出的下拉列表中，选择【行高】选项，如图 10-24 所示。

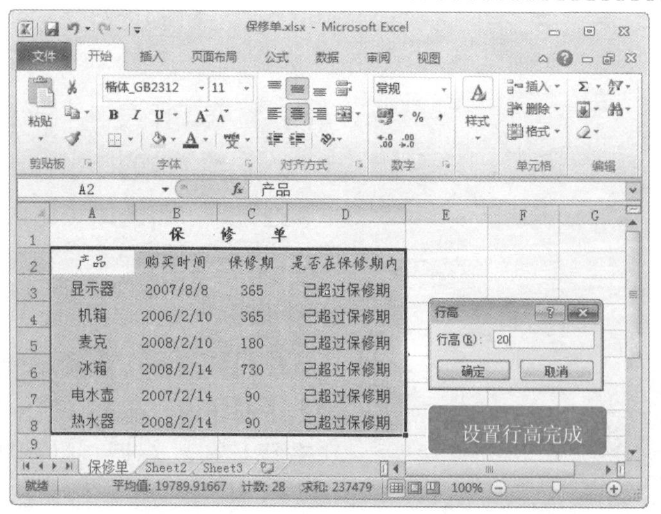


图 10-25

**02 弹出【行高】对话框，设置参数**

设置参数，单击【确定】按钮 确定 ，可以看到工作表的行高已经发生变化，如图 10-25 所示。

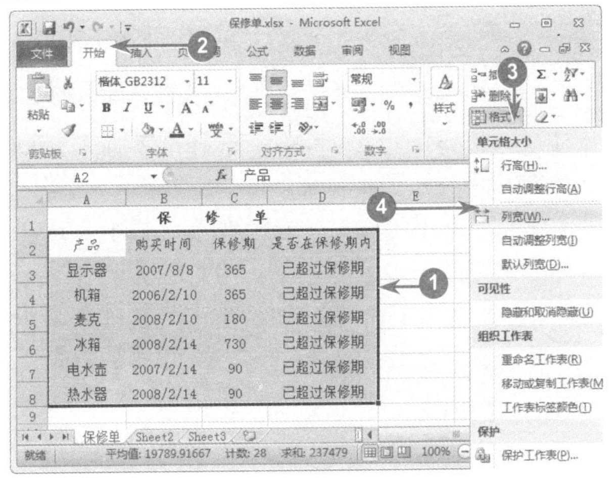

图 10-26

**03 启动 Excel 2010，选择【列宽】选项**

№1 选中准备设置列宽的单元格区域。

№2 在菜单栏中，选择【开始】选项卡。

№3 在【单元格】组中，单击【格式】下拉按钮。

№4 在弹出的下拉列表中，选择【列宽】选项，如图 10-26 所示。

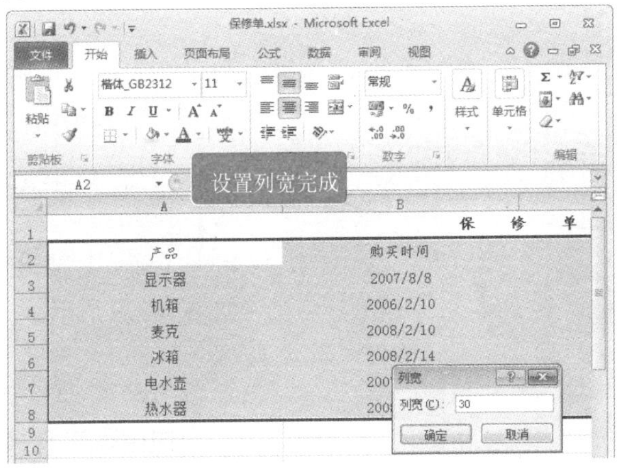


图 10-27

**04 弹出【列宽】对话框，设置参数。**

设置参数，单击【确定】按钮 确定 ，可以看到工作表的列宽已经发生变化，如图 10-27 所示。

# Section 10.5 单元格的基本操作

如果准备在 Excel 2010 中输入并编辑表格，那么用户首先需要在单元格中输入数据并对其进行编辑。在 Excel 里使用工作表中的单元格的方法和在 Word 里使用表格中的单元格的方法基本相似。本节将详细介绍单元格的基本操作。

## 10.5.1 插入单元格

插入单元格是指将单个的单元格插入到工作表中指定位置的操作。用户可将单元格插入到选定单元格的上方，也可插入到选定单元格的左侧。下面详细介绍插入单元的操作方法。

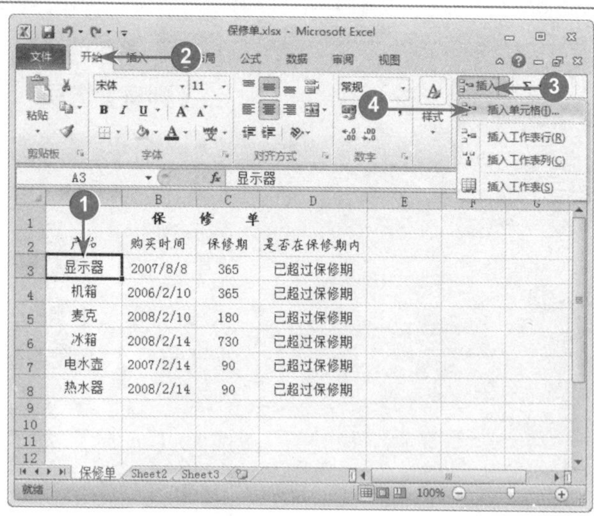

图 10-28

## 01 启动 Excel 2010，选择【插入单元格】选项

№1 选择准备插入新单元格的位置。

№2 在菜单栏中，选择【开始】选项卡。

№3 在【单元格】组中，单击展开【插入】下拉按钮。

№4 在弹出的下拉列表中，选择【插入单元格】选项，如图 10-28 所示。

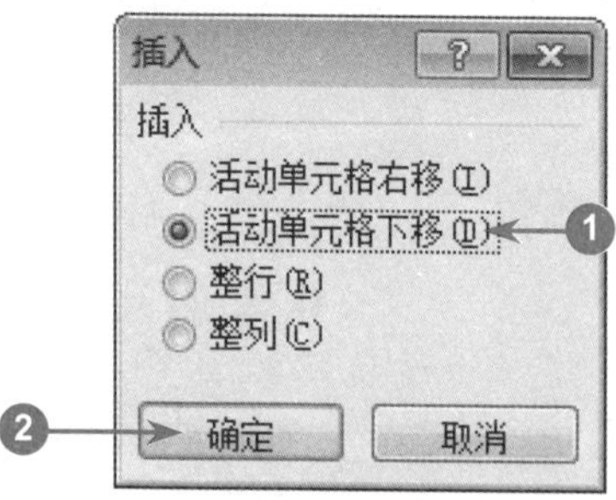


图 10-29

## 02 弹出【插入】对话框，设置参数

№1 选中【活动单元格下移】单选项。

№2 单击【确定】按钮确定，如图 10-29 所示。

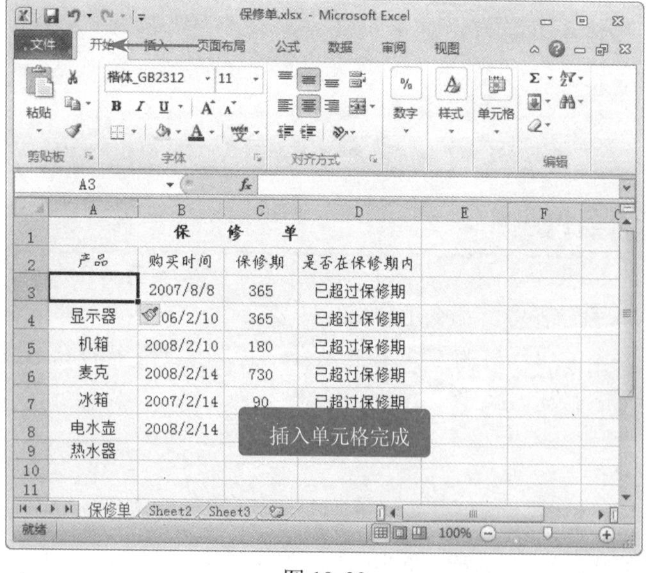


图 10-30

## 03 可以看到工作表中新插入的单元格

通过以上步骤即可完成插入单元格的操作，如图 10-30 所示。

### ■多学一点

在键盘上按下〈Shift+=〉组合键，可以快速打开【插入】对话框。

## 10.5.2 删除单元格

在使用 Excel 2010 编辑表格时，对于不需要的单元格，用户可将其删除。下面详细介绍删除单元格的操作方法。

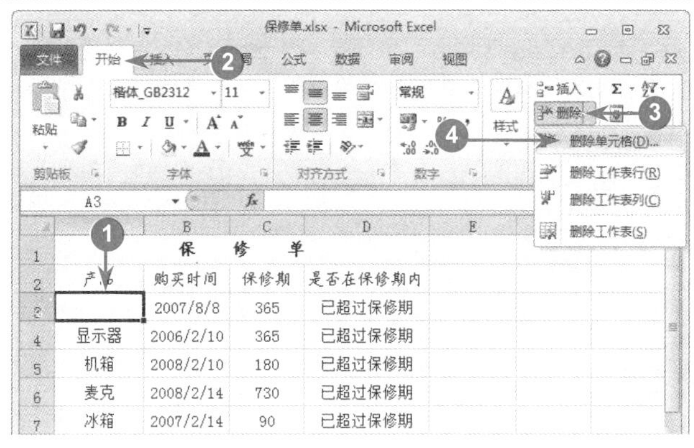

图 10-31

**01 启动 Excel 2010，选择【删除单元格】选项**

№1 选择准备删除的单元格。

№2 在菜单栏中，选择【开始】选项卡。

№3 在【单元格】组中，单击展开【删除】下拉按钮 删除▾。

№4 在弹出的下拉列表中，选择【删除单元格】选项，如图 10-31 所示。

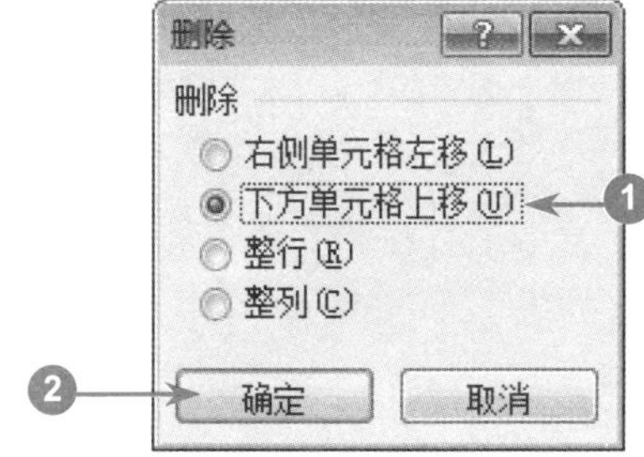


图 10-32

**02 弹出【删除】对话框，设置参数**

№1 选中【下方单元格上移动】单选项。

№2 单击【确定】按钮 确定，如图 10-32 所示。

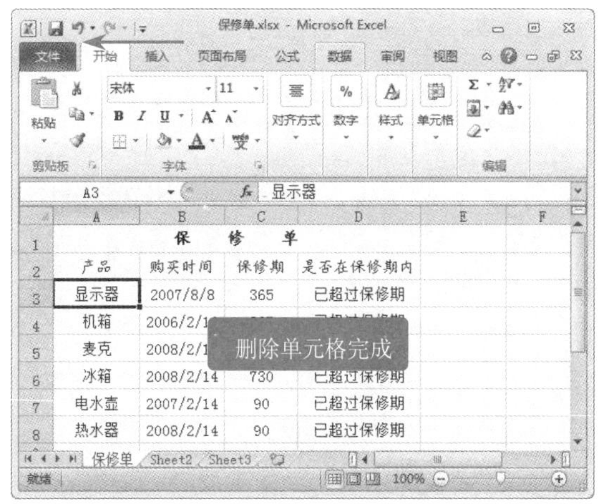


图 10-33

**03 可以看到工作表中已删除选中的单元格**

通过以上步骤即可完成删除单元格的操作，如图 10-33 所示。

### ■多学一点

在键盘上按下〈Shift+-〉组合键，可以快速删除单元格。

## 10.5.3 合并单元格

合并单元格是指将两个或者多个单元格合并为一个单元格的操作。在 Excel 2010 中编辑工作表时，用户经常会使用到合并单元格的操作。下面详细介绍合并单元格的操作方法。

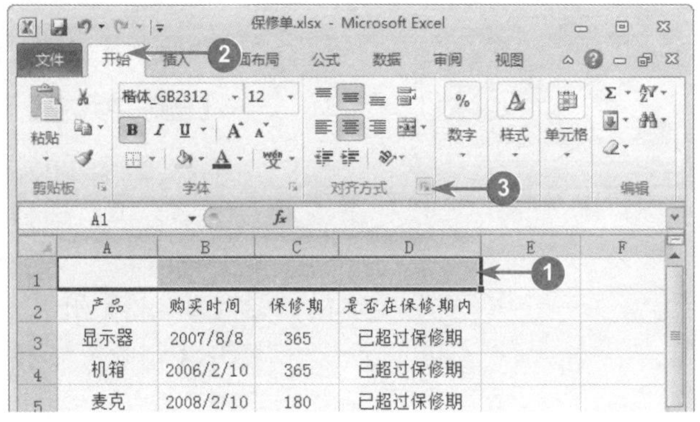

图 10-34

### 01 启动 Excel 2010，选择准备合并的单元格

№1 选择准备合并的单元格。

№2 在菜单栏中，选择【开始】选项卡。

№3 在【对齐方式】组中，单击【启动器】按钮，如图 10-34 所示。

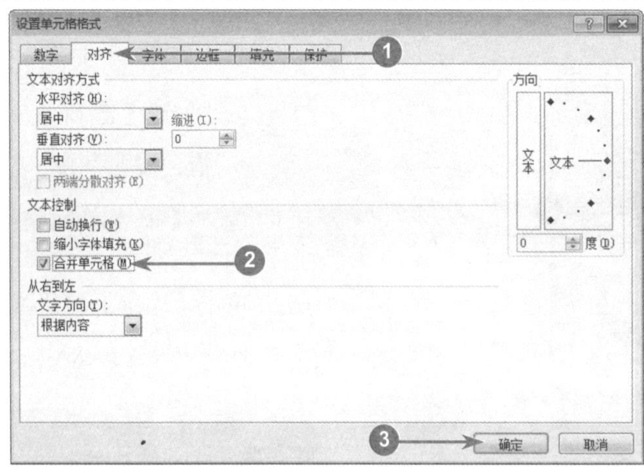

图 10-35

### 02 弹出【设置单元格格式】对话框，设置参数

№1 选择【对齐】选项卡。

№2 在【文本控制】区域，选中【合并单元格】复选框。

№3 单击【确定】按钮，如图 10-35 所示。

图 10-36

### 03 可以看到选中的单元格已经合并

通过以上步骤即可完成合并单元格的操作，如图 10-36 所示。

## 快速合并单元格

智慧锦囊

用户选中准备合并的单元格区域，选择【开始】选项卡，单击【对齐方式】组中的【合并后居中】按钮，可以快速地将选定的单元格合并为一个单元格。

## 10.5.4 拆分单元格

拆分单元格是指将已经合并的单元格拆分开来的操作，从而达到一定的编辑效果。下面详细介绍拆分单元格的操作方法。

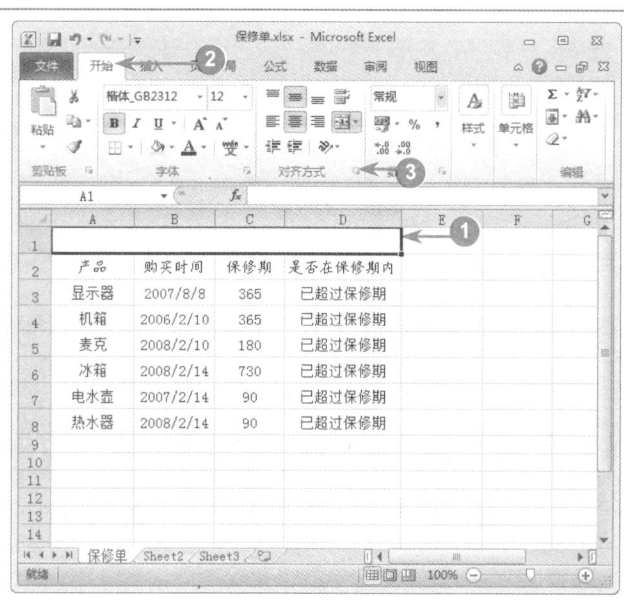


图 10-37

### 01 启动 Excel 2010，选择准备拆分的单元格

№1 选择准备拆分的单元格。

№2 在菜单栏中，选择【开始】选项卡。

№3 在【对齐方式】组中，单击【启动器】按钮，如图 10-37 所示。

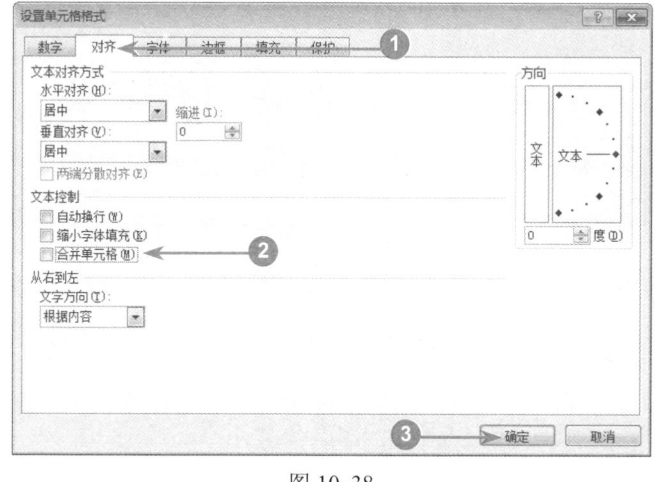


图 10-38

### 02 弹出【设置单元格格式】对话框，设置参数

№1 选择【对齐】选项卡。

№2 在【文本控制】区域，取消【合并单元格】复选框。

№3 单击【确定】按钮，如图 10-38 所示。

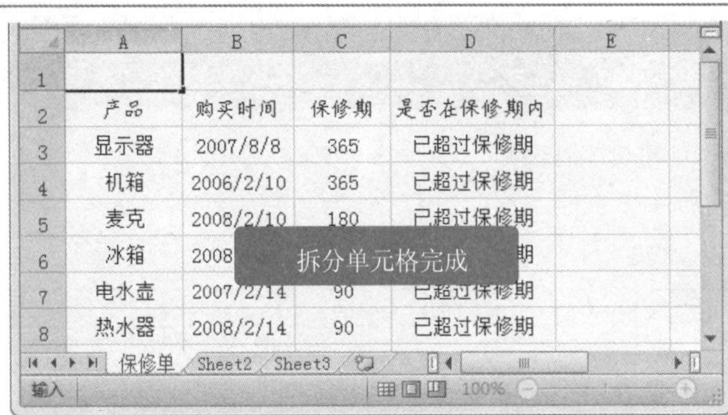


图 10-39

**03 可以看到选中的单元格已经拆分**

通过以上步骤即可完成拆分单元格的操作，如图 10-39 所示。

**■多学一点**

用户选中准备进行拆分的单元格后，选择【开始】选项卡，在【对齐方式】组中，单击【合并后居中】按钮，也可以拆分单元格。

## Section 10.6 输入数据

如果准备在 Excel 2010 中输入并编辑表格，那么用户首先需要在单元格中输入数据并对其进行编辑，这其中包括输入数据、更改数据格式和快速填充数据等操作。本节将详细介绍输入数据方面的知识。

### 10.6.1 在单元格中输入数据

输入数据是使用单元格的基本操作。用户在 Excel 2010 中选中单元格后，即可在单元格中输入数据。下面详细介绍在单元格中输入数据的操作方法。

启动 Excel 2010，选中单元格 A1，在编辑栏中输入数据内容，单击【输入】按钮，如图 10-40 所示。

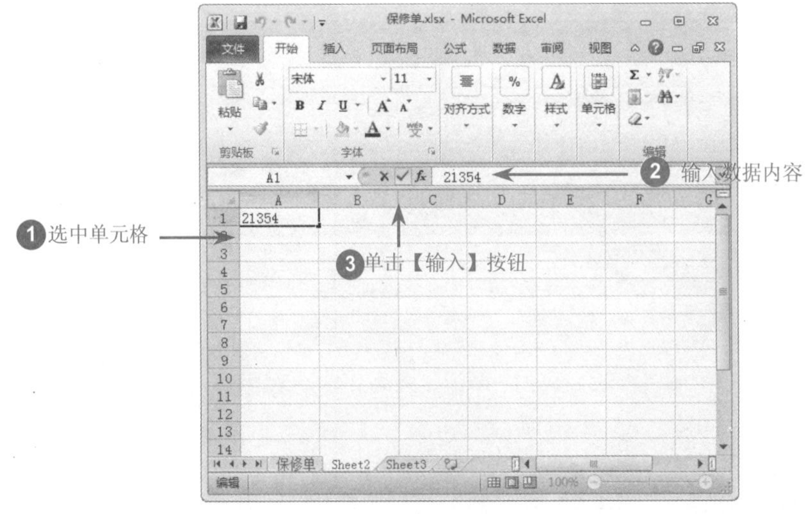


图 10-40

## 使用〈Enter〉键输入数据

智慧锦囊

用户在 Excel 2010 工作表中选择单元格后，使用键盘输入数据内容，输入完成后，在键盘上按下〈Enter〉键，即可直接输入数据。

## 10.6.2 更改数据格式

Excel 2010 单元格中的数据可以显示不同的格式。在默认情况下输入数据，Excel 2010 会根据内容的不同适当地将数据进行格式化。下面详细介绍更改数据格式的操作方法。

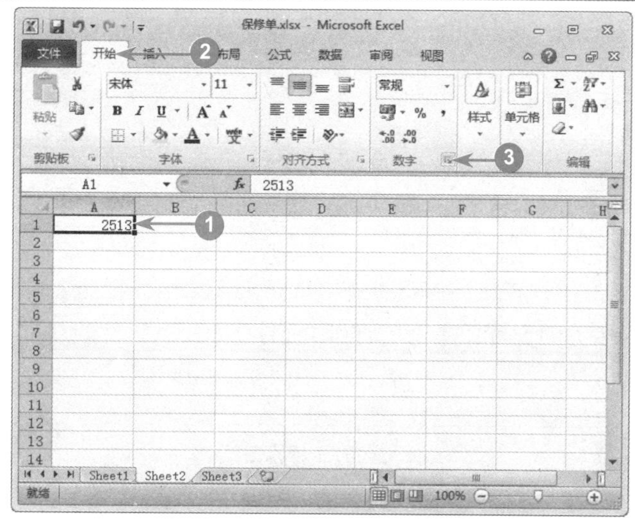

图 10-41

### 01 启动 Excel 2010，单击【数字启动器】按钮

№1 选中准备更改数据格式的单元格。

№2 在菜单栏中，选择【开始】选项卡。

№3 在【数字】组中，单击启动器按钮，如图 10-41 所示。

**多学一点**

选择单元格后，用户在【数字】组中单击【增加小数位数】按钮，可以增加小数的位数。

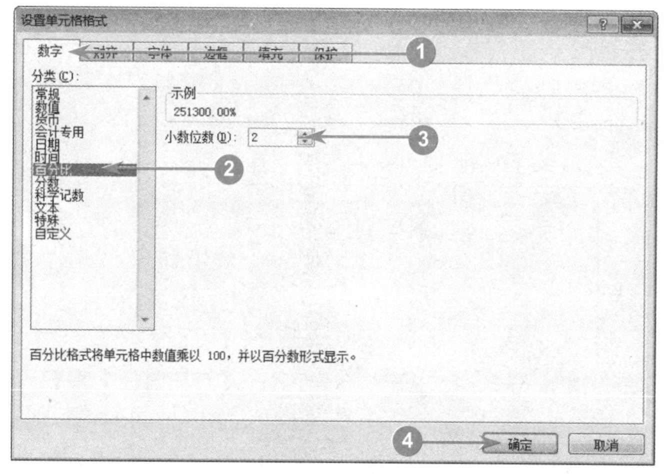

图 10-42

### 02 弹出【设置单元格格式】对话框，设置参数

№1 选择【数字】选项卡。

№2 在【分类】区域中，选择【百分比】选项。

№3 在【小数位数】文本框中，设置参数。

№4 单击【确定】按钮，如图 10-42 所示。

图 10-43

**03 可以看到单元格中数据的格式已发生变化**

通过以上步骤即可完成更改数据格式的操作，如图 10-43 所示。

# Section 10.7 打印 Excel 表格

使用 Excel 2010 编辑完成表格后，用户可以将 Excel 表格打印出来。由于打印表格的需要各不相同，因此在打印前需要进行相关的设置。本节将详细介绍打印 Excel 表格方面的知识。

## 10.7.1 设置打印区域

若在一张工作表中包含多个表格，而用户只需打印其中的一张或几张，那么此时用户需要在该工作表中设置打印区域。下面详细介绍设置打印区域的操作方法。

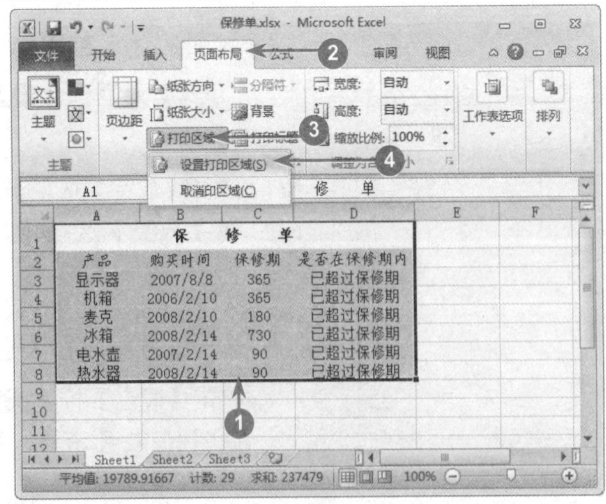


图 10-44

**01 打开 Excel 2010，选择【设置打印区域】选项**

No1 选中准备设置打印区域的单元格。

No2 在菜单栏中，选择【页面布局】选项卡。

No3 在【页面布局】组中，单击【打印区域】按钮。

No4 在弹出的下拉列表中，选择【设置打印区域】选项，如图 10-44 所示。

图 10-45

02 可以看到工作表中的打印区域

设置完成后，在选中的表格外框会出现划定范围的虚线，如图 10-45 所示。

## 10.7.2 预览及打印工作表

在 Excel 2010 中完成工作表的打印页面设置后，用户可以预览工作表并将预览结果打印到纸张上。下面详细介绍预览及打印工作表的操作方法。

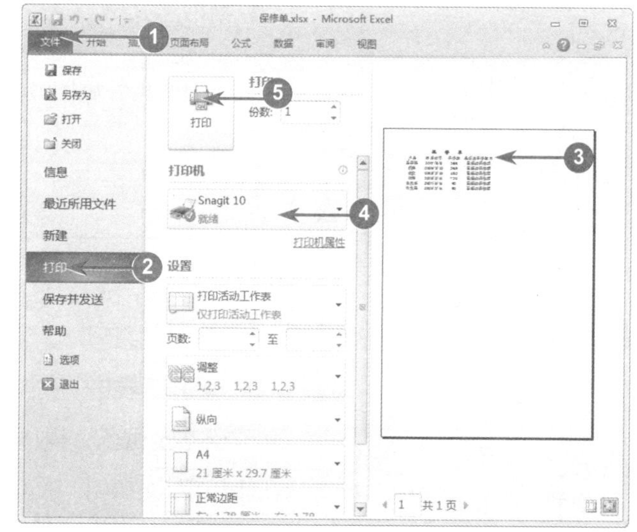

图 10-46

01 打开 Excel 2010，选择【打印】选项

No1 在菜单栏中，选择【文件】选项卡。

No2 在 Backstage 视图中选择【打印】选项。

No3 在页面右侧预览打印效果。

No4 在【打印机】下拉列表框中选择打印机选项。

No5 单击【打印】按钮，如图 10-46 所示。

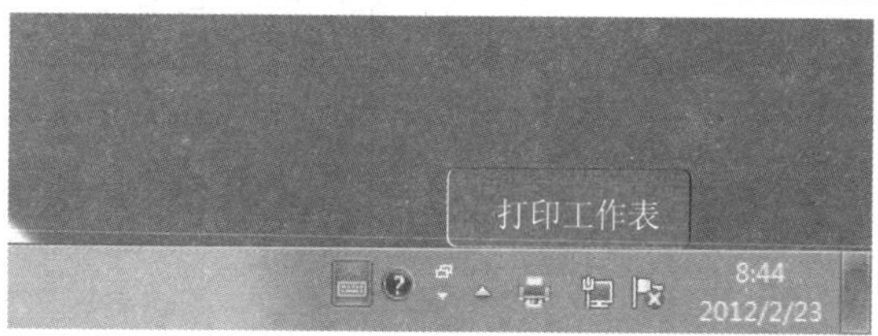


图 10-47

02 成功打印工作表

通过上述操作即可开始打印工作表，通知区域显示【打印】图标，如图 10-47 所示。

Section

# 10.8 实践案例与上机指导

本章学习了工作簿的基本操作、工作表的基本操作和行与列的基本操作。通过对本章的学习，读者不但可以掌握输入数据方面的知识，而且还可以熟悉单元格方面的知识。在本节中，将结合实际的工作和应用，通过上机练习，进一步掌握和提高本章所学的知识点。

## 10.8.1 快速填充数据

快速填充数据是在 Excel 工作表中，用户需要输入大量相同数据时所采用的一种方法。它可以大大提高工作效率。下面详细介绍快速填充数据的操作方法。

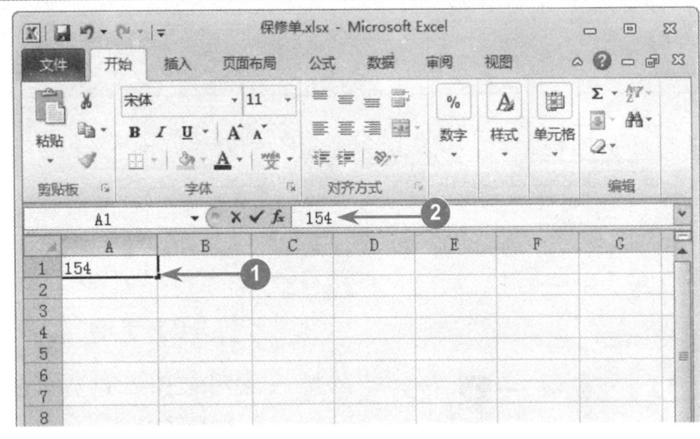


图 10-48

**01 打开 Excel 2010，选中准备快速填充数据的单元格**

№1 选中准备进行快速填充数据的单元格。

№2 在编辑栏中，输入准备填充的数据，如图 10-48 所示。

**多学一点**

如果所选的单元格不连续，用户可以在键盘上按下〈Ctrl〉键，再进行选择。

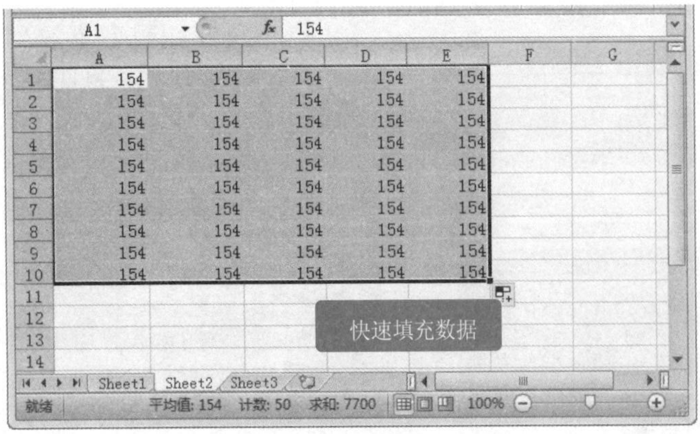

快速填充数据

图 10-49

**02 在工作表中，可以看到快速填充的数据**

在键盘上按下〈Ctrl+Enter〉组合键，即可在所选的单元格中，批量地快速填充数据，如图 10-49 所示。

## 10.8.2 设置字符格式

在 Excel 2010 工作表中，用户可以设置字符的格式。对字符格式进行设置不仅可以使字符格式多样化，而且还可以美化表格。下面详细介绍设置字符格式的操作方法。

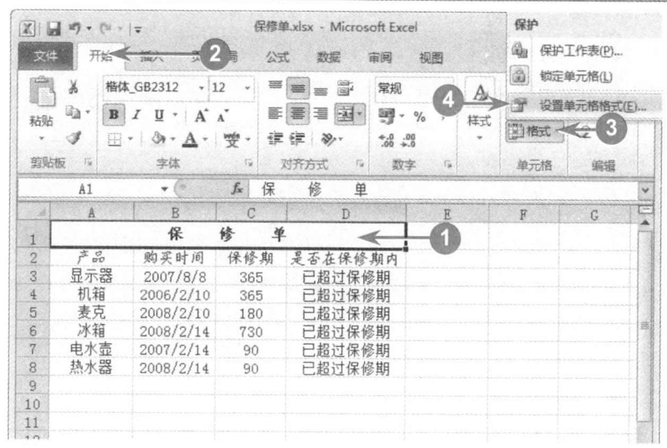

图 10-50

**01 打开 Excel 2010，选择【设置单元格格式】选项**

No1 选中准备设置字符格式的单元格。

No2 在菜单栏中，选中【开始】选项卡。

No3 在【单元格】组中，单击展开【格式】下拉按钮。

No4 在弹出的下拉列表中，选择【设置单元格格式】选项，如图 10-50 所示。

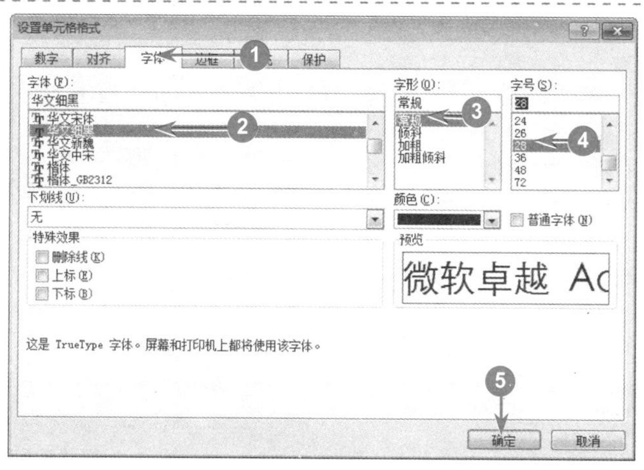

图 10-51

**02 弹出【设置单元格格式】对话框，设置参数**

No1 选择【字体】选项卡。

No2 在【字体】区域中，选择准备使用的字体。

No3 在【字形】区域中，选择准备使用的字形。

No4 在【字号】区域中，选择准备使用的字号。

No5 单击【确定】按钮，如图 10-51 所示。

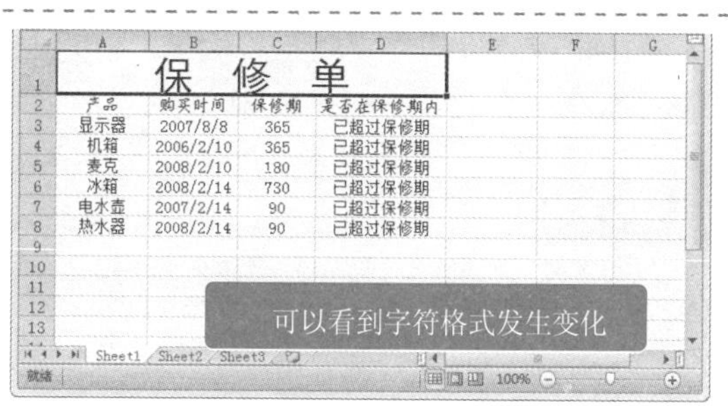


图 10-52

**03 可以看到工作表中的字符格式发生变化**

通过以上步骤即可完成设置字符格式的操作，如图 10-52 所示。

## 10.8.3 插入 SmartArt 图形

SmartArt 图形是 Excel 2010 的一个特色。用户可以在 Excel 2010 单元格中插入 SmartArt 图形，以便人们观看和理解 Excel 表格。下面详细介绍插入 SmartArt 图形的操作方法。

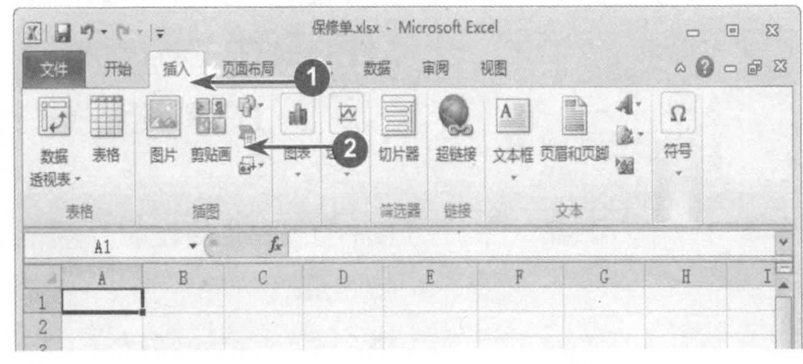

图 10-53

**01 打开 Excel 2010，单击 SmartArt 图形按钮**

No1 在菜单栏中，选择【插入】选项卡。

No2 在【插图】组中，单击【插入 SmartArt 图形】按钮，如图 10-53 所示。

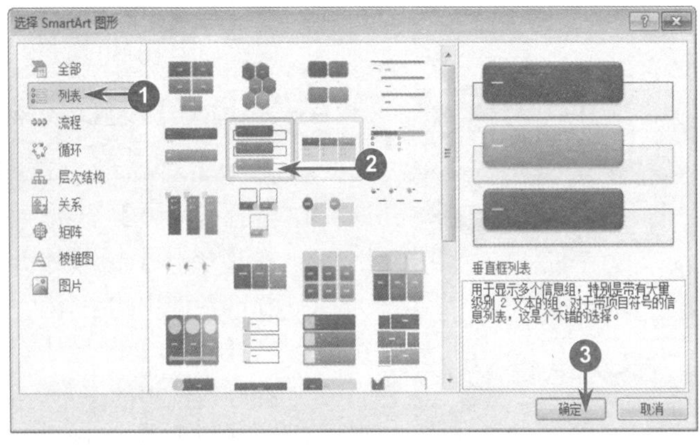

图 10-54

**02 弹出【选择 SmartArt 图形】对话框，选择 SmartArt 图形**

No1 在左侧区域中，选择【列表】选项。

No2 在中间区域中，选择准备使用的 SmartArt 图形。

No3 单击【确定】按钮，如图 10-54 所示。

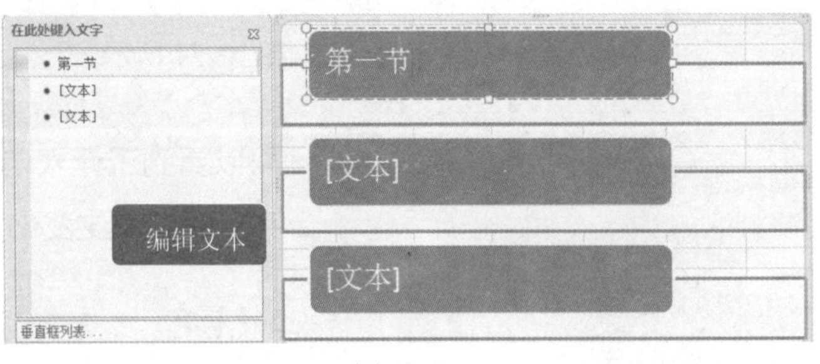


图 10-55

**03 编辑 SmartArt 图形**

在【在此处键入文字】区域内输入文字，可以看到右侧会同时显示所输的文本，如图 10-55 所示。

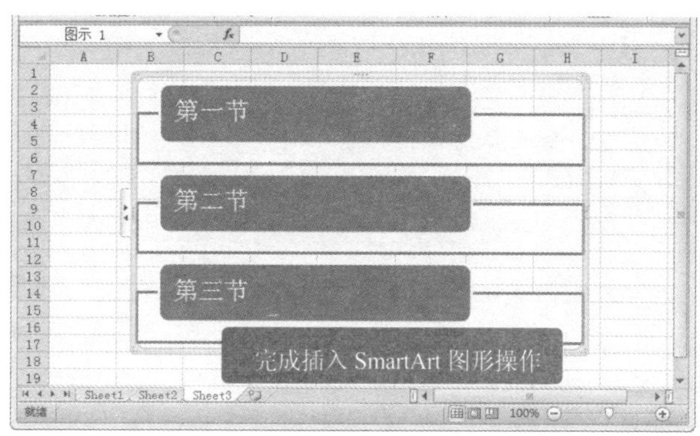


图 10-56

## 04 插入的 SmartArt 图形已经在工作表中显示

通过以上步骤即可完成插入 SmartArt 图形的操作，如图 10-56 所示。

## ■指点迷津

由于 SmartArt 图形是由图形和文字共同组成的，所以对于文字和子图形用户均可以进行修改。

# 读书笔记

# 第 11 章

# 使用 Excel 计算与分析数据

## 本章内容导读

本章主要介绍单元格引用、使用公式计算、使用函数和分类汇总方面的知识，同时还将讲解数据的排序和筛选，在本章的最后还会针对实际的工作需求，讲解复制函数和高级筛选的方法。通过对本章的学习，读者可以掌握如何使用 Excel 进行计算与分析数据，为进一步学习电脑知识奠定基础。

## 本章知识要点

◎ **单元格引用**
◎ **使用公式计算**
◎ **使用函数**
◎ **数据排序和筛选**
◎ **分类汇总**

Section

# 11.1 单元格引用

在 Excel 2010 中，单元格引用分为 A1 和 R1C1 两种引用样式，并且包括绝对引用、相对引用和混合引用 3 种。单元格引用用于标识工作表中的单元格或单元格区域，从而指明在公式中所使用的数据在工作表中的位置。本节将介绍单元格引用的样式和使用单元格引用的方法。

## 11.1.1 单元格引用样式

单元格引用是 Excel 中的专业术语，是显示单元格在 Excel 表格中位置的标识。下面将详细介绍单元格引用样式方面的相关知识和操作。

### 1. A1 引用样式

在 Excel 表格中，A1 引用为 Excel 中的默认引用样式，而且比较常用。A1 引用样式是指使用单元格中的列标和行号的组合，来表示单元格或单元格区域的引用样式。

工作表是由 256 列与 65536 行组成的，列是由字母标识出来的（从 A 到 IV），行是由阿拉伯数字标识出来的。A1 引用样式标识单元格位置时，A 与 1 分别代表单元格的行号与列号，在 Excel 的名称栏中显示单元格的名称。

如 A1 表示引用单元格；A1:K8 表示引用单元格区域；3:15 表示引用整行；B:G 表示引用整列。

### 2. R1C1 引用样式

在 R1C1 引用样式中，R 是 row 的缩写，表示行；C 是 column 的缩写，表示列。在 Excel 中，R1C1 引用样式是使用“R”加行数字和“C”加列数字来表示单元格的位置。R1C1 与 A1 表示的位置相同，均代表第一行第一列。由于 A1 引用样式为 Excel 表格中的默认引用样式，所以，如果用户要使用 R1C1 引用样式则需要进行相关的设置。下面详细介绍设置 R1C1 引用样式的操作方法。

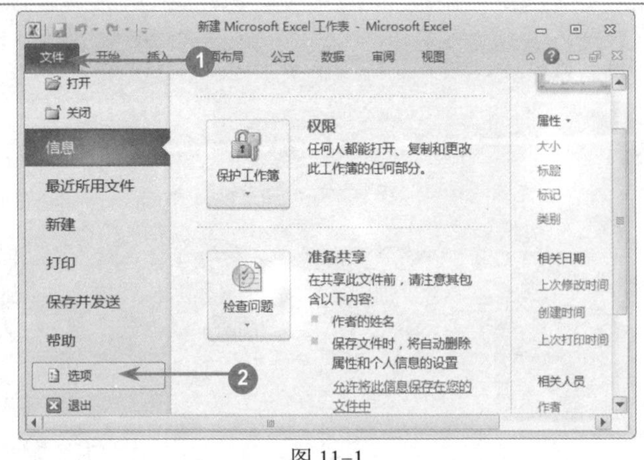


图 11-1

**01 单击【文件】选项卡，选择【选项】选项卡**

№1 启动 Excel 2010，单击【文件】选项卡。

№2 在弹出的菜单中，选择【选项】选项，如图 11-1 所示。

**■多学一点**

用户在键盘上按下〈Alt+T+O〉组合键，也可打开【Excel 选项】窗口。

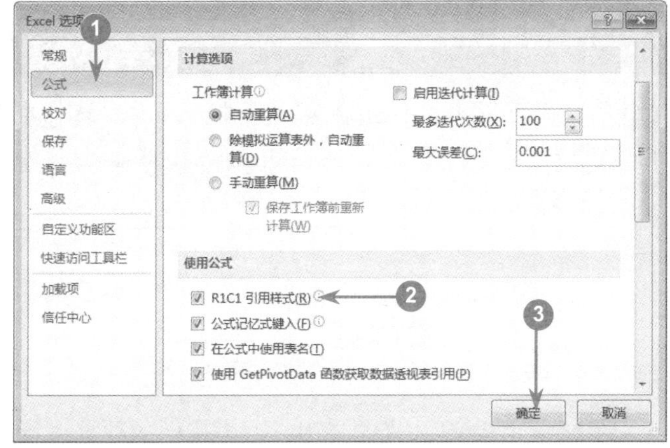

图 11-2

**02 弹出【Excel 选项】窗口，选中【R1C1 引用样式】复选框**

№1 弹出【Excel 选项】对话框，选择【公式】选项。

№2 在【使用公式】区域中，选中【R1C1 引用样式】复选框。

№3 单击【确定】按钮，如图 11-2 所示。

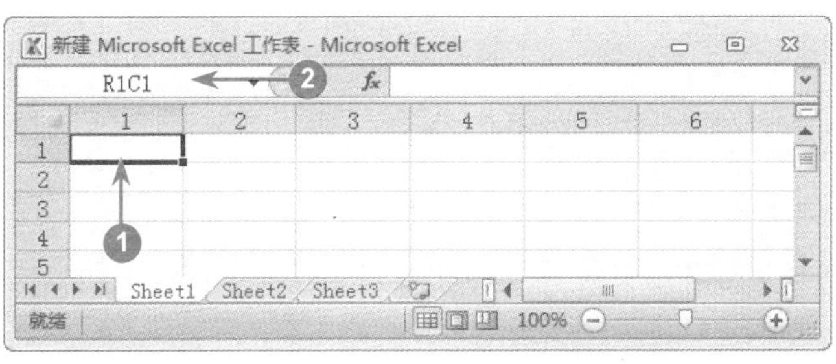

图 11-3

**03 完成设置 R1C1 引用样式的操作，显示设置效果**

№1 在工作表中选择单元格。

№2 在名称栏中会显示出该单元格的名称，如“R1C1”，如图 11-3 所示。

## 11.1.2 相对引用、绝对引用和混合引用

在工作表的编辑过程中，用户通过引用可以在公式中使用工作表中不同部分的数据，从而有效地管理数据。下面将详细介绍绝对引用、相对引用和混合引用的相关知识。

- 相对引用：是基于单元格引用的相对位置的引用。如果公式中引用单元格的位置发生变化，那么引用也会随之改变。如单元格 C1 的公式为=A1+B1，则将该公式复制到单元格 C2 时变为=A2+B2。
- 绝对引用：是基于单元格引用的绝对位置的引用，在行号和列标前加符号“$”，是一种不随单元格位置改变而改变的引用形式。例如，如果将单元格 B2 中的绝对引用复制到单元格 B3，则在两个单元格中一样，都是$A$1。
- 混合引用：是一种既包含绝对引用，又包含相对引用的引用。在引用的单元格的行和列中，一个是绝对的，一个是相对的。复制公式时，绝对引用不发生变化，相对引用发生变化，如单元格 C1 的公式为=$A$1+$B$1，则将该公式复制到单元格 C2 时仍为=$A$1+$B$1。

**相对引用与绝对引用相互转换**

**智慧锦囊**

相对引用与绝对引用之间可以进行相互转换，具体方法为：选择准备转换的单元格，在编辑栏中选择准备转换的引用，在键盘上按下〈F4〉键即可。

Section

# 11.2 使用公式计算

在 Excel 2010 中输入数据内容后，用户可以通过公式的使用，对表格中的数据进行计算。公式是在 Excel 2010 工作表中进行数值计算的等式。公式输入是以“＝”开始的，简单的公式有加、减、乘、除等运算。本节将详细介绍使用公式计算方面的相关知识及操作方法。

## 11.2.1 公式的概念

通常情况下，公式由函数、引用、常量和运算符 4 部分组成。它是对工作表中的数值和运算符进行连接从而执行各种运算的等式。

- 函数：Excel 中包含的许多预定义公式都是预先编写好的公式，它可以对一个或多个值进行运算并返回一个或多个值。在公式执行很长很复杂的运算时，函数可以简化或缩短工作表中的公式。
- 引用：用来指定被操作或被计算的单元格或单元格区域的位置。
- 常量：是指在公式中直接输入的数字或文本值，它不参与运算且不发生改变。
- 运算符：用来连接公式中准备进行计算的一个符号或标记，它可以表达公式内执行的计算类型，有算术、比较、文本连接和引用运算符。

## 11.2.2 公式的运算符

公式中用于连接各种数据的符号或标记称为运算符。运算符可以指定公式中元素执行的计算类型。运算符分为算术运算符、比较运算符、文本连接运算符和引用运算符 4 种。

### 1. 算术运算符

算术运算符用来完成基本的数学运算，如“加”“减”“乘”“除”等。算术运算符的基本含义如表 11-1 所示。

### 2. 比较运算符

比较运算符用于比较两个数值之间的大小关系，它的运算结果是一个逻辑值：TRUE（真）或 FALSE（假）。比较运算符的基本含义如表 11-2 所示。

表 11-1 算术运算符

| 算术运算符 | 含 义 | 示 例 |
| --- | --- | --- |
| +（加号） | 加法 | 9+6 |
| —（减号） | 减法或负号 | 9−6；−5 |
| *（星号） | 乘法 | 3*9 |
| /（正斜号） | 除法 | 6/3 |
| %（百分号） | 百分比 | 69% |
| ^（脱字号） | 乘方 | 5^2 |
| !（阶乘） | 连续乘法 | 3！=3*2*1 |

表 11-2 比较运算符

| 比较运算符 | 含 义 | 示 例 |
| --- | --- | --- |
| =（等号） | 等于 | A1=B1 |
| >（大于号） | 大于 | A1>B1 |
| <（小于号） | 小于 | A1<B1 |
| >=（大于等于号） | 大于或等于 | A1>=B1 |
| <=（小于等于号） | 小于或等于 | A1<=B1 |
| <>（不等号） | 不等于 | A1<>B1 |

### 3. 文本连接运算符

文本连接运算符可以将多个文本连接为一个组合的文本。文本连接运算符使用和号“&”来连接多个文本字符串，从而产生新的文本字符串。文本连接运算符的基本含义如表 11-3 所示。

表 11-3 文本连接运算符

| 文本连接运算符 | 含 义 | 示 例 |
| --- | --- | --- |
| &（和号） | 将多个文本连接起来产生一个组合的文本值 | “鞋”&“帽”得到鞋帽 |

### 4. 引用运算符

引用运算符可以对多个单元格区域进行合并计算。例如，F1=B1+C1+D1+E1 使用引用运算符后，可以将公式写为 F1=SUM（B1：E1）。引用运算符的基本含义如表 11-4 所示。

表 11-4 引用运算符

| 引用运算符 | 含 义 | 示 例 |
| --- | --- | --- |
| :（冒号） | 区域运算符，生成对两个引用之间所有单元格的引用 | A1:A2 |
| ,（逗号） | 联合运算符，用于将多个引用合并为一个引用 | SUM(A1:A2,A3:A4) |
| （空格） | 交集运算符，生成在两个引用中共有的单元格引用 | SUM(A1:A6 B1:B6) |

## 在 Word 2010 公式中添加运算符

智慧锦囊

打开 Word 2010 文档窗口，用户单击需要添加运算符的公式，使其处于可编辑状态并将插入条光标定位到目标位置。在【公式工具/设计】功能区的【符号】分组中单击【其他】按钮打开符号面板，然后单击其顶部的下拉按钮。在打开的下拉菜单中选择【运算符】选项，最后在打开的运算符面板中选择所需的运算符即可。

## 11.2.3 输入公式

在公式中可以包含以下元素：运算符、单元格引用位置、数值、工作表函数以及名称。输入公式必须以等号“＝”开头，以表示输入的内容是公式而不是数据。简单的公式包含加、减、乘、除等运算。下面将详细介绍输入公式的操作方法。

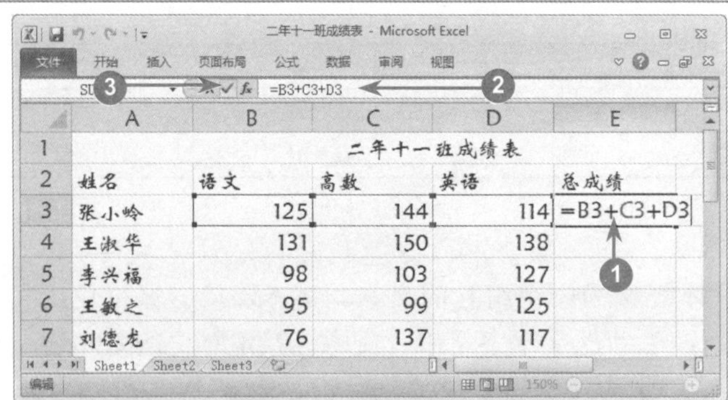


图 11-4

### 01 选择输入公式的单元格，输入公式

№1 选择准备输入公式的单元格，如选择单元格 E3。

№2 在编辑栏中输入公式。

№3 单击【输入】按钮✓，如图 11-4 所示。

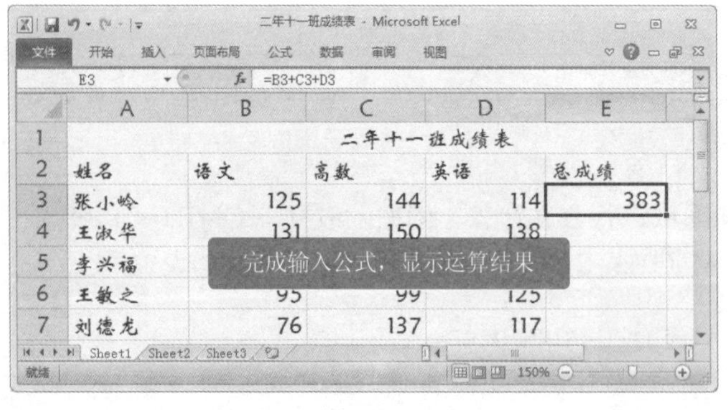


图 11-5

### 02 完成输入公式，显示运算结果

公式的运算结果显示在选中的单元格中，如图 11-5 所示。

Section

# 11.3 使用函数

在 Excel 2010 中，用户可以使用内置函数对数据进行分析和计算。函数计算数据的方式与公式计算数据的方式大致相同。使用函数不仅可以简化公式、节省时间，而且还可以提高工作效率。本节将详细介绍在 Excel 2010 中使用函数的相关知识及操作方法。

## 11.3.1 函数的概念

函数是 Excel 2010 预定义的公式。用户可以使用一些特定的数值（即参数）来完成有特定顺序或特定结构的计算。在多数情况下，函数的计算结果是数值，同时也可以是文本、数组或逻辑值。与公式相比，函数可以执行更加复杂的计算。

## 11.3.2 函数的语法结构

在 Excel 2010 中调用函数时，用户需要遵守 Excel 给函数制定的所有语法，否则在使用时会产生语法错误。函数和公式的语法结构类似，由等号、函数名称、括号、逗号和参数组成。下面以一个公式中的“SUM”函数为例，具体介绍函数的语法结构，如图 11-6 所示。

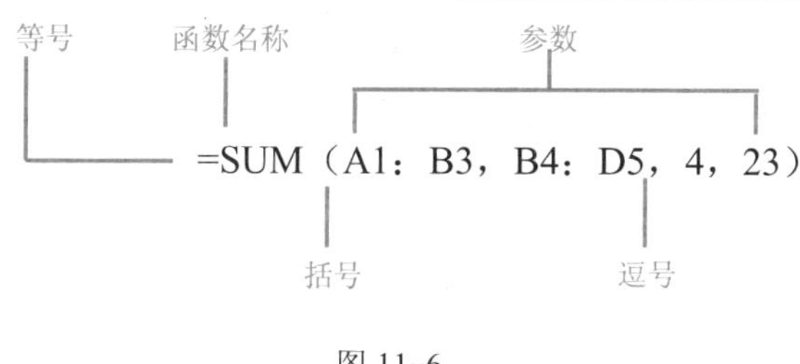


图 11-6

- 等号：与输入公式类似，为避免被 Excel 自动判断为字符，需要以等号“=”开头。
- 函数名称：用来标识调用函数的类型。
- 括号：用来输入函数参数。
- 参数：可以是数字、文本、错误值、单元格引用、逻辑值或数组。参数也可以是常量、公式或其他函数。
- 逗号：各参数之间用来表示间隔的符号。

## 11.3.3 函数的分类

为了方便不同的计算，Excel 2010 为用户提供了大量的内置函数并根据功能的不同对函数进行了分类，如财务函数、工程函数、统计函数、时间和日期函数等。主要的函数分类及其功能如表 11-5 所示。

表 11-5　函数的分类

| 分　类 | 功　能 |
| --- | --- |
| 数学与三角函数 | 用于进行数学计算 |
| 统计函数 | 对数据进行统计分析 |
| 文本和数据函数 | 用于处理公式中的字符和文本或对数据进行计算与分析 |
| 逻辑函数 | 用于进行逻辑方面的运算、判定与条件分析 |
| 日期与时间函数 | 用于分析和处理日期值或时间值 |
| 查找与引用函数 | 用于查找数据或者单元格的引用 |
| 财务函数 | 对财务进行分析和计算 |
| 信息函数 | 返回单元格中的数据类型，并对数据类型进行判断 |
| 自定义函数 | 使用 VBA 进行编写并完成特定的运算 |

**直接输入公式**

智慧锦囊

在 Excel 2010 中的单元格内可以直接输入公式内容，用户在键盘上按下〈Enter〉键即可显示公式的计算结果。

## 11.3.4 使用函数计算数据

在 Excel 2010 中，用户使用插入函数向导可以插入函数内容，从而完成数据的计算。下面以使用平均值函数“AVERAGE”为例，介绍使用函数计算数据的操作方法。

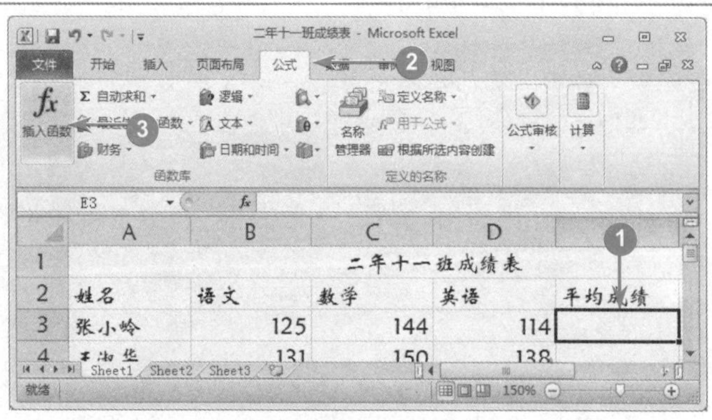

图 11-7

**01 选择【公式】选项卡，单击【插入函数】按钮**

№1 启动 Excel 2010，选中准备使用函数的单元格，如选择单元格 E3。

№2 选择【公式】选项卡。

№3 在【函数库】组中，单击【插入函数】按钮，如图 11-7 所示。

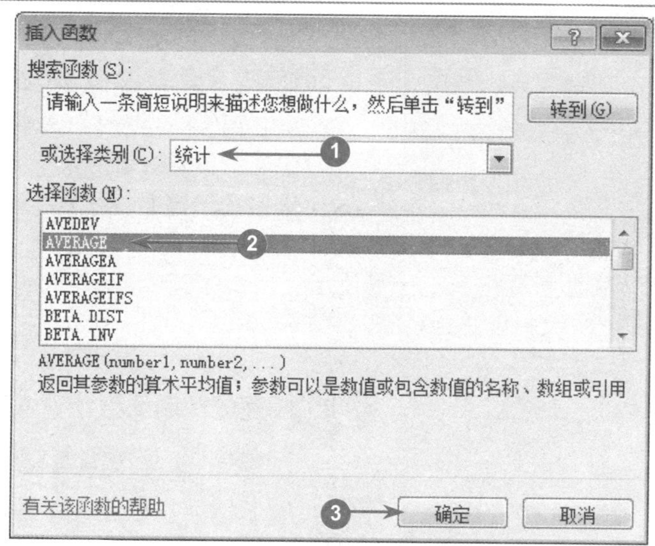


图 11-8

## 02 弹出【插入函数】对话框，选择准备应用的函数选项

№1 弹出【插入函数】对话框，在【或选择类别】下拉列表框中选择准备应用的函数，如选择“统计”。

№2 在【选择函数】列表框中选择准备应用的函数选项，如选择“AVERAGE”函数。

№3 单击【确定】按钮，如图 11-8 所示。

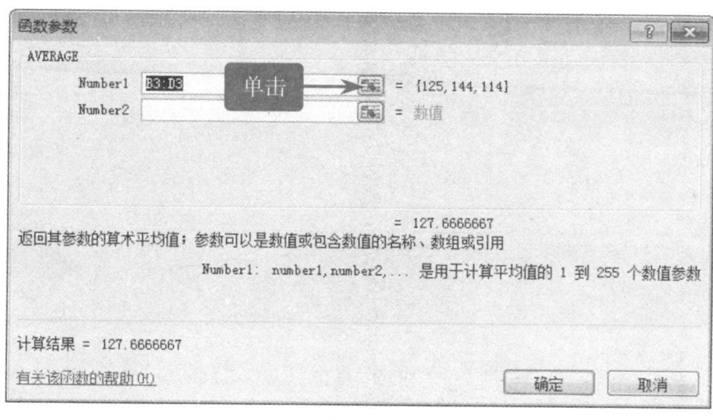


图 11-9

## 03 弹出函数参数对话框，单击压缩对话框按钮

弹出【函数参数】对话框，单击【Number1】文本框右侧的【压缩对话框】按钮，如图 11-9 所示。

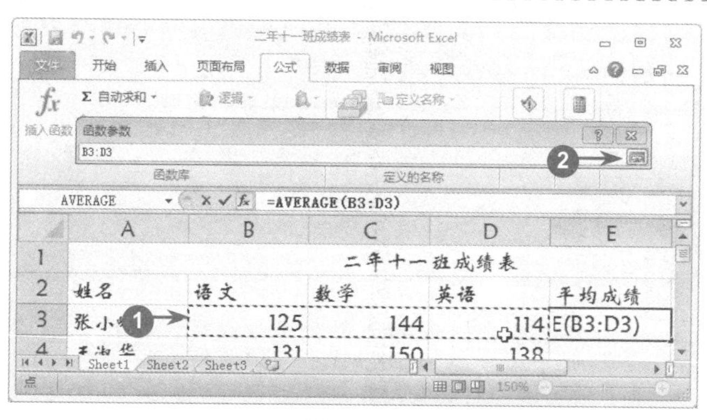


图 11-10

## 04 选择运算区域，单击【展开对话框】按钮

№1 选择准备进行函数运算的单元格区域。

№2 单击【展开对话框】按钮，如图 11-10 所示。

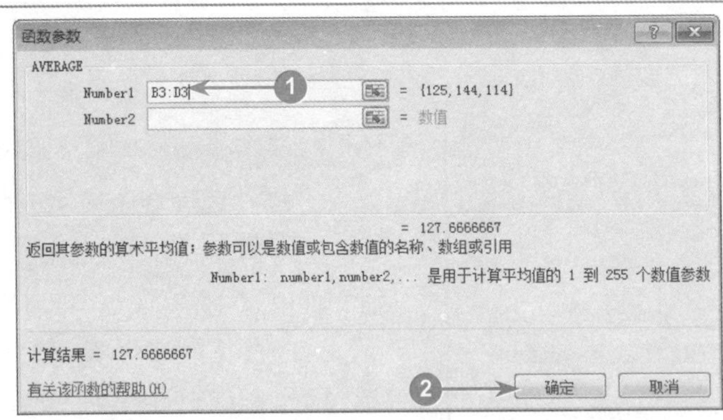


图 11-11

**05 返回【函数参数】对话框，单击【确定】按钮**

№1 返回【函数参数】对话框，在【Number1】文本框中显示单元格引用。

№2 单击【确定】按钮，如图 11-11 所示。

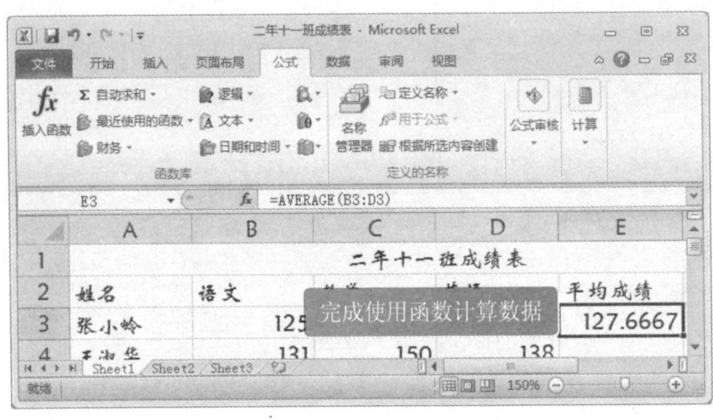


图 11-12

**06 完成使用函数计算数据的操作，显示计算结果**

在编辑栏中显示函数，并且在单元格 E3 中显示函数的计算结果。通过上述操作即可使用函数计算数据，如图 11-12 所示。

### 搜索函数

智慧锦囊

在应用函数公式时，如果有些函数的具体名称不能确定，那么用户可以使用搜索函数功能搜索该函数，具体操作方法如下：单击【插入函数】按钮，弹出【插入函数】对话框，在【搜索函数】文本框内，输入关于该函数的简单描述，然后单击【转到】按钮，在【选择函数】下拉列表中会出现相关函数的公式。

## Section 11.4 数据排序和筛选

数据排序是指按照一定的规则对数据进行整理和排列的过程。筛选是指在工作表中显示满足筛选条件的数据，隐藏不满足筛选条件的数据的过程。使用排序和筛选操作可以使要显示的数据内容更加清晰。本节将介绍数据排序和筛选的操作方法。

## 11.4.1 简单排序

在 Excel 2010 中，简单排序数据是指将工作表中的数据按某一关键字进行升序或降序排序的过程，从而方便用户有规律地查看数据。下面以将工作表中的 B 列数据按“降序”排序为例，详细介绍简单排序数据的操作方法。

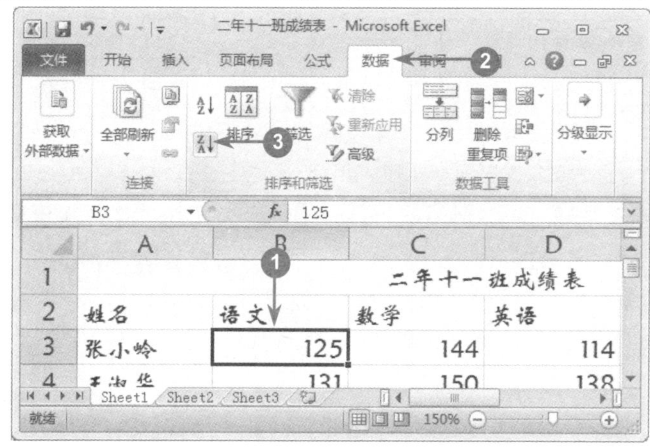

图 11-13

**01 选择【数据】选项卡，单击【降序】按钮**

№1 启动 Excel 2010，选中准备进行排序的列，如选中 B 列中的任意单元格。

№2 选择【数据】选项卡。

№3 在【排序和筛选】组中，单击【降序】按钮，如图 11-13 所示。

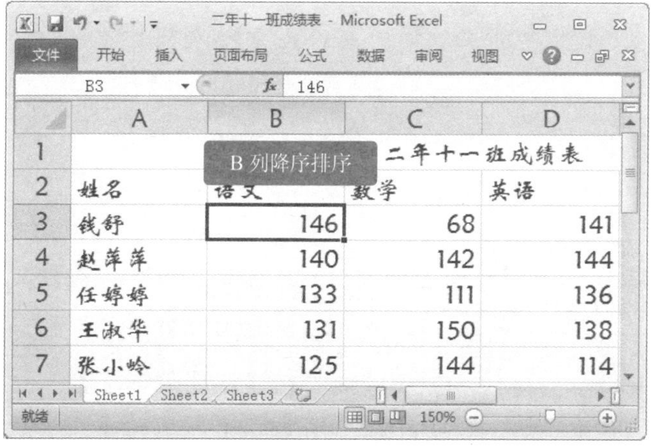

图 11-14

**02 完成降序排序的操作，显示排序效果**

选中的 B 列数据已经按照“降序”进行排序，如图 11-14 所示。

**■多学一点**

在【排序和筛选】组中，用户单击【升序】按钮，即可将数据按照“升序”进行排序。

## 11.4.2 高级排序

在 Excel 2010 中，高级排序数据是指将表格中的数据按多个关键字进行升序或降序排序的过程，从而优化工作表。下面详细介绍高级排序数据的操作方法。

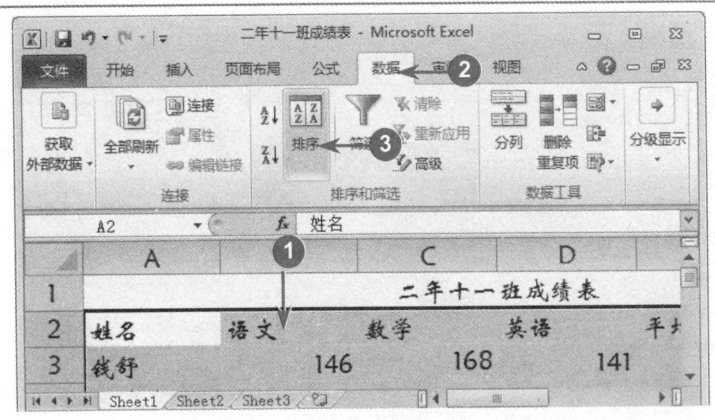

图 11-15

## 01 选择【数据】选项卡，单击【排序】按钮

№1 在工作表中选中准备进行高级排序的数据区域。

№2 选择【数据】选项卡。

№3 在【排序和筛选】组中单击【排序】按钮，如图 11-15 所示。

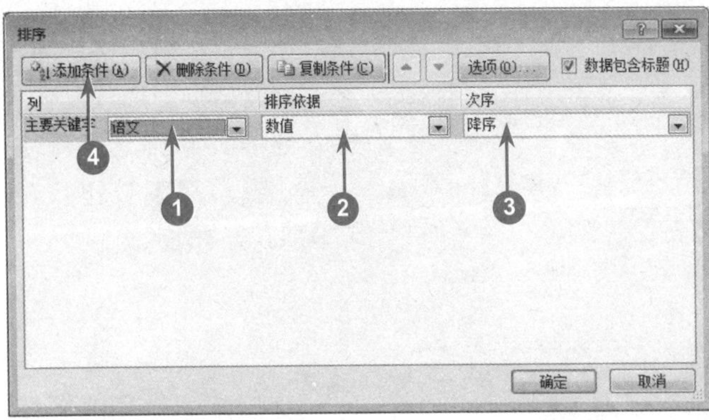

图 11-16

## 02 弹出【排序】对话框，设置主关键字数据

№1 弹出【排序】对话框，在【主要关键字】下拉列表框中选择【语文】选项。

№2 在【排序依据】下拉列表框中，选择【数值】选项。

№3 在【次序】下拉列表框中选择【降序】选项。

№4 单击【添加条件】按钮，如图 11-16 所示。

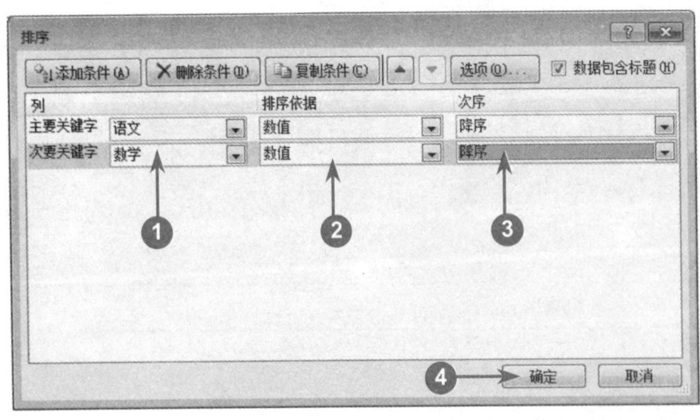

图 11-17

## 03 添加关键字，设置次关键字数据

№1 在【次要关键字】下拉列表框中，选择【数学】选项。

№2 在【排序依据】下拉列表框中，选择【数值】选项。

№3 在【次序】下拉列表框中选择【降序】选项。

№4 单击【确定】按钮，如图 11-17 所示。

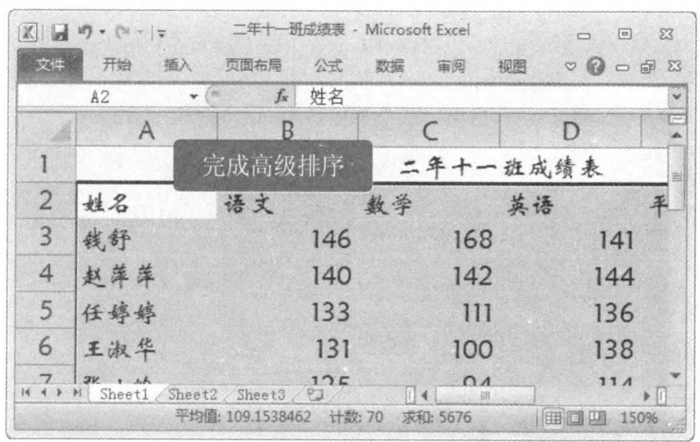

图 11-18

## 04 完成高级排序的操作，显示排序效果

通过上述操作即可将工作表中的数据按“语文”降序排序，然后再按“数学”降序排序，如图 11-18 所示。

**■指点迷津**

用户在【排序】对话框中，选择准备删除的条件选项，单击【删除条件】按钮 即可删除选中的排序条件。

# 11.4.3 自动筛选

用户使用自动筛选功能可以将不符合要求的数据暂时隐藏，只显示符合要求的数据。一般情况下用户使用自动筛选功能即可满足日常的工作需要。下面将详细介绍使用自动筛选功能的操作方法。

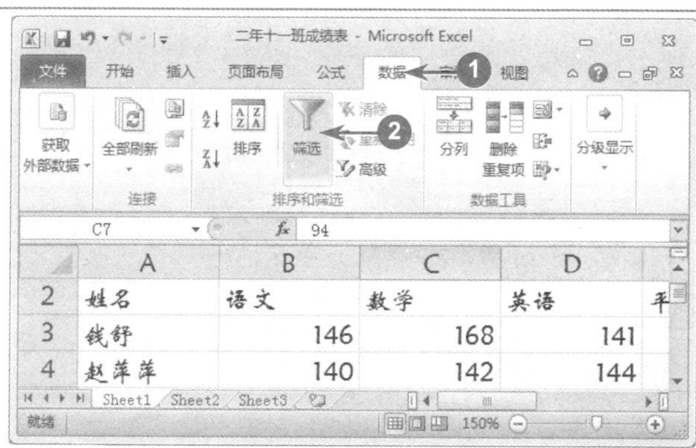

图 11-19

## 01 选择【数据】选项卡，单击【筛选】按钮

No1 打开工作表后，选择【数据】选项卡。

No2 在【排序和筛选】组中，单击【筛选】按钮 ，如图 11-19 所示。

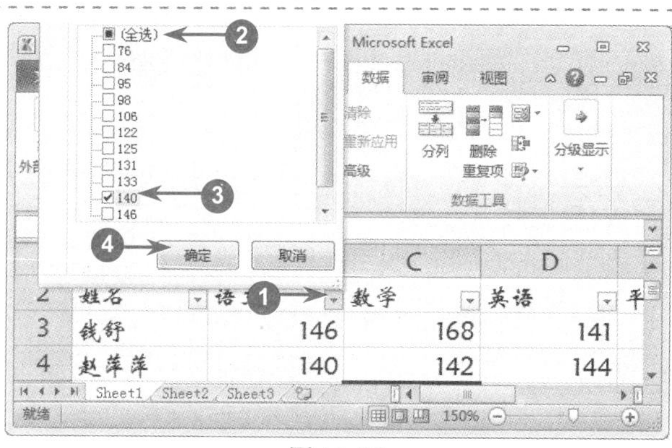

图 11-20

## 02 单击下拉箭头按钮，选择筛选条件

No1 出现下拉箭头按钮，单击“语文”右侧的下拉箭头。

No2 取消选择【全选】复选框。

No3 选择【140】复选框。

No4 单击【确定】按钮 ，如图 11-20 所示。

图 11-21

### 03 完成自动筛选，显示筛选效果

在 Excel 表格中，筛选出“语文”成绩为“140”的记录内容，如图 11-21 所示。

**■多学一点**

用户打开工作表，在键盘上按下〈Ctrl+Shift+L〉组合键即可快速启用自动筛选功能。

## 11.4.4 自定义筛选

自定义筛选是指在筛选过程中，用户自己创建筛选条件并按照该条件对数据记录进行筛选的过程，这样可以使筛选更加灵活。下面介绍自定义筛选的方法。

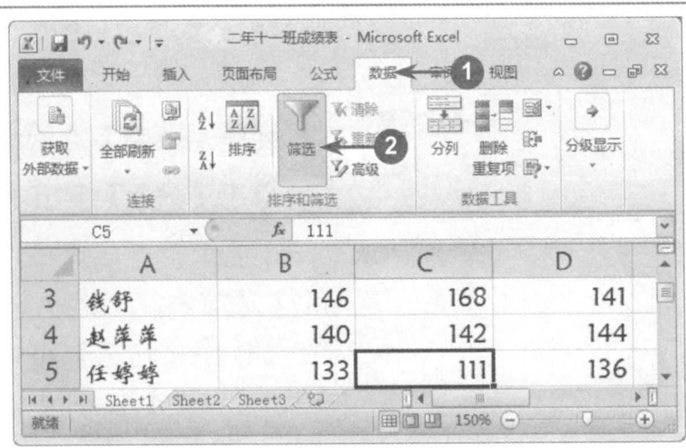


图 11-22

### 01 选择【数据】选项卡，单击【筛选】按钮

№1 打开工作表后，选择【数据】选项卡。

№2 在【排序和筛选】组中，单击【筛选】按钮，如图 11-22 所示。

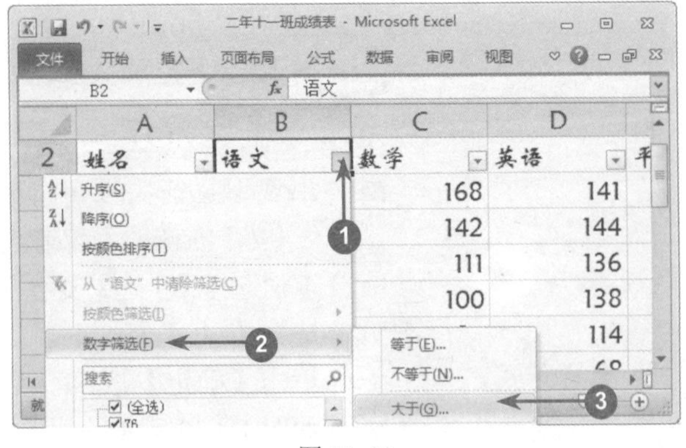


图 11-23

### 02 单击下拉箭头按钮，选择筛选条件

№1 出现下拉箭头按钮，单击“语文”右侧的下拉箭头。

№2 在弹出的下拉菜单中选择【数字筛选】选项。

№3 在弹出的子菜单中选择【大于】选项，如图 11-23 所示。

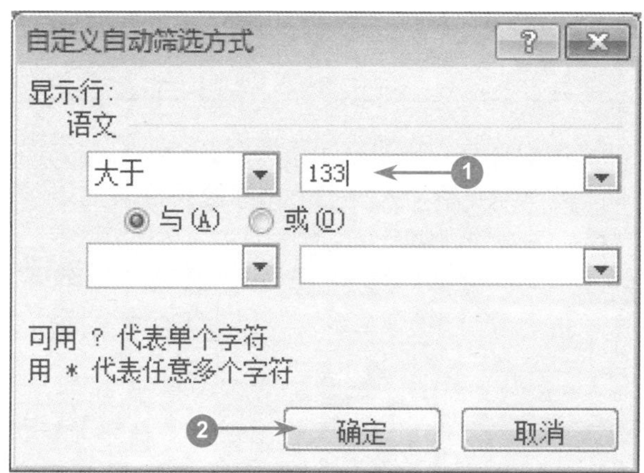


图 11-24

03 弹出【自定义自动筛选方式】对话框，设置筛选的数据条件

№1 弹出【自定义自动筛选方式】对话框，在【显示行】区域右下方的文本框中输入数值，如输入“133”。

№2 单击【确定】按钮，如图 11-24 所示。

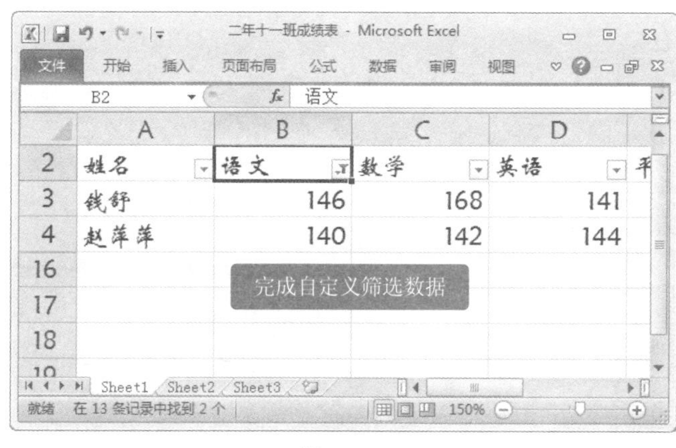


图 11-25

04 完成自定义筛选的操作，显示筛选效果

通过上述操作即可筛选出“语文”成绩大于“133”的记录，如图 11-25 所示。

■指点迷津

在排序过程中，如果数据按照【主要关键字】的规律排序，出现了多条记录相同的情况，那么相同的记录会依照【次要关键字】的规律再排序。

## 显示被隐藏的筛选记录

智慧锦囊

筛选完数据内容后，如果用户准备再次显示被隐藏的数据记录，那么可以在【排序和筛选】组中单击【清除】按钮，即可把被隐藏的数据记录再次显示出来。

# Section 11.5 分类汇总

分类汇总是指为所选单元格中的数据进行指定分类，然后对每一类数据进行求和、计数、取平均值的过程。一般而言，制作数据工作表的目的之一是向用户提供清晰明了的数据以及数据的分类总结。分类汇总是在统计中常用到的命令，它可以对数据进行归类和分析，还可以满足 Excel 表格中的多种数据处理需要。本节将详细介绍分类汇总的相关知识及操作方法。

## 11.5.1 插入分类汇总

如果准备在 Excel 2010 中插入分类汇总，那么首先需要把表格按照分类汇总的关键字段进行排序，使相同的字段排列在一起。下面将详细介绍插入分类汇总的操作方法。

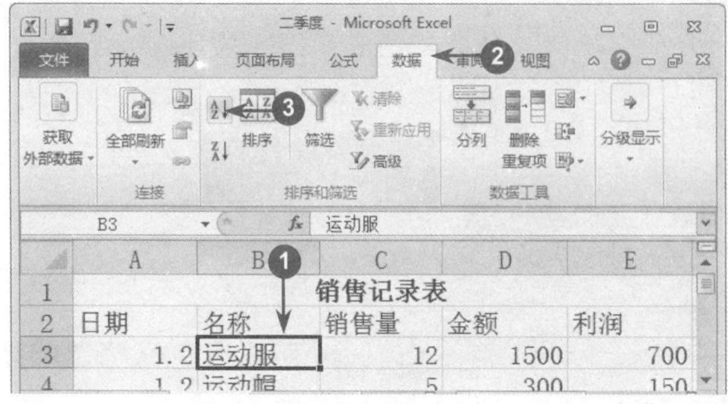


图 11-26

**01 选择【数据】选项卡，单击【升序】按钮**

№1 打开 Excel 工作表后，选中 B 列的任意单元格。

№2 选择【数据】选项卡。

№3 在【排序和筛选】组中单击【升序】按钮，如图 11-26 所示。

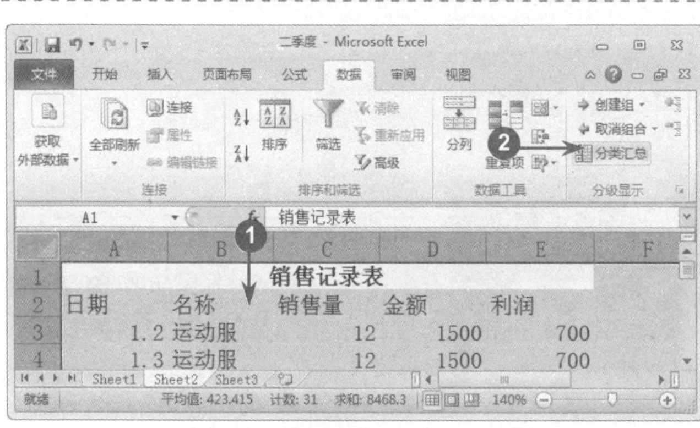


图 11-27

**02 选择单元格区域，单击【分类汇总】按钮**

№1 选中准备进行分类汇总操作的单元格区域。

№2 在【分级显示】组中，单击【分类汇总】按钮，如图 11-27 所示。

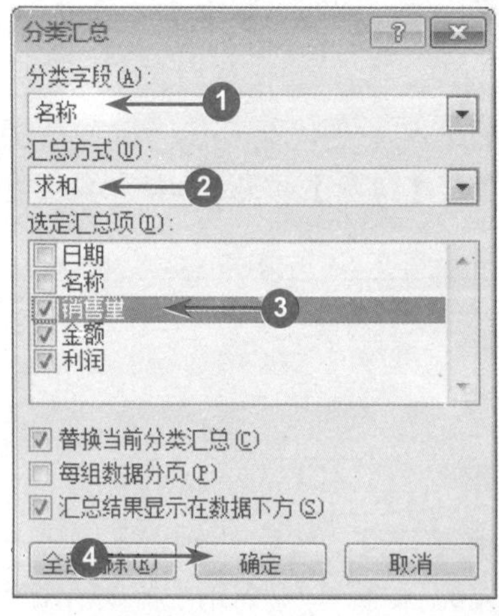


图 11-28

**03 弹出【分类汇总】对话框，设置分类汇总条件**

№1 弹出【分类汇总】对话框，在【分类字段】下拉列表框中选择【名称】选项。

№2 在【汇总方式】下拉列表框中选择【求和】选项。

№3 在【选定汇总项】列表框中，选择需要进行汇总的复选框，如【销售量】、【金额】和【利润】。

№4 单击【确定】按钮，如图 11-28 所示。

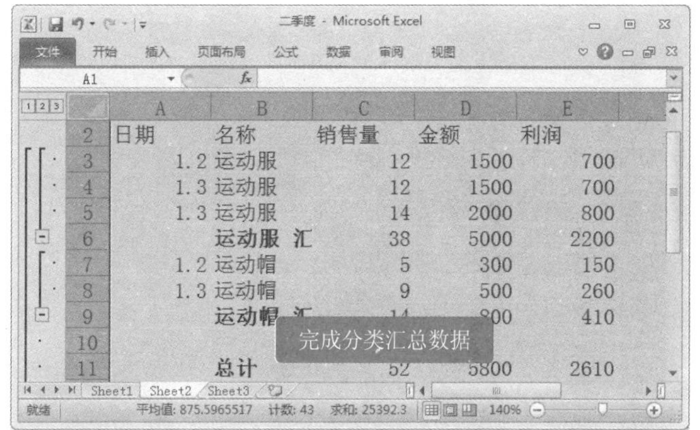


图 11-29

## 04 完成插入分类汇总的操作，显示汇总效果

通过上述操作即可按照“名称”，汇总出“销售量”“金额”和“利润”的总和，如图 11-29 所示。

# 11.5.2 分级显示数据

在 Excel 2010 工作表中，当数据较多且具有层次关系时，用户可以使用分级显示功能来显示数据，从而方便对数据的查看。下面具体介绍分级显示数据的操作方法。

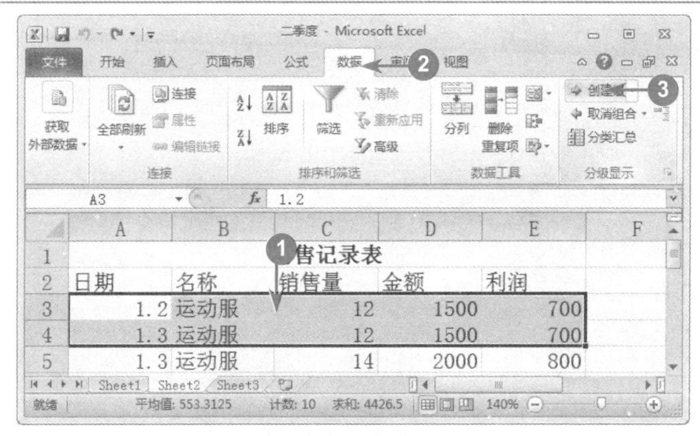

图 11-30

## 01 选择【数据】选项卡，单击【创建组】按钮

No1 打开 Excel 工作表后，选择准备创建组的行。

No2 选择【数据】选项卡。

No3 在【分级显示】组中单击【创建组】按钮，如图 11-30 所示。

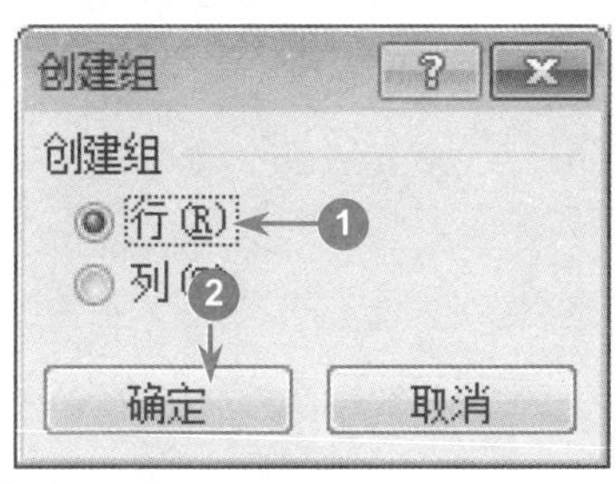


图 11-31

## 02 弹出【创建组】对话框，选择【行】单选项

No1 弹出【创建组】对话框，在【创建组】区域的下方，选择【行】单选项。

No2 单击【确定】按钮，如图 11-31 所示。

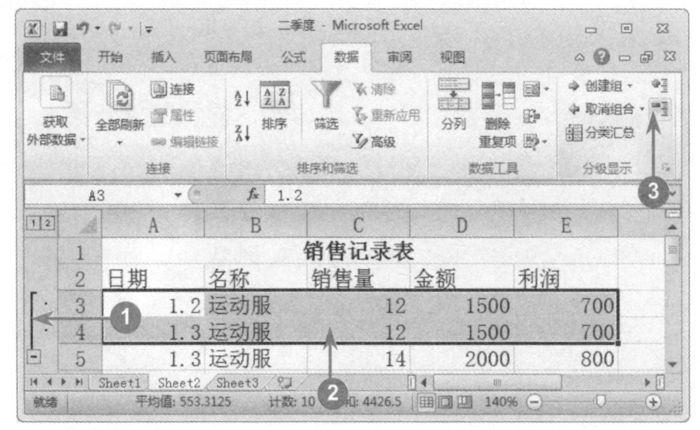
图 11-32

## 03 创建组完成，单击【隐藏明细数据】按钮

№1 创建组完成，显示创建的分组。重复上述操作即可为其他产品创建组。

№2 选中组中的任意单元格。

№3 在【分级显示】组中单击【隐藏明细数据】按钮，如图 11-32 所示。

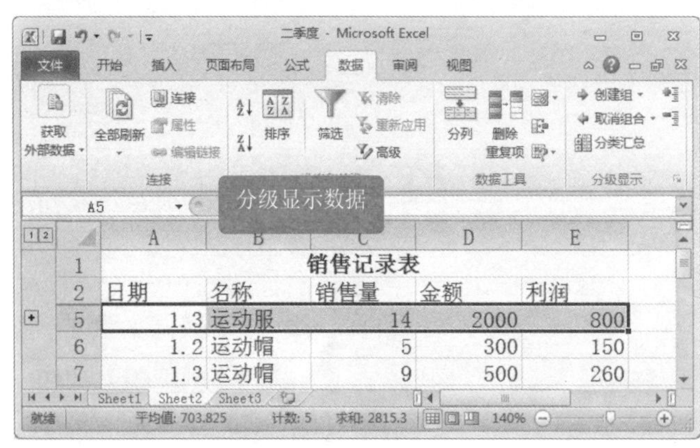

图 11-33

## 04 隐藏明细数据，在表格中显示效果

通过上述操作即可隐藏明细数据，从而分级显示数据内容，如图 11-33 所示。

# Section 11.6 实践案例与上机指导

本章学习了单元格引用、使用公式计算、使用函数、分类汇总、数据排序和筛选等方面的知识。通过对本章的学习，读者不但可以学会如何管理 Excel 2010 表格数据，而且还可以掌握如何使用公式与函数。在本节中，将结合实际的工作和应用，通过上机练习，进一步掌握和提高本章所学的知识点。

## 11.6.1 复制函数

在本章中介绍了使用函数方面的知识，下面将结合实践应用，上机练习复制函数的具体操作。通过本节练习，读者可以进一步掌握使用 Excel 进行计算与分析数据的方法。

在 Excel 2010 中，用户可以直接将一个单元格中的函数应用到其他单元格中，从而提高函数的输入速度，加快工作效率。下面具体介绍复制函数的操作方法。

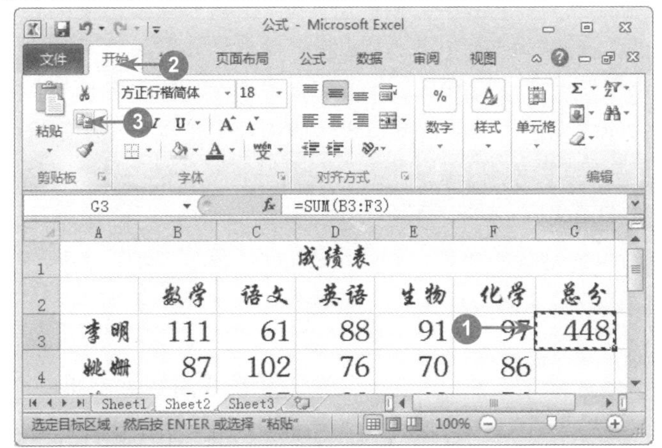


图 11-34

## 01 选择【开始】选项卡，单击【复制】按钮

№1 启动 Excel 2010，选择准备复制的公式所在的单元格。

№2 选择【开始】选项卡。

№3 在【剪贴板】组中单击【复制】按钮，如图 11-34 所示。

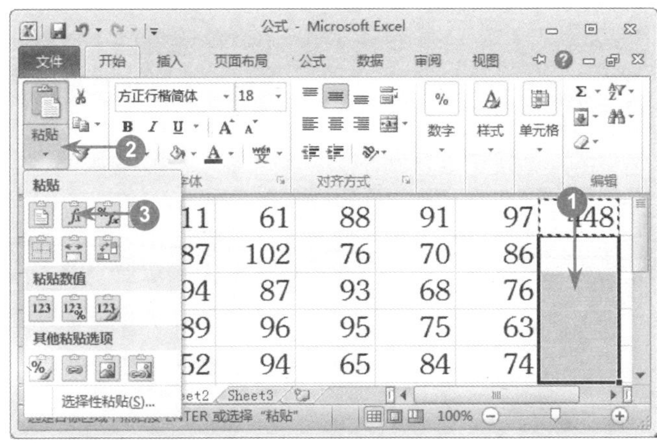


图 11-35

## 02 选择粘贴公式的目标区域，单击【公式】按钮

№1 选择准备粘贴公式的目标单元格区域。

№2 在【剪贴板】组中，单击【粘贴】按钮的下拉箭头。

№3 在弹出的下拉列表中，单击【公式】按钮，如图 11-35 所示。

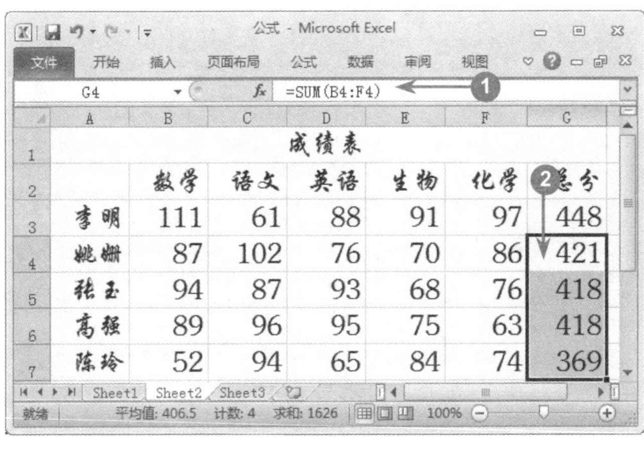


图 11-36

## 03 完成复制函数的操作，显示公式的计算结果

№1 通过上述步骤即可完成复制函数的操作，在编辑栏中显示复制的函数。

№2 在单元格区域中显示公式的计算结果，如图 11-36 所示。

## 11.6.2 高级筛选

在本章中介绍了数据排序和筛选方面的知识，下面将结合实践应用，上机练习高级筛选的具体操作。通过本节练习，读者可以进一步掌握使用 Excel 进行计算与分析数据的方法。

高级筛选数据是指根据复杂条件筛选出符合条件的数据记录的过程。在进行高级筛选之前，用户应在数据区域以外的位置输入用于筛选的条件。下面介绍高级筛选的操作方法。

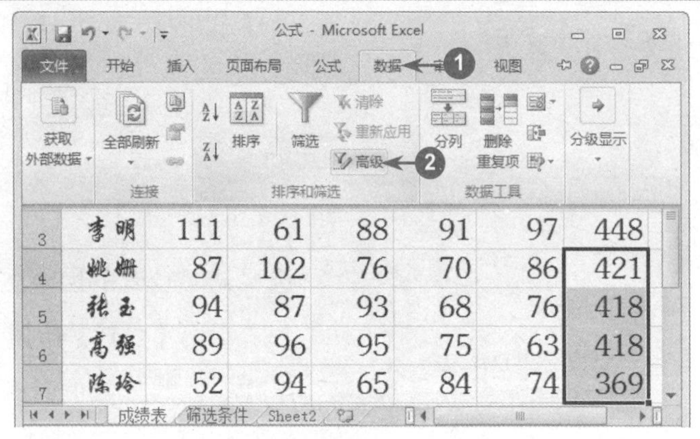


图 11-37

**01 选择【数据】选项卡，单击【高级】按钮**

No.1 启动 Excel 2010，打开工作表后，选择【数据】选项卡。

No.2 在【排序和筛选】组中单击【高级】按钮，如图 11-37 所示。

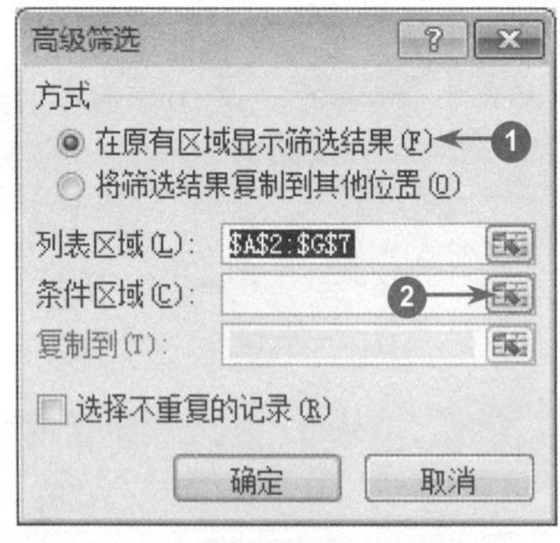


图 11-38

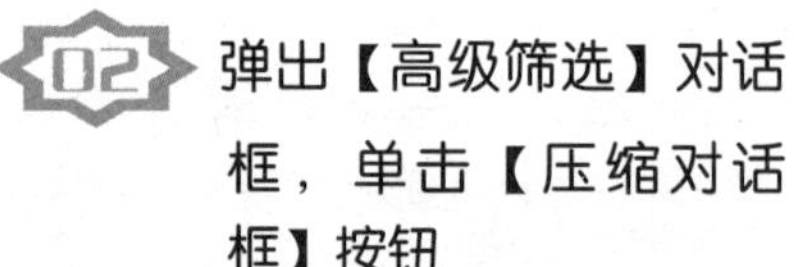

**02 弹出【高级筛选】对话框，单击【压缩对话框】按钮**

No.1 弹出【高级筛选】对话框，选中【在原有区域显示筛选结果】单选项。

No.2 单击【条件区域】文本框右侧的【压缩对话框】按钮，如图 11-38 所示。

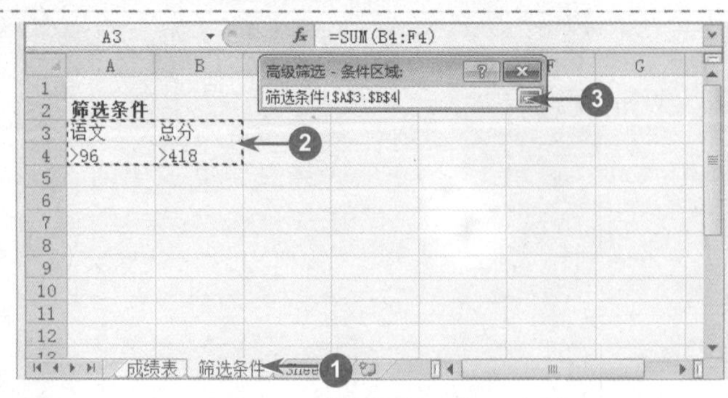


图 11-39

**03 单击【筛选条件】标签，选择筛选条件区域**

No.1 找到创建好的筛选条件所在的位置，如单击【筛选条件】工作表标签。

No.2 选择准备进行高级筛选的单元格区域。

No.3 单击【展开对话框】按钮，如图 11-39 所示。

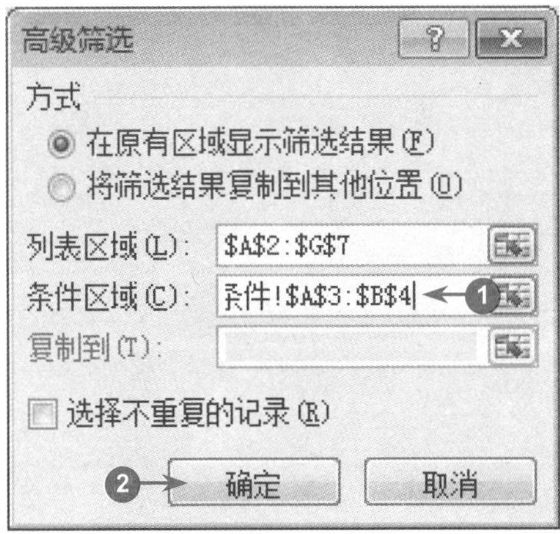


图 11-40

## 04 显示条件区域的绝对引用，单击【确定】按钮

№1 返回【高级筛选】对话框，在【条件区域】文本框中显示条件区域的绝对引用。

№2 单击【确定】按钮，如图 11-40 所示。

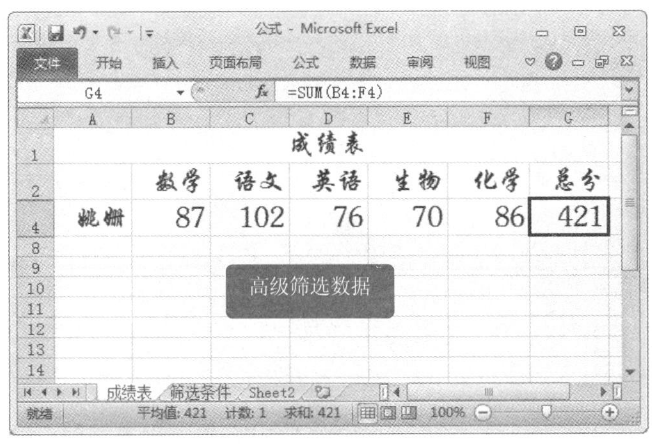


图 11-41

## 05 完成高级筛选的操作，显示筛选后的结果

通过上述操作即可筛选出“语文”成绩大于“96”，且“总分”大于“418”的记录，如图 11-41 所示。

# 读书笔记

# 第 12 章

# 使用 PowerPoint 2010 设计与制作幻灯片

## 本章内容导读

本章主要介绍演示文稿的基本操作、幻灯片的基本操作、美化幻灯片效果、插入多媒体对象和设置动画效果等方面的知识，同时还将讲解放映演示文稿的操作方法。在本章的最后还会针对实际的工作需求，讲解打包演示文稿、创建演示文稿视频、设置幻灯片页面和打印幻灯片的方法。通过对本章的学习，读者可以掌握使用 PowerPoint 2010 设计与制作幻灯片的方法，为进一步学习电脑知识奠定基础。

## 本章知识要点

◎ **演示文稿的基本操作**
◎ **幻灯片的基本操作**
◎ **美化幻灯片效果**
◎ **插入多媒体对象**
◎ **设置动画效果**
◎ **放映演示文稿**

Section

# 12.1 演示文稿的基本操作

PowerPoint 2010 简称为 PPT，是 Office 2010 中的一个重要组成部分，是一款功能强大的幻灯片制作软件。运用 PowerPoint 可以将文字、图片、声音、视频等各种信息合理地组织在一起，从而更加形象地表达演示者需要讲述的信息。PPT 可用于传授知识、促进交流等各个方面。本节将详细介绍演示文稿的一些基本操作，如创建、保存、关闭和打开演示文稿等。

## 12.1.1 创建演示文稿

启动 PowerPoint 2010 后，系统会自动新建一个名为“演示文稿 1”的空白文稿。在编辑文稿的过程中，用户也可以根据个人的需要新建演示文稿。下面将详细介绍新建演示文稿的操作方法。

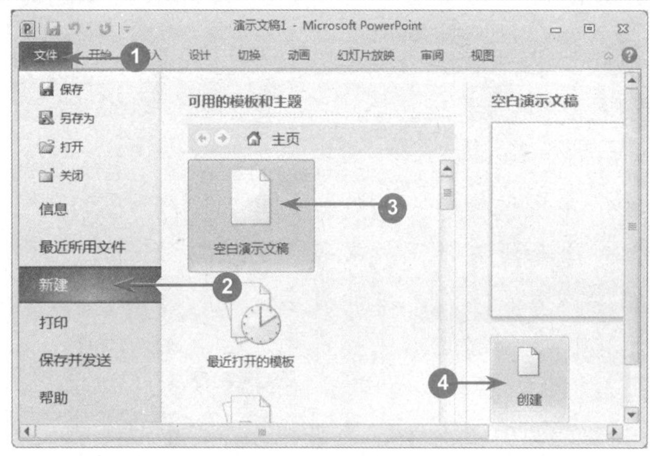


图 12-1

### 01 选择可用的模板，单击【创建】按钮

№1 在 PowerPoint 2010 中选择【文件】选项卡。

№2 在 Backstage 视图中选择【新建】选项卡。

№3 在【可用模板】区域中，选择准备应用的模板选项。

№4 单击【创建】按钮，如图 12-1 所示。

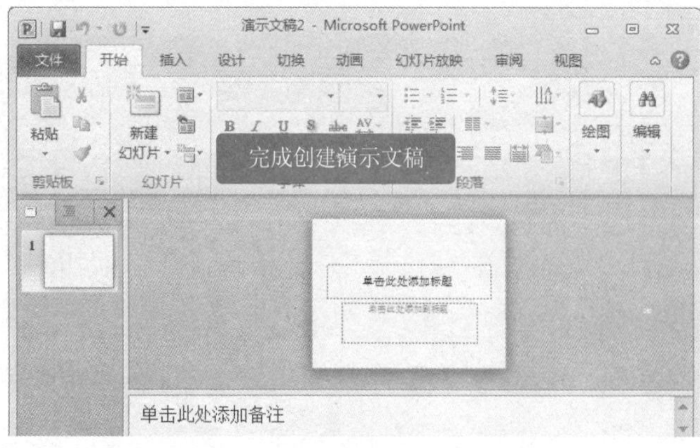


图 12-2

### 02 弹出新的窗口，完成创建演示文稿的操作

弹出一个【演示文稿 2】窗口，这样即可新建一个空白的演示文稿，如图 12-2 所示。

**■指点迷津**

启动 PowerPoint 2010 后，用户在键盘上按下〈Ctrl+N〉组合键，可以快速新建一个基于当前工作簿的空白演示文稿。

## 12.1.2 保存演示文稿

在 PowerPoint 2010 中完成演示文稿的创建与编辑操作后，用户需要将演示文稿进行保存，以防止误操作造成演示文稿的丢失。下面具体介绍保存演示文稿的操作方法。

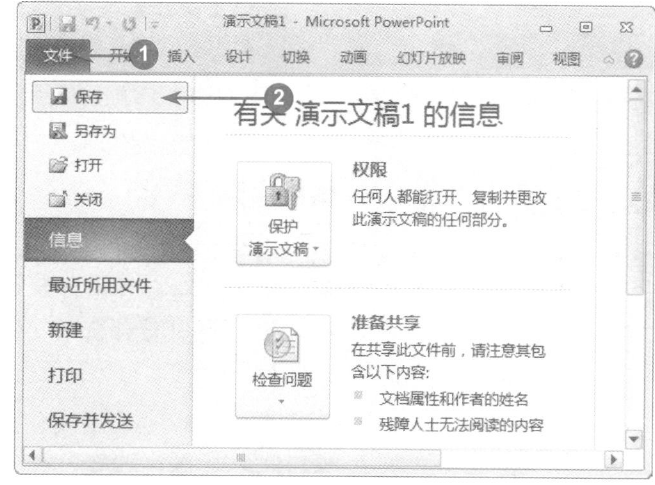


图 12-3

### 01 选择【文件】选项卡，单击【保存】按钮

№1 在 PowerPoint 2010 中选择【文件】选项卡。

№2 在 Backstage 视图中单击【保存】按钮，如图 12-3 所示。

**■多学一点**

用户在【快速访问】工具栏中单击【保存】按钮，也可进行保存演示文稿的操作。

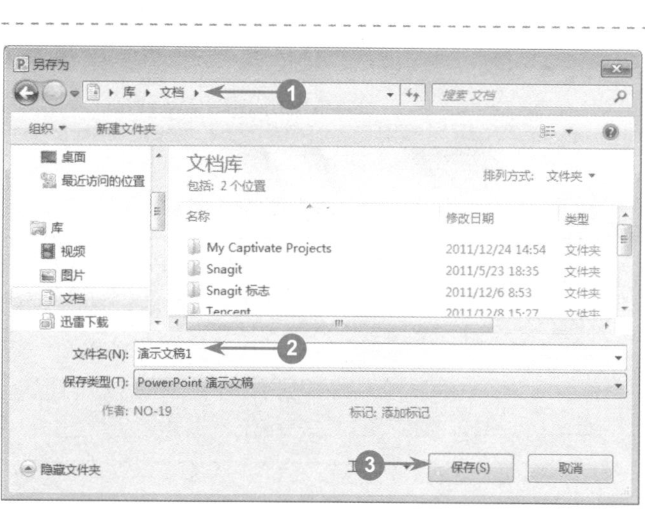


图 12-4

### 02 弹出【另存为】对话框，保存创建的演示文稿

№1 弹出【另存为】对话框，选择准备保存的位置。

№2 在【文件名】文本框中，输入准备使用的文件名称。

№3 单击【保存】按钮，这样即可完成保存演示文稿的操作，如图 12-4 所示。

## 12.1.3 关闭演示文稿

编辑完当前的演示文稿后，用户即可关闭该演示文稿。下面介绍关闭演示文稿的操作方法。

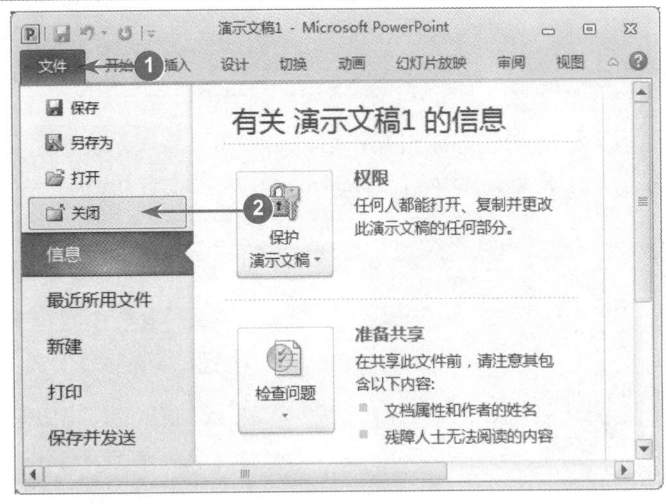


图 12-5

## 01 选择【文件】选项卡，单击【关闭】按钮

№1 在 PowerPoint 2010 中选择【文件】选项卡。

№2 在 Backstage 视图中单击【关闭】按钮，如图 12-5 所示。

### ■指点迷津

如果演示文稿未经过保存，则关闭时会弹出提示对话框，提示用户要对演示文稿进行保存。

图 12-6

## 02 标题栏改变，完成关闭演示文稿的操作

通过上述操作即可关闭演示文稿，在标题栏中只显示 Microsoft PowerPoint，如图 12-6 所示。

### ■多学一点

在 PowerPoint 2010 中完成演示文稿的编辑和保存操作后，用户在键盘上按下〈Ctrl+W〉组合键，可以快速关闭演示文稿。

# Section 12.2 幻灯片的基本操作

在对幻灯片进行操作之前，用户需要先掌握幻灯片的基本操作，如选择幻灯片、插入新幻灯片、移动幻灯片、复制幻灯片和删除幻灯片等，为后续的操作奠定基础。本节将详细介绍幻灯片的基本操作。

## 12.2.1 选择幻灯片

使用 PowerPoint 演示文稿进行幻灯片的编辑操作时，用户首先需要选择幻灯片，然后才能进行设计和制作。下面将具体介绍选择幻灯片的操作方法。

图 12-7

### 01 选择【幻灯片】选项卡，选中幻灯片缩略图

№1 在 PowerPoint 2010 中，打开演示文稿后，在大纲区选择【幻灯片】选项卡。

№2 选中准备选择的幻灯片缩略图，如图 12-7 所示。

图 12-8

### 02 工作区中显示选择的幻灯片

通过上述操作即可完成选择幻灯片的操作，如图 12-8 所示。

**■多学一点**

选择幻灯片后，用户在键盘上按下〈↑〉键或〈↓〉键，可以进行幻灯片的切换。

## 12.2.2 插入幻灯片

插入幻灯片是在已有的演示文稿中，插入空白的幻灯片。在 PowerPoint 2010 中，用户可以插入不同版式的新幻灯片，从而更好地完善演示文稿的内容。下面介绍插入幻灯片的操作方法。

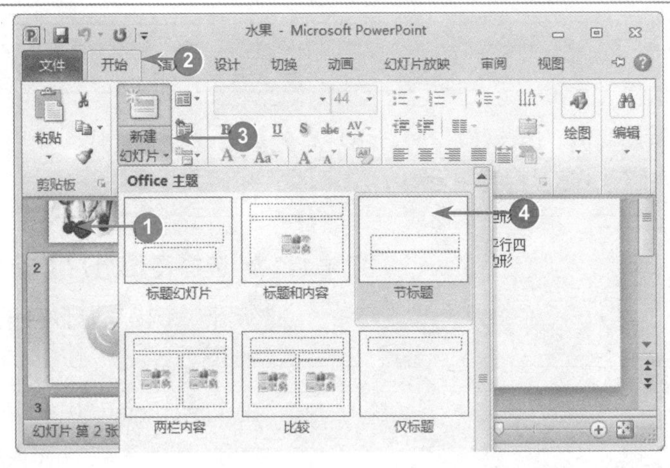


图 12-9

01 单击【新建幻灯片】按钮，选择幻灯片版式

№1 在 PowerPoint 2010 中，打开演示文稿后，在大纲区选择新幻灯片的插入位置。

№2 选择【开始】选项卡。

№3 在【幻灯片】组中单击【新建幻灯片】按钮 。

№4 选择准备应用的主题，如选择【节标题】选项，如图 12-9 所示。

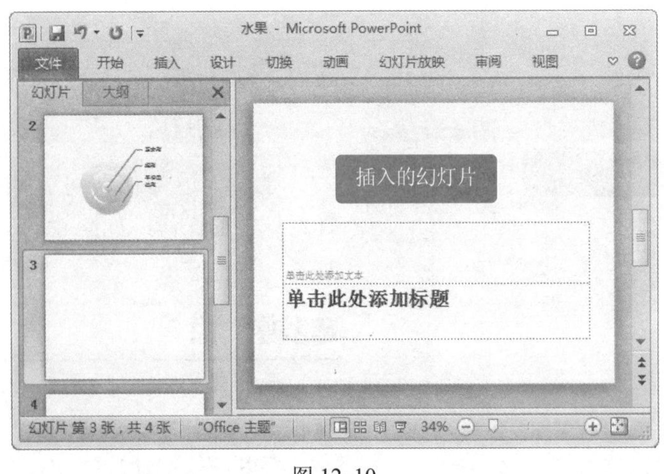


图 12-10

02 插入新的幻灯片，显示版式效果

通过上述操作即可在选中的幻灯片的下方插入【节标题】版式的新幻灯片，如图 12-10 所示。

**■多学一点**

用户在大纲区选择幻灯片后，在键盘上按下〈Enter〉键，可以在该幻灯片之后插入一个与该幻灯片版式相同的新幻灯片。

## 12.2.3 移动幻灯片

移动幻灯片是将已有幻灯片移动至指定的位置。在 PowerPoint 2010 中，用户可以将选择的幻灯片移动到指定位置，从而编辑幻灯片。下面介绍移动幻灯片的操作方法。

图 12-11

## 01 选择【开始】选项卡，单击【剪切】按钮

No1 在大纲区选择准备移动的幻灯片缩略图。

No2 选择【开始】选项卡。

No3 在【剪贴板】组中单击【剪切】按钮，如图 12-11 所示。

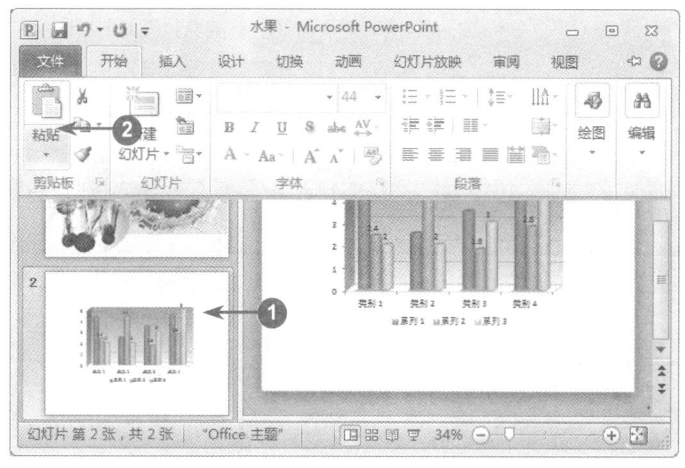


图 12-12

## 02 定位鼠标光标到目标位置，单击【粘贴】按钮

No1 将鼠标光标定位到目标位置。

No2 在【剪贴板】组中，单击【粘贴】按钮，如图 12-12 所示。

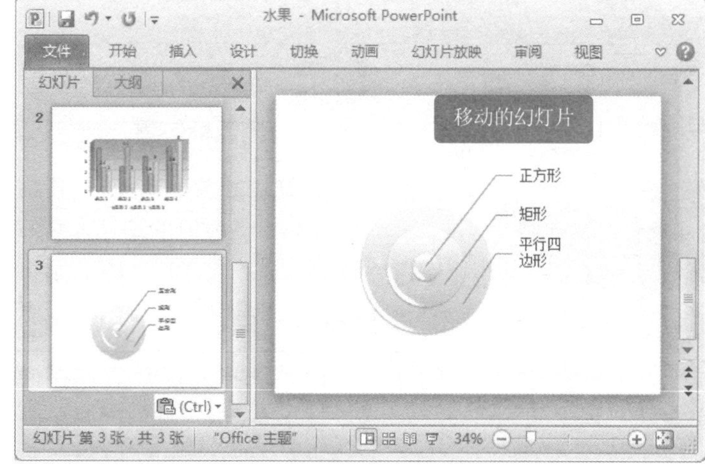


图 12-13

## 03 剪切的幻灯片移动到目标位置

通过上述操作即可移动幻灯片，将剪切的幻灯片粘贴至目标位置，如图 12-13 所示。

### ■多学一点

用户在键盘上按下〈Ctrl+X〉组合键同样可以实现剪切功能，然后在键盘上按下〈Ctrl+V〉组合键进行粘贴。

## 12.2.4 复制幻灯片

在 PowerPoint 2010 中，复制幻灯片是把已存在的幻灯片复制至指定位置，但原位置的幻灯片仍然存在。这样做可以为幻灯片创建副本，从而便于幻灯片的编辑。下面介绍复制幻灯片的操作方法。

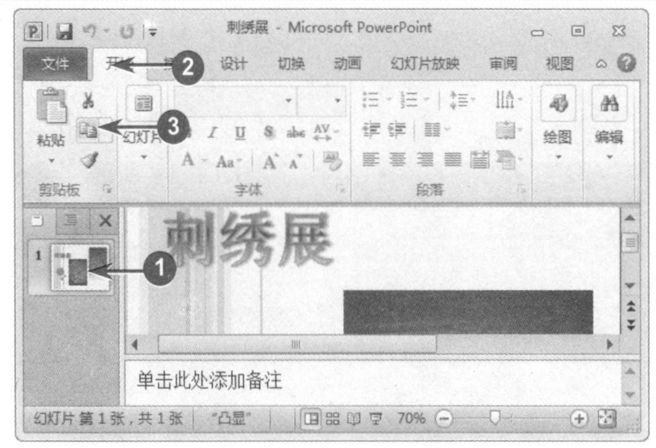

图 12-14

**01 选择【开始】选项卡，单击【复制】按钮**

No1 在大纲区选择准备复制的幻灯片缩略图。

No2 选择【开始】选项卡。

No3 在【剪贴板】组中，单击【复制】按钮，如图 12-14 所示。

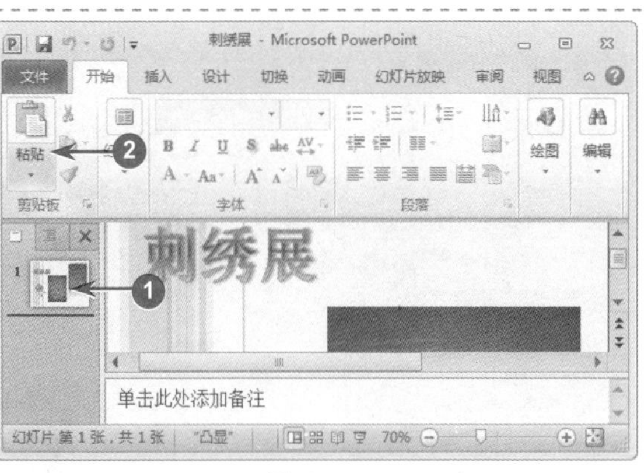

图 12-15

**02 定位鼠标光标到准备复制的目标位置，单击【粘贴】按钮**

No1 将鼠标光标定位在准备复制到的目标位置。

No2 在【剪贴板】组中，单击【粘贴】按钮，如图 12-15 所示。

图 12-16

**03 选择的幻灯片已复制到目标位置**

通过上述操作即可复制幻灯片，将准备复制的幻灯片粘贴至目标位置，如图 12-16 所示。

**■多学一点**

用户选择幻灯片后，在键盘上按下〈Ctrl〉键，同时单击并拖动幻灯片至目标位置，可以快速复制幻灯片。

## 12.2.5 删除幻灯片

在 PowerPoint 2010 中，删除幻灯片是将演示文稿中多余或不需要的幻灯片进行删除，从而整洁幻灯片。下面具体介绍删除幻灯片的操作方法。

图 12-17

### 01 右键单击幻灯片，选择【删除幻灯片】选项

№1 在大纲区选择准备删除的幻灯片缩略图，如单击“第 2 张幻灯片”。

№2 使用鼠标右键单击已选择的幻灯片，在弹出的快捷菜单中，选择【删除幻灯片】选项，如图 12-17 所示。

图 12-18

### 02 选择的幻灯片已被删除，显示删除效果

第 2 张幻灯片已被删除，已完成删除幻灯片的操作，如图 12-18 所示。

**■多学一点**

用户单击准备删除的幻灯片，在键盘上按下〈Delete〉键，也可以删除幻灯片。

# Section 12.3 美化幻灯片效果

美观漂亮的演示文稿可以使观众更快更好地接受宣传者的观点。使用 PowerPoint 2010 制作幻灯片，用户可以在文稿中插入剪贴画、图片和艺术字等，从而增强幻灯片的艺术效果。本节将详细介绍美化幻灯片的基本操作。

## 12.3.1 插入剪贴画

剪贴画是 PowerPoint 2010 中默认设计好的图片。用户可以将剪贴画直接插入到幻灯片中，从而达到美化幻灯片的目的。下面介绍插入剪贴画的操作方法。

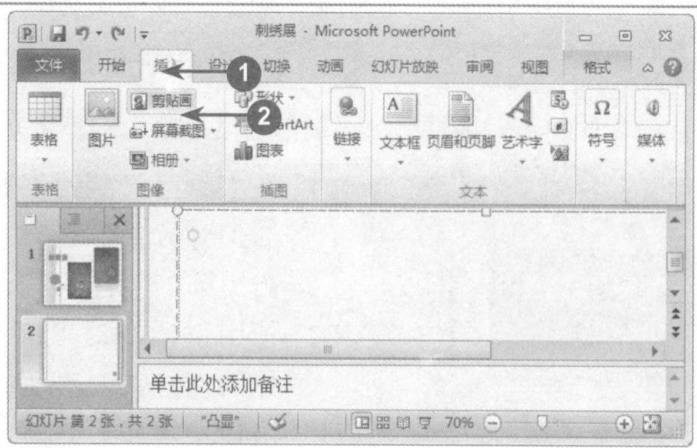


图 12-19

**01 选择【插入】选项卡，单击【剪贴画】按钮**

№1 选择【插入】选项卡。

№2 在【图像】组中，单击【剪贴画】按钮，如图 12-19 所示。

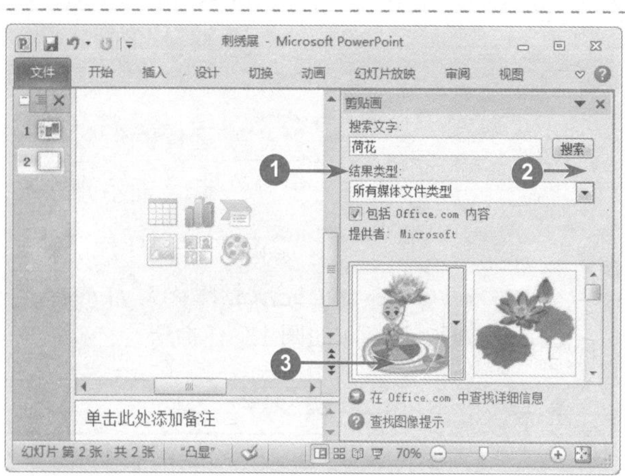


图 12-20

**02 搜索剪贴画，选择准备插入的剪贴画选项**

№1 打开【剪贴画】窗格，在【搜索文字】文本框中，输入准备搜索的剪贴画内容。

№2 单击【搜索】按钮。

№3 单击准备插入的剪贴画选项，如图 12-20 所示。

图 12-21

**03 选择的剪贴画已插入到幻灯片中**

通过上述操作即可在幻灯片中插入剪贴画，如图 12-21 所示。

### 多学一点

用户在幻灯片中插入剪贴画后，选中剪贴画，单击并拖动其四周的控制点，可以调整剪贴画的大小。

## 12.3.2 插入图片

用户可以将电脑中自己喜欢的图片插入到 PowerPoint 2010 演示文稿中，从而达到美化幻灯片的目的。下面介绍插入图片的操作方法。

图 12-22

### 01 选择【插入】选项卡，单击【图片】按钮

№1 选择【插入】选项卡。

№2 在【图像】组中，单击【图片】按钮，如图 12-22 所示。

图 12-23

### 02 选择准备插入的图片

№1 弹出【插入图片】对话框，选择图片的保存位置。

№2 选择准备插入的图片。

№3 单击【插入】按钮，如图 12-23 所示。

图 12-24

### 03 选择的图片已插入到幻灯片中

通过上述操作即可在幻灯片中插入图片，如图 12-24 所示。

## 12.3.3 插入艺术字

在 PowerPoint 2010 中，艺术字是具有装饰作用的文字，它可以美化幻灯片的页面，使幻灯片看起来更加吸引人。下面将详细介绍插入艺术字的操作方法。

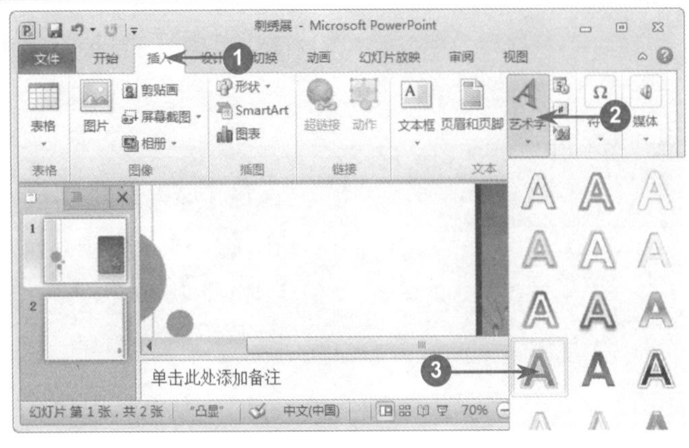


图 12-25

### 01 选择【插入】选项卡，单击【艺术字】按钮

№1 选择【插入】选项卡。

№2 在【文本】组中单击【艺术字】按钮。

№3 选择准备应用的艺术字选项，如图 12-25 所示。

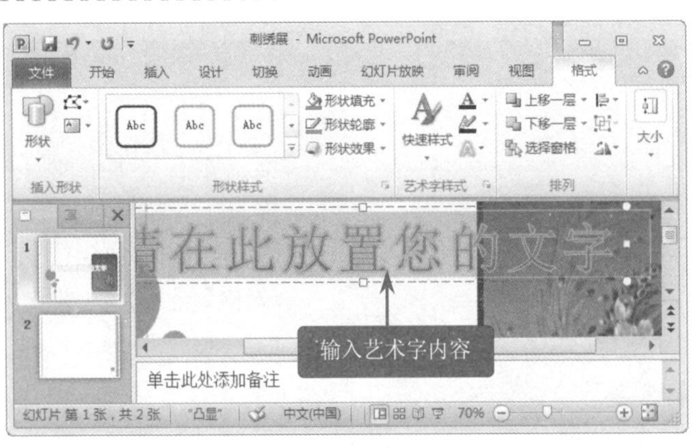


图 12-26

### 02 出现文本框，输入艺术字内容

在【请在此放置您的文字】文本框中，输入准备插入的艺术字内容，如“中国刺绣”，如图 12-26 所示。

图 12-27

### 03 完成插入艺术字的操作，显示插入后的效果

输入完艺术字的内容后，单击并拖动艺术字至合适的位置。通过上述步骤即可完成插入艺术字的操作，如图 12-27 所示。

**什么是艺术字**

**智慧锦囊**

艺术字体是设计师对我国成千上万的汉字，通过独特统一的变形组合，形成有固定装饰效果的字体体系，然后将其转换为“.ttf”格式的文件，安装在电脑中供用户使用。

Section

# 12.4 插入多媒体对象

在 PowerPoint 2010 中，为了丰富演示文稿的内容，用户可以根据个人的需要在文稿中插入多媒体对象，如插入声音和影片等，从而增强幻灯片的可视性，使幻灯片变得更加生动。本节将详细介绍插入多媒体对象的操作方法。

## 12.4.1 插入声音

使用 PowerPoint 2010 制作演示文稿时，用户可以根据不同的内容或动画为其搭配不同的背景音乐，将自己喜爱的歌曲插入到幻灯片中。下面介绍插入声音的操作方法。

图 12-28

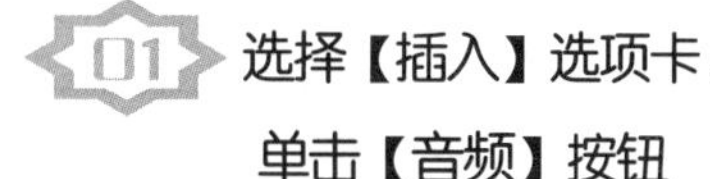

**01 选择【插入】选项卡，单击【音频】按钮**

No1　选择【插入】选项卡。

No2　在【媒体】组中单击【音频】按钮下方的向下箭头。

No3　在弹出的下拉菜单中，选择【文件中的音频】选项，如图 12-28 所示。

图 12-29

**02 弹出【插入音频】对话框，选择准备插入的音频文件**

No1　弹出【插入音频】对话框，选择音频所在的文件夹位置。

No2　选择准备插入的音频文件。

No3　单击【插入】按钮，如图 12-29 所示。

图 12-30

**03 完成插入声音的操作，显示插入后的效果**

电脑中的音频文件已被插入到演示文稿中，如图 12-30 所示。

**■指点迷津**

用户单击【播放/暂停】按钮▶即可播放或暂停音频文件。

## 12.4.2 插入影片

使用 PowerPoint 2010 进行演示文稿的编辑时，用户可以将影片插入到幻灯片中，这样不仅可以使版面变得更加美观漂亮，而且还可以方便讲解者更加生动形象地讲解幻灯片中的内容。下面将详细介绍插入影片的操作方法。

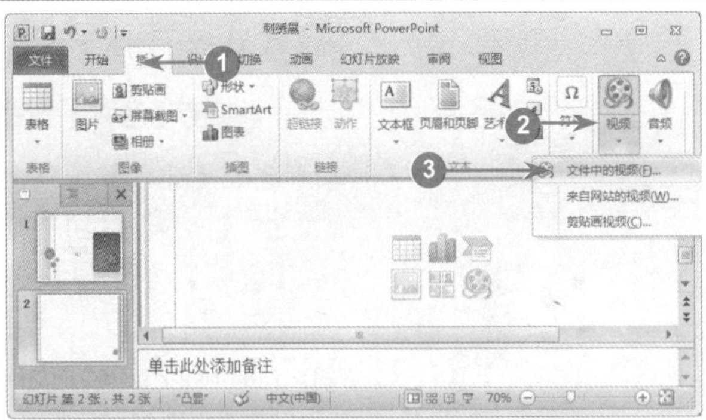

图 12-31

**01 选择【插入】选项卡，单击【视频】按钮**

№1 选择【插入】选项卡。

№2 在【媒体】组中，单击【视频】按钮下方的向下箭头。

№3 在弹出的下拉菜单中，选择【文件中的视频】选项，如图 12-31 所示。

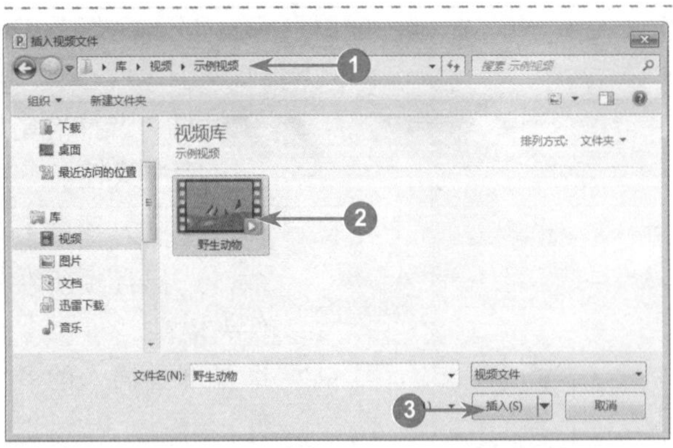

图 12-32

**02 弹出【插入视频文件】对话框，选择准备插入的视频文件**

№1 弹出【插入视频文件】对话框，选择视频所在的文件夹位置。

№2 选择准备插入的视频文件。

№3 单击【插入】按钮，如图 12-32 所示。

图 12-33

## 03 完成插入视频的操作，单击【播放/暂停】按钮

№1 在幻灯片页面中，显示插入的视频。

№2 单击【播放/暂停】按钮 ▶，如图 12-33 所示。

图 12-34

## 04 开始播放插入的视频文件

通过上述方法即可完成在幻灯片中插入视频的操作，并开始播放插入的视频文件，如图 12-34 所示。

智慧锦囊

### 设置视频样式

用户在 PowerPoint 2010 中插入视频后，选中插入的视频，选择【格式】选项卡，在【视频样式】组中单击【视频样式】按钮，在弹出的下拉菜单中选择准备应用的视频样式选项，即可设置视频样式。

# Section 12.5 设置动画效果

在 PowerPoint 2010 中，用户可以给幻灯片之间的切换设置不同的动画效果，从而增强演示文稿的可视性。本节将详细介绍设置动画效果的操作方法。

## 12.5.1 添加幻灯片切换效果

在 PowerPoint 2010 中，用户可以为选中的幻灯片添加切换效果。切换效果是指幻灯片与幻灯片之间的过渡效果。用户可以设置不同的切换效果，使幻灯片在放映时显得更加美观。下面介绍添加切换效果的操作方法。

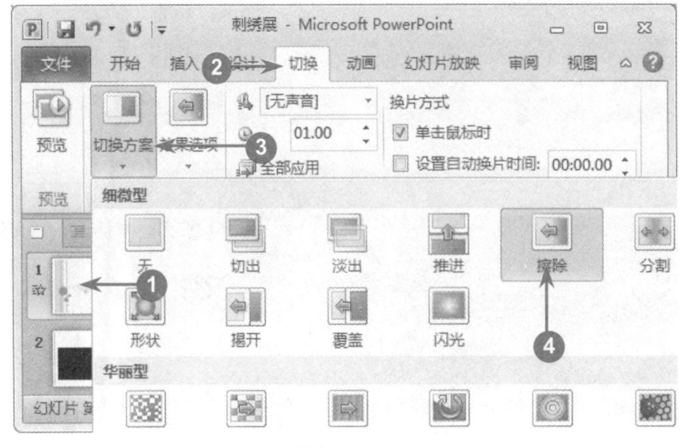

图 12-35

### 01 选择【切换】选项卡，单击【切换方案】按钮

№1 选中准备添加切换效果的幻灯片。

№2 选择【切换】选项卡。

№3 在【切换到此幻灯片】组中单击【切换方案】按钮。

№4 在【细微型】区域中，选择【擦除】选项，如图 12-35 所示。

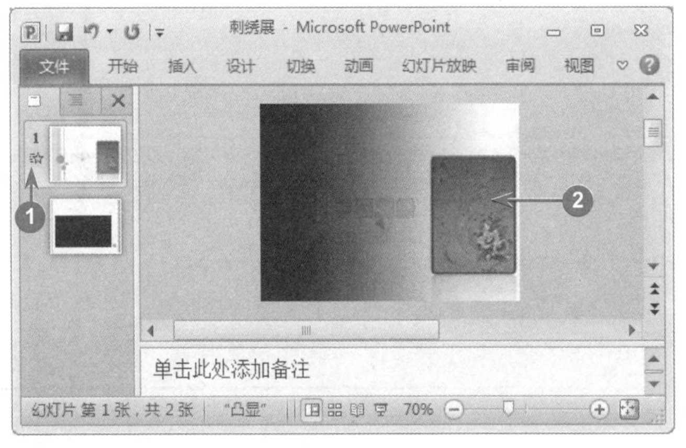

图 12-36

### 02 单击【播放动画】按钮，显示切换方案效果

№1 通过上述操作即可为选中的幻灯片添加切换效果，在大纲区单击该幻灯片缩略图左侧的【播放动画】按钮。

№2 可以欣赏到该幻灯片的切换效果，如图 12-36 所示。

## 12.5.2 使用超链接

在 PowerPoint 2010 中，使用超链接可以在幻灯片与幻灯片之间，或幻灯片与外部文件之间进行切换，从而增强演示文稿的可视性。下面将详细介绍使用超链接的操作方法。

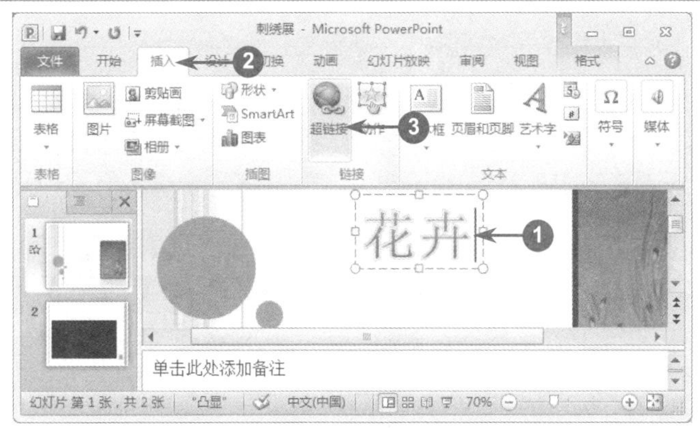

图 12-37

## 01 选择【插入】选项卡，单击【超链接】按钮

No1 在编辑的幻灯片中，选中准备添加超链接的对象。

No2 选择【插入】选项卡。

No3 在【链接】组中，单击【超链接】按钮，如图 12-37 所示。

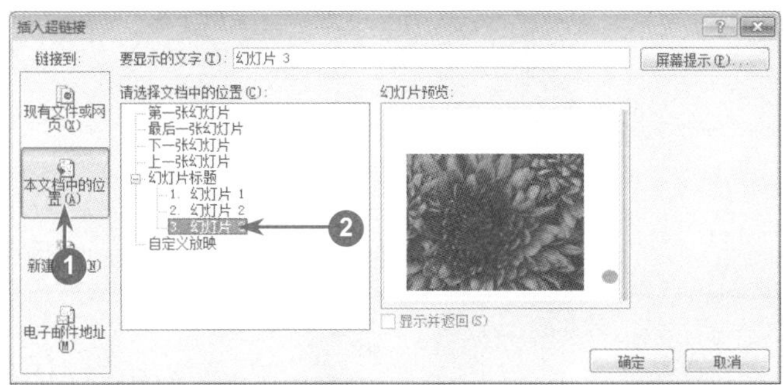

图 12-38

## 02 设置准备进行超链接的位置

No1 选择【本文档中的位置】列表项。

No2 在【请选择文档中的位置】列表框中，选择准备进行链接的位置，如选择【幻灯片 3】选项，如图 12-38 所示。

图 12-39

## 03 完成使用超链接的操作

在设置的对象下方显示一条横线，表示已插入超链接。这样即可完成使用超链接的操作，如图 12-39 所示。

## 12.5.3 应用动画样式

在 PowerPoint 2010 中，用户可以为幻灯片中的对象添加动画样式，添加后对象便会以动画的效果显示。动画的样式有很多种，用户可以根据个人的喜好进行添加。下面介绍添加动画样式的操作方法。

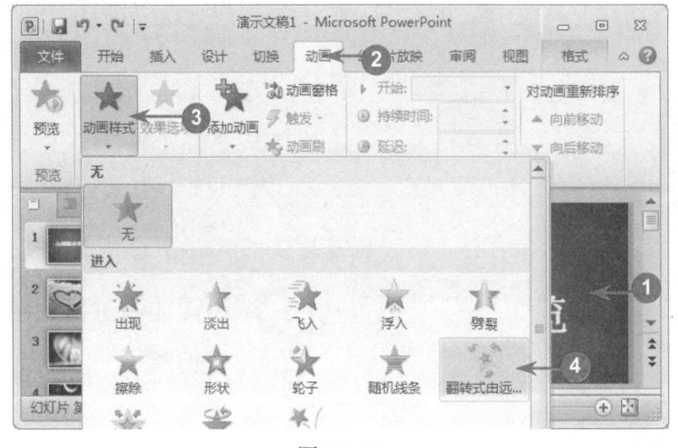


图 12-40

**01 选择【动画】选项卡，单击【动画样式】按钮**

№1 在幻灯片中选中准备应用动画样式的对象。

№2 选择【动画】选项卡。

№3 在【动画】组中单击【动画样式】按钮。

№4 在【进入】区域中，选择【翻转式由远及近】选项，如图 12-40 所示。

图 12-41

**02 完成应用动画样式的操作，显示样式效果**

通过上述操作即可为选中的对象应用"翻转式由远及近"的动画样式。在工作区显示动画效果后，对象的左上方会显示出应用动画样式的标志，如图 12-41 所示。

## 12.5.4 插入动作按钮

在 PowerPoint 2010 中，用户可以使用动作按钮来控制幻灯片的播放，如从一张幻灯片跳转到另一张幻灯片等，从而便于幻灯片的播放。下面介绍插入动作按钮的操作方法。

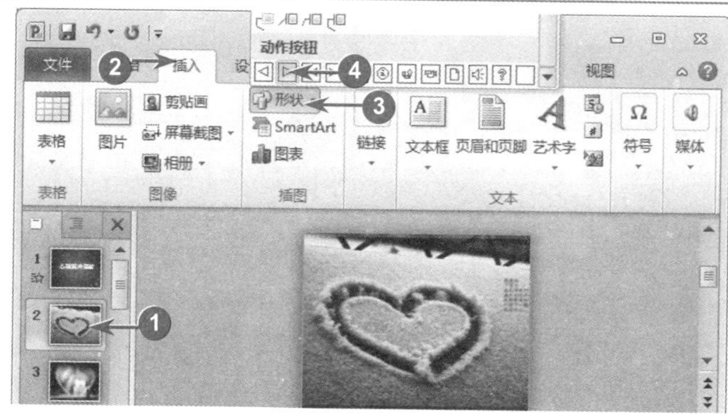


图 12-42

## 01 选择【插入】选项卡，选择【动作按钮】

No1 选中准备插入动作按钮的幻灯片。

No2 选择【插入】选项卡。

No3 在【插图】组中，单击【形状】按钮。

No4 在【动作按钮】区域中，选择【动作按钮：前进或下一项】选项，如图 12-42 所示。

图 12-43

## 02 单击并拖动鼠标左键，绘制动作按钮

鼠标指针变为黑色十字形，移动鼠标指针至准备添加动作按钮的位置，单击并拖动鼠标左键，绘制动作按钮的大小，如图 12-43 所示。

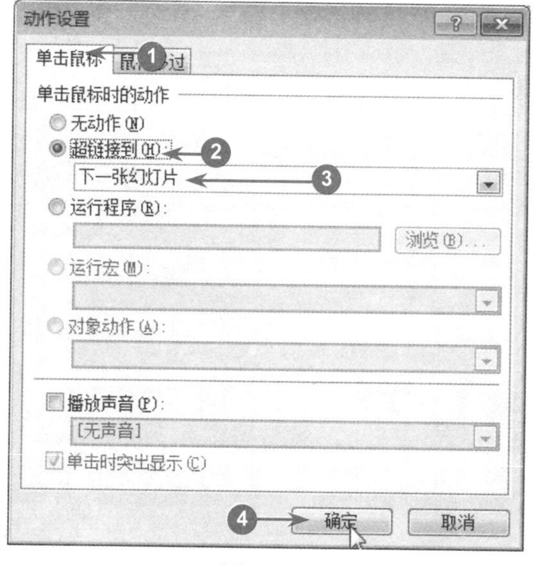


图 12-44

## 03 弹出【动作设置】对话框，设置按钮动作

No1 弹出【动作设置】对话框，选择【单击鼠标】选项卡。

No2 选中【超链接到】单选项。

No3 在【超链接到】下拉列表框中，选择【下一张幻灯片】选项。

No4 单击【确定】按钮，如图 12-44 所示。

图 12-45

### 04 设置动作按钮的样式，完成操作

№1 选择【格式】选项卡。

№2 在【形状样式】组中，选择准备应用的形状样式选项。通过上述操作即可在幻灯片中添加动作按钮，如图 12-45 所示。

**快速删除动作按钮**

智慧锦囊

如果用户不准备应用动作按钮了，可以将其删除。具体操作方法为：选中准备删除的动作按钮，在键盘上按下〈Delete〉键即可快速删除动作按钮。

Section

# 12.6 放映演示文稿

使用 PowerPoint 2010 完成演示文稿的编辑与制作操作后，用户可以进行播放。在放映时，用户可以设置幻灯片的放映时间和放映方式等。本节将介绍设置幻灯片的放映方式、设置幻灯片的放映时间、启动与退出放映幻灯片的方法。

## 12.6.1 设置幻灯片的放映方式

幻灯片的放映方式包括放映类型、换片方式、性能和放映范围等。用户可以在放映前对其进行设置，从而便于个性化地放映。下面介绍设置幻灯片放映方式的方法。

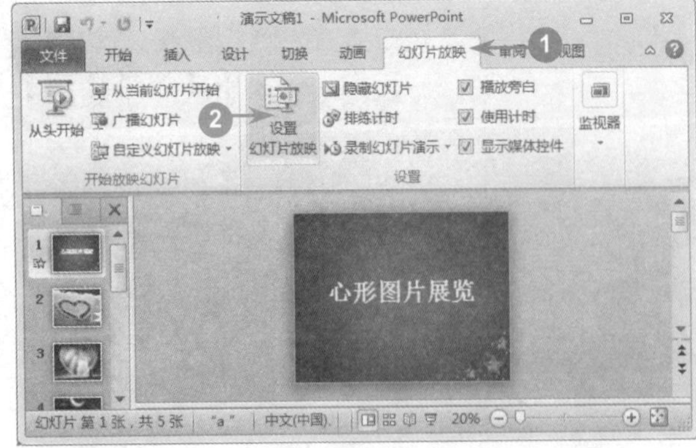


图 12-46

### 01 单击【设置幻灯片放映】按钮

№1 在 PowerPoint 2010 中打开演示文稿后，选择【幻灯片放映】选项卡。

№2 在【设置】组中，单击【设置幻灯片放映】按钮，如图 12-46 所示。

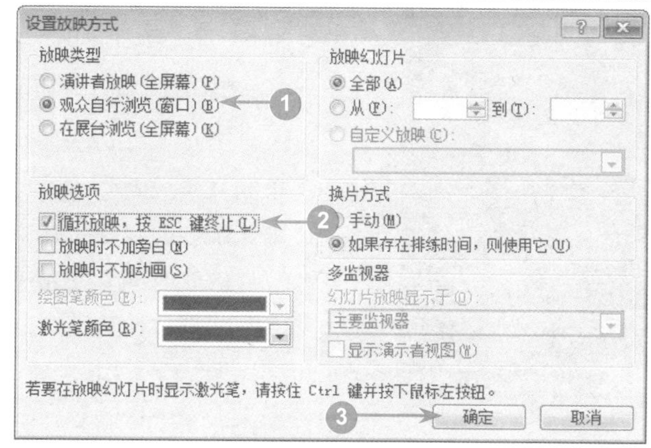


图 12-47

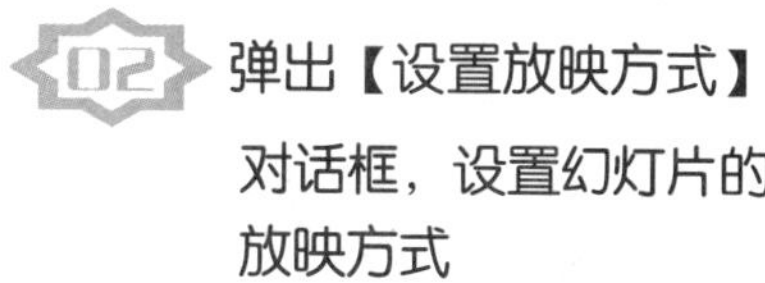

**02 弹出【设置放映方式】对话框，设置幻灯片的放映方式**

№1 弹出【设置放映方式】对话框，选择【观众自行浏览】单选项。

№2 在【放映选项】区域中，选中【循环放映，按 ESC 键终止】复选框。

№3 单击【确定】按钮，如图 12-47 所示。

图 12-48

**03 完成设置幻灯片放映方式的操作，显示设置效果**

通过以上方法即可完成设置放映方式的操作，放映幻灯片即可看到设置的效果，如图 12-48 所示。

## 12.6.2 设置幻灯片的放映时间

使用 PowerPoint 2010 放映幻灯片时，用户可以根据放映的需要为每张幻灯片设置不同的放映时间，这样更加有利于幻灯片内容的展示。下面介绍设置幻灯片放映时间的操作方法。

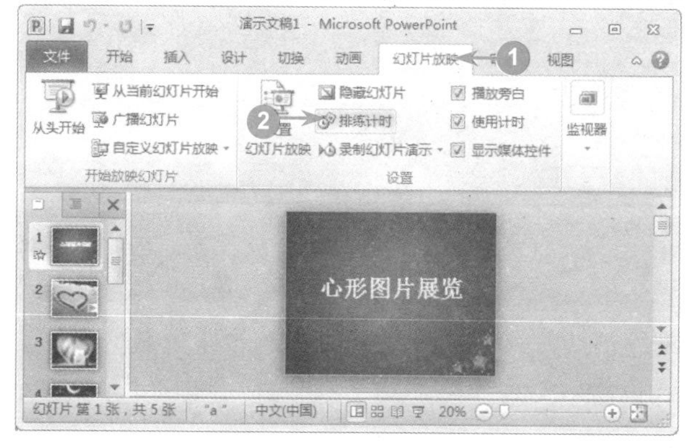


图 12-49

**01 选择【幻灯片放映】选项，单击【排练计时】按钮**

№1 在 PowerPoint 2010 中打开演示文稿后，选择【幻灯片放映】选项卡。

№2 在【设置】组中，单击【排练计时】按钮，如图 12-49 所示。

图 12-50

## 02 弹出【录制】对话框，录制每个幻灯片的放映时间

№1 自动开始放映幻灯片，并弹出【录制】对话框。在【幻灯片放映时间】文本框中显示此幻灯片的放映时间。

№2 此幻灯片的放映时间满足需要后，单击【下一项】按钮。

№3 所有幻灯片的放映时间都录制完成后，单击【关闭】按钮，如图 12-50 所示。

图 12-51

## 03 弹出【Microsoft PowerPoint】对话框，保留新的幻灯片排练时间

弹出【Microsoft PowerPoint】对话框，单击【是】按钮，如图 12-51 所示。

图 12-52

## 04 完成设置幻灯片放映时间的操作，显示设置效果

通过上述操作即可设置幻灯片的放映时间，每张幻灯片的下方都会显示该张幻灯片的放映时间，如图 12-52 所示。

智慧锦囊

### 隐藏幻灯片

用户选中准备隐藏的幻灯片，在【设置】组中单击【隐藏幻灯片】按钮，可以将选中的幻灯片隐藏，那么在全屏放映幻灯片时则不会显示该幻灯片。

### 12.6.3 启动与退出幻灯片放映

当幻灯片设置结束后，用户可以放映幻灯片给其他人观看，观看结束后需要退出幻灯片放映。下面具体介绍启动与退出幻灯片放映的方法。

图 12-53

**01 选择【幻灯片放映】选项，单击【从头开始】按钮**

№1 在 PowerPoint 2010 中打开演示文稿后，选择【幻灯片放映】选项卡。

№2 在【开始放映演示文稿】组中，单击【从头开始】按钮，如图 12-53 所示。

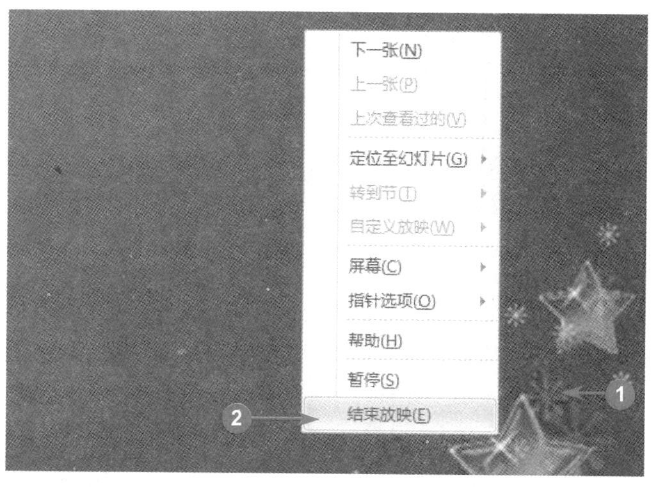


图 12-54

**02 单击鼠标右键，选择【结束放映】选项**

№1 通过上述操作即可启动幻灯片放映。

№2 单击鼠标右键，在弹出的快捷菜单中选择【结束放映】选项即可结束幻灯片放映，如图 12-54 所示。

## Section 12.7 实践案例与上机指导

本章学习了演示文稿、使用幻灯片、美化幻灯片效果、插入多媒体对象、设置动画效果和放映演示文稿等方面的知识。通过对本章的学习，读者不但可以掌握操作演示文稿的方法，而且还可以掌握编辑演示文稿的方法。在本节中，将结合实际的工作和应用，通过上机练习，进一步掌握和提高本章所学的知识点。

## 12.7.1 打包演示文稿

在实际工作中，用户经常需要将制作的演示文稿放到他人的计算机中进行放映。如果在准备使用的电脑中没有安装 PowerPoint 2010 程序，则需要在制作演示文稿的电脑中将幻灯片打包。在准备播放时，将压缩包解压，然后即可正常播放。下面将详细介绍打包演示文稿的操作方法。

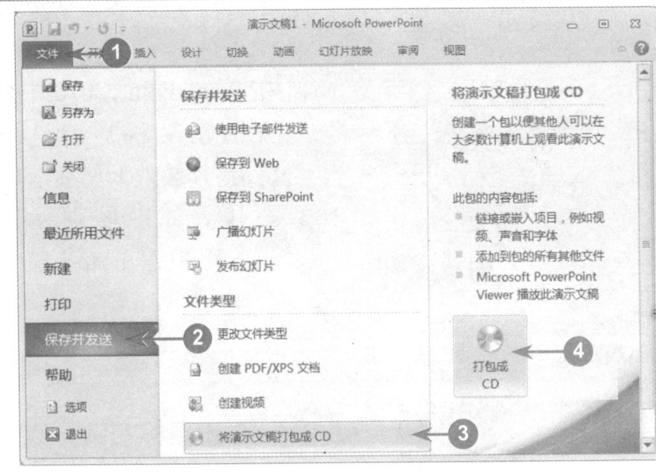


图 12-55

### 01 选择【文件】选项卡，单击【打包成 CD】按钮

No1 在 PowerPoint 2010 中打开演示文稿后，选择【文件】选项卡。

No2 在 Backstage 视图中，选择【保存并发送】选项。

No3 在【文件类型】区域中，选择【将演示文稿打包成 CD】选项。

No4 单击【打包成 CD】按钮 ，如图 12-55 所示。

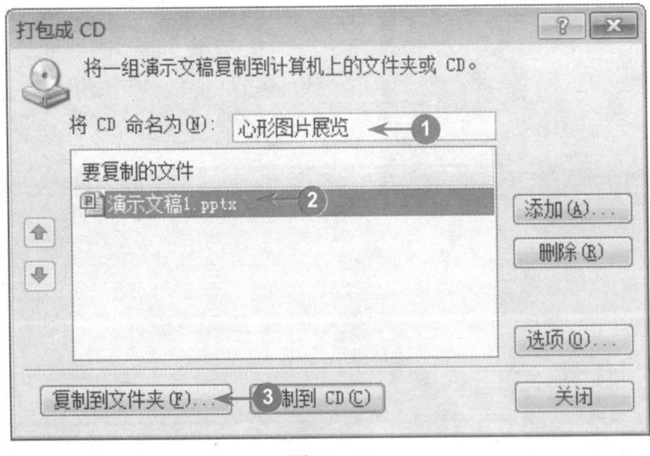


图 12-56

### 02 弹出【打包成 CD】对话框，单击【复制到文件夹】按钮

No1 弹出【打包成 CD】对话框，在【将 CD 命名为】文本框中输入打包的名称。

No2 在【要复制的文件】列表框中，选择准备要进行打包的演示文稿文件。

No3 单击【复制到文件夹】按钮 复制到文件夹(F)...，如图 12-56 所示。

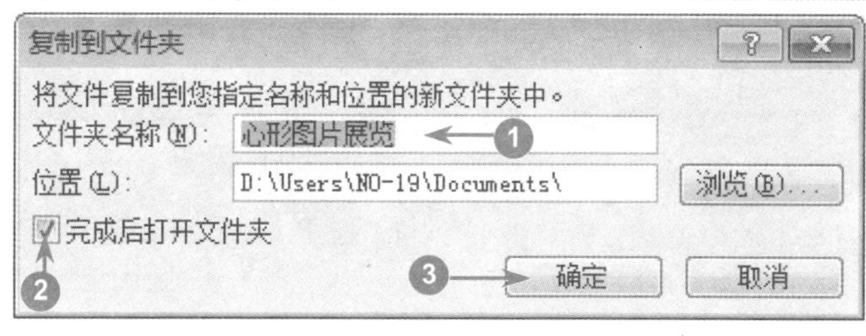


图 12-57

**03 弹出【复制到文件夹】对话框，设置文件夹名称**

№1 弹出【复制到文件夹】对话框，在【文件夹名称】文本框中输入打包文件准备使用的文件夹名。

№2 选择【完成后打开文件夹】复选框。

№3 单击【确定】按钮，如图 12-57 所示。

图 12-58

**04 单击【是】按钮**

弹出【Microsoft PowerPoint】对话框，单击【是】按钮，如图 12-58 所示。

图 12-59

**05 打开打包文稿目录，显示已打包的演示文稿**

返回【打包成 CD】对话框，单击【关闭】按钮。通过上述步骤即可完成打包演示文稿的操作。随后系统会自动打开打包的演示文稿所在的文件夹，在打包演示文稿的位置可以看到已打包的演示文稿，如图 12-59 所示。

## 12.7.2 创建演示文稿视频

使用 PowerPoint 2010 软件，用户可以将演示文稿创建成一个全保真的视频文件，这样就可以通过光盘、网络和电子邮件等方式进行分发。下面介绍创建演示文稿视频的操作方法。

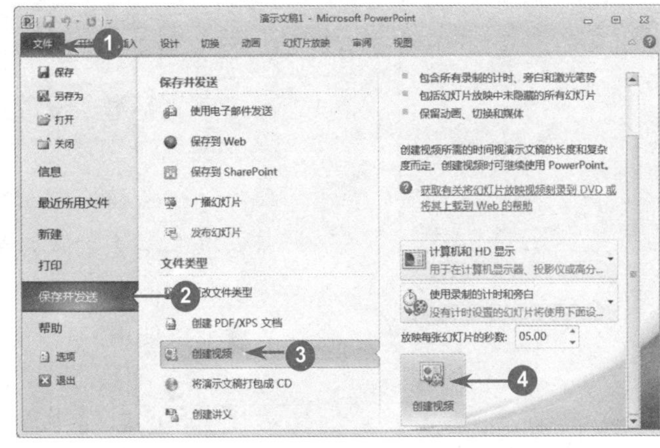


图 12-60

## 01 选择【文件】选项卡，单击【创建视频】按钮

No1 在 PowerPoint 2010 中打开演示文稿后，选择【文件】选项卡。

No2 在 Backstage 视图中，选择【保存并发送】选项。

No3 在【文件类型】区域中，选择【创建视频】选项。

No4 单击【创建视频】按钮，如图 12-60 所示。

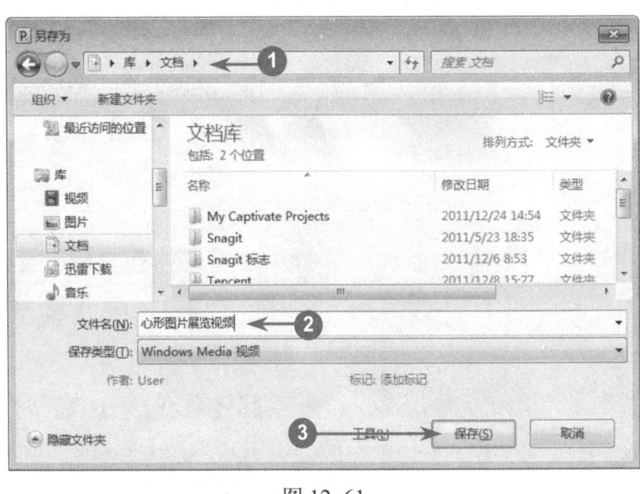


图 12-61

## 02 弹出【另存为】对话框，设置保存视频目录

No1 弹出【另存为】对话框，选择视频准备保存的位置。

No2 在【文件名】文本框中输入视频准备保存的名称，如输入“心形图片展览视频”。

No3 单击【保存】按钮，开始创建视频，如图 12-61 所示。

图 12-62

## 03 完成创建演示文稿视频的操作，显示已创建的演示文稿视频

打开保存演示文稿视频的文件夹，显示已创建的视频文件，这样即可完成创建演示文稿视频的操作，如图 12-62 所示。

## 12.7.3 设置幻灯片页面

如果准备将演示文稿打印到纸张上，用户可以根据具体的工作要求对幻灯片的页面进行设置，其中包括设置幻灯片的大小和方向等。下面具体介绍设置幻灯片页面的操作方法。

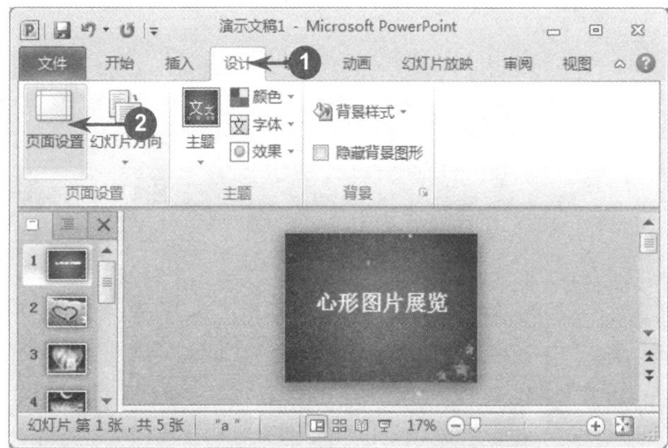

图 12-63

**01 选择【设计】选项卡，单击【页面设置】按钮**

№1 打开准备进行幻灯片页面设置的演示文稿，在【功能】区中选择【设计】选项卡。

№2 在【页面设置】组中，单击【页面设置】按钮，如图 12-63 所示。

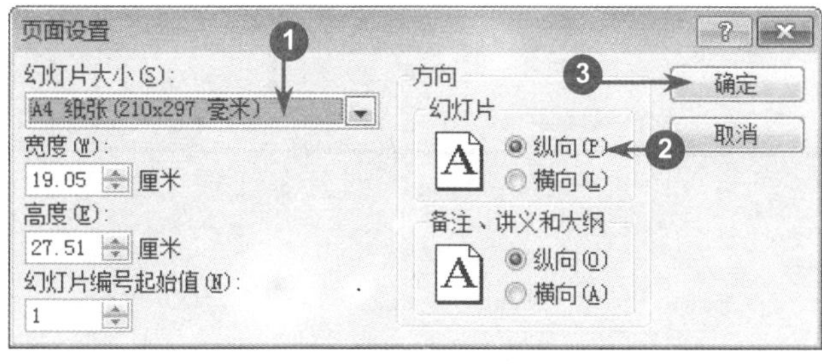

图 12-64

**02 弹出【页面设置】对话框，设置幻灯片的大小和方向**

№1 弹出【页面设置】对话框，设置幻灯片的大小，如选择“A4 纸张(210×297 毫米)”。

№2 在【幻灯片方向】区域中，选择【纵向】单选项。

№3 单击【确定】按钮，如图 12-64 所示。

图 12-65

**03 完成设置幻灯片页面的操作，显示设置的效果**

幻灯片页面的属性已设置，可以看到幻灯片页面的大小和方向都已改变，如图 12-65 所示。

## 12.7.4 打印幻灯片

完成幻灯片的制作后，用户可以将演示文稿打印到纸张上，从而便于幻灯片的保存和查看。使用 PowerPoint 2010 打印演示文稿的操作非常简单，因为它已经为用户提供了快捷的打印途径。下面具体介绍打印演示文稿的操作方法。

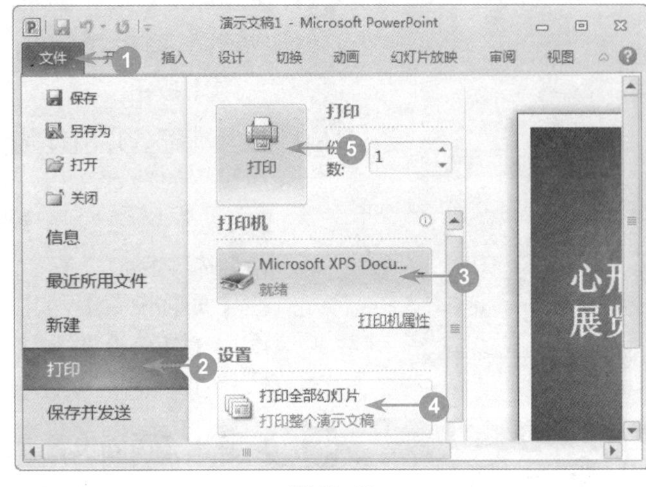


图 12-66

### 01 选择【文件】选项卡，进行打印设置

№1 打开准备打印的演示文稿，选择【文件】选项卡。

№2 在 Backstage 视图中选择【打印】选项。

№3 在【打印机】下拉列表框中，选择准备使用的打印机。

№4 在【设置】下拉列表框中选择【打印全部幻灯片】选项。

№5 单击【打印】按钮，如图 12-66 所示。

图 12-67

### 02 完成打印幻灯片的操作，在通知栏中显示【打印】图标

可以看到在任务栏中的通知区域已显示出【打印】图标，表示演示文稿正在被打印，这样即可完成打印演示文稿的操作，如图 12-67 所示。

### 利用组合键快速打印幻灯片

智慧锦囊

用户打开演示文稿后，在键盘上按下〈Ctrl+P〉组合键，即可直接打开 Backstage 视图，然后选择【打印】选项，即可完成打印幻灯片的操作。

# 第 13 章

# 接入互联网遨游精彩的网络世界

## 本章内容导读

本章主要介绍 Internet、ADSL 宽带连接、IE 浏览器和浏览网络信息等方面的知识与技巧，同时还将讲解收藏网页和保存网页的操作方法。在本章的最后还会针对实际的工作需求，讲解断开 ADSL 宽带连接和在新选项卡中打开网页的操作方法。通过对本章的学习，读者可以掌握互联网方面的知识，为进一步学习搜索与下载网络资源方面的知识奠定基础。

## 本章知识要点

- ◎ **认识 Internet**
- ◎ **建立 ADSL 宽带连接**
- ◎ **认识 IE 浏览器**
- ◎ **浏览网络信息**
- ◎ **将喜爱的网页放入收藏夹**
- ◎ **保存网页中的内容**

Section
# 13.1 认识 Internet

Internet，中文全称是“因特网”，它是人们日常生活和工作中不可或缺的一部分。随着网络技术的不断发展，因特网已经渗透到社会中的各个领域，无论是新闻、工作、生活、学习、聊天、娱乐还是游戏，用户都会使用到因特网。本节将详细介绍 Internet 方面的基础知识与操作技巧。

## 13.1.1 Internet 的用途

互联网是采用 TCP/IP 协议族的众多计算机网相互连接而成的。它是一个开放式的计算机网络。使用因特网，人们日常生活的模式正在发生着改变，下面详细介绍 Internet 的各种用途。

➢ 浏览各类新闻：通过互联网中各个门户网站提供的信息，用户可以快速浏览各类新闻，掌握最新的新闻资讯，如世界各国的时政要闻、娱乐界的最新动态以及各类比赛的结果。

➢ 网上学习和发布信息：因为互联网不受时间、地点和环境等因素影响，所以通过网络教学更加方便快捷，教学模式也更为灵活。

➢ 查找各种信息资料：互联网是个信息的海洋，通过互联网的信息搜索引擎，用户可以找到各种的信息资料。

➢ 下载各类资源：互联网上有许多资源可以供用户下载使用，如文章、图片、视频、软件和各类素材等。

➢ 休闲娱乐：通过互联网的休闲娱乐功能，用户可以丰富自己的业余生活，如在网站上收看各类电视节目、电影或听音乐、玩游戏等。

➢ 聊天与收发邮件：在互联网上，用户可以通过 QQ、MSN 等通信软件与好友在线聊天。同时也可以通过电子邮件的收发，实现信息快速的交流。

## 13.1.2 Internet 的连接方式

Internet 的连接方式多种多样，主要可以分为窄宽上网和宽带上网两种连入方式。下面详细介绍 Internet 的两种连接方式。

### 1. 窄宽上网

窄宽上网主要是指电话拨号上网、ISDN 上网等网速比较慢的网络连接方式。下面详细介绍窄宽上网方面的基础知识。

➢ 电话拨号上网：通过调制解调器和电话线将电脑连接到 Internet，并进一步访问网上资源的方式。其优点是开通简单，使用方便；缺点是网速慢，接入质量差。

➢ ISDN 上网：又称为“一线通”，同样是通过现有电话线来访问因特网。其优点是用

户可以边上网边接打电话，网速相比电话拨号上网更快；缺点是使用费用较高。

### 2. 宽带上网

宽带上网是指 LAN 上网、ADSL 宽带上网、光纤上网、无线上网等网络连接方式。下面详细介绍宽带上网方面的基础知识。

- LAN 上网：又称为“小区宽带”，它主要采用光缆与双绞线相结合的整体布线方式，利用以太网技术为整个社区提供宽带接入服务。其优点是安装简单、不占电话等其他通信通道，并且可以提供 10Mb/s 以上的共享宽带；缺点是专线速率较低。
- ADSL 宽带上网：是中国电信推出的接入方式，它采用电话的双绞线入户，这样就免去了重新布线的问题。其优点是采用了星型结构、保密性好、安全系数高；缺点是不能传输模拟信号。
- 光纤上网：采用光纤线取代铜芯电话线，通过光纤收发器、路由器和交换机接入因特网。其优点是宽带独享、性能稳定、升级改造费用低、不受电磁干扰、损耗小、安全、保密性强等。
- 无线上网：通过通信信号连接到因特网，需要在无线接入口的无线电波的覆盖范围内，再配备一张兼容的无线网卡即可上网。其优点是不受地点和时间的限制；缺点是费用高。

# Section 13.2 建立 ADSL 宽带连接

ADSL 宽带连接，是目前主流的一种网络连接方式。因为它采用上行带宽和下行带宽不对称的连接方式，因此也被称为非对称数字用户线环路。本节将重点介绍建立 ADSL 宽带连接方面的知识与操作技巧。

## 13.2.1 创建 ADSL 宽带连接

ADSL 宽带作为一种新型的数据传输方式，已经被广大的网络用户所接纳。创建 ADSL 宽带连接是连接因特网的必要手段。下面详细介绍创建 ADSL 宽带连接的操作方法。

### 1. 创建 ADSL 宽带连接的必备条件

如果想使用 ADSL 宽带上网，用户必须同时满足它所需的硬件条件、软件条件和上网账号三方的支持才能连接到网络中。下面介绍创建 ADSL 宽带连接前的必要准备条件。

- 硬件条件：一台性能配置较好的计算机，一根普通电话线和一个 ADSL 调制解调器。
- 软件条件：Windows 7 操作系统。
- 上网账号：用户需要向 Internet 服务提供商（Internet Services Provider，简称 ISP）申请一个上网账号。

### 2. 创建 ADSL 宽带连接的外部条件

做好连接前的必要准备后，用户即可按照说明书连接 ADSL 调制解调器，具体方法如下：

将电话线连接到 ADSL 调制解调器的 Line 接口，Phone 端口与电话机相连，LAN 端口与电脑网卡接口相连，电源插口与电源插座相连。

**上网同时接打电话的方法**

智慧锦囊

如果用户希望上网的同时也可以接打电话，那么用户需要在安装电话和 ADSL 调制解调器之前，先安装一个分离器，将上网和通电话功能一分为二。这样在上网的同时，用户还可以接打电话。

### 3. 创建 ADSL 宽带拨号连接

满足创建 ADSL 宽带连接的必备条件和外部条件后，用户即可在 Windows 7 操作系统中创建 ADSL 宽带拨号连接，具体操作方法如下。

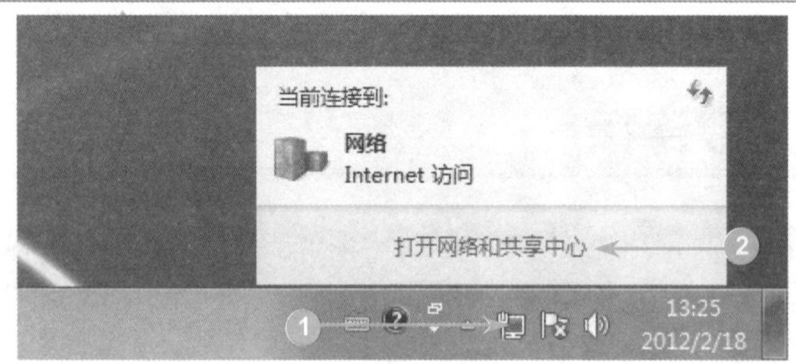


图 13-1

**01 在系统通知栏中，单击【打开网络和共享中心】**

№1 在通知栏中，单击【网络 Internet 访问访问】按钮 。

№2 弹出【当前连接到】面板，单击【打开网络和共享中心】选项，如图 13-1 所示。

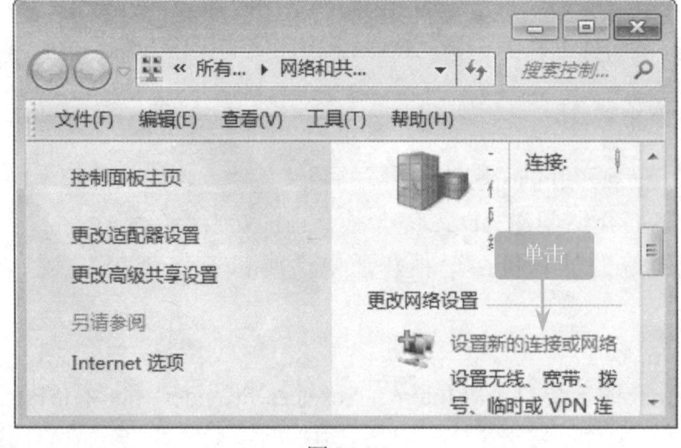


图 13-2

**02 单击【设置新的连接或网络】超链接项**

弹出【网络和共享中心】窗口，在【更改网络设置】区域中，单击【设置新的连接或网络】超链接项，如图 13-2 所示。

**■指点迷津**

拥有网络连接之后，用户可以设置网络、Internet 连接和虚拟专用网络连接。

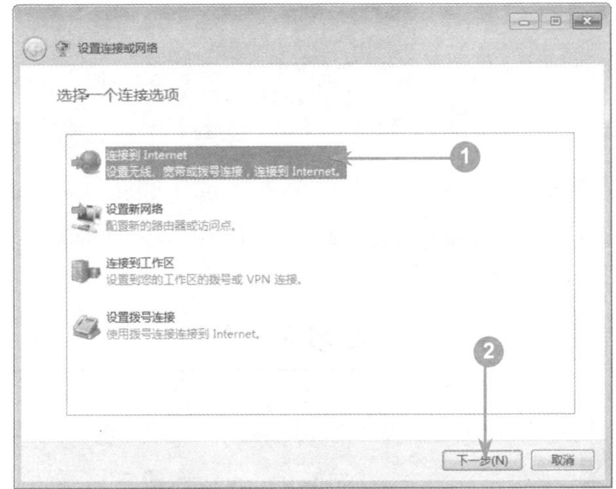


图 13-3

## 03 单击【连接到 Internet】选项

№1 弹出【设置连接或网络】对话框，在【选择一个连接选项】区域中，单击【连接到 Internet】超链接项。

№2 单击对话框中的【下一步】按钮，如图 13-3 所示。

### 多学一点

Internet 的连接类型是决定网络连接速度的重要因素。

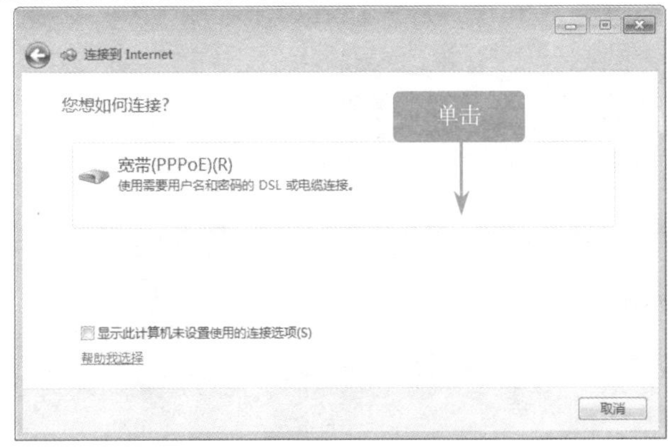


图 13-4

## 04 单击【宽带(PPPoE) (R)】选项

弹出【连接到 Internet】对话框，进入【您想如何连接】界面，单击【宽带(PPPoE) (R)】选项，如图 13-4 所示。

### 指点迷津

在使用宽带（PPPoE）(R)类型的账户时，使用者需要提供用户名和密码才能连接。

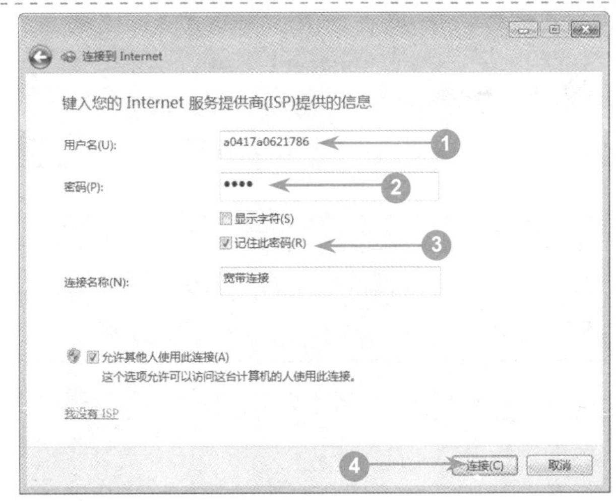


图 13-5

## 05 输入用户名和密码，单击【连接】按钮

№1 进入【键入您的 Internet 服务提供商（ISP）提供的信息】工作界面，在【用户名】文本框中输入用户名。

№2 在【密码】文本框中输入网络连接密码。

№3 单击选中【记住此密码】复选框。

№4 单击【连接】按钮，如图 13-5 所示。

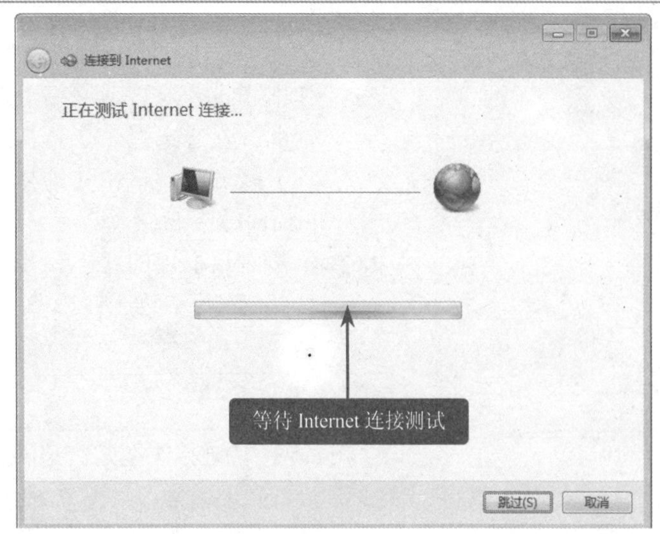


图 13-6

## 06 显示【正在测试 Internet 连接】工作界面

进入【正在测试 Internet 连接】工作界面，等待 Internet 连接测试，如图 13-6 所示。

### ■多学一点

即使在计算机上已经有一个 Internet 连接，用户仍可以创建第二个 Internet 连接，这样可以方便用户备用使用。

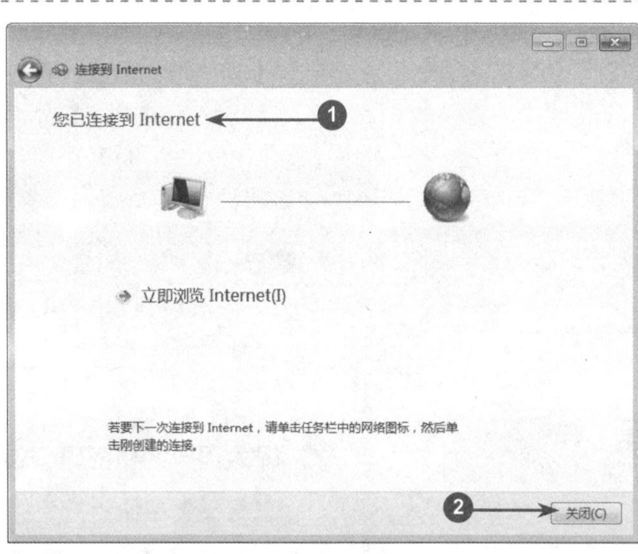


图 13-7

## 07 工作界面显示“您已连接到 Internet”信息

№1 工作界面提示“您已经连接到 Internet”信息。

№2 单击对话框右下方的【关闭】按钮关闭(C)，如图 13-7 所示。

### ■指点迷津

用户单击【立即浏览 Internet】选项，系统会自动弹出 IE 浏览器供用户浏览网页。

## 13.2.2 连接 ADSL 宽带上网

在 Windows 7 操作系统中，创建 ADSL 宽带连接后，用户即可连接 ADSL 宽带，进行网上冲浪。下面介绍连接 ADSL 宽带上网的操作方法。

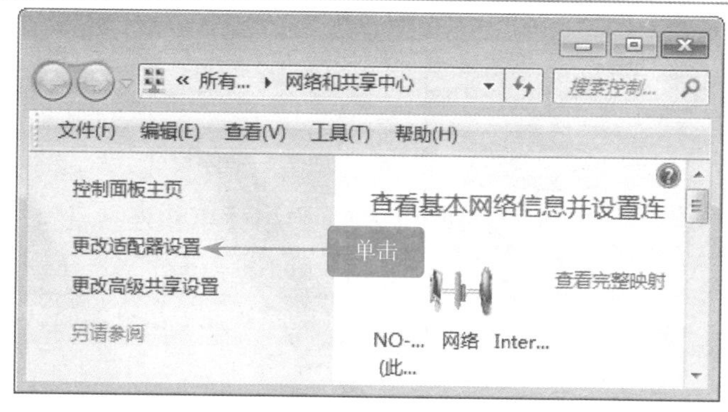


图 13-8

## 01 在通知栏中，单击【网络和共享中心】选项

在【当前连接到】面板中，单击【打开网络和共享中心】选项，在【网络和共享中心】窗口中，单击左侧导航窗格中的【更改适配器设置】超链接项，如图 13-8 所示。

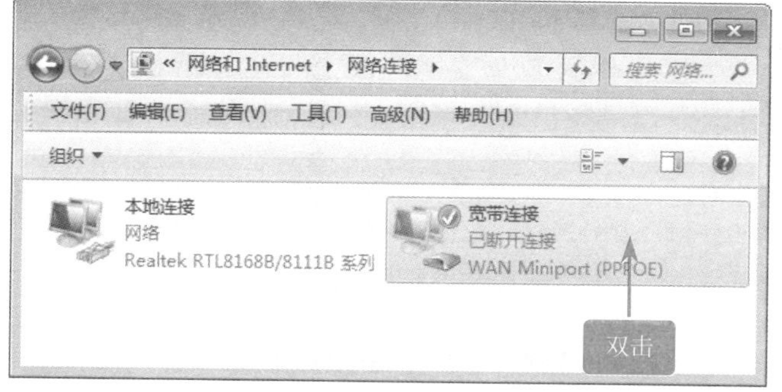


图 13-9

## 02 双击新创建的 ADSL 宽带连接图标

弹出【网络连接】窗口，双击新创建的 ADSL 宽带连接图标，如“宽带连接”，如图 13-9 所示。

图 13-10

## 03 在【连接宽带连接】对话框中，输入账户密码

No1 弹出【连接宽带连接】对话框，在【用户名】文本框中输入申请的上网账号。

No2 在【密码】文本框中输入网络连接密码。

No3 单击【连接】按钮，如图 13-10 所示。

### 多学一点

如果连接好 ADSL 宽带上网后总掉线，那么用户应检查是否是接地线质量不好或者是网卡质量不稳定等问题。

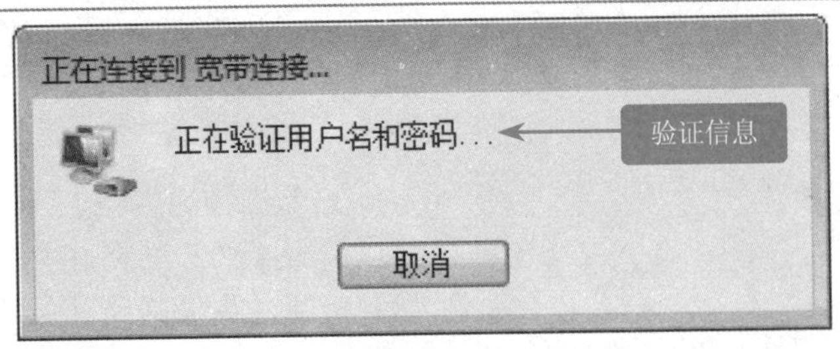


图 13-11

04 验证连接网络的用户名和密码信息

弹出【正在连接到宽带连接】对话框，提示“正在验证用户名和密码”信息，如图 13-11 所示。

图 13-12

05 信息验证成功，系统提示宽带连接信息

返回到【网络连接】窗口，宽带已经连接成功，如图 13-12 所示。通过以上方法即可完成连接 ADSL 宽带上网的操作。

**■指点迷津**

在局域网中，如果上网的速度较慢，那么可能是因为网卡绑定的协议太多。

**智慧锦囊**

**ADSL 宽带连接方式与光纤接入方式的比较**

光纤接入是互联网主要的接入方式之一，它具有容量大、速率快、安全性高等特点。但是，同以太网接入方式类似，它也存在着安装维护成本高的问题。因此在现阶段 ADSL 宽带连接方式还是较为实用的接入方式。

## 13.2.3 查看网络连接状态

将 ADSL 宽带连接连接到网络后，用户可以经常查看网络的连接状态，查看网络连接是否畅通，下面介绍查看网络连接状态的操作方法。

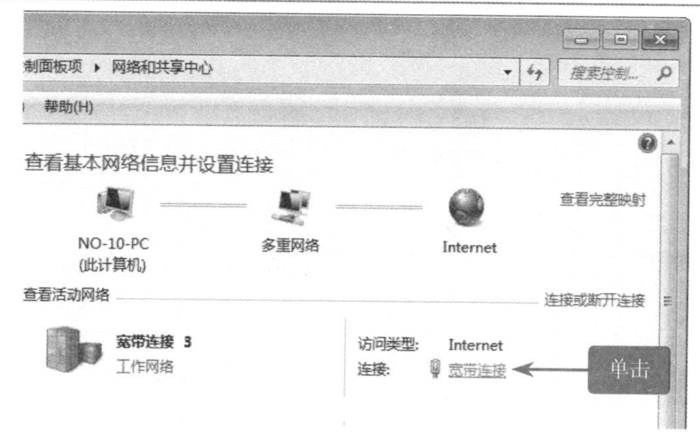


图 13-13

## 01 在【网络和共享中心】窗口中，单击【宽带连接】超链接项

在【网络和共享中心】窗口中的【查看活动网络】区域，单击【宽带连接】超链接项，如图 13-13 所示。

### ■多学一点

ADSL 宽带通常提供桥接、PPPoA、PPPoE 3 种网络登录方式。

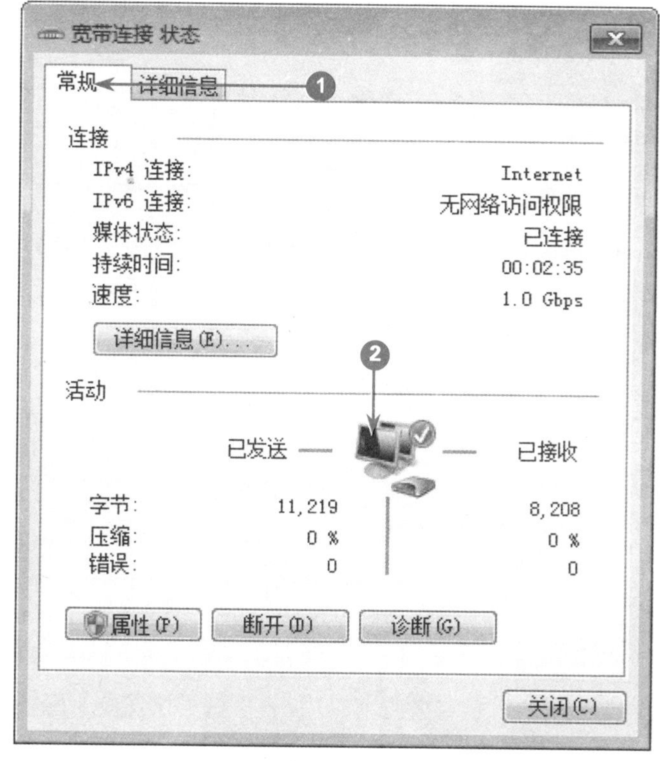


图 13-14

## 02 在【宽带连接 状态】对话框中，查看网络连接的状态

No1 弹出【宽带连接 状态】对话框，单击【常规】选项卡。

No2 在【活动】区域中，用户可以查看网络的连接状态，如图 13-14 所示。

### ■指点迷津

ADSL 宽带有专线接入和虚拟拨号两种接入互联网的方式。

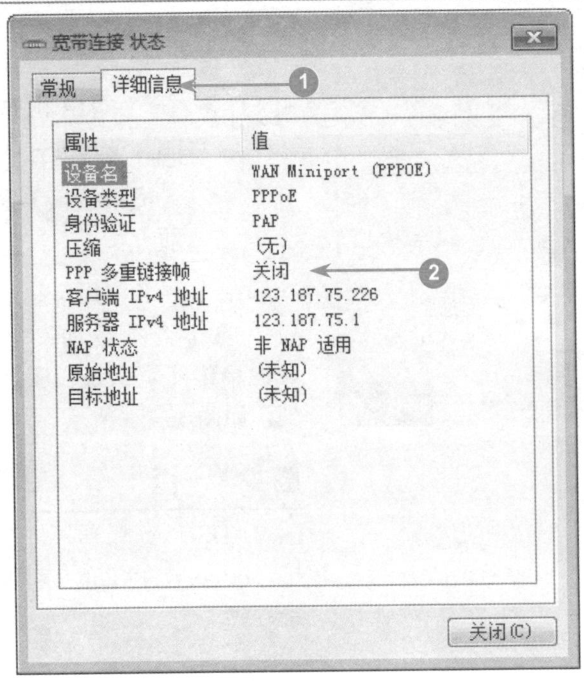


图 13-15

**03 在【宽带连接 状态】对话框中，查看网络连接的详细信息**

№1 在【宽带连接 状态】对话框中，单击【详细信息】选项卡。

№2 用户可查看宽带连接的详细信息，如图 13-15 所示。

# Section 13.3 认识 IE 浏览器

IE 浏览器的英文全称为“Internet Explorer”，是微软公司推出的一款免费的网络浏览器。IE 浏览器一般会直接绑定在微软的 Windows 操作系统中，如果用户的电脑安装了 Windows 操作系统，那么就无需再下载其他浏览器，利用系统自带的 IE 浏览器即可实现网页的浏览。本节将重点介绍使用 IE 浏览器方面的知识与操作技巧。

## 13.3.1 启动 IE 浏览器

IE 浏览器作为 Windows 操作系统的组件之一，是当前使用较为广泛的网页浏览器。下面以启动 Internet Explorer 8 浏览器为例，介绍启动 IE 浏览器的操作方法。

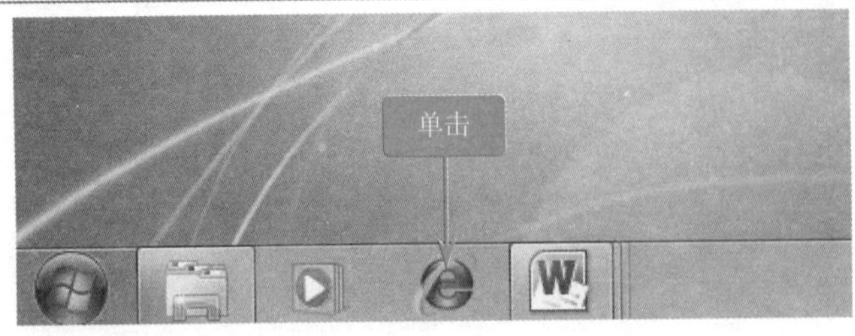


图 13-16

**01 在任务栏中，单击【IE 浏览器】图标**

在 Windows 7 操作系统的任务栏中，单击默认锁定在任务栏中的【Internet Explorer】快捷方式图标，如图 13-16 所示。

图 13-17

## 02 成功启动 IE 浏览器，打开 IE 浏览器窗口

通过以上方法即可完成启动 IE 浏览器的操作，如图 13-17 所示。

### ■多学一点

用户右键单击任务栏中的【Internet Explorer】快捷方式图标，在弹出的快捷菜单中，选择【将此程序从任务栏中解除】选项，可以解除 IE 浏览器的锁定状态。

智慧锦囊

### 启动 IE 浏览器的另一种方法

用户在 Windows 7 系统桌面上单击【开始】按钮，在弹出的【开始】菜单中，单击【所有程序】选项，进入【所有程序】列表界面，单击【Internet Explorer】选项，同样可以启动 IE 浏览器。

## 13.3.2 认识 IE 浏览器的界面

IE 浏览器主要由标题栏、地址栏、搜索栏、菜单栏、选项卡、滚动条、状态栏和网页浏览窗口等部分组成。下面介绍 IE 浏览器的工作界面，如图 13-18 所示。

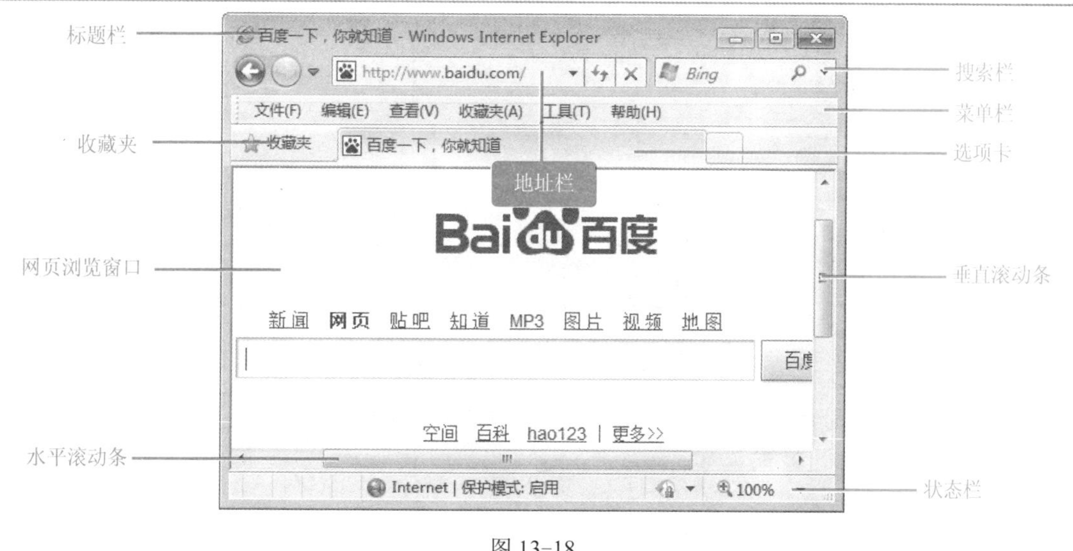


图 13-18

- 标题栏：标题栏位于 IE 浏览器窗口的最上方，左侧是 IE 图标，右侧是窗口的【最小化】按钮、【最大化】按钮、【还原】按钮和【关闭】按钮。
- 搜索栏：搜索栏用于搜索准备查询的内容，如“查询新闻”等。
- 地址栏：地址栏的用途是输入网址或显示当前网页的网址。
- 菜单栏：菜单栏由文件、编辑、查看、收藏夹、工具和帮助 6 组菜单组成。使用这些菜单功能可以对浏览器进行设置。
- 收藏栏：收藏栏用于收藏用户经常使用的网页。
- 选项卡：每浏览一个网页都会在 IE 浏览器的菜单栏下方出现一个提示网页名称的选项卡，单击【选项卡】右侧的【关闭】按钮可以关闭选项卡。
- 滚动条：滚动条包括垂直滚动条和水平滚动条。使用鼠标单击并拖动垂直或水平滚动条，可以浏览全部的网页。
- 网页浏览区：网页浏览区是 IE 浏览器工作界面最大的显示区域，用于显示当前网页的内容。
- 状态栏：状态栏位于 IE 浏览器的最下方，用于显示浏览器当前操作的状态信息。

## 13.3.3 关闭 IE 浏览器

如果不再使用 IE 浏览器，用户即可退出，关闭 IE 浏览器有很多种方法。下面介绍关闭 IE 浏览器的两种方法。

### 1. 通过 IE 图标退出

启动 IE 浏览器后，在标题栏的左上角建有 IE 图标。例如用户准备关闭 IE 浏览器，那么可以单击 IE 浏览器窗口标题栏左侧的 IE 图标，在弹出的菜单中，单击【关闭】选项即可完成退出 IE 浏览器的操作，如图 13-19 所示。

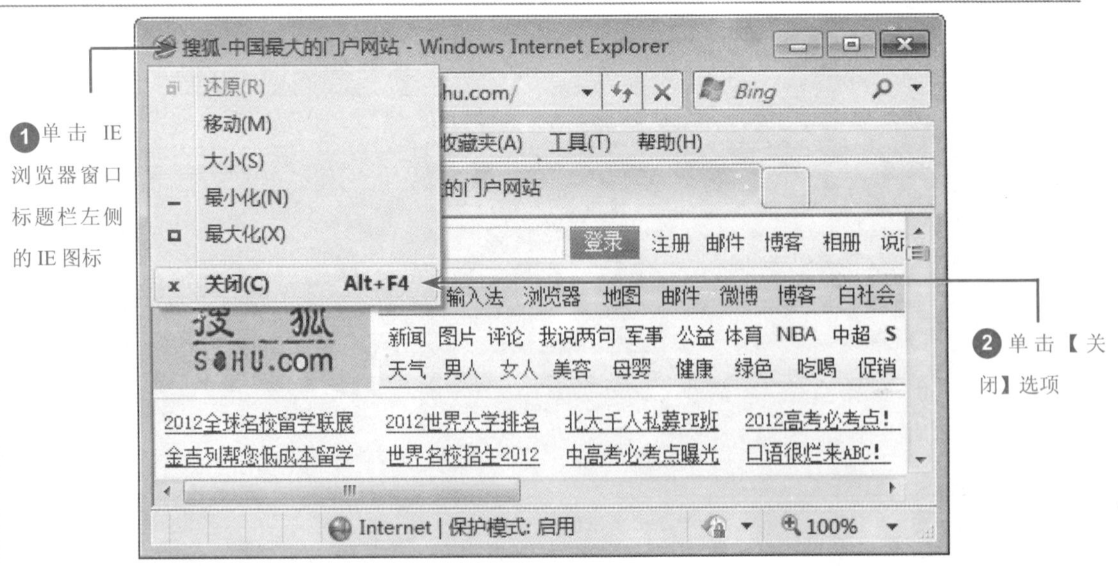


图 13-19

### 2. 通过【关闭】按钮退出

启动 IE 浏览器后，在标题栏的右上角建有【关闭】按钮。例如用户准备关闭 IE 浏览器，那么可以在 IE 浏览器窗口中，单击标题栏右侧的【关闭】按钮，这样即可完成退出 IE 浏览器的操作，如图 13-20 所示。

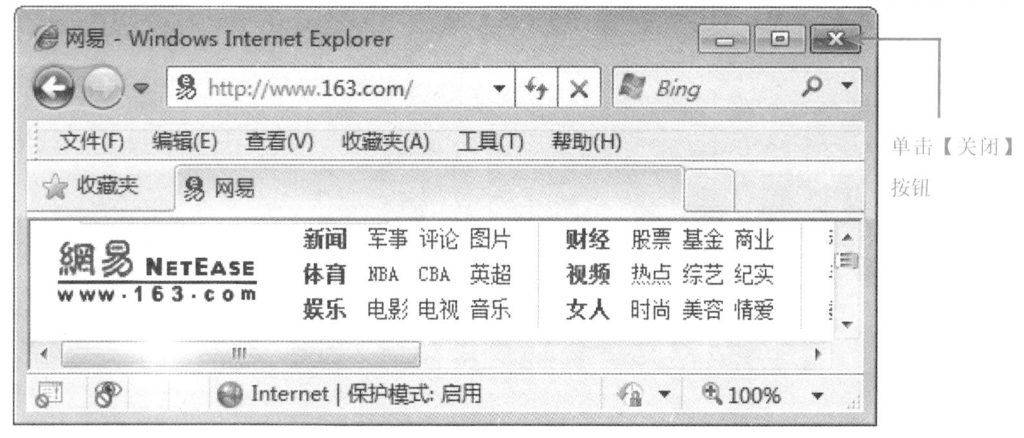


图 13-20

## Section 13.4 浏览网络信息

IE 浏览器的主要功能是浏览网页信息。使用 IE 浏览器，用户不仅可以查询新闻、天气、交通等信息，还可以进行查看图片、观看视频等操作。本节将重点介绍使用 IE 浏览器浏览网络的操作方法。

### 13.4.1 使用地址栏输入网址浏览网页

启动 IE 浏览器后，用户在 IE 地址栏中输入已知的网站网址，这样即可浏览该网页的信息。下面介绍使用地址栏输入网址浏览网页的操作方法。

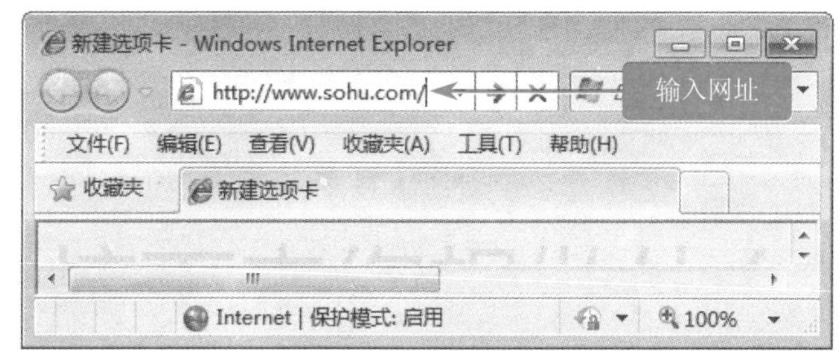


图 13-21

**01 在 IE 浏览器的地址栏中，输入网址**

在 IE 浏览器的地址栏中，输入搜狐网址“http://www.sohu.com/”，在键盘上按下〈Enter〉键，如图 13-21 所示。

图 13-22

**02 访问该网址，浏览该网页的信息内容**

通过以上方法即可完成使用 IE 地址栏浏览网页的操作，如图 13-22 所示。

## 13.4.2 单击超链接打开网页

在 IE 浏览器中，打开某网页后，如果某些文字或图片具有超链接功能，那么用户可以将鼠标指针移动至超链接项处，单击该链接即可进入链接指向的另一网页。下面介绍单击超链接打开网页的操作方法。

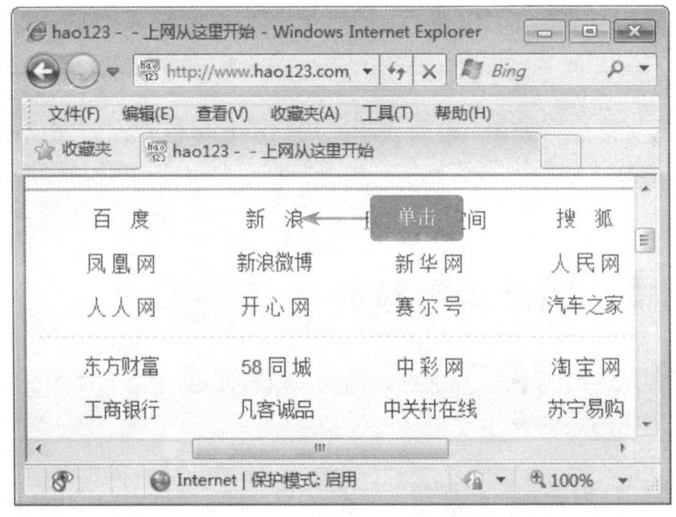


图 13-23

**01 在 IE 浏览器中，将鼠标指针移动至准备打开的链接项处并单击**

在 IE 浏览器中，将鼠标指针移动至准备打开的超链接项处，如“新浪”，当鼠标指针变为 形状时，单击鼠标左键，如图 13-23 所示。

**■多学一点**

将鼠标指针移动至准备打开的超链接项处并单击鼠标右键，在弹出的快捷菜单中，选择【打开】选项，用户同样可以打开该网页。

图 13-24

**02 访问该网址，浏览该网页的信息内容**

通过以上方法即可完成单击超链接打开网页的操作，如图 13-24 所示。

**指点迷津**

右键单击网页链接项，在弹出的快捷菜单中，选择【目标另存为】选项，用户可以将该网页保存到指定位置中。

**智慧锦囊**

**通过地址栏的网页记录浏览网页**

在 IE 浏览器窗口中，单击地址栏右侧的下拉按钮，在弹出的下拉列表中，用户通过单击网页地址、历史记录和收藏夹中的记录，同样可以打开并浏览网页。

## Section 13.5 将喜爱的网页放入收藏夹

收藏夹是 IE 浏览器的一项重要功能，它主要用于收藏用户喜爱的网页，便于用户下次快速浏览该网页。下面介绍将喜爱的网页放入到收藏夹的操作方法。

### 13.5.1 收藏喜爱的网页

在浏览网页时，用户可以将喜爱的网页完整地收藏到 IE 浏览器的收藏夹中，从而便于保存自己的所需要的信息。下面介绍收藏网页的操作方法。

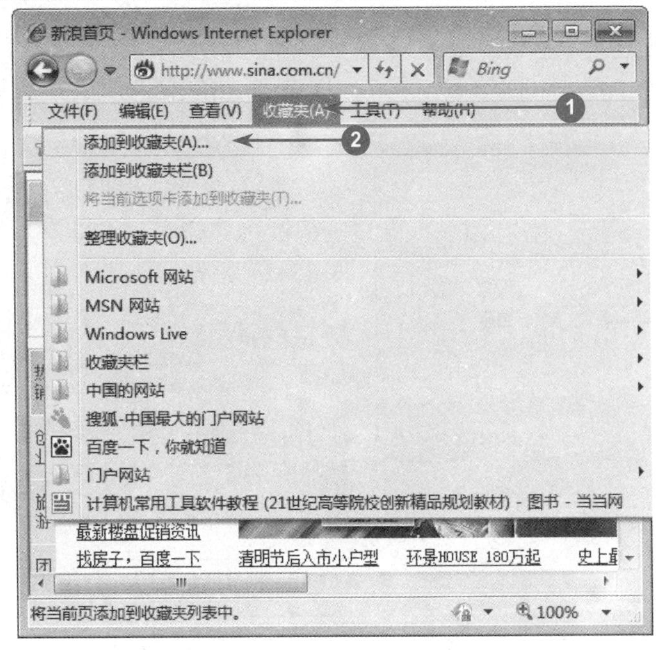


图 13-25

01 打开准备收藏的网页，在收藏夹主菜单中，选择【添加到收藏夹】选项

№1 在 IE 浏览器中浏览网页，单击【收藏夹】主菜单。

№2 在弹出的下拉菜单中，选择【添加到收藏夹】选项，如图 13-25 所示。

■多学一点

在准备收藏的网页中，在键盘上按下〈Ctrl+D〉组合键，在弹出的【添加收藏】对话框中，用户同样可以收藏喜爱的网页。

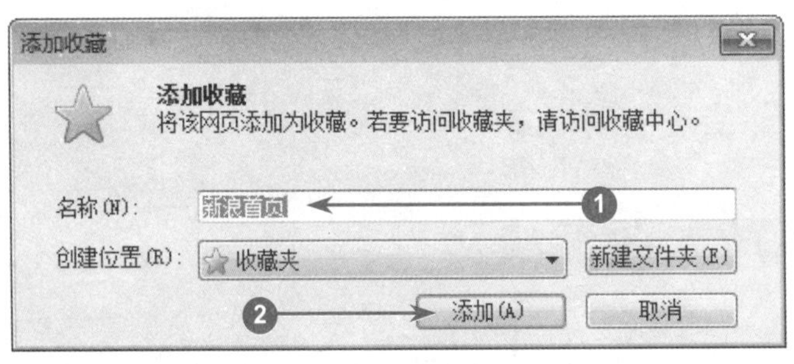


图 13-26

02 在【添加收藏】对话框中，保存网页信息

№1 弹出【添加收藏】对话框，在【名称】文本框中，输入网页要保存的名称。

№2 单击【添加】按钮 添加(A)，如图 13-26 所示。

## 13.5.2 使用收藏夹打开网页

将网页保存到收藏夹后，用户可以随时在收藏夹中打开该网页，方便用户快速浏览该网页。下面介绍使用收藏夹打开网页的操作。

例如准备打开收藏夹中的“新浪网页”，用户可以单击 IE 浏览器中的【收藏夹】按钮 收藏夹，在弹出的【收藏夹】面板中，单击准备打开的网页选项即可完成使用收藏夹打开网页的操作，如图 13-27 所示。

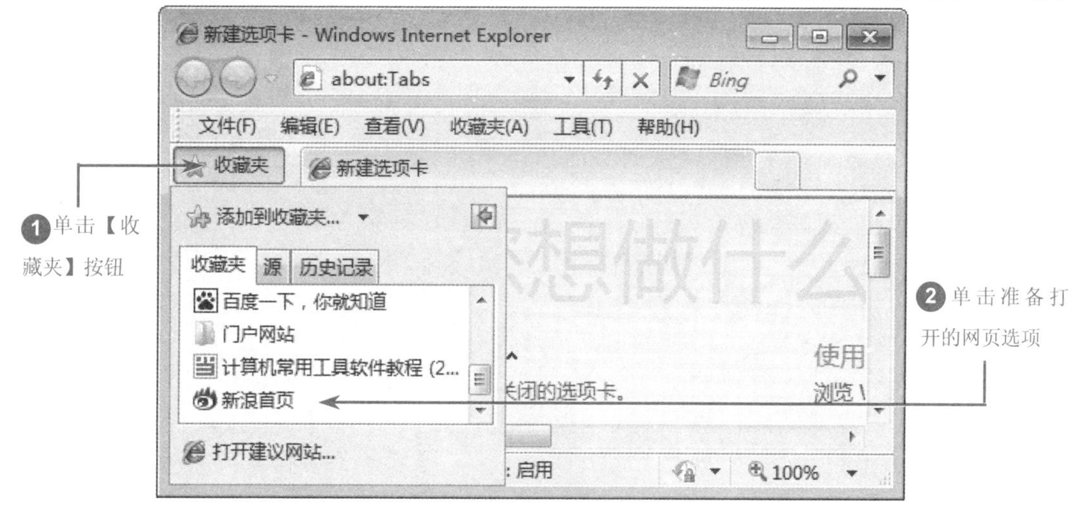


图 13-27

## 13.5.3 删除收藏夹中的网页

如果收藏夹中存放了过多的网页，用户应将不再准备使用的网页从收藏夹中删除，以保证收藏夹的整洁。下面介绍删除收藏夹中网页的操作方法。

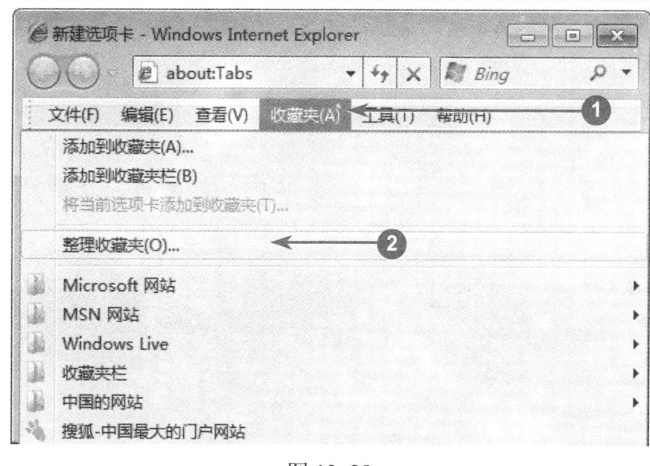


图 13-28

**01 打开准备收藏的网页，在【收藏夹】主菜单中，选择【整理收藏夹】选项**

No1 在 IE 浏览器中浏览网页，单击【收藏夹】主菜单。

No2 在弹出的下拉菜单中，选择【整理收藏夹】选项，如图 13-28 所示。

### ■指点迷津

如果在多台计算机上使用 IE 浏览器，用户可以将一台计算机中的收藏夹导入到其他计算机中。

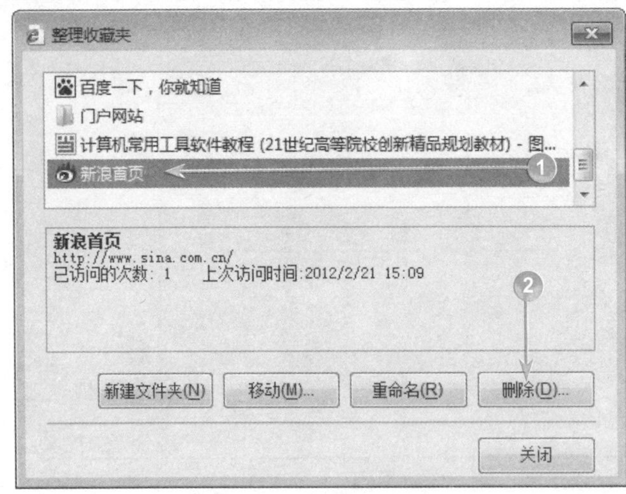


图 13-29

## 02 选择准备删除的网页，单击【删除】按钮

№1 弹出【整理收藏夹】对话框，在【网页收藏】区域，选择准备删除的网页选项，如选择“新浪首页”。

№2 单击【删除】按钮，如图 13-29 所示。

### 多学一点

在【整理收藏夹】对话框中，右键单击准备删除的网页选项，在弹出的快捷菜单中，选择【删除】选项，用户同样可以删除网页。

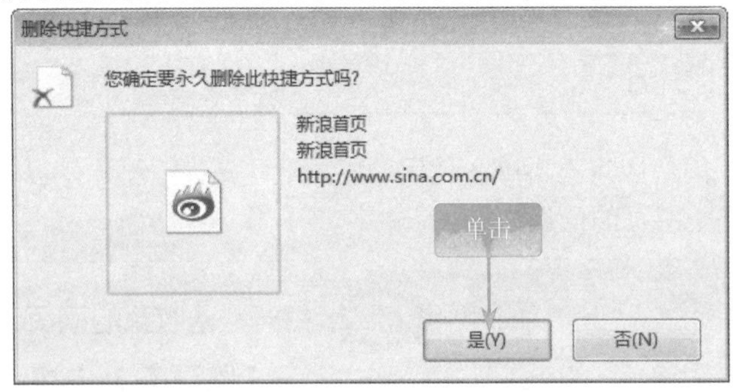


图 13-30

## 03 弹出【删除快捷方式】对话框，确定删除该网页的快捷方式

弹出【删除快捷方式】对话框，提示“您确定要永久删除此快捷方式吗？”信息，单击【是】按钮，如图 13-30 所示。

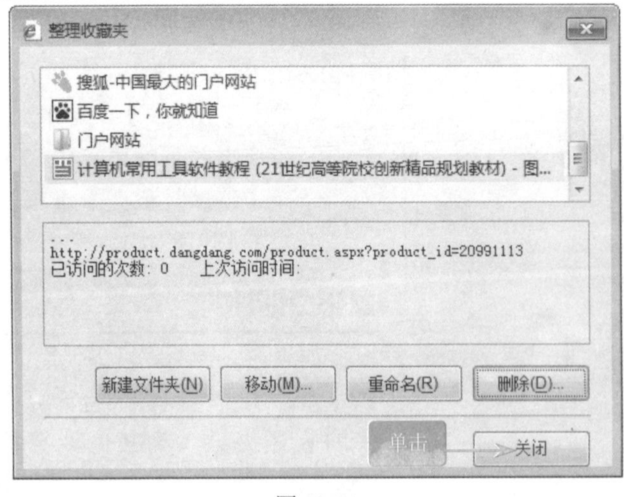


图 13-31

## 04 返回【整理收藏夹】对话框，单击【关闭】按钮

返回到【整理收藏夹】对话框，单击【关闭】按钮，如图 13-31 所示。

### 指点迷津

在导出收藏夹的过程中，如果选择的文件夹（如另一个用户的 Document 文件夹）无法写入，则导出将会失败。用户需使用另一个文件夹重新尝试导出。

# Section 13.6 保存网页中的内容

随着网络技术的不断发展，网络共享资源的不断丰富，用户可以通过网络搜索到大量的信息，同时用户还可以将网上的资源保存到电脑中，以便日后使用。本节将详细介绍保存网页内容的操作方法。

## 13.6.1 保存网页中的文章

在浏览网页的过程中，用户可以将自己喜欢的文章保存到电脑中，以便日后再次查看。下面介绍保存网页中文章的操作方法。

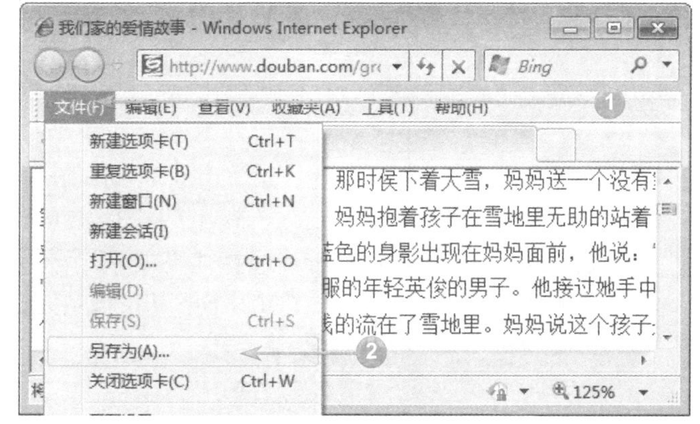


图 13-32

### 01 单击【文件】主菜单，选择【另存为】选项

No1 在准备保存文章的网页窗口中，单击【文件】选项。

No2 在弹出的下拉菜单中，选择【另存为】选项，如图 13-32 所示。

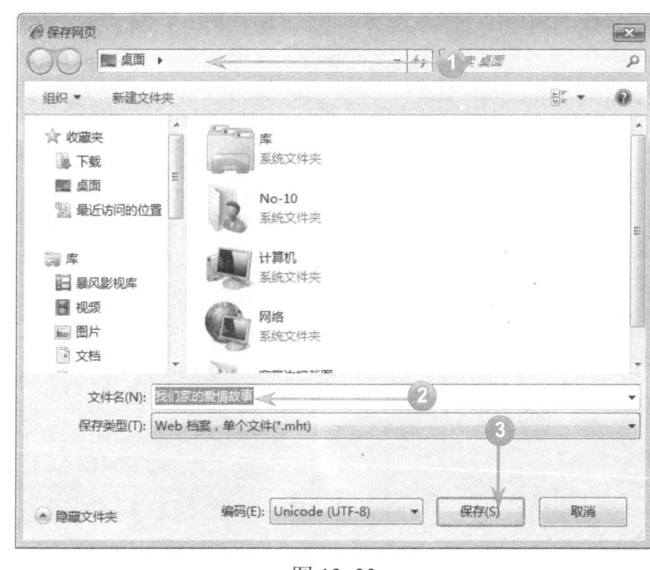


图 13-33

### 02 保存网页信息，单击【保存】按钮

No1 弹出【保存网页】对话框，选择网页保存的位置。

No2 在【名称】文本框中，输入网页保存的名称。

No3 单击【保存】按钮 保存(S)，如图 13-33 所示。

## 保存文件小常识

智慧锦囊

在【保存网页】对话框中的【保存类型】下拉列表框中，若要保存所有与该页面相关联的文件（包括采用原始格式的图形、边框以及样式表），用户可以单击【网页，全部】，若要将所有信息保存为单一文件，用户可以单击【Web 档案，单一文件(*.mht)】。

## 13.6.2 保存网页中的图片

在浏览网页时，用户如果看到自己喜欢的图片可以将其保存到计算机中，以方便日后的浏览和使用。下面介绍保存网页中图片的操作方法。

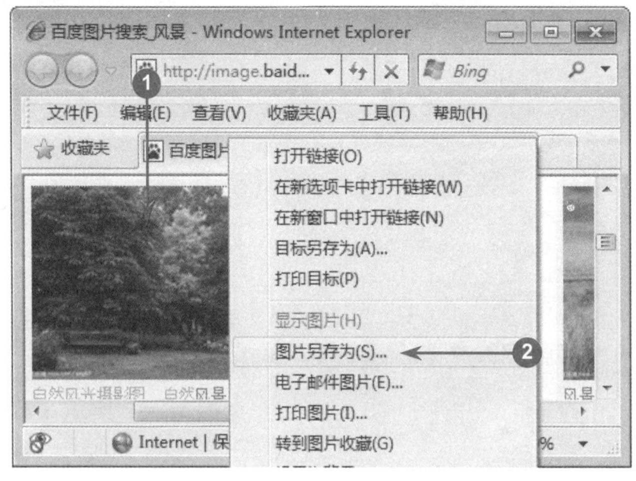


图 13-34

### 01 右键单击图片，选择【图片另存为】选项

№1 打开图片所在的网页，右键单击准备保存的图片。

№2 在弹出的快捷菜单中，选择【图片另存为】选项，如图 13-34 所示。

**■多学一点**

图片的大小影响着图片保存的质量，所以用户在保存图片时，应尽量选择像素高的图片。

图 13-35

### 02 保存图片信息，单击【保存】按钮

№1 弹出【保存图片】对话框，选择图片保存的位置，如选择“示例图片”。

№2 在【名称】文本框中，输入该图片要保存的名称，如选择“风景”。

№3 单击【保存】按钮 保存(S)，如图 13-35 所示。

Section

# 13.7 实践案例与上机指导

本章学习了 Internet 基础知识、ADSL 宽带连接、IE 浏览器的使用方法、浏览网络的方法、收藏夹的使用和保存网页内容等方面的知识。通过对本章的学习，读者不但可以掌握连接网络的操作方法，而且还可以掌握使用 IE 浏览器上网冲浪的操作技巧。在本节中，将结合实际的工作和应用，通过上机练习，进一步掌握和提高本章所学的知识点。

## 13.7.1 断开 ADSL 宽带连接

在本章中介绍了建立 ADSL 宽带连接方面的知识，下面将结合实践应用，上机练习断开 ADSL 宽带连接的具体操作。通过本节练习，读者可以对建立 ADSL 宽带连接方面的知识有更加深入的了解。

在 Windows 7 操作系统中，如果用户不再准备使用 ADSL 宽带连接，应将其断开，以防止他人盗用网络。下面详细介绍断开 ADSL 宽带连接的操作方法。

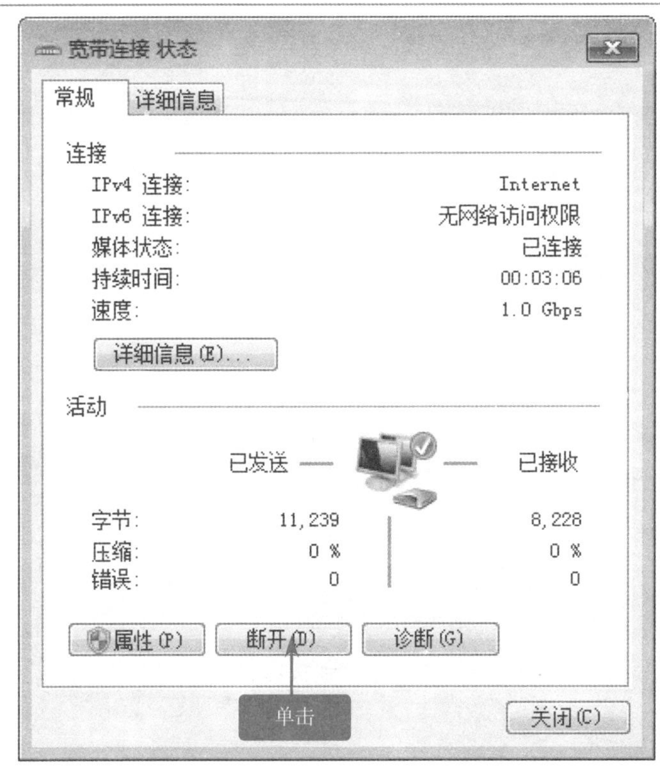


图 13-36

01 在【网络和共享中心】窗口中，单击【宽带连接】超链接项

弹出【宽带连接 状态】对话框，单击【断开】按钮 断开(D)，如图 13-36 所示。

■多学一点

如果用户经常访问某共享文件夹，那么应考虑设置计算机使用脱机文件。这样即使断开 ADSL 宽带连接，用户也可以使用共享网络的文件和程序。

## 13.7.2 在新选项卡中打开网页

在本章中介绍了使用 IE 浏览器浏览网络信息方面的知识，下面将结合实践应用，上机练习在新选项卡中打开网页的具体操作。通过本节练习，读者可以对浏览网络信息方面的知识有更加深入地了解。

在 IE 浏览器中启用选项卡浏览功能，用户便可以在新选项卡中打开网页。下面介绍在新选项卡中打开网页的操作方法。

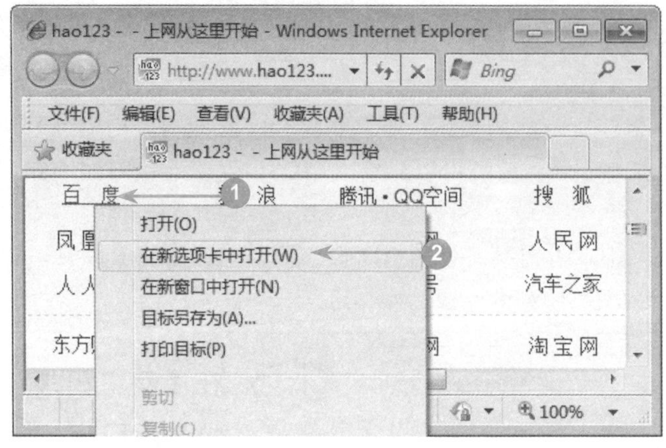


图 13-37

**01 右键单击网页的超链接项，选择【在新选项卡中打开】选项**

№1 在 IE 浏览器中，将鼠标指针移动至准备打开的网页超链接项处，如“百度”，然后右键单击该超链接项。

№2 在弹出的快捷菜单中，选择【在新选项卡中打开】选项，如图 13-37 所示。

图 13-38

**02 IE 浏览器会自动在新选项卡中打开新网页**

此时，IE 浏览器会自动在新选项卡中打开百度首页的网页界面，如图 13-38 所示。

**多学一点**

在 IE 浏览器窗口中，单击【新选项卡】按钮，切换至新建的选项卡窗口后，再在地址栏中输入要打开的网页网址，用户同样可以完成在新建选项卡中打开网页的操作。

# 第 14 章

# 搜索与下载网络资源

## 本章内容导读

本章主要介绍网络搜索引擎和百度搜索引擎两方面的知识内容，同时还将讲解在网上下载软件资源的操作方法。在本章的最后还会针对实际的工作需求，讲解登录搜狐首页搜索资源和使用 360 安全浏览器下载文件的方法。通过对本章的学习，读者可以掌握搜索与下载网络资源方面的知识，为进一步学习上网通信与娱乐方面的知识奠定基础。

## 本章知识要点

◎ 认识网络搜索引擎
◎ 百度搜索引擎
◎ 下载网上的软件资源

# Section 14.1 认识网络搜索引擎

搜索引擎，英文全称为“Search Engine”，它是在万维网环境中检索信息的一种搜索系统，包括目录服务和关键字检索两种服务方式。搜索引擎从互联网中提取各个网站的信息（以网页文字为主）并建立起数据库，这样便能检索与用户查询条件相匹配的记录，然后再按一定的排列顺序返回查询结果。本节将重点介绍网络搜索引擎方面的知识与操作技巧。

## 14.1.1 搜索引擎的工作原理

随着网络技术的不断发展，搜索引擎被越来越多的网络用户所使用。使用搜索引擎，用户可以快速查询各种信息。下面详细介绍搜索引擎的工作原理。

搜索引擎是指根据一定的策略、运用特定的计算机程序从互联网上搜集信息，对信息进行组织和处理后，再为用户提供检索服务，最后将检索出的信息展示给用户的系统，其工作原理如下所示。

- 抓取网页：每个独立的搜索引擎都有自己的网页抓取程序（Spider)。Spider 顺着网页中的超链接，连续地抓取网页。被抓取的网页称为网页快照。由于互联网中超链接的应用很普遍，所以从理论上讲，从一定范围的网页出发，就能搜集到绝大多数的网页。
- 处理网页：搜索引擎抓到网页后，还要做大量的预处理工作，才能为用户提供检索服务。其中，最重要的预处理工作就是提取关键词并建立索引文件。其他工作还包括去除重复网页和分词（中文)、判断网页类型、分析超链接、计算网页的重要度与丰富度等。
- 提供检索服务：用户输入关键词进行检索，搜索引擎从索引数据库中找到匹配该关键词的网页。为了便于用户更好地判断，搜索引擎除了提供网页标题和 URL 外，还会提供一段来自网页的摘要和其他信息。

## 14.1.2 常用的搜索引擎

搜索引擎发展至今，其种类已经是多种多样，功能也是越来越全面。它包括全文搜索引擎、目录索引引擎、元搜索引擎、垂直搜索引擎、集合式搜索引擎、门户搜索引擎与免费链接列表等。不同的搜索引擎具有不同的特点，下面介绍几种常用的搜索引擎及其特点。

- 全文搜索引擎：可分为两类，一类拥有自己的检索程序（Indexer)，能自建网页数据库，搜索的结果直接从自身的数据库中调用，如百度等；另一类则是租用其他搜索引擎的数据库，搜索完成后按自定的格式排列搜索结果，如 Lycos 等。
- 目录索引引擎：虽然有搜索功能，但严格意义上不能称其为真正的搜索引擎，因为它只是一个按目录分类的网站链接列表而已。用户完全可以按照分类目录找到所需的信息，不用依靠关键词（Keywords）进行查询。著名的目录索引引擎有Yahoo、新浪等。

- 元搜索引擎：此类引擎接受用户的查询请求后，会同时在多个搜索引擎上搜索，然后将结果返回给用户。著名的元搜索引擎有 InfoSpace、Dogpile、Vivisimo 等，在中文元搜索引擎中具有代表性的是搜星搜索引擎。
- 垂直搜索引擎：垂直搜索引擎用于特定的搜索领域和搜索需求。相比通用搜索引擎要动辄数千台检索服务器来说，垂直搜索引擎具有硬件成本低、用户需求特定、查询方式多样等特点。
- 集合式搜索引擎：类似于元搜索引擎，区别在于集合式搜索引擎不是同时调用多个搜索引擎进行搜索，而是从用户提供的若干个搜索引擎中选择。
- 门户搜索引擎：AOL Search、MSN Search 等虽然提供搜索服务，但其自身并没有分类目录和网页数据库，其搜索结果完全来自于其他搜索引擎。
- 免费链接列表：大多只是简单地滚动链接条目，少部分的列表有简单的分类目录，不过其规模要比 Yahoo 等目录索引小很多。

**搜索引擎的组成**

智慧锦囊

搜索引擎一般由搜索器、索引器、检索器和用户接口四个部分组成。搜索器的功能是在互联网中漫游，从而发现和搜集信息；索引器用于解搜索器搜索到的信息，并从中抽取出索引项；检索器用于在索引库中快速检索文档，进行相关度的评价，对将要输出的结果排序，并能按照用户的查询需求合理地反馈信息；用户接口用于接纳用户查询、显示查询结果和提供个性化查询项。

## Section 14.2 百度搜索引擎

百度，是全球最大的中文搜索引擎，它致力于向用户提供“简单，可依赖”的信息获取方式。在百度旗下有众多优秀的产品，包括网页搜索、垂直搜索、百度快照、百度百科、百科知道和百度贴吧等。本节将重点介绍百度搜索引擎的相关知识。

### 14.2.1 搜索网页信息

使用百度搜索引擎，用户可以快速地搜索各类网页信息。下面介绍使用百度搜索引擎搜索网页信息的操作方法。

图 14-1

**01 在 IE 浏览器的地址栏中，输入百度网址，跳转到百度网址首页**

№1 跳转到百度首页后，在搜索文本框中输入准备查询的信息，如“文杰书院”。

№2 输入信息后，单击搜索文本框右侧的【百度一下】按钮 百度一下 ，如图 14-1 所示。

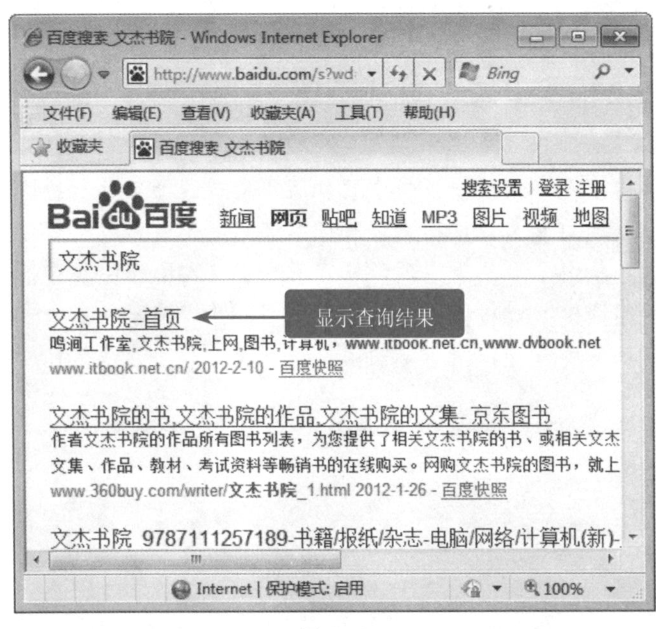


图 14-2

**02 IE 浏览器跳转到搜索结果界面，显示搜索到的信息**

IE 浏览器自动跳转到百度网的搜索结果界面，并在网页中显示与“文杰书院”相关的搜索信息，如图 14-2 所示。

**■指点迷津**

百度提供视频、新闻、贴吧等多样化的搜索服务，以满足用户多样化的搜索需求。

## 14.2.2 搜索图片

因为百度始终秉承“用户体验至上”的理念，所以它除了提供网页搜索功能以外，还提供图片的垂直搜索服务，以给用户更加完善的搜索体验。下面介绍使用百度搜索引擎搜索图片的操作方法。

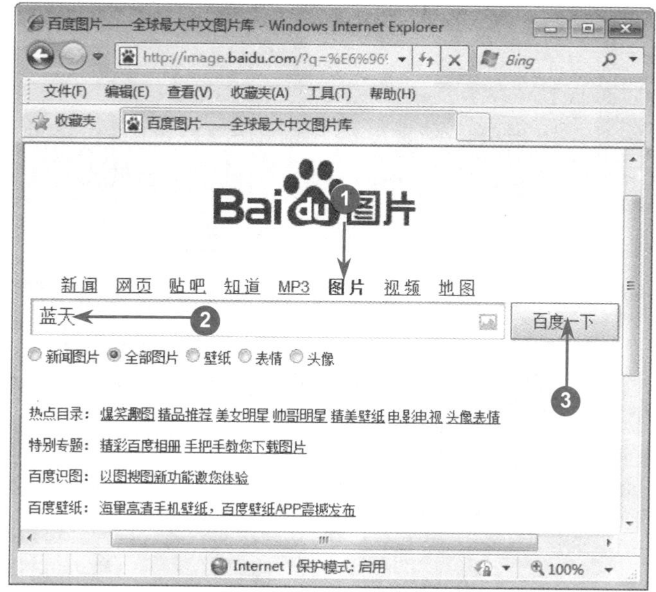


图 14-3

## 01 在 IE 浏览器的地址栏中，输入百度网址，跳转到百度网址首页

No1 跳转到百度首页后，在网页的导航栏中，单击【图片】超链接项。

No2 在搜索文本框中，输入要查询的图片信息，如“蓝天”。

No3 输入信息后，单击搜索文本框右侧的【百度一下】按钮 百度一下，如图 14-3 所示。

### 多学一点

百度图片提供新闻图片、壁纸、表情和头像等搜索模式供用户使用。

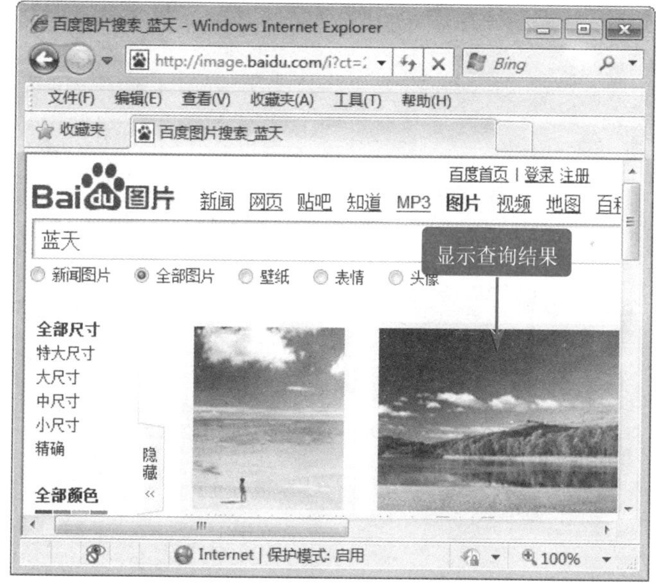


图 14-4

## 02 IE 浏览器跳转到搜索结果界面，显示搜索到的图片信息

IE 浏览器自动跳转到百度网的图片搜索结果界面，并在网页中显示与“蓝天”相关的图片搜索信息，如图 14-4 所示。

### 指点迷津

跳转到百度网的图片搜索结果界面后，单击左侧导航栏中的全部尺寸、特大尺寸、大尺寸、中尺寸、小尺寸和精确等链接项，用户可以更精确地查询所需的图片信息。

## 14.2.3 搜索音乐

百度搜索引擎提供音乐搜索功能。用户可以在百度搜索引擎中输入准备查询的音乐名称，然后即可在线收听或下载喜欢的音乐。下面介绍使用百度搜索引擎搜索音乐的操作方法。

图 14-5

**01 打开百度首页后，在网页的导航栏中，单击【MP3】超链接项**

№1 跳转到百度 MP3 的首页后，在搜索文本框中，输入要查询的音乐信息，如“出埃及记”。

№2 输入信息后，单击搜索文本框右侧的【百度一下】按钮 百度一下 ，如图 14-5 所示。

**■多学一点**

百度音乐提供视频、歌词、MP3、rm、wma 和其他格式等搜索模式供用户使用。

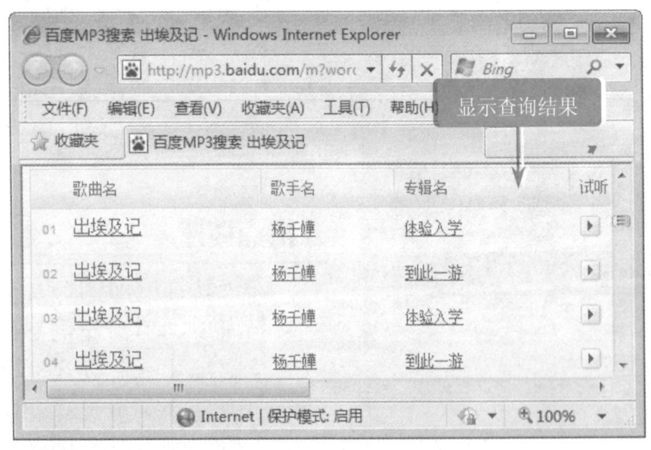


图 14-6

**02 IE 浏览器跳转到搜索结果界面，显示搜索到的音乐信息**

IE 浏览器自动跳转到百度网的音乐搜索结果界面，并在网页中显示与“出埃及记”相关的音乐搜索信息，如图 14-6 所示。

## 百度搜索引擎的搜索设置

智慧锦囊

在百度首页中，单击右上角的【搜索设置】超链接项，在跳转到的【搜索设置】界面中，用户可以进行搜索框提示、搜索语言范围、搜索结果显示条数和输入法等方面的设置。

Section

# 14.3 下载网上的软件资源

互联网是一个庞大的资源共享网络，用户可以在互联网中查找到丰富的数据和信息，同时用户可以将需要的软件资源进行下载，以便日后继续使用。本节将重点介绍使用下载器下载软件资源的操作方法。

## 14.3.1 使用 IE 浏览器下载

IE 浏览器不仅浏览功能十分强大，同时它还支持用户在线下载软件资源。下面介绍使用 IE 浏览器下载软件的操作方法。

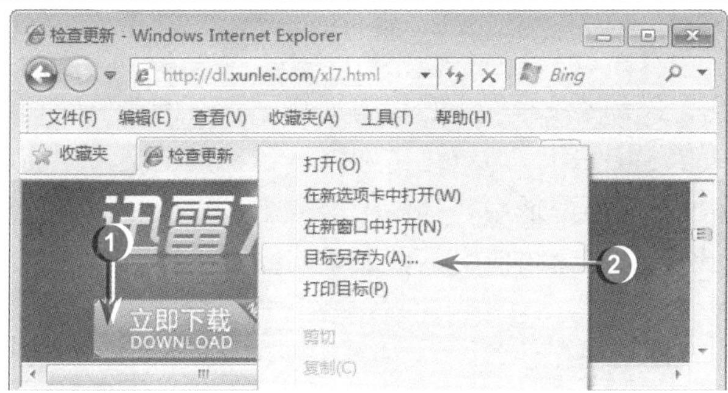


图 14-7

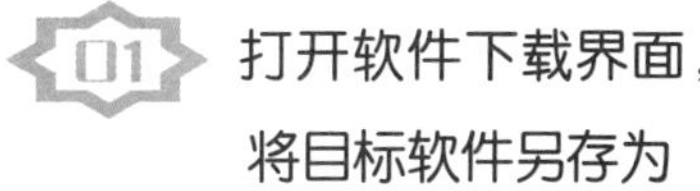

### 01 打开软件下载界面，将目标软件另存为

№1 打开迅雷软件的下载的网界面，右键单击准备下载的迅雷 7 软件。

№2 在弹出的快捷菜单中，选择【目标另存为】选项，如图 14-7 所示。

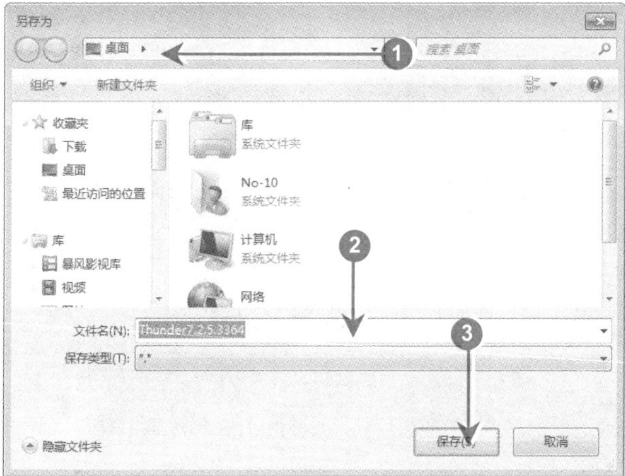


图 14-8

### 02 弹出【另存为】对话框，将软件保存到指定位置

№1 弹出【另存为】对话框，选择下载软件准备存放的位置，如“桌面”。

№2 在【文件名】文本框中，输入下载文件准备保存的名称。

№3 单击【保存】按钮，如图 14-8 所示。

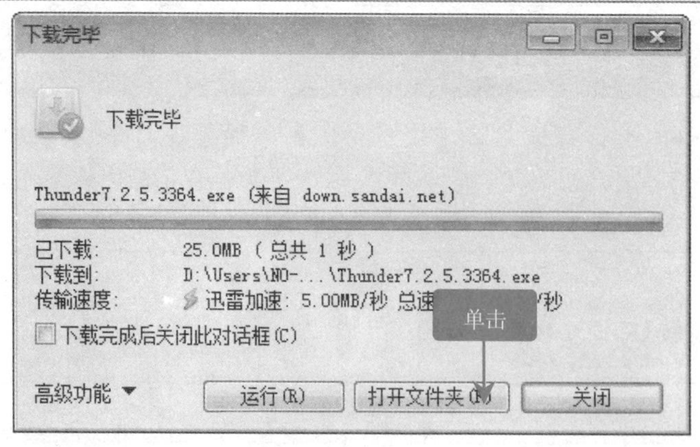


图 14-9

**03 弹出【文件下载】对话框，显示文件下载的进度信息**

文件下载成功后，弹出【下载完毕】对话框，提示文件下载完毕。单击【打开文件夹】按钮，用户可以访问下载文件所存放的位置，如图 14-9 所示。

**IE 浏览器下载完毕直接运行软件**

**智慧锦囊**

使用 IE 浏览器下载完软件后，在【下载完毕】对话框中，单击【运行】按钮，用户可以直接运行该软件程序，以节省操作时间。

## 14.3.2 使用迅雷下载

迅雷所使用的多资源超线程技术是基于网格原理，它能将网络上存在的服务器和计算机中的资源进行有效的整合，构成独特的迅雷网络。通过迅雷网络，各种数据文件便能以最快的速度进行传递。使用迅雷下载，它可以在不降低用户体验的前提下，对服务器资源进行均衡，这样就有效地降低了服务器的负载。下面介绍使用迅雷下载软件的操作方法。

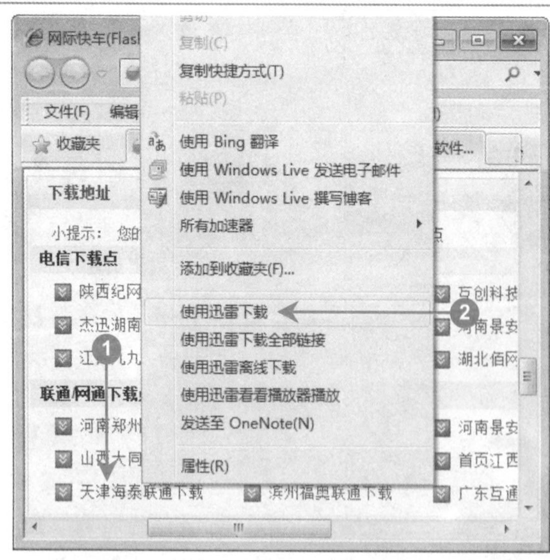


图 14-10

**01 打开软件下载界面，使用迅雷下载器下载文件**

№1 打开准备下载软件的网页界面，右键单击准备下载的软件的超链接项。

№2 在弹出的快捷菜单中，选择【使用迅雷下载】选项，如图 14-10 所示。

**指点迷津**

迅雷 7 支持向外拖动文件的操作，例如拖动文件到播放器或某个目录。

图 14-11

**02 弹出【新建任务】对话框，将软件保存到指定位置**

№1 弹出【新建任务】对话框，选择下载软件准备存放的位置。

№2 单击【立即下载】按钮 立即下载，如图 14-11 所示。

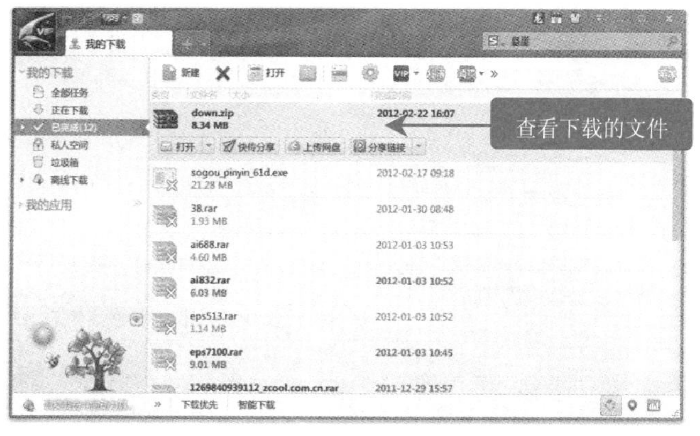


图 14-12

**03 在迅雷主界面，显示文件下载的进度信息**

文件下载成功后，在【我的下载】导航栏的【已完成】选项卡中，用户可以查看到下载成功的软件，如图 14-12 所示。

## 14.3.3 使用网际快车下载

网际快车采用基于业界领先的 MHT 下载技术，它可以给用户带来超高速的下载体验。全球首创的 SDT 插件预警技术可以充分地确保下载的安全，MHT 下载技术兼容 BT、HTTP、FTP 等多种下载方式。下面介绍使用网际快车下载软件的操作方法。

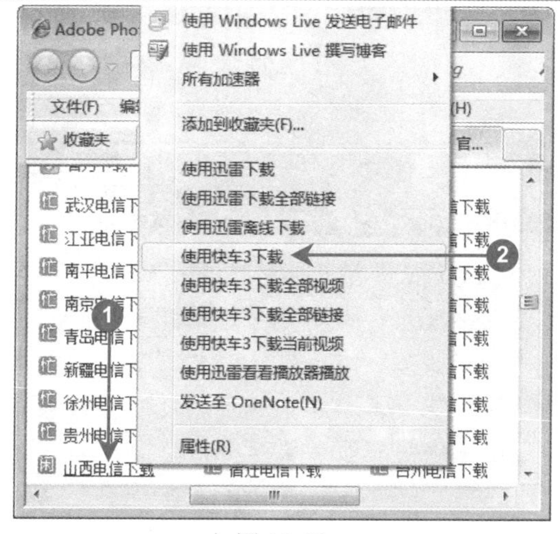


图 14-13

**01 打开软件下载界面，使用网际快车下载器下载文件**

№1 打开准备下载软件的网页界面，右键单击准备下载的软件。

№2 在弹出的快捷菜单中，选择【使用快车 3 下载】选项，如图 14-13 所示。

**■指点迷津**

使用网际快车添加下载文件时，在【添加链接】对话框中，用户可以设置软件下载的【选择分类】。

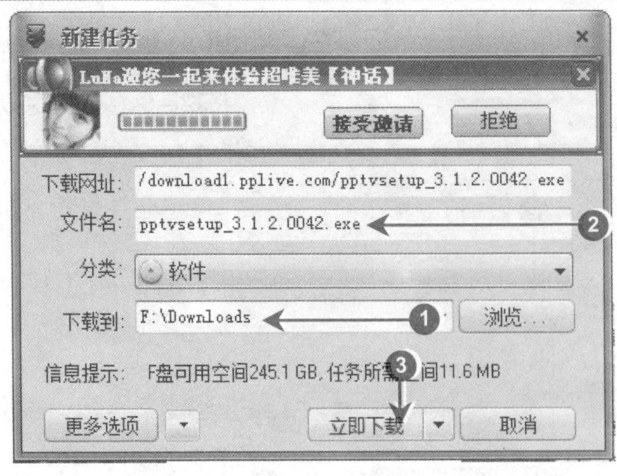


图 14-14

## 02 弹出【新建任务】对话框，将软件保存到指定位置

№1 弹出【新建任务】对话框，选择下载软件准备存放的位置，如“F:\Downloads”。

№2 在【文件名】文本框中，输入文件保存的名称。

№3 单击【立即下载】按钮 立即下载 ，如图 14-14 所示。

图 14-15

## 03 在网际快车主界面，显示文件下载的进度信息

文件下载成功后，在【完成下载】选项卡中，用户可以查看到下载成功的软件，如图 14-15 所示。

### ■多学一点

网际快车 3.7 版本采用了全新的 P4S 加速技术，下载速度有明显提升。

## 网际快车 3.7 版本的优点

智慧锦囊

网际快车 3.7 版本的优点是：优化资源占用、更低的 CPU 占用、更小的内存消耗，同时支持磁盘的智能管理，减少了硬盘的读写次数，最大程度地保护硬盘。用户可以随心调控速度，并且在下载的同时不影响用户看网页，玩游戏。最新版本的网际快车还具有即时换肤功能，一键换肤立即生效，用户可以快速装扮网际快车的主界面，从而美化操作界面。

Section

# 14.4 实践案例与上机指导

本章学习了网络搜索引擎的工作原理、常用搜索引擎的种类和使用百度搜索引擎搜索网页信息、图片、音乐的方法以及下载网上软件资源等方面的知识。通过对本章的学习，读者不但可以掌握搜索引擎方面的基础知识与操作，而且还可以掌握使用不同下载器下载软件的操作方法。在本节中，将结合实际的工作和应用，通过上机练习，进一步掌握和提高本章所学的知识点。

## 14.4.1 登录搜狐首页搜索资源

在本章中介绍了网络搜索引擎方面的知识，下面将结合实践应用，上机练习登录搜狐首页搜索资源的具体操作。通过本节练习，读者可以对使用网络搜索引擎方面的知识有更加深入的了解。

在 IE 浏览器的地址栏中输入搜狐首页的网址“http://www.sohu.com/”，登录到搜狐首页后，用户即可使用搜狐搜索引擎来搜索准备查询的内容。下面介绍登录搜狐首页搜索网络资源的操作方法。

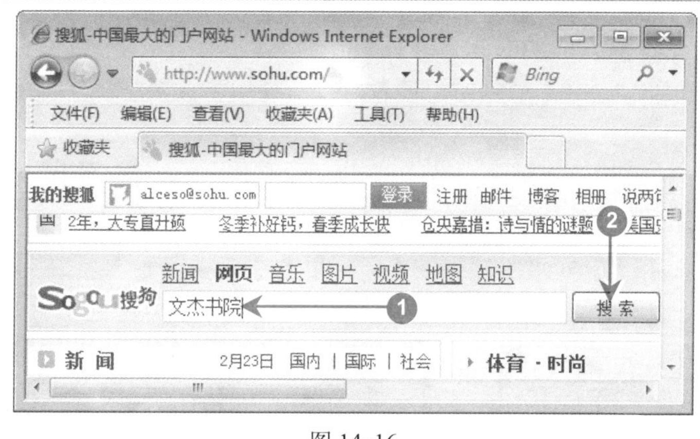


图 14-16

**01** 在 IE 浏览器的地址栏中输入搜狐首页的网址，登录到搜狐首页

№1 登录到搜狐首页后，在其“搜狗”搜索引擎的文本框中，输入要查询的网页信息，如“文杰书院”。

№2 单击【搜索】按钮，如图 14-16 所示。

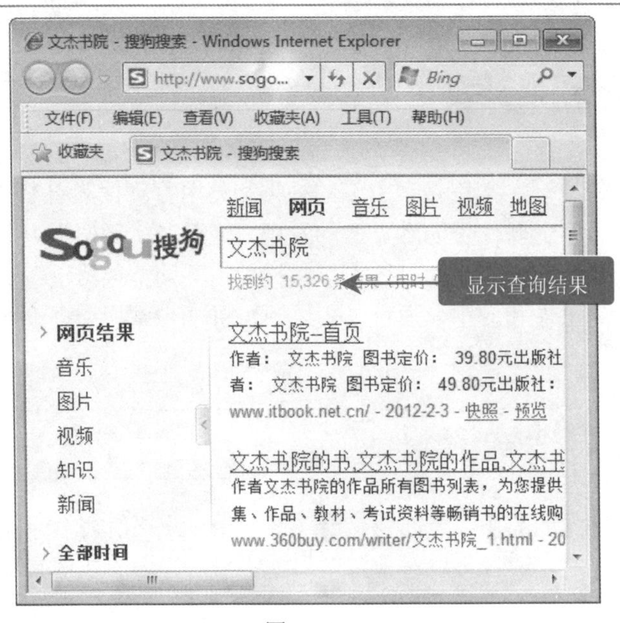


图 14-17

**02** IE 浏览器跳转到搜索结果界面，显示搜索到的信息

IE 浏览器自动跳转到搜狗网的搜索结果界面，在网页中显示与“文杰书院”相关的搜索信息，如图 14-17 所示。

## 14.4.2 使用 360 安全浏览器下载文件

在本章中介绍了下载网上软件资源方面的知识，下面将结合实践应用，上机练习使用 360 安全浏览器下载文件的具体操作。通过本节练习，读者可以对使用下载器下载文件的操作有更加深入地了解。

在 360 安全浏览器中，用户可以使用其自带的下载器下载网络资源。360 安全浏览器的下载器具有小巧方便、下载速度快、使用安全和操作简单等特点。下面介绍使用 360 安全浏览器下载文件的操作方法。

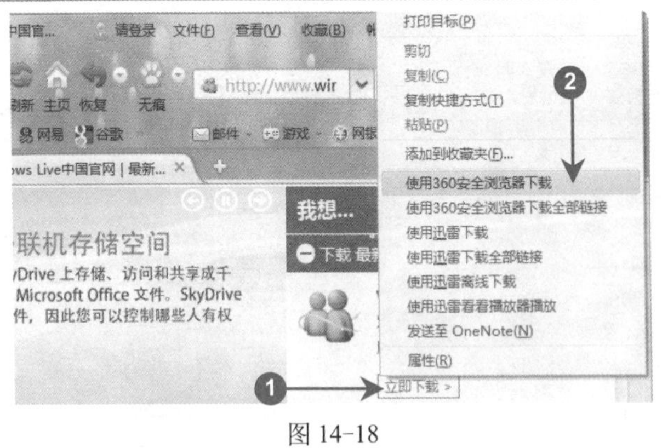


图 14-18

**01** 打开软件下载界面，使用 360 安全浏览器的下载器下载文件

№1 打开准备下载软件的网页界面，右键单击准备下载的软件。

№2 在弹出的快捷菜单中，选择【使用 360 安全浏览器下载】选项，如图 14-18 所示。

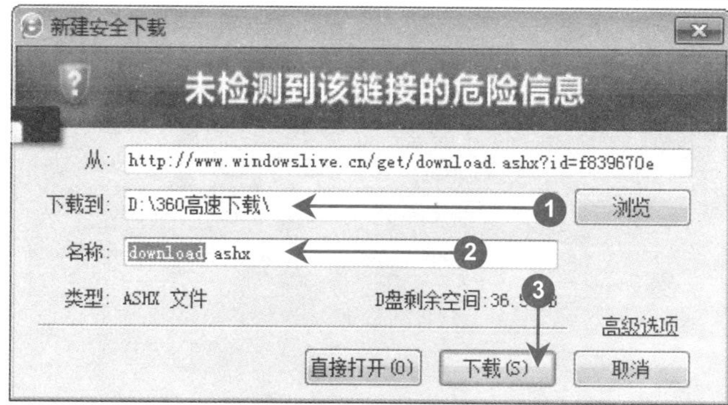


图 14-19

## 02 弹出【新建安全下载】对话框，将软件保存到指定位置

№1 弹出【新建安全下载】对话框，选择下载软件准备存放的位置，如“D:\360 高速下载\”。

№2 在【文件名】文本框中，输入文件保存的名称。

№3 单击【下载】按钮 下载(S)，如图 14-19 所示。

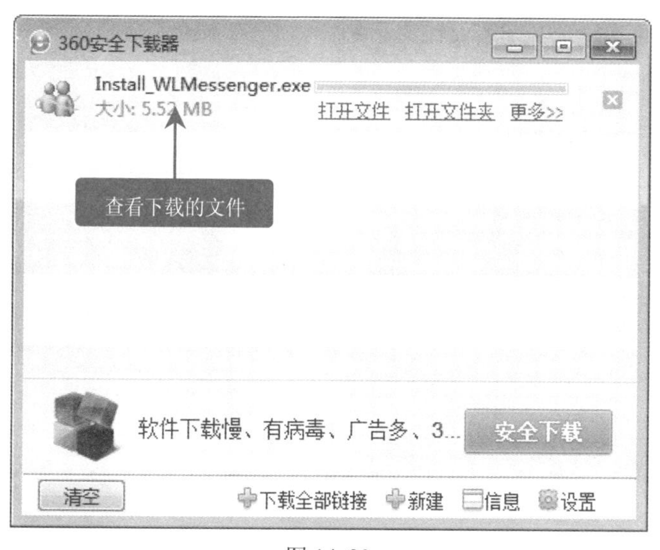


图 14-20

## 03 在 360 安全下载器的主界面，显示文件下载的进度信息

文件下载成功后，在【360 安全下载器】的主界面中，用户可以查看到下载成功的文件，如图 14-20 所示。

### ■多学一点

在【360 安全下载器】的主界面中，单击【设置】按钮 设置，在弹出的【选项】对话框中，用户可以对默认下载工具进行设置。

# 读书笔记

# 第 15 章 上网通信与娱乐

## 本章内容导读

本章主要介绍上网收发电子邮件和使用 MSN 网上聊天的方法，同时还将讲解使用 QQ 与好友聊天的操作方法。在本章的最后还会针对实际的工作需求，讲解给 MSN 设置个性签名和接收并阅读电子邮件的操作方法。通过对本章的学习，读者可以掌握上网通信与娱乐方面的知识，为进一步学习电脑中常用的工具软件方面的知识奠定基础。

## 本章知识要点

◎ 上网收发电子邮件
◎ 使用 QQ 与好友聊天
◎ 使用 MSN 网上聊天

Section

# 15.1 上网收发电子邮件

电子邮箱，英文简称为 E-mail，它是通过网络电子邮局为用户提供网络交流的电子信息空间。电子邮箱具有存储和收发电子信息的功能，是因特网中最重要的信息交流工具之一。本节将重点介绍上网收发电子邮件方面的操作方法。

## 15.1.1 申请电子邮箱

在使用电子邮箱收发邮件之前，用户首先需要申请专用的电子邮箱。下面以申请网易163 电子邮箱为例，详细介绍申请电子邮箱的操作方法。

图 15-1

**01 在 IE 浏览器的地址栏中，输入 163 电子邮箱的网址，登录到 163 邮箱首页**

登录到 163 网易免费邮箱首页后，在【普通登录】选项卡中，单击【注册】按钮 注 册，如图 15-1 所示。

**多学一点**

163 网易免费邮箱的网址是“http://mail.163.com/”。

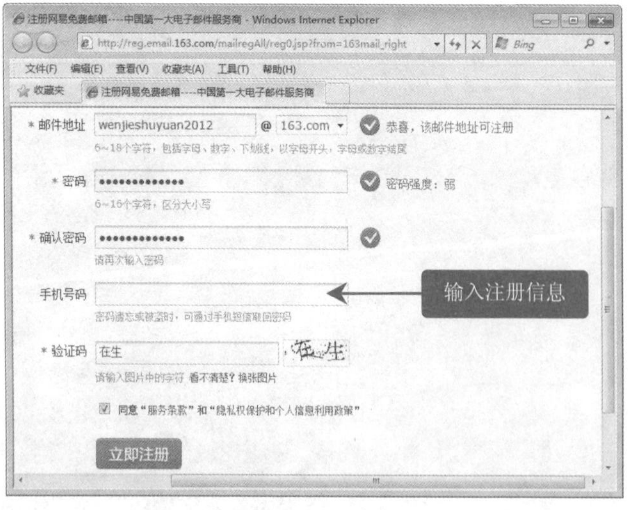


图 15-2

**02 在注册新用户窗口中，输入注册信息**

弹出【网易邮箱-注册新用户】窗口，在【邮件地址】文本框中输入准备使用的邮件地址名称，在【密码】和【确认密码】文本框中分别输入相同的密码，在【手机号码】文本框中输入手机号码，这样在密码遗忘或被盗时，可以通过手机短信取回密码。输入系统提示的【验证码】，单击【立即注册】按钮 立即注册，如图 15-2 所示。

图 15-3

**03 弹出【注册成功】对话框，提示邮箱已注册成功信息**

弹出【注册成功】对话框，系统提示“恭喜，您的网易邮箱注册成功！”信息，如图 15-3 所示。

## 15.1.2 登录电子邮箱

注册电子邮箱后，用户即可使用注册的账户登录到电子邮箱中，收发邮件。下面介绍登录电子邮箱的操作方法。

图 15-4

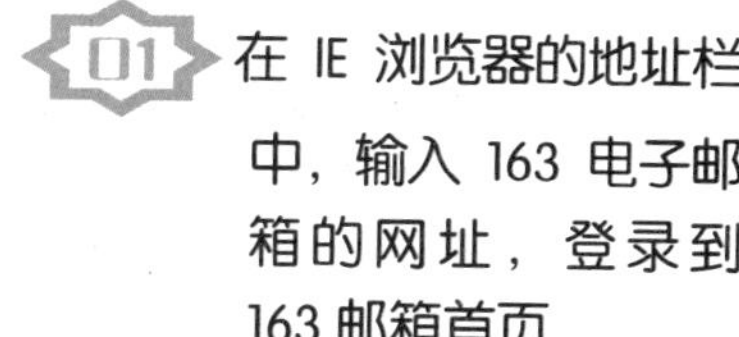


No1 在【普通登录】选项卡中，在【帐号】文本框中，输入邮箱的名称。

No2 在【密码】文本框中，输入邮箱的密码。

No3 单击【登录】按钮，如图 15-4 所示。

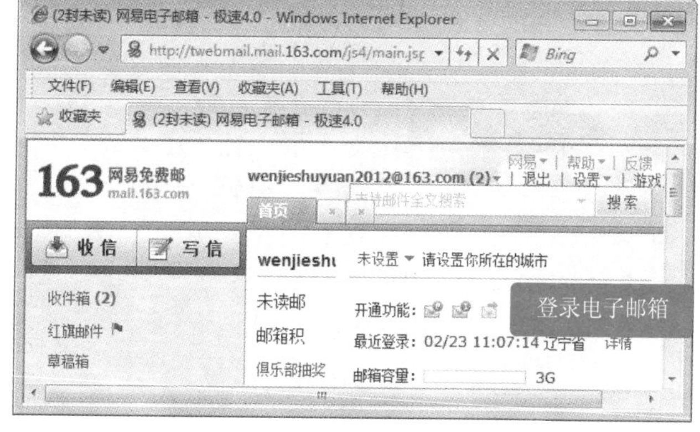


图 15-5

**02 网页自动跳转到网易邮箱界面，登录成功**

网页自动跳转到 163 网易免费邮箱界面，如图 15-5 所示。

### ■指点迷津

163 网易免费邮箱极速 4.0 版，支持 HTML5 技术，用户可以自定义邮箱，自己定制需要显示的应用。

## 15.1.3 撰写并发送电子邮件

登录到电子邮箱后，用户即可在线发送电子邮件，与好友进行即时交流。下面介绍撰写并发送电子邮件的操作方法。

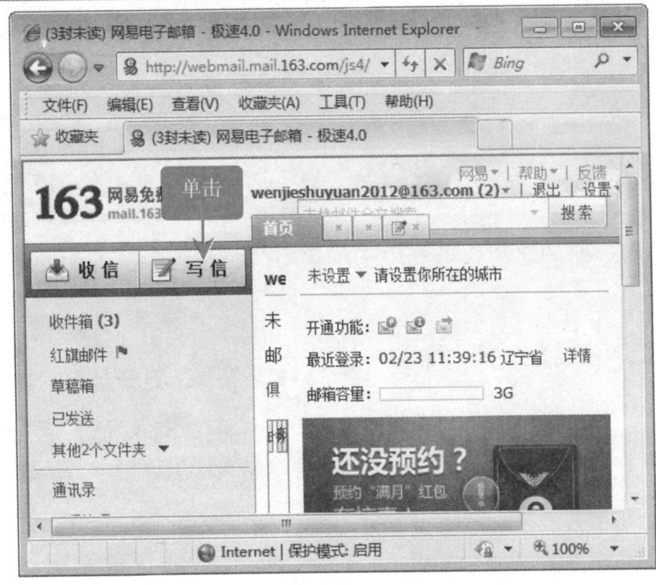


图 15-6

### 01 登录到个人的 163 邮箱首页

进入【163 网易免费邮箱】个人电子邮箱，单击【写信】按钮 写信，如图 15-6 所示。

### 指点迷津

在网易 163 邮箱的签名设置里，用户可以自己设定一些文字，这样在撰写邮件时就可以从已设定好的签名中选择一款作为邮件的落款，自动贴在信件的最后发出。

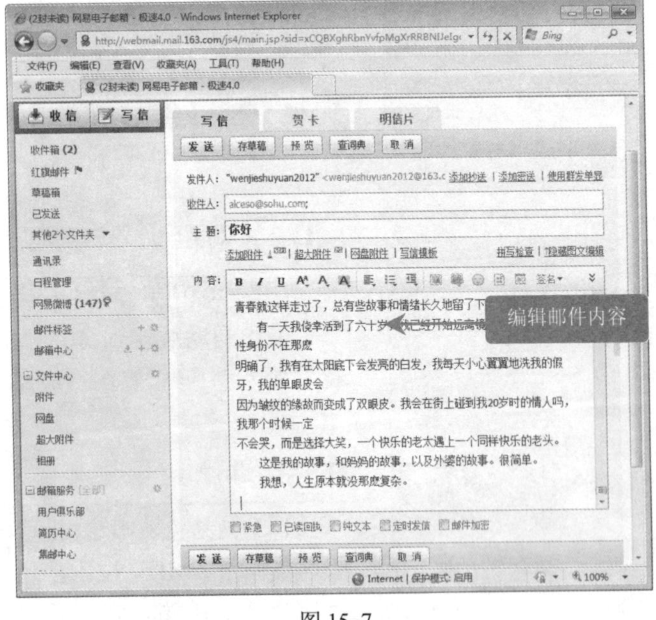


图 15-7

### 02 网页自动跳转到写信界面，编辑邮件内容

网页自动跳转到【写信】界面，在【收件人】文本框中输入好友的邮箱地址，在【主题】文本框中输入本次邮件的标题，如“你好”，在【内容】文本框中输入准备发送的文本内容，编辑完成后，单击【发送】按钮 发送，如图 15-7 所示。

Section

# 15.2 使用 QQ 与好友聊天

QQ 是腾讯公司开发的一款基于 Internet 的即时通信（IM）软件。腾讯 QQ 支持在线聊天、视频电话、点对点断点续传文件、共享文件、网络硬盘、自定义面板、QQ 邮箱等多种功能。本节将重点介绍使用 QQ 与好友聊天的操作方法。

## 15.2.1 申请 QQ 号码

使用腾讯 QQ 聊天软件之前，用户首先需要申请一个 QQ 号码，使用自己专有的 QQ 号码，才能登录到腾讯 QQ 聊天软件中。下面介绍申请 QQ 号码的操作方法。

图 15-8

### 01 启动腾讯 QQ 2011 登录界面，单击【注册账号】超链接项

启动腾讯 QQ 2011 登录窗口，在【QQ 2011】对话框右侧，单击【注册账号】超链接项，如图 15-8 所示。

**■指点迷津**

QQ 号码全部由数字组成，并且是在用户注册时由系统随机生成的。

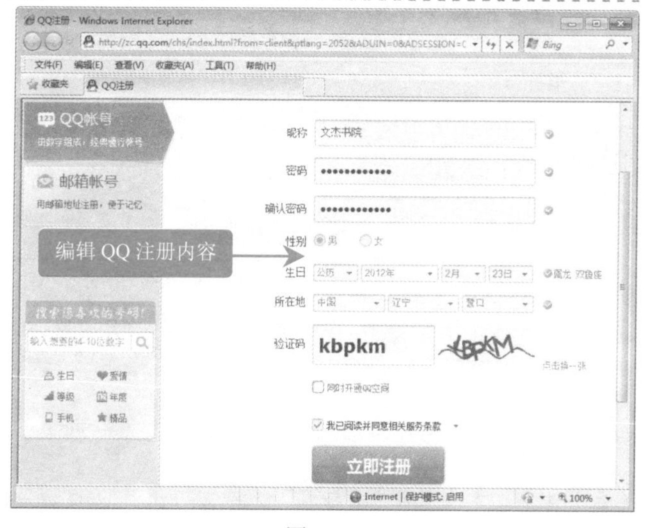


图 15-9

### 02 注册 QQ 相关的信息

弹出【QQ 注册】网页界面，在【QQ 账号】选项卡中，在【昵称】文本框中输入用户网名，在【密码】和【确认密码】文本框中输入相同的注册密码，在【性别】单选项中，选择性别，在【生日】文本框中输入生日日期，在【所在地】下拉列表框中选择用户所在地，输入系统提示的验证码后，单击【立即注册】按钮 立即注册 ，如图 15-9 所示。

图 15-10

**03 网页跳转到新页面，提示 QQ 号码申请成功**

网页自动跳转到新页面，系统提示 QQ 号码申请成功信息，同时显示用户申请到的 QQ 号码，单击【登录 QQ】按钮 登录QQ ，用户可直接登录到 Web QQ 界面中，如图 15-10 所示。

## 15.2.2 登录 QQ

申请完 QQ 号码之后，用户即可使用申请到的 QQ 号码登录 QQ 2011。下面介绍登录 QQ 的操作方法。

图 15-11

**01 启动腾讯 QQ 登录界面，输入用户账号和密码**

No1 在【请输入账号】文本框中，输入申请的 QQ 号码。

No2 在【请输入密码】文本框中，输入 QQ 账号的密码。

No3 单击【登录】按钮 登录 ，如图 15-11 所示。

**■指点迷津**

在 QQ 登录界面中，用户可以设置在线状态，如隐身等。

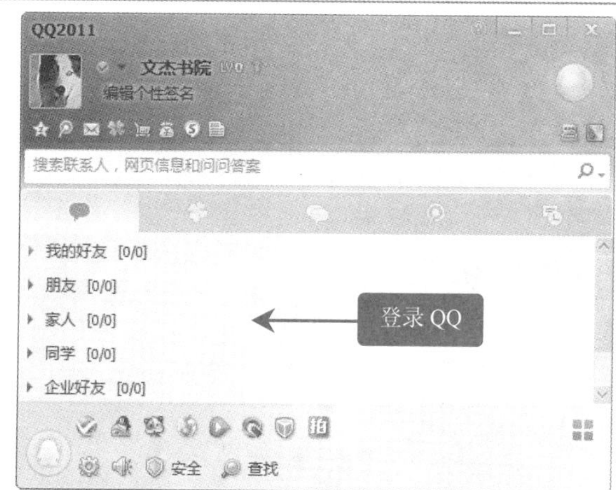

图 15-12

**02 经过短暂的登录缓冲后，登录到 QQ 主程序中**

输入 QQ 账户的号码和密码后，系统会进入登录缓冲界面，稍等片刻后，用户即可登录到 QQ 2011 的主程序中，如图 15-12 所示。

**智慧锦囊**

**使用电子邮箱注册 QQ 账户**

用户不仅可以使用 QQ 号码来注册腾讯账户，也可以使用电子邮箱地址来注册腾讯 QQ 账户。使用电子邮箱地址来注册腾讯 QQ 账户的好处是，QQ 号码与用户常用邮箱绑定，方便记忆、不易丢失。应注意的是，每个注册邮箱只能对应一个 QQ 号码。

## 15.2.3 查找与添加好友

如果用户是第一次登录到 QQ 的主程序中，那么用户首先需要将好友添加到 QQ 好友名单中，以方便与好友进行在线交流。下面介绍查找与添加好友的操作方法。

图 15-13

**01 启动腾讯 QQ 登录界面，登录 QQ 主程序**

登录到 QQ 2011 主程序后，在 QQ 2011 程序窗口的下方，单击【查找】按钮 查找，如图 15-13 所示。

**■多学一点**

QQ 会员是腾讯公司为用户提供的一项高级服务。会员可以享受到多项精彩功能的特权，收费为每月 10 元，QQ 会员分为 Vip1-Vip7 7 个等级。

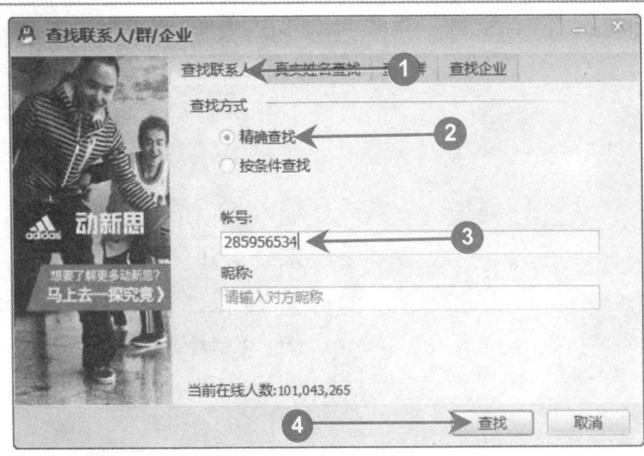


图 15-14

## 02 弹出【查找联系人/群/企业】对话框，查找好友

№1 弹出【查找联系人/群/企业】对话框，选择【查找联系人】选项卡。

№2 在【查找方式】区域中，选取【精确查找】单选项。

№3 在【账号】文本框中，输入好友的 QQ 号码。

№4 单击【查找】按钮，如图 15-14 所示。

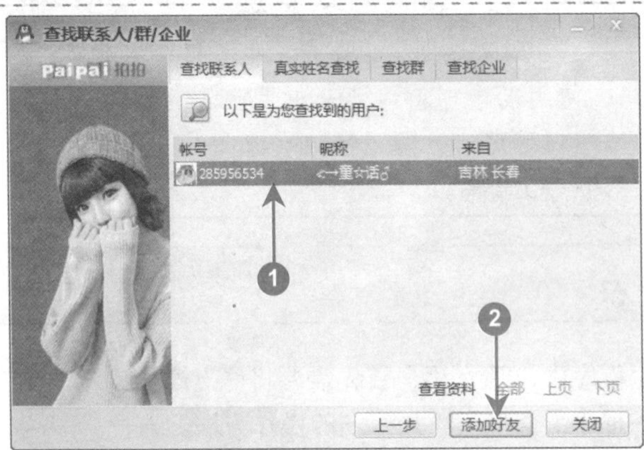


图 15-15

## 03 在【以下是为您查找到的用户】区域添加好友

№1 在【以下是为您查找到的用户】区域的下方，选择准备添加的好友。

№2 单击【添加好友】按钮，如图 15-15 所示。

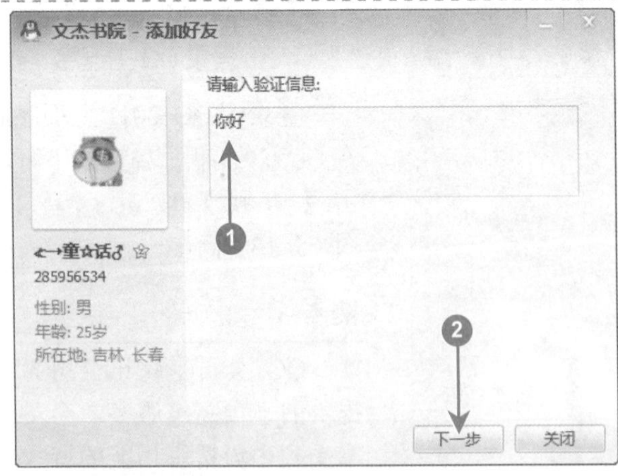


图 15-16

## 04 输入验证信息，方便用户可以快速通过申请

№1 弹出【文杰书院-添加好友】对话框，在【请输入验证信息】文本框中，输入给对方的验证信息，如“你好”。

№2 单击【下一步】按钮，如图 15-16 所示。

### ■多学一点

QQ 2011 正式版支持手写功能，这样输入方式变得更加简单。

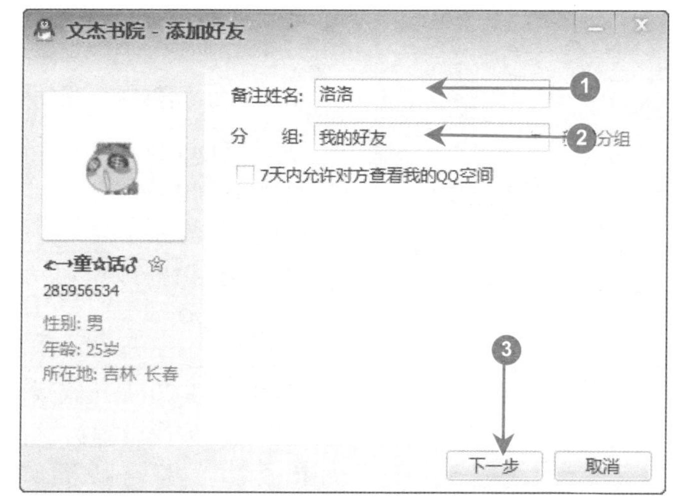


图 15-17

**05 输入好友备注姓名，设置好友所在分组**

№1 在【备注姓名】文本框中，输入 QQ 好友的备注名称，如“洛洛”。

№2 在【分组】下拉列表框中，设置好友存放的分组位置，如“我的好友”。

№3 单击【下一步】按钮 下一步，如图 15-17 所示。

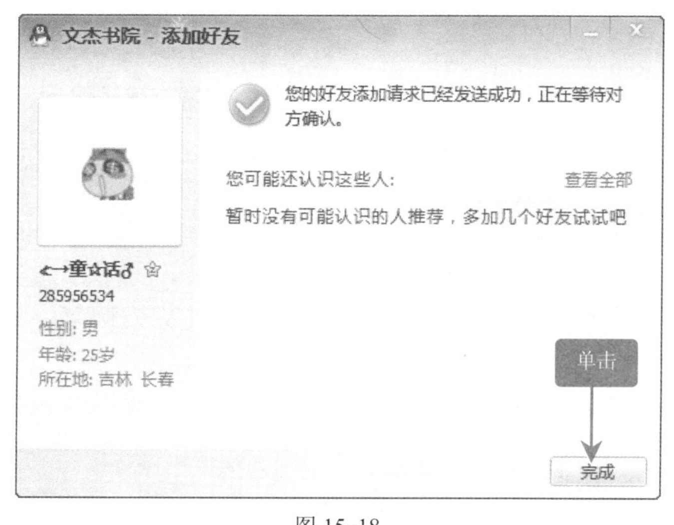


图 15-18

**06 添加请求发送成功，等待好友验证**

添加好友的申请已经发送成功，单击【完成】按钮 完成 即可将好友添加到 QQ 好友名单中，如图 15-18 所示。

## 15.2.4 在线聊天

将好友添加到 QQ 名单中后，用户即可使用 QQ 2011 聊天软件与好友进行在线聊天。下面介绍使用 QQ 2011 聊天软件与好友在线聊天的操作方法。

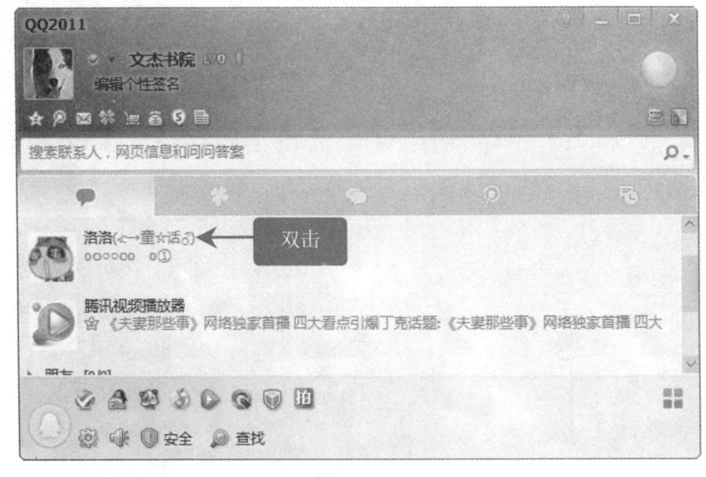


图 15-19

**01 启动腾讯 QQ 登录界面，登录用户账号**

进入【QQ 2011】程序窗口，在好友列表中，使用鼠标左键双击准备进行聊天的好友头像，如图 15-19 所示。

**■指点迷津**

使用 QQ 2011 正式版，用户可以将头像设置为桌面快捷方式，这样可以方便与常用联系人联系。

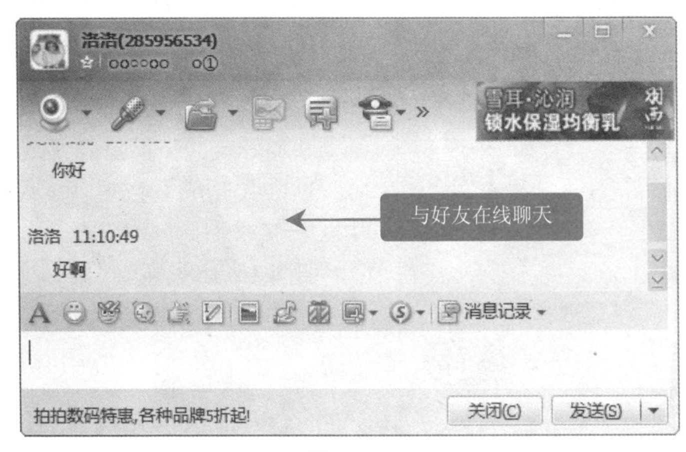


图 15-20

**02 弹出聊天对话框，与好友在线聊天**

弹出与好友聊天的对话窗口，在窗口下方的文本框中，输入聊天内容，如“你好”，然后单击【发送】按钮 发送(S)，等待好友回复，如图 15-20 所示。

# Section 15.3 使用 MSN 网上聊天

MSN 英文全称是“Microsoft Service Network”（微软网络服务），是微软公司推出的即时消息软件。用户可以通过 MSN 与亲人、朋友、工作伙伴进行文字聊天、语音对话、视频会议等即时交流，还可以通过 MSN 来查看联系人是否联机。本节将重点介绍使用 MSN 上网聊天的操作方法。

## 15.3.1 添加联系人

登录 MSN 聊天软件以后，用户首先需要将好友添加到 MSN 列表中。下面介绍添加好友的操作方法。

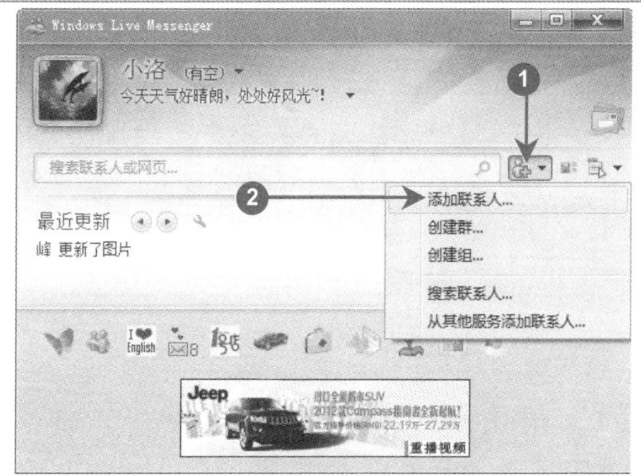


图 15-21

## 01 登录 MSN 聊天软件，单击【添加联系人或群】下拉按钮

№1 登录 MSN 聊天软件，打开【Windows Live Messenger】程序窗口，单击【添加联系人或群】下拉按钮。

№2 在弹出的下拉菜单中，选择【添加联系人】选项，如图 15-21 所示。

### ■多学一点

MSN 的下载安装有两种方式，一种是下载整个程序，一种是下载一个 Installer。

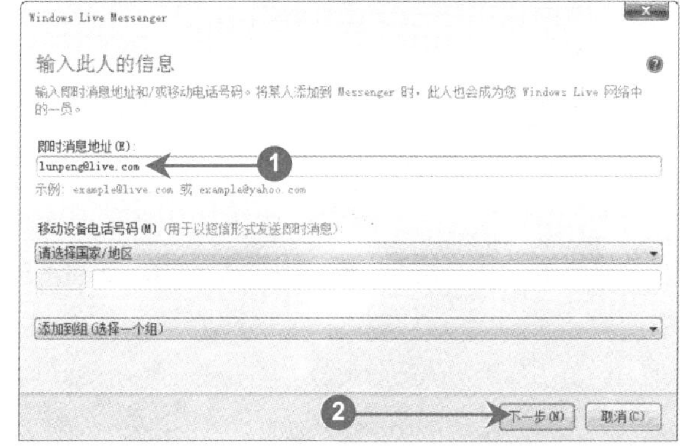


图 15-22

## 02 输入好友的 MSN 电子邮箱地址

№1 弹出【Windows Live Messenger】对话框，在【即时消息地址】文本框中，输入好友的邮箱地址。

№2 单击【下一步】按钮 下一步(N)，如图 15-22 所示。

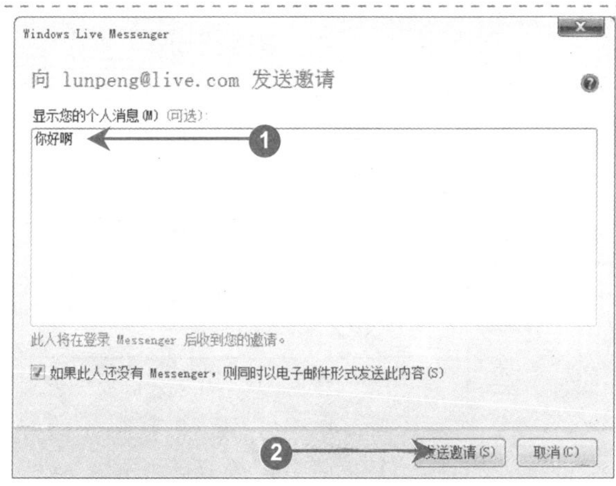


图 15-23

## 03 向好友发送添加邀请，等待验证通过

№1 在【显示您的个人消息】文本框中，输入添加好友的验证信息，如“你好啊”。

№2 单击【发送邀请】按钮 发送邀请(S)，等待好友接受邀请，验证通过后，用户即可与该好友在线聊天，如图 15-23 所示。

## 注册 MSN

智慧锦囊

拥有 Hotmail 或 MSN 的电子邮箱帐户，用户就可以直接打开 MSN，输入电子邮箱的地址和密码，单击【登录】按钮进行登录。如果没有 Hotmail 或 MSN 的电子邮箱，用户可以进行申请。

## 15.3.2 与联系人聊天

将好友添加到 MSN 联系人列表中以后，用户即可与该好友进行在线聊天。下面详细介绍使用 MSN 与好友进行在线聊天的操作方法。

图 15-24

### 01 登录 MSN 聊天软件，双击【好友】选项

登录 MSN 聊天软件，打开【Windows Live Messenger】程序窗口，在好友列表中双击准备进行聊天的好友选项，如图 15-24 所示。

■多学一点

MSN 支持同一账号在多个不同地点同时上线，消息也能同步，这样用户可以即时地与好友进行交流沟通。

图 15-25

### 02 弹出聊天对话框，与好友在线聊天

弹出与好友聊天的对话窗口，在窗口下方的文本框中，输入聊天内容，如“好”，然后在键盘上单击〈Enter〉键，发送消息，等待好友回复，如图 15-25 所示。

■多学一点

在聊天对话窗口中的工具栏内，单击【阻止】按钮，该好友将无法再与用户联系。

Section

# 15.4 实践案例与上机指导

本章学习了电子邮箱的基本操作，同时还学习了 QQ 聊天软件和 MSN 聊天软件的使用方法。通过对本章的学习，读者不但可以掌握电子邮箱的使用方法，而且还可以熟悉聊天软件的操作流程。在本节中，将结合实际的工作和应用，通过上机练习，进一步掌握和提高本章所学的知识点。

## 15.4.1 给 MSN 设置个性签名

在本章中介绍了使用 MSN 与好友聊天的方法，下面将结合实践应用，上机练习给 MSN 设置个性签名的具体操作。通过本节练习，读者可以对 MSN 聊天软件有更加深入的了解。

在 MSN 聊天软件中，用户可以随时设置个性签名，为好友展示个人状态。下面介绍给 MSN 设置个性签名的操作方法。

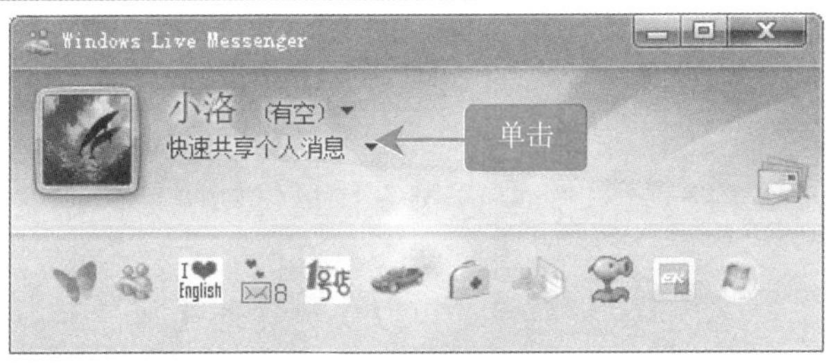


图 15-26

**01 登录 MSN 聊天软件，单击【快速共享个人信息】选项**

登录 MSN 软件，打开【Windows Live Messenger】程序窗口，在程序窗口的顶端，单击【快速共享个人信息】选项，如图 15-26 所示。

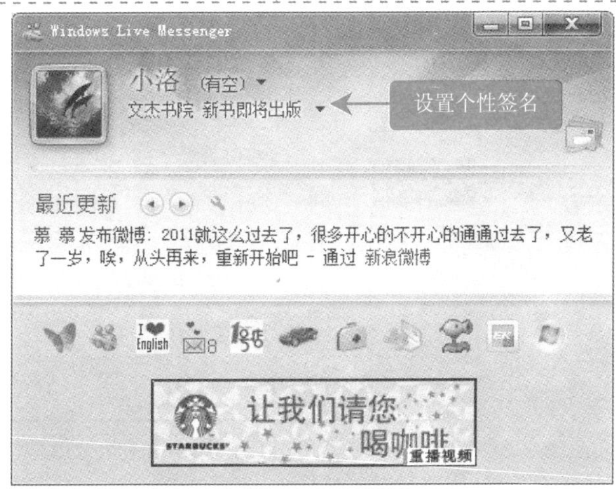


图 15-27

**02 输入准备设置的个人信息**

在弹出的文本框中，输入准备设置的个人信息，然后在键盘上按下〈Enter〉键，如图 15-27 所示。

**多学一点**

MSN 的软件客户端有 MSN Messenger 和 Windows Messenger 两种。

## 15.4.2 接收并阅读电子邮件

在本章中介绍了上网收发电子邮件方面的知识，下面将结合实践应用，上机练习接收并阅读电子邮件的具体操作。通过本节练习，读者可以对电子邮箱的使用有更加深入的了解。

用户不仅可以使用电子邮箱撰写并发送邮件，还可以接收并阅读邮件。下面以使用 163 网易电子邮箱接收电子邮件为例，介绍接收并阅读电子邮件的操作方法。

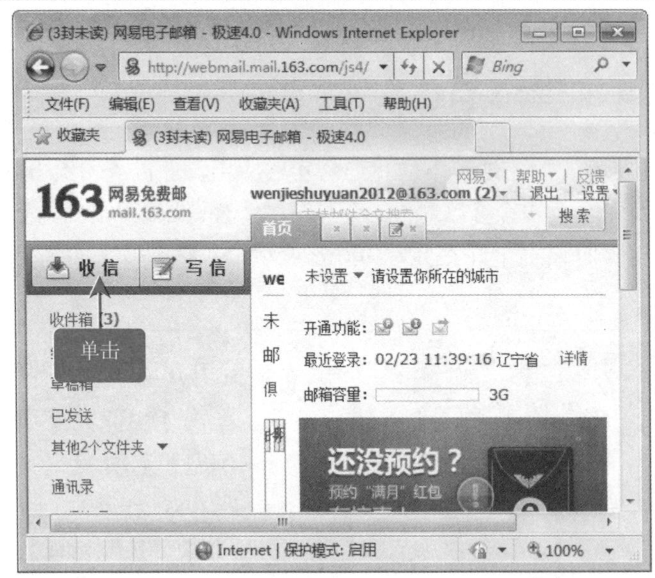


图 15-28

### 01 输入 163 电子邮箱的账户名和密码，登录到个人的 163 邮箱首页

进入【163 网易免费邮】个人电子邮箱，单击【收信】按钮 收信，如图 15-28 所示。

**■指点迷津**

在 163 网易邮箱内，开启键盘快捷键功能后，在键盘上按下〈Shift+C〉组合键，用户可以快速进入【写信】界面，编辑并发送新邮件。

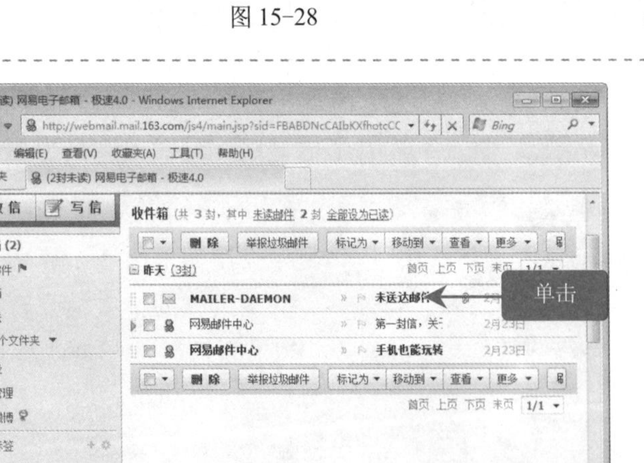


图 15-29

### 02 网页自动跳转到【收信箱】界面，查收新邮件

网页跳转到【收件箱】界面，将鼠标指针指向准备查看的邮件标题，如“未送达邮件”，然后单击鼠标左键，如图 15-29 所示。

**■多学一点**

用手机登录网易邮箱的网址 m.mail.163.com，用户可以用手机收发电子邮件。

图 15-30

## 03 网页自动跳转到新邮件的网页界面，用户可以查看新邮件的内容

网页会自动跳转到新邮件的网页界面，用户可以查看新邮件的内容，如图 15-30 所示。

### 多学一点

查看完邮件后，在邮件的导航栏中单击【回复】按钮 回复，用户可以回复该邮件；单击【删除】按钮 删除，用户可以删除该邮件。

# 读书笔记

# 第 16 章

# 电脑中常用的工具软件

## 本章内容导读

本章主要介绍电脑中常用的工具软件——ACDSee、视频播放软件——暴风影音，同时还将讲解系统性能测试软件——鲁大师的基本操作。在本章的最后还会针对实际的工作需求，讲解使用各个工具软件的操作方法。通过对本章的学习，读者可以掌握电脑中常用工具软件的使用方法，为进一步学习电脑知识奠定基础。

## 本章知识要点

◎ **图片浏览软件——ACDSee**
◎ **视频播放软件——暴风影音**
◎ **系统性能测试软件——鲁大师**

Section

# 16.1 图片浏览软件——ACDSee

ACDSee 是最流行的看图工具之一。它提供了良好的操作界面、简单且人性化的操作方式、优质快速的图形解码方式，同时还支持丰富的图形格式，因此受到越来越多使用者的青睐。本节将详细介绍图片浏览软件——ACDSee 的相关知识。

## 16.1.1 浏览电脑中的图片

如果准备使用 ACDSee 浏览电脑中的图片，首先需要启动 ACDSee。下面详细介绍浏览电脑中的图片的操作方法。

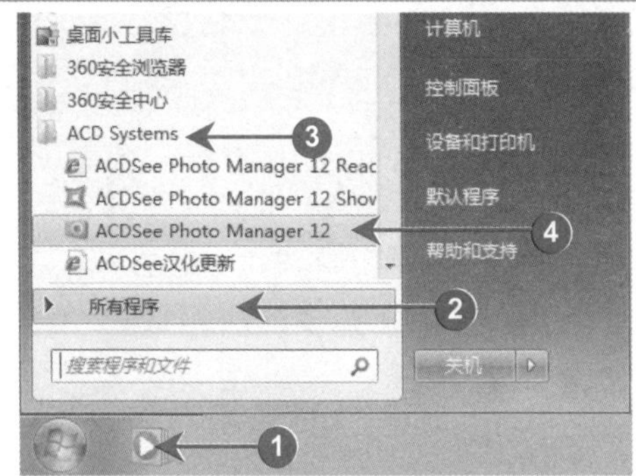

图 16-1

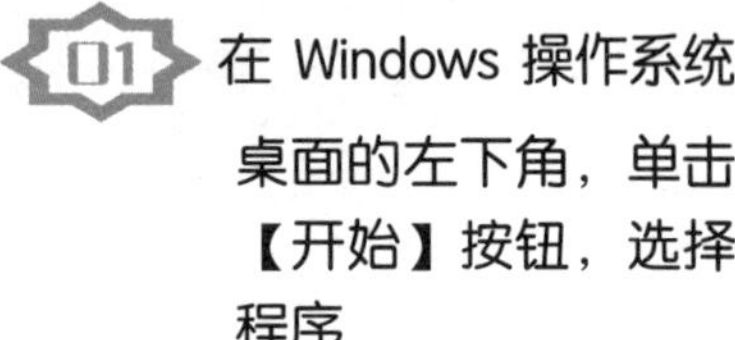

### 01 在 Windows 操作系统桌面的左下角，单击【开始】按钮，选择程序

依次单击【开始】按钮 →【所有程序】→【ACDSee Systems】→【ACDSee Photo Manager 12】选项，如图 16-1 所示。

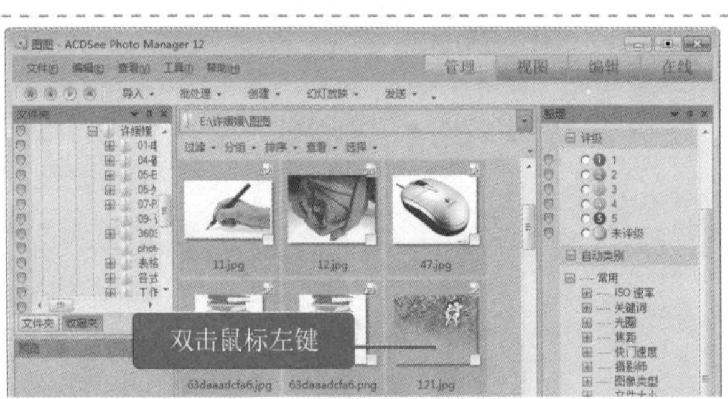

图 16-2

### 02 启用 ACDSee 窗口，双击准备查看的图片

打开图片文件所在的位置，使用鼠标左键双击准备查看的图片，如图 16-2 所示。

图 16-3

### 03 使用 ACDSee 进行浏览图片的操作

通过以上步骤即可完成使用 ACDSee 浏览电脑中图片的操作，如图 16-3 所示。

## 16.1.2 转换图片格式

ACDSee 是众所周知的图片浏览软件，它支持众多的图片格式，同时也可以根据用户的需要，快速地转换图片格式。下面详细介绍转换图片格式的操作方法。

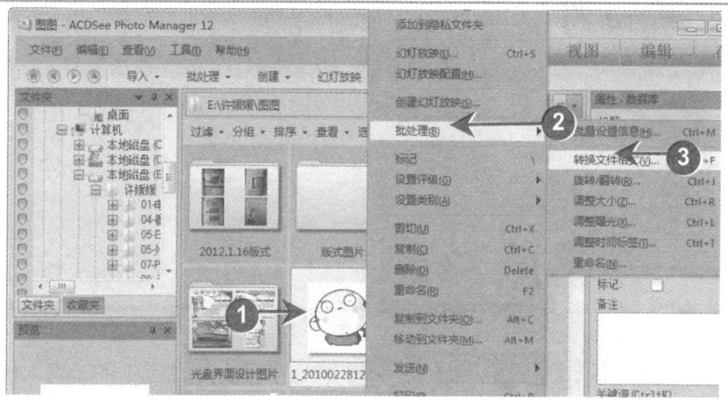


图 16-4

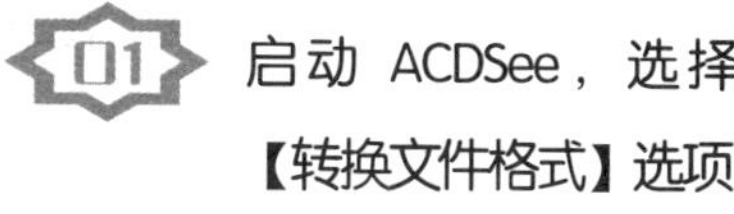

### 01 启动 ACDSee，选择【转换文件格式】选项

№1 使用鼠标右键单击准备转换格式的图片。

№2 在弹出的快捷菜单中，选择【批处理】选项。

№3 在级联菜单中，选择【转换文件格式】选项，如图 16-4 所示。

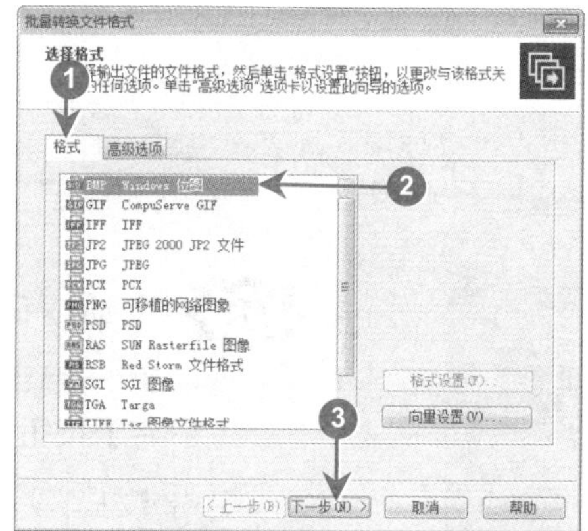


图 16-5

### 02 弹出【批量转换文件格式】对话框，选择准备转换的文件格式

№1 选中【格式】选项卡。

№2 在列表框中，选择准备转换的格式。

№3 单击【下一步】按钮，如图 16-5 所示。

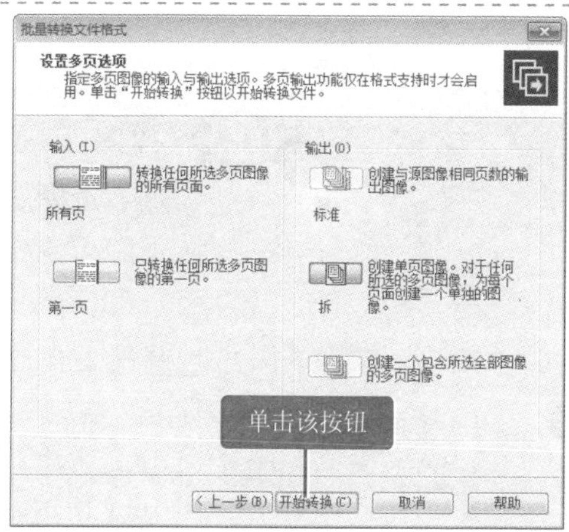


图 16-6

### 03 弹出【批量转换文件格式】对话框，单击【开始转换】按钮

弹出【批量转换文件格式】对话框，单击【开始转换】按钮，如图 16-6 所示。

### 多学一点

用户在键盘上按下〈Ctrl+F〉组合键，可以快速弹出【批量转换文件格式】对话框。

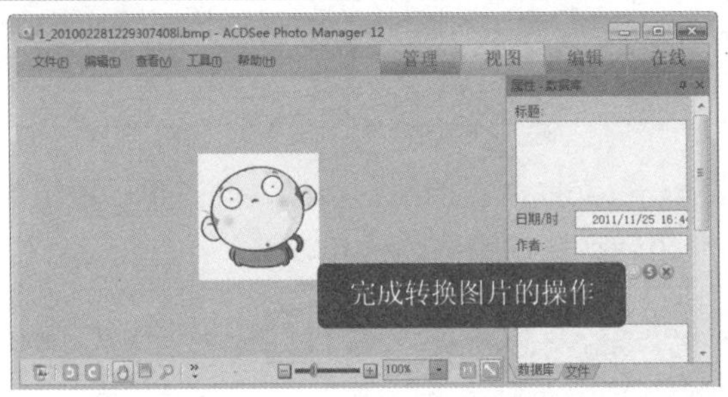

图 16-7

**04 可以看到刚刚转换的图片**

转换完成后，单击【完成】按钮，此时，可以在窗口中看到刚刚转换的图片，如图 16-7 所示。

# Section 16.2 视频播放软件——暴风影音

暴风影音是暴风网际公司推出的一款视频播放器。该播放器可以兼容大多数的视频和音频格式，被评选为消费者最喜爱的互联网软件之一。本节将详细介绍暴风影音软件的具体操作。

## 16.2.1 播放本地视频

暴风影音支持大多数的视频文件格式。用户可以使用它观看自己喜欢的电影。下面介绍使用暴风影音播放电脑中的影视剧的操作方法。

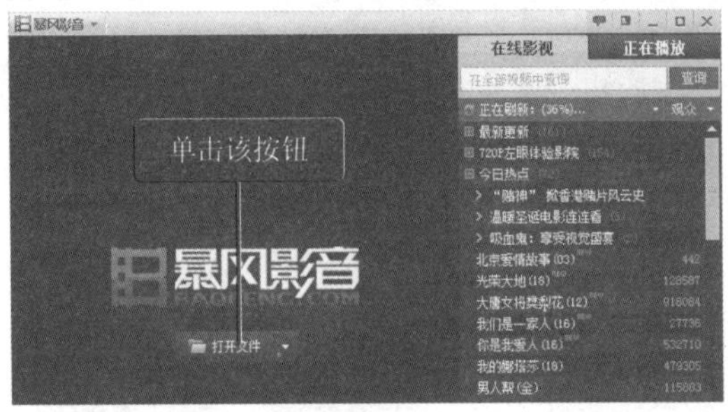

图 16-8

**01 启动暴风影音播放器，单击【打开文件】按钮**

单击【打开文件】按钮，如图 16-8 所示。

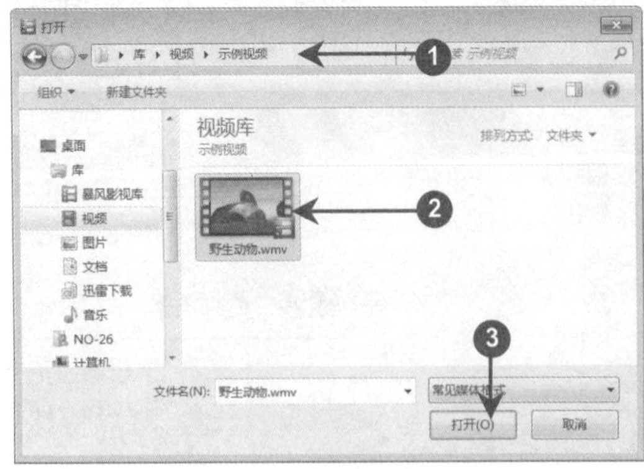

图 16-9

**02 弹出【打开】对话框，选择视频文件**

No1 选择视频文件存放的位置。

No2 选择准备播放的视频文件。

No3 单击【打开】按钮，如图 16-9 所示。

图 16-10

### 03 暴风影音开始播放电脑中的电影

暴风影音开始播放电脑中的电影，使用暴风影音播放视频文件的操作完成，如图 16-10 所示。

## 16.2.2 播放在线视频

使用暴风影音不仅可以播放本地视频，还可以播放在线视频，以满足用户的需求。下面详细介绍在线播放视频的操作方法。

启动【暴风影音】软件，在【搜索】文本框中，输入准备搜索的视频名称，单击【查询】按钮，在【搜索结果数】区域中，单击准备观看的视频。在窗口的右侧，有介绍视频的相关资料，单击【播放全部】按钮，即可完成在线播放视频的操作，如图 16-11 所示。

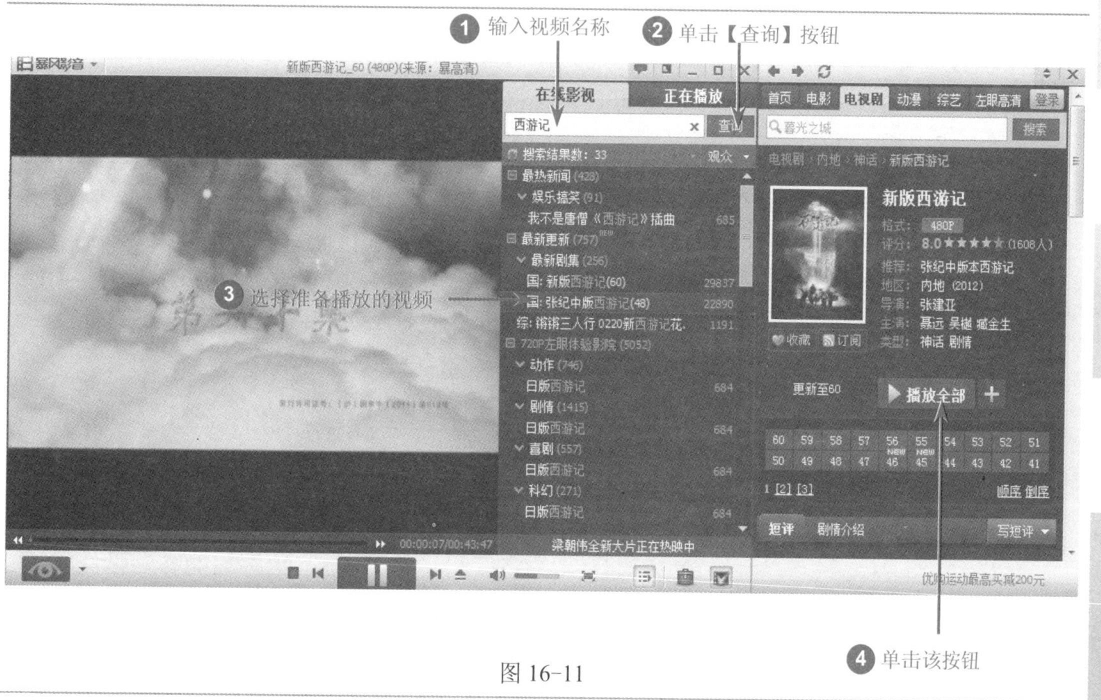


图 16-11

Section

# 16.3 系统性能测试软件——鲁大师

鲁大师是新一代的系统工具，是一款免费的电脑软件。它能轻松地辨别电脑硬件的真伪，保护电脑稳定运行，优化清理系统，提升电脑的运行速度。本节将详细介绍鲁大师的功能。

## 16.3.1 电脑综合性能评分

鲁大师电脑综合性能评分是通过模拟电脑计算获得的 CPU 速度测评分数。该分数能表示电脑的综合性能。下面详细介绍电脑综合性能评分的操作方法。

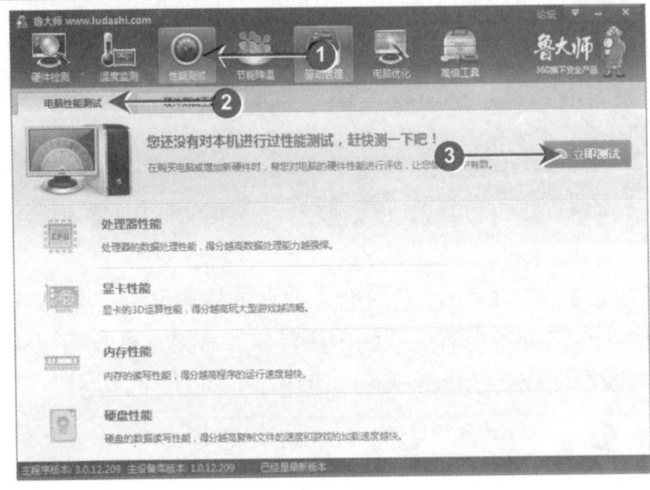


图 16-12

### 01 启动鲁大师，进行性能测试

№1 在菜单栏中，选择【性能测试】按钮。

№2 选择【电脑性能测试】选项卡。

№3 单击【立即测试】按钮，如图 16-12 所示。

图 16-13

### 02 测试完成后，显示测试分数

在当前界面中，显示电脑的综合性能得分，如图 16-13 所示。

**■指点迷津**

电脑综合性能测试，分别测试电脑的处理器性能、显卡性能、内存性能和硬盘性能。

## 16.3.2 电脑一键优化

鲁大师的电脑一键优化功能，包括系统响应速度的优化、用户界面速度的优化、文件系统的优化、网络的优化等。下面详细介绍电脑一键优化的操作方法。

启动【鲁大师】软件，在菜单栏中，选择【电脑优化】按钮，单击界面底部的【选择全部】选项，单击【立即优化】按钮，如图 16-14 所示。

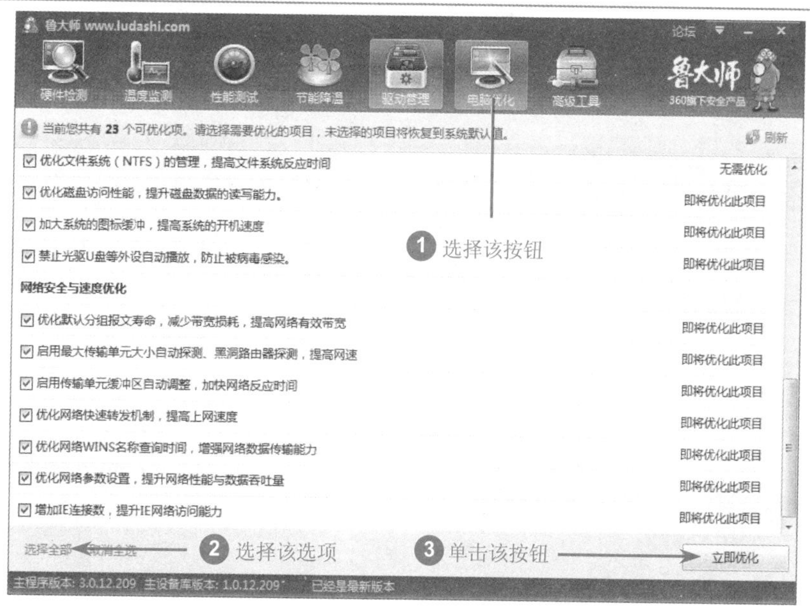


图 16-14

Section

# 16.4 实践案例与上机指导

本章介绍了电脑中常用工具软件方面的知识。通过对本章的学习，读者不但可以掌握电脑中常用工具软件的使用方法，而且还可以熟悉视频播放软件和系统性能测试方面的知识。在本节中，将结合实际的工作和应用，通过上机练习，进一步掌握本章所学的知识点。

## 16.4.1 使用 ACDSee 批量重命名图片

使用 ACDSee 看图软件，用户可以为同一文件夹中的图片批量重命名，从而快速完成操作。下面详细介绍批量重命名图片的操作方法。

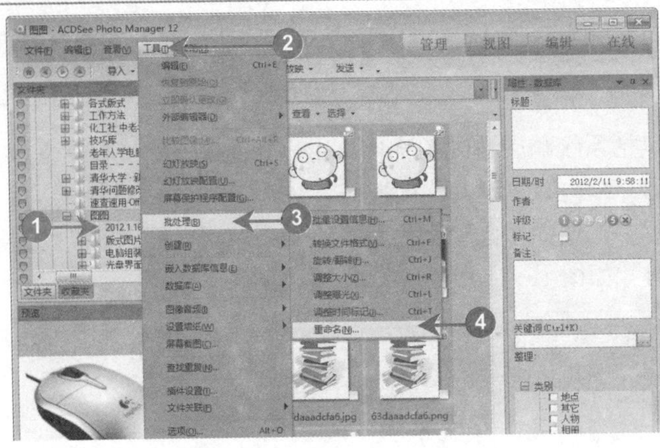


图 16-15

## 01 启用 ACDSee 窗口，选择【重命名】选项

No1 选择图片所在的文件夹。

No2 选中多个图片，在菜单栏中选择【工具】选项。

No3 在弹出的快捷菜单中，选择【批处理】选项。

No4 在级联菜单中，选择【重命名】选项，如图 16-15 所示。

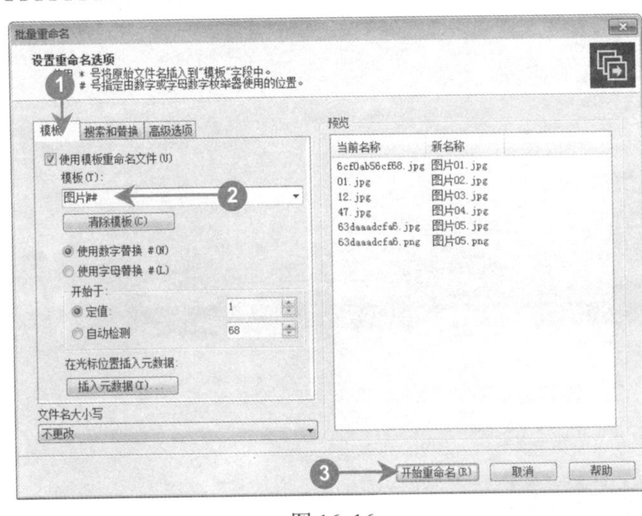


图 16-16

## 02 弹出【批量重命名】对话框，设置参数

No1 选择【模板】选项卡。

No2 在【模板】下面的文本框中，输入重命名的名称。

No3 单击【开始重命名】按钮，如图 16-16 所示。

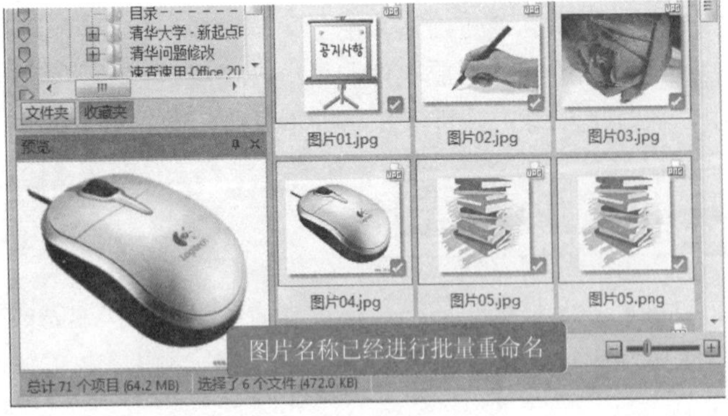


图 16-17

## 03 可以看到图片已被批量重命名

通过以上步骤即可完成使用 ACDSee 批量重命名图片的操作，如图 16-17 所示。

## 16.4.2 设置暴风影音的播放模式

使用暴风影音播放器观看影片时，用户可以对影片的播放模式进行设置和调整。下面以全屏影片为例，详细介绍设置播放模式的操作方法。

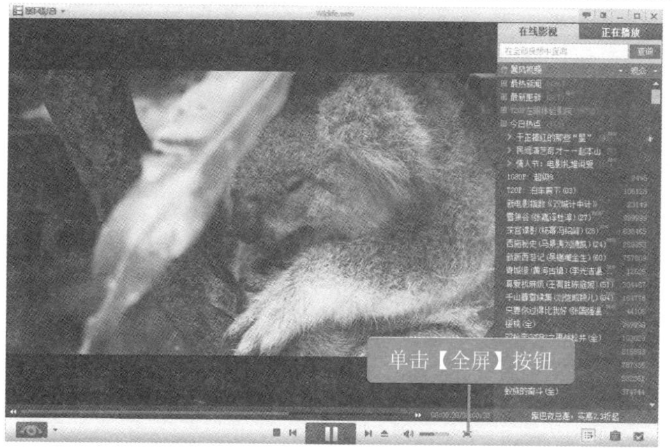


图 16-18

**01 启用暴风影音，播放视频，单击【全屏】按钮**

在影片的播放过程中，将鼠标指针移动至按钮控制区域，单击【全屏】按钮，如图 16-18 所示。

图 16-19

**02 播放的视频已经全屏幕显示**

影片已全屏播放，如图 16-19 所示。

**多学一点**

用户使用鼠标在屏幕上双击，可以快速进入全屏幕。

## 16.4.3 使用鲁大师进行温度压力测试

电脑运行最怕高温，尤其是在炎热的夏天，鲁大师的温度压力测试，可以绘制出温度变化曲线图表，还可以同时进行温度“颜色报警”“声音报警”。下面详细介绍温度压力测试的操作方法。

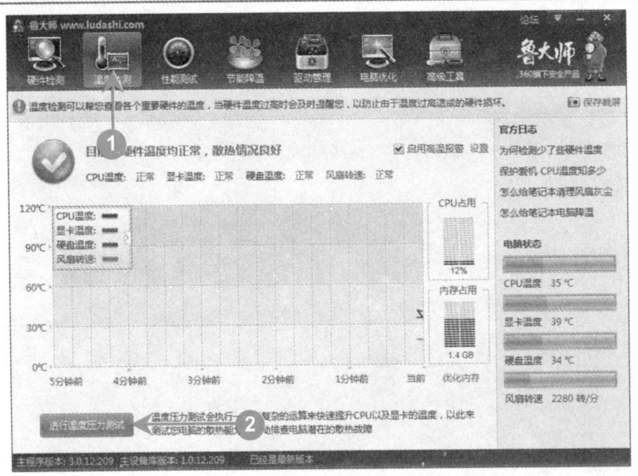

图 16-20

## 01 启用鲁大师软件，进行温度压力测试

№1 在菜单栏中选择【温度检测】按钮。

№2 在界面底部，单击【进行温度压力测试】按钮，如图 16-20 所示。

图 16-21

## 02 正在进行温度压力测试

界面显示正在测试中，如图 16-21 所示。

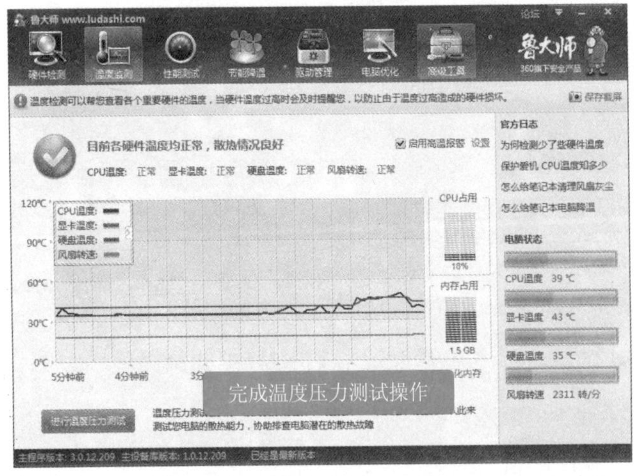


图 16-22

## 03 在界面中，显示温度压力测试的结果

通过以上步骤即可完成使用鲁大师进行温度压力测试的操作，如图 16-22 所示。

# 第 17 章

# 系统维护优化与安全应用

## 本章内容导读

本章主要介绍管理和优化磁盘、查杀电脑病毒等方面的知识，同时还将讲解使用 360 安全卫士保障上网安全的基本操作。在本章的最后还会针对实际的工作需求，讲解快速清理电脑垃圾的操作方法。通过对本章的学习，读者可以掌握维护优化系统与安全应用方面的知识，为进一步学习电脑知识奠定基础。

## 本章知识要点

◎ **管理和优化磁盘**
◎ **查杀电脑病毒**
◎ **使用 360 安全卫士**

Section
# 17.1 管理和优化磁盘

磁盘是计算机中存储数据的重要介质，任何不正常的关机或不当操作，都可能破坏磁盘，所以，管理和优化磁盘十分的重要。本节将详细介绍管理和优化磁盘方面的知识。

## 17.1.1 磁盘清理

磁盘清理是通过释放磁盘空间来提高计算机的性能，是 Windows 附带的一个实用工具。下面详细介绍磁盘清理的操作方法。

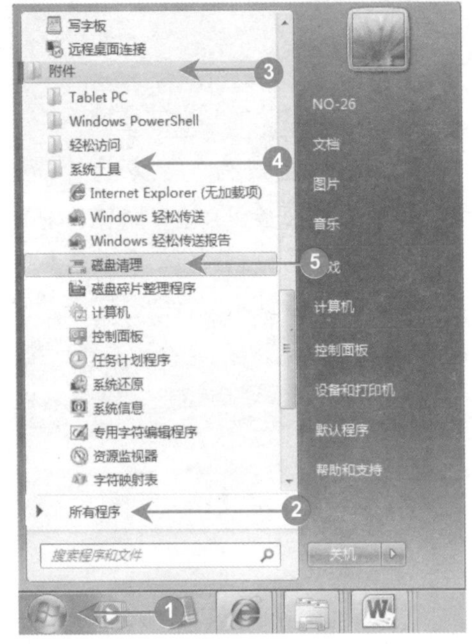

图 17-1

**01 在 Windows 操作系统桌面的左下角，单击【开始】按钮，选择程序**

依次单击【开始】按钮→【所有程序】→【附件】→【系统工具】→【磁盘清理】选项，如图 17-1 所示。

**多学一点**

在 Windows 操作系统桌面的左下角，单击【开始】按钮，在【搜索】文本框中，输入“磁盘清理”文本，用户可以快速搜索到【磁盘清理】选项。

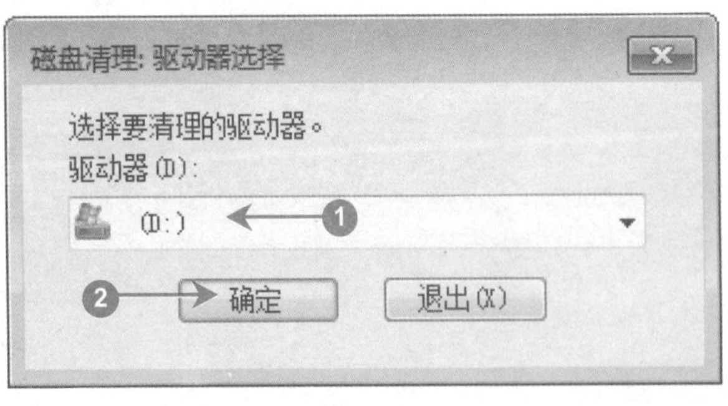

图 17-2

**02 弹出【磁盘清理：驱动器选择】对话框，选择准备清理的驱动器**

№1 单击展开【驱动器(D:)】的下拉箭头，选择准备清理的驱动器。

№2 单击【确定】按钮，如图 17-2 所示。

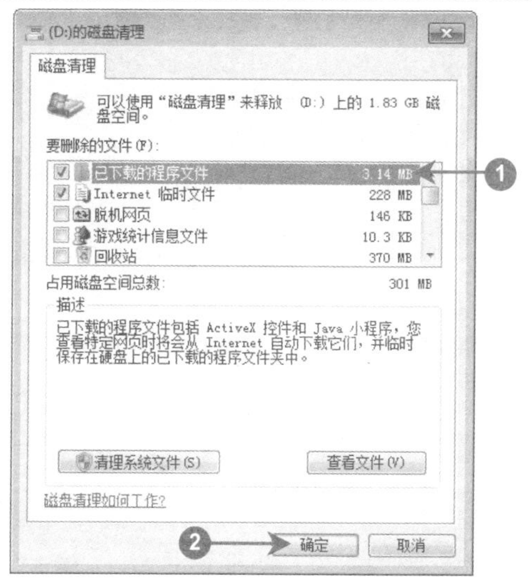


图 17-3

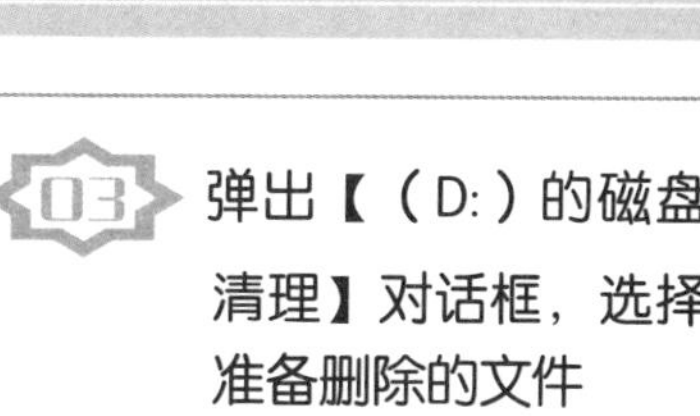

03 弹出【(D:)的磁盘清理】对话框，选择准备删除的文件

№1 在【要删除的文件】区域中，选中准备删除的文件的复选框。

№2 单击【确定】按钮 确定 ，如图 17-3 所示。

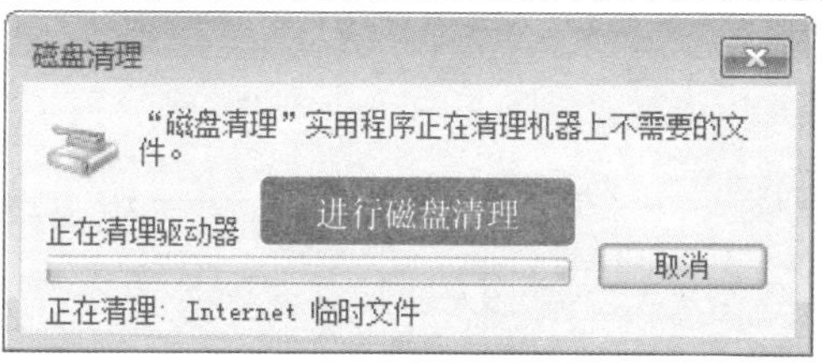


图 17-4

04 弹出【磁盘清理】对话框，进行磁盘清理

此时，正在清理垃圾文件，如图 17-4 所示。

## 17.1.2 整理磁盘碎片

电脑在被操作过一段时间以后，由于频繁的复制粘贴会产生大量的磁盘碎片，清理磁盘碎片可以提高电脑的运行速度。下面详细介绍清理磁盘碎片的操作方法。

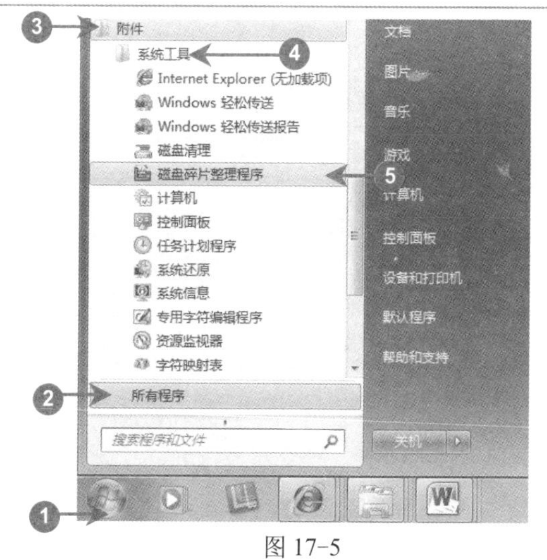


图 17-5

01 在 Windows 操作系统桌面的左下角，单击【开始】按钮，选择程序

依次单击【开始】按钮 →【所有程序】→【附件】→【系统工具】→【磁盘碎片整理程序】选项，如图 17-5 所示。

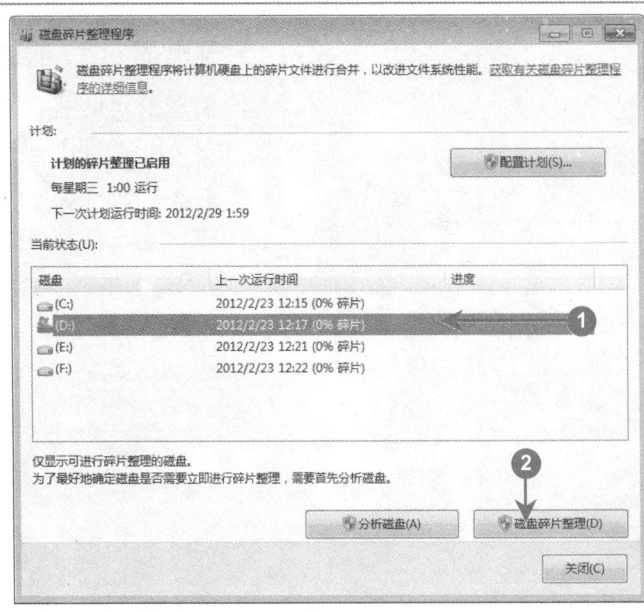


图 17-6

## 02 弹出【磁盘碎片整理程序】对话框，选择准备整理的磁盘

№1 在【当前状态】区域中，单击准备整理的磁盘。

№2 单击【磁盘碎片整理】按钮，如图 17-6 所示。

**■多学一点**

在【磁盘碎片整理程序】对话框中，用户还可以单击【分析磁盘】按钮，对磁盘进行分析。

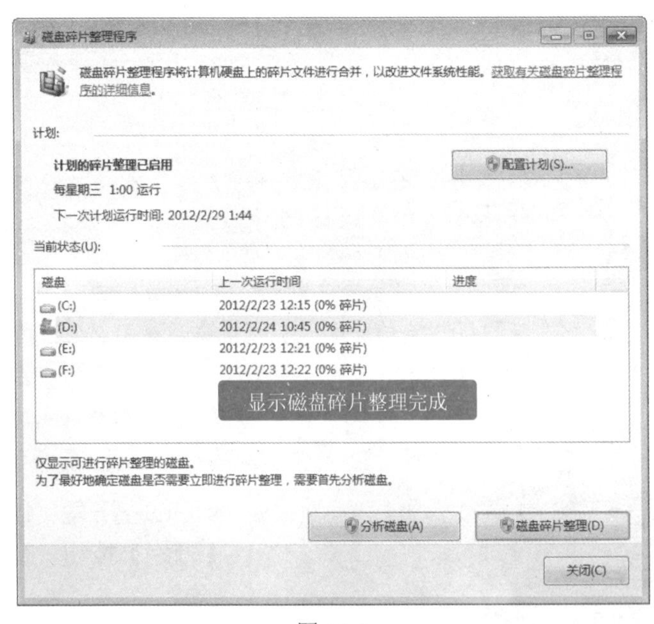


图 17-7

## 03 显示磁盘碎片整理完成

显示磁盘碎片整理完成，如图 17-7 所示。

**■多学一点**

在【磁盘碎片整理程序】窗口中，如果用户准备停止磁盘碎片整理的操作，那么可以单击【取消碎片整理】按钮来取消碎片整理。

# Section 17.2 查杀电脑病毒

在网络生活中，计算机病毒具有很大的威胁，如何防范病毒是一个用户非常关心的话

题。网络在服务大众的同时也带来了电脑病毒，而且电脑病毒的种类很多。本节将详细介绍查杀电脑病毒方面的知识。

## 17.2.1 认识电脑病毒

“电脑病毒”与医学上的“病毒”不同，电脑病毒往往不是独立存在的，它通常会附在各种类型的文件上隐藏起来，当该文件被运行或复制时，电脑病毒会随着文件一起传播出去。下面详细介绍电脑病毒的特点。

- 隐蔽性：电脑病毒具有很强的隐蔽性，有的病毒可以通过病毒软件检测出来，有的则无法被检测出来，检测不出来的病毒处理起来很困难。
- 寄生性：电脑病毒通常寄生于各种类型的文件或应用程序中，在不启动该文件或程序时，病毒不会起破坏作用，当启动该文件或程序时，病毒就会发作。
- 传染性：电脑病毒在一定条件下可以进行自我复制，能对其他文件或系统进行一系列的非法操作，并使之成为一个新的传染源，这就是病毒最基本的特征。
- 破坏性：电脑病毒在触发条件满足时，会立即对计算机系统内的文件、资源等进行干扰和破坏。

## 17.2.2 使用瑞星查杀电脑病毒

杀毒软件，也被称为反病毒软件或防毒软件，它是用于消除电脑病毒的。下面以使用瑞星杀毒软件为例，详细介绍查杀电脑病毒的操作方法。

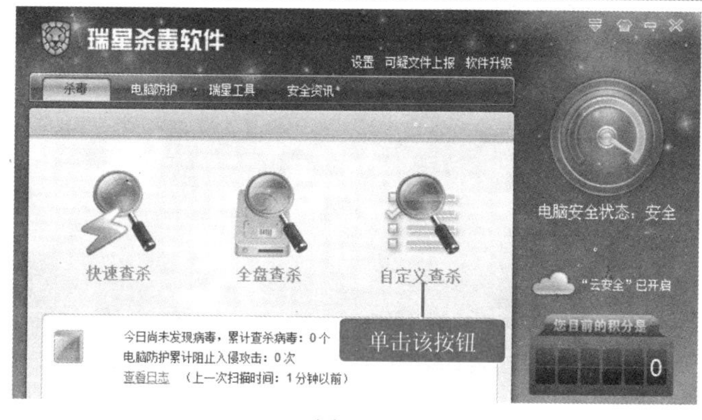


图 17-8

**01 启动瑞星杀毒软件，单击【自定义查杀】按钮**

在瑞星杀毒软件界面中，单击【自定义查杀】按钮，如图 17-8 所示。

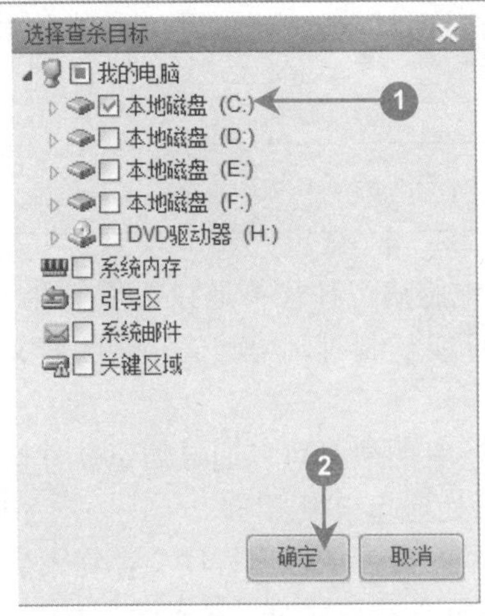


图 17-9

**02 弹出【选择查杀目标】对话框，选择准备进行查杀的目标文件**

No1 选中【本地磁盘（C:）】复选框。

No2 单击【确定】按钮，如图 17-9 所示。

图 17-10

**03 使用瑞星杀毒软件，扫描完成**

在界面中显示查杀的结果，如图 17-10 所示。

## 17.2.3 使用金山毒霸查杀电脑病毒

金山在线杀毒软件是最好的在线杀毒软件产品之一。启动在线杀毒软件即可连接金山毒霸云计算病毒库，并与金山毒霸同步更新。下面详细介绍使用金山毒霸查杀电脑病毒的操作方法。

启动金山毒霸杀毒软件，在菜单栏中，单击【病毒查杀】按钮，在窗口中，单击【全盘查杀】按钮，界面跳转到查杀病毒状态，查杀完成后，显示查杀结果，如图 17-11 所示。

图 17-11

## Section 17.3 使用 360 安全卫士

360 安全卫士是一款由奇虎网推出的功能强、效果好、受用户欢迎的上网安全软件，它具有查杀木马、清理插件、修复漏洞、电脑体检等多种功能。本节将详细介绍使用 360 安全卫士方面的知识。

### 17.3.1 电脑体检

使用 360 安全卫士，用户可以对电脑进行定期体检，从而随时了解电脑的最新状态。下面详细介绍使用 360 安全卫士进行电脑体检的操作方法。

启动 360 安全卫士软件，在界面中，单击【立即体检】按钮，即可进入体检界面，完成后，显示体检结果，如图 17-12 所示。

图 17-12

## 17.3.2 查杀木马

360 安全卫士是一款免费的杀毒软件，它的功能非常强大，可以实时保护系统完全。下面详细介绍使用 360 安全卫士查杀木马的操作方法。

图 17-13

**01 启动 360 安全卫士，单击【查杀木马】按钮**

№1 在菜单栏中，单击【查杀木马】按钮。

№2 单击【自定义扫描】按钮，如图 17-13 所示。

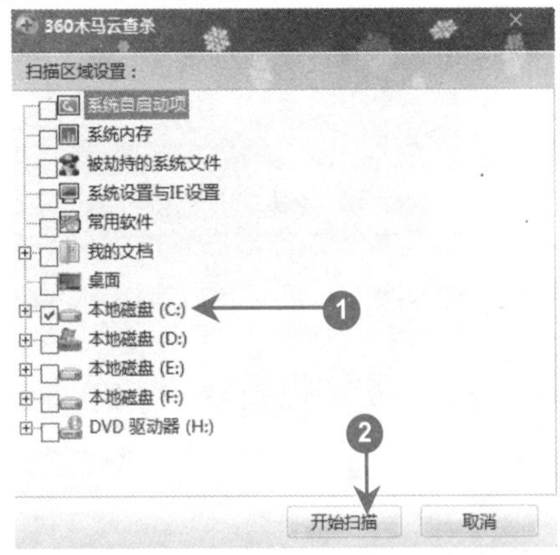


图 17-14

**02 弹出【360 木马云查杀】对话框，选择准备进行查杀的目标文件**

№1 选中【本地磁盘（C:）】复选框。

№2 单击【开始扫描】按钮，如图 17-14 所示。

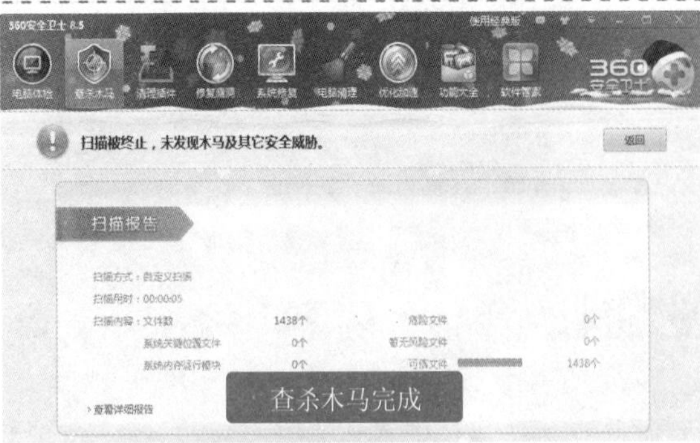


图 17-15

**03 使用 360 安全卫士，扫描完成**

在界面中显示扫描的结果，如图 17-15 所示。

### 17.3.3 系统修复

使用 360 安全卫士中的系统修复功能，用户可以快速地查看电脑中的关键程序是否处于正常状态。下面详细介绍使用 360 安全卫士进行系统修复的操作方法。

启动 360 安全卫士，在菜单栏中，单击【系统修复】按钮，再单击【常规修复】按钮，即可进入修复界面，显示修复进程，完成后，显示系统修复的结果，如图 17-16 所示。

图 17-16

## Section 17.4 实践案例与上机指导

本章学习了管理和优化磁盘和查杀电脑病毒方面的知识。通过对本章的学习，读者可以掌握使用 360 安全卫士保障上网安全的操作方法。在本节中，将结合实际的工作和应用，通过上机练习，进一步掌握和提高本章所学的知识点。

### 17.4.1 清理上网痕迹

浏览网页、打开文档、观看视频和运行程序等都会留下痕迹，用户经常清理上网痕迹可以保证一定的隐私安全。下面详细介绍清理上网痕迹的操作方法。

图 17-17

**01 启动 360 安全卫士，单击【电脑清理】按钮**

№1 在菜单栏中，单击【电脑清理】按钮。

№2 选择【清理痕迹】选项卡。

№3 在列表中，选中准备进行清理的项目的复选框。

№4 单击【开始扫描】按钮，如图 17-17 所示。

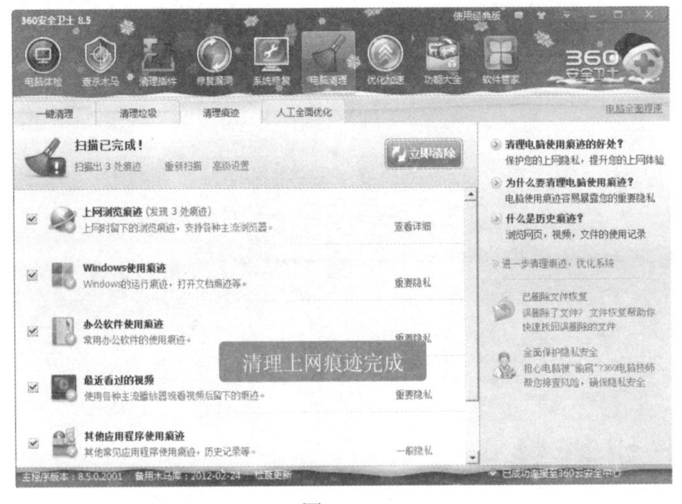

图 17-18

**02 扫描完成后，显示扫描结果**

在窗口中，显示扫描结果，单击【立即清除】按钮，即可完成清理上网痕迹的操作，如图 17-18 所示。

## 17.4.2 清理垃圾

用户使用 360 安全卫士清理电脑中的垃圾，可以让系统运行的更加流畅。下面详细介绍使用 360 安全卫士清理电脑垃圾的操作方法。

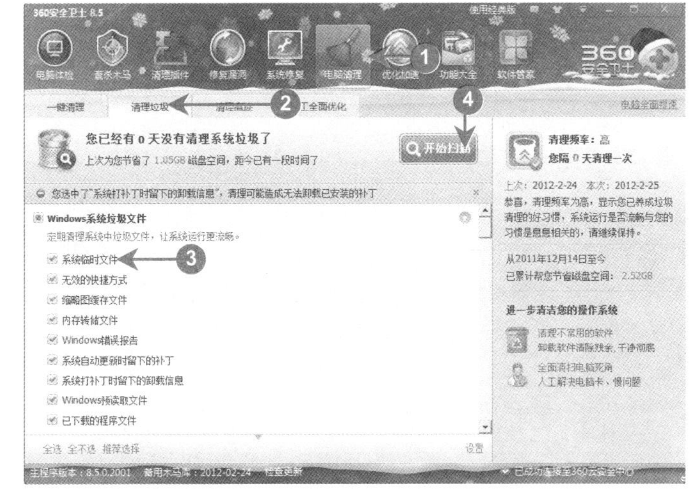


图 17-19

## 01 启动 360 安全卫士，单击【电脑清理】按钮

№1 在菜单栏中，单击【电脑清理】按钮。

№2 选择【清理垃圾】选项卡。

№3 在列表中，选中准备进行清理的文件的复选框。

№4 单击【开始扫描】按钮，如图 17-19 所示。

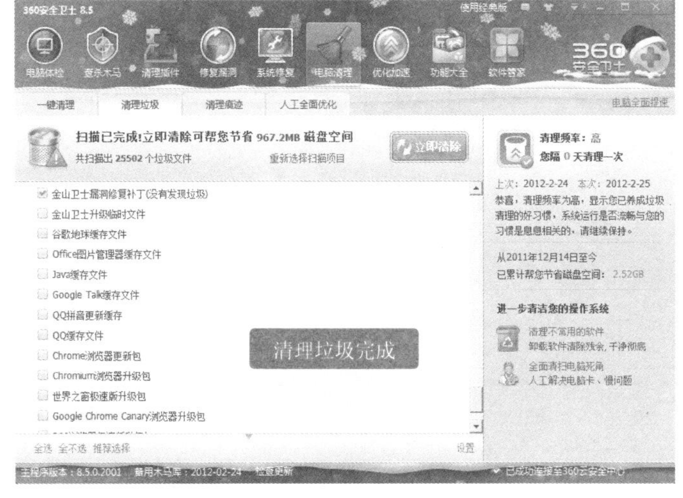


图 17-20

## 02 扫描完成后，显示扫描结果

在窗口中，显示扫描结果，单击【立即清除】按钮，即可完成清理垃圾的操作，如图 17-20 所示。

# 读书笔记